新工科暨卓越工程师教育培养计划电气类专业系列教材

普通高等学校"双一流"建设电气专业精品教材

XIANDAI DIANLI XITONG

现代电力系统

U0279055

■ 编著/武志刚　张 尧　朱 林

华中科技大学出版社

http://press.hust.edu.cn

中国·武汉

内 容 提 要

本书在分析电力系统的系统性的基础上，首先介绍构成电力系统的各种发输配用设备的数学模型，并介绍这些设备相互联系、相互影响的基本原理。针对由这些设备构成的电力系统，分别介绍其稳态分析和故障分析的理论，前者包括获取稳态详细信息的潮流计算模型及相应算法、稳态时的有功无功平衡及对应的频率电压调整问题、电力系统经济运行问题，后者由简单到复杂地介绍三相对称故障、简单不对称故障和通用复杂故障的分析计算方法。

本书可作为电气工程专业的本科生教材或参考书，涉及少量在硕士阶段讲解的知识点（如稀疏计算），也可作为电力工业的专业技术人员、科研人员的参考书。

图书在版编目（CIP）数据

现代电力系统/武志刚,张尧,朱林编著. —武汉:华中科技大学出版社,2023.1
ISBN 978-7-5680-8905-0

Ⅰ.①现…　Ⅱ.①武…　②张…　③朱…　Ⅲ.①电力系统-高等学校-教材　Ⅳ.①TM7

中国国家版本馆 CIP 数据核字（2023）第 015722 号

现代电力系统
Xiandai Dianli Xitong

武志刚　张　尧　朱　林　编著

策划编辑：祖　鹏　汪　粲
责任编辑：朱建丽
封面设计：秦　茹
责任校对：刘　竣
责任监印：周治超
出版发行：华中科技大学出版社（中国·武汉）　　电话：(027)81321913
　　　　　武汉市东湖新技术开发区华工科技园　　邮编：430223
录　　排：武汉市洪山区佳年华文印部
印　　刷：武汉市洪林印务有限公司
开　　本：787mm×1092mm　1/16
印　　张：23.25
字　　数：562 千字
版　　次：2023 年 1 月第 1 版第 1 次印刷
定　　价：68.00 元

前言

本书内容包括电气工程及其自动化专业核心专业课程"电力系统分析"的主要知识点,由于涉及以新能源为主体的新型电力系统相关内容,且试图加强关于系统论概念和思维方式的介绍,故将本书命名为《现代电力系统》。书中所提的概念、分析方法、思维方式不仅可用于电力工业工程实际领域,对学生认识和分析复杂的现实世界也有一定的参考意义。

本书围绕电力系统基本模型和稳态分析、故障分析的方法和理论来展开,全书分为14章,主要内容如下。

第1～2章为概要性介绍。第1章介绍了电力系统相关基本概念、发展沿革及与现代社会的密切关系等,为读者奠定初步的认识基础;第2章重点从系统论角度对电力系统做全景化描述,指出其复杂开放系统的特点,从而引出电力系统分析核心问题及基本框架。

第3～5章为电力系统中各种主体的数学模型,目的是用于将发输配用各环节整合成同一系统后的分析。第3章介绍了发电机的基本概念,指明发电机是电力系统中将其他形式能量转化成电能的设备,包括同步电机基本假设、派克变换、同步电机稳态模型、暂态/次暂态模型,通过归纳/演绎的逻辑组织知识;第4章介绍了输配电环节的数学模型,包括交流电网本身的模型(拓扑结构+支路参数)和组成电网的输电线路和变压器等设备的模型,是典型电力系统分析计算的基础;第5章介绍了电力系统负荷的基本概念,指明负荷是电力系统中将电能转化成其他形式能量的设备类型,强调负荷的复杂性,指出常见电力系统分析计算中所用的负荷都是海量主体群体效应的近似和简化。

以上述电力系统中各种主体模型为基础,本书余下的篇幅分别介绍电力系统稳态分析和故障分析的内容。电力系统稳定性分析的内容相对独立,而且随着新能源在电力系统中占比越来越大,系统的稳定特性发生了质的变化,对现有电力系统稳定理论框架进行改造和升级的任务尚未完成,可在将来专门著述。

第6～11章为电力系统稳态分析的内容。第6章论述了电力系统稳态分析的基本问题,指出关注的是与外部环境交换能量处于某种相对固定的动态结构的状态特征;第7章分析了处于稳态电力系统在微观层面的问题,主要为功率在支路中流动可能造成的电压变化和功率损耗产生的机理和特点;第8章介绍了上述微观层面现象聚合成完整的电力系统全局现象后的描述和分析计算方法,即电力系统潮流计算的模型和经典算法,包括开式网络的前推回代法、复杂电网的高斯-赛德尔法、牛顿-拉夫逊法(及其改进算法和模型扩展)、特殊条件下简化的直流潮流等内容;第9章是第8章的延续,目的是将经典的数值计算方法用于实际大规模电网的分析计算,即稀疏技术在电力系统计算中的应用,介绍了稀疏存储、因子表分解、前代/规格化/回代等计算过程的稀疏计算、稀疏矢量法节点编号优化问题等内容;第10章分析了电力系统稳态运行时常遇到的两大类问题,分别是与有功平衡相关的频率调整问题,以及与无功平衡相关的电压调整问题,介绍了目前电力系统解决这些问题的基本方法框架,强调问题的解决往往依赖于对系统各类型设备相互配合方式的调整和优化,从而体现出系统论思维方式;第11章介绍了电力系统经济运行的基本概念,指出其从某种意义上来说是对电力系统运行水平的更高要求,分为电网和电源两部分来介绍,前者关注电能传输过程中的损耗问题,后者关注其他形式能量向电能转化的效率问题。

第12~14章为电力系统故障分析的内容,按照模型由简单到复杂、问题由特殊到一般的思路来展开。第12章重点介绍了最简单、最基础的故障类型——三相对称故障的分析计算方法,其核心内容是将问题表述为电力系统在故障端口的戴维南等效电路,并用少量节点阻抗矩阵元素和已知电源信息即可完成短路电流计算,本章其他内容可理解为这些内容的延伸;第13章介绍了简单不对称故障的分析计算方法,即只在单一位置发生短路或断线故障后电力系统状态如何分析计算,引入了对称分量法和正负零序的概念,给出了更通用的模型,此时第12章中的三相对称故障成为特例,可描述为不对称程度最低的简单不对称故障,从而给出所有简单故障统一的分析计算模型;第14章介绍了复杂故障的分析计算,在假设被分析电网为线性网络的前提下,将任意多重故障解释为单重故障的叠加效果,最终给出本书最通用的故障分析计算模型。

本书各章结尾处提供若干习题。在作者的教学实践中配合课程大作业,目的是让学生能综合应用书中知识解决相对复杂的问题,培养学生解决复杂工程问题的能力,这部分内容可依据读者所在院校实际情况来处理。本书作者制作了配套的MOOC资源,目前部署在学银在线上,读者可配合该资源(https://www.xueyinonline.com/detail/228913040)来学习本书的内容。

本书在编写过程中注重突出新工科发展的需求。在作者所在单位本书重点用于电气工程及其自动化卓越工程师班的课程教学,该班为本硕贯通培养,故课程知识组织时将本专业本硕"电力系统分析"课程的知识点有机融合,并注意理论与实践的结合,以及培养学生高阶思维方式的需求。本书内容体系由浅入深、循序渐进,既介绍了电力系统分析计算领域的基本知识和方法,也介绍了系统论思维的基本概念和方法,力图使本书在作为典型专业课教材的同时具有更为广泛的应用价值。

本书由三位教师合作完成:第3~5章由朱林编写;第7~9章由张尧编写;其余内容由武志刚编写。全书由武志刚组织和统稿。全书撰写过程历经两年有余,个中甘苦不言而喻。在此对各位老师付出的辛勤劳动表示衷心感谢。

本书中的理论体系与目前主流的电力系统分析理论大体一致,并对新型电力系统已经或即将出现的新问题、新机理、新方法进行了介绍。若本书能为电气工程领域专业教学做出一点绵薄的贡献,完全是站在前人肩膀上的结果。也正因如此,作者在向前贤及当代大家致以诚挚谢意的同时,力图能通过自己的努力为青年人才的成长提供力所能及的辅助。

书中如有错漏或不足,均为作者个人能力所致,敬请读者批评指正。

作　　者
2022 年 12 月

目 录

1

电力系统概述

1.1 电力系统的内涵

电力工业是现代社会的能源支柱行业,在经济发展、社会进步和人民生活水平提高中起到了不可或缺的作用。与此同时,作为现代社会最重要的公用基础设施,被一个运行水平高、持续供电能力强的电力系统所服务,已成为现代人习以为常的事情,甚至电力系统中已经发生了故障,只要不是特别严重,人们都不太容易注意到它的存在[①],只有当电力系统中发生了严重的、持续时间较长的大停电事故时(最典型的例子是 2003年 8 月 14 日的美加大停电),普通公众才会意识到电力系统的重要性。

然而对电气工程专业的学生而言,尤其是对将在电力行业贡献自己力量的人而言,对电力系统有全面深刻的认识是非常重要的。电力系统是本书核心的研究对象,本书所有内容都是围绕电力系统如何很好地规划、建设和运行来展开的。因此,在全书开始的地方,有必要首先明确地给出电力系统的若干最基本的概念。

1.1.1 什么是电力系统

简单地说,电力系统是由与发电、输电、配电和用电相关的所有设备所形成的整体。

发电环节指的是把其他形式能量转化成电能的设备,主要包括发电机,在现代电力系统中还包括各种储能装置,以及由各种电力电子换流器接口的电源。

输电和配电环节指的是电网,主要由交流输电线路和变压器组成,在现代电力系统中还包括直流输电线路、各种 FACTS 装置等,用于实现电能的配置。输电网和配电网在形态和功能上有所区别,我们将在第 2 章中详述。当前还有越来越多的更小空间尺度的电网——微网得以应用。

用电环节指的是各种各样的用电设备,在电力系统中分布最广泛(即使是发电厂、变电站这些地方也有大量的用电设备),种类最多,因此对其详细分析难度较大,常将指定空间范围内所有用电设备聚合起来称为综合负荷。

这些设备相互作用、相互影响,促使电力系统实现其最本质的功能:在多个时空尺

---

① 这是因为现代电力系统都配备有先进的控制保护装置,系统中所发生的瞬时故障往往由自动化的手段来消除,并有成熟且严格的运行机制加以保障。当这些措施执行得非常迅速时就难以被用电用户感受到。

度上实现电力电量的平衡。更通俗地说，电力系统之所以有存在的价值，本质上是因为有人需要用电。

当电源在空间上无法直接满足用电需求时，需要通过电网来实现空间上的电力电量平衡。例如，我国珠江三角洲地区是用电需求最大的区域之一，区域内已有装机无法满足所有用电需求，需要区域外（当前主要是云南贵州等省）电源予以支援，我国"西电东送"国家能源战略的南通道应运而生。当然除了西电东送通道这种跨省级别的输电网之外，当前主要的电网形态还包括省级以下的输电网、配电网、微电网（含孤岛运行）等，预计未来电网演化最可能的发展路径就是所有这些电网形态共存并相互融合、相互促进，形成越来越有机的整体。

另一方面，若电源在时间上无法直接满足用电需求，则需要通过储能装置来实现时间上的电力电量平衡[1]。例如，随着风电越来越多地接入电力系统，人们发现风电所具有的"反调峰"特性对电力系统的正常运行带来较大困扰。在本课程专业知识深入展开之前，读者可以通俗地把反调峰特性理解为：当人们用电需求最大的时候（多为白天），恰为风电发电能力相对较小的时候；而当人们用电需求最小的时候（深夜），恰为风电发电能力相对较大的时候。若一个以风电为主力电源的电力系统中没有储能装置，或储能装置不足，必然会出现为了维持实时的电功率平衡，明明夜间风电出力可以较大，但电力调度部门被迫对其进行抑制，造成所谓"弃风"；而明明中午用电需求较大，但受气象因素所限，"巧妇难为无米之炊"，无法为用户提供充足的电源。若电力系统中配备了充足的储能装置，就可以将夜间过剩的风电存储起来用于白天负荷高峰时段，这一矛盾将迎刃而解。目前最主要的储能形式是抽水蓄能电站，越来越丰富的其他储能形式如电化学储能、飞轮储能甚至电动汽车的 V2G[2] 功能已被引入电力系统，但如何以最合理的方式让储能所有者在发挥最大功能的同时具有最好的经济效益，还是一个亟待解决的重要问题。

事实上，电力系统的时间平衡和空间平衡之间也存在耦合关系。例如，近年曾发生过我国冬季南部、东部用电需求旺盛，同时西北大规模可再生能源发电资源充足，但由于远距离大容量输电能力的限制，使得可再生能源发出的电能无法输送到用电密集区域，造成所谓"卡脖子"现象，这是典型的空间平衡问题。而有研究表明，若在负荷中心区域开展充分的需求侧管理，通过合理的技术经济信号引导用户科学合理地用电，使部分"尖峰"用电时负荷平移到其他时段，就可以在相当程度上缓解"卡脖子"现象，而这种通过需求侧管理在时间上平移负荷的措施显然属于时间平衡的范畴。通过改进电力系统时间平衡的能力对电力系统的空间平衡也有明显的促进作用。

综上可见，电力系统是实现电力电量平衡为目标、在多个时空尺度上相互耦合的综合体。为了更好地运行电力系统，就必须很好地解决这些多时空耦合的问题。在一些情况下，可以把不同的时间和空间尺度问题分解开来各自独立解决，而随着电力工业的发展，电力系统的参与主体（所谓"源网荷储"）相互作用的程度越来越强，因此有越来越多的问题需要在多时空尺度共存的模型中综合地、系统地解决。

---

[1] 储能还可在电力系统实时调度控制中发挥其他作用，此处不赘。

[2] vehicle to grid（简称 V2G），字面意思为车辆到电网，指利用处于空置状态的电动汽车电池在合适的时机向电网反馈电能，从而优化电网的运行。

1.1.2　额定电压和额定频率

现代社会分工高度细化,越来越多的社会活动需要具有专门素质和能力的人来完成,并采取专门的技术手段和工具,对商品、人类活动等进行标准化是提高效率、合理配置资源的必要条件。体现在电力工业,就是人们为了让电力系统能够更加安全、高效和经济地运行,规定了相应的额定电压和额定频率。若电力系统中所有设备都按照各自的额定电压和额定频率来制造,则它们在额定的运行条件下所表现出的技术性能和是最好的。此外,标准化的设计还为批量生产和设备互换创造了条件。

1.1.2.1　额定频率

对以同步电机行为为主导的传统交流电力系统而言,当其处于稳态时,所有同步电机的转子应相对静止,因此需要它们拥有相同的转速,亦即处于"同步"运行的状态,此时全网有统一的频率。显然电力系统实际的稳态频率由全系统各转子所受转矩实现平衡的具体情况来决定,但应尽可能在额定频率附近,进而基本上所有直接接入交流电网中的用电设备的额定频率应与电网的额定频率一致。

我国电力系统的额定频率为 50 Hz,即 1 s 内交流电刚好完整变化 50 次,或额定状态下交流电的一个周波耗时为 0.02 s。对于欧美一些习惯使用英制计量单位的国家,其电力系统的额定频率设定为 60 Hz。世界各国电力系统的额定频率都取二者之一。读者可能会问,无论是 50 Hz 还是 60 Hz,其取值都是比较接近的,为什么要有这样的设定?事实上,这是综合考虑了电能传输距离、旋转机械(如发电机的转子)的制造工艺、各种电气指标、电磁兼容的情况、电力系统建设和运行的经济性等诸多因素的一个择优的结果。

简单总结:对于纯粹以交流形式相连的电网,稳态时全网处处频率相同,习惯上常称其为"同步电网"。从系统论的角度来说,系统运行频率由整个同步电网所有主体共同决定,其变化又对电网中所有主体都有影响,因此是一个"全局"的量。在设定电力系统运行方式和实际调度控制中应让电力系统的运行频率尽可能接近额定频率。

1.1.2.2　额定电压

与电力系统运行频率是"全局"量不同的是,电力系统中的运行电压是"局部"量。这直接表现为"电力系统的不同地方"所处的电压等级很可能是不同的,其本质原因是由电力系统中不同主体在实现系统功能时所承担的任务来决定的,起主要作用的是下述三个基本的物理公式:

$$S = \dot{V}\dot{I} \quad (\text{复功率计算公式}) \tag{1.1}$$

$$Q = I^2 Rt \quad (\text{焦耳定律}) \tag{1.2}$$

$$R = \frac{\varrho l}{S} \tag{1.3}$$

由式(1.2)可见,通过导体的电流越大,因散热而消耗的电能越多(平方关系)。又由式(1.1)可见,传输同样大小的视在功率,运行电压越高,则电流越小,进而指定时间段因散热而损失的电能就越少。最后由式(1.3)可见,导体的长度越长,或截面积越小,其电阻就越大。

　　除此之外还有更本质的考虑,即输电线路本身的功率传输能力(不是功率损耗)也是运行电压的增函数,这将在第 4 章中讨论。运行电压与输送容量、输送距离之间的关系如图 1-1 所示。

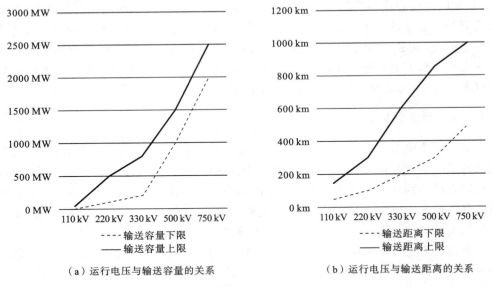

（a）运行电压与输送容量的关系　　　　（b）运行电压与输送距离的关系

图 1-1　运行电压与输送容量、输送距离的关系

　　综合这些因素,可将电力系统中电能的传输及所涉及电压水平分为下述两种典型的情况。

　　一方面,若采用电压等级较高,则传输功率高,能够传输的距离远,传输过程中造成的能量损耗小。然而电压等级越高,意味着设备的制造工艺、绝缘水平等的要求也就越高,因此其造价也就越高。

　　另一方面,若采用较低的电压等级,则只能传输相对少的功率,传输的距离近,在传输同样功率时,传输过程中造成的能量损耗大。当然,此时设备的制造工艺、绝缘水平等的要求也会低一些,设备造价也低,更容易满足经济性的要求。

　　电力系统的建设和运行是需要综合考虑多种因素的系统性问题。一般而言,考虑到电网建设投资规模极为庞大,经济性往往是一个非常重要的因素。为此,需要综合考虑输送容量需求和输送距离需求的因素,合理地确定不同部分电网所应取得的额定电压(称为该处的电压等级)。在我国电网中存在的电压等级序列如下。

　　(1) 低压配电网:0.4 kV[①]。

　　(2) 高压配电网:10 kV 、35 kV、66 kV、110 kV 等,目前在一些新建的高科技园区还有 6 kV、20 kV 等。

　　(3) 高压输电网:220 kV。

　　(4) 超高压输电网:330 kV、500 kV、±500 kV(直流)、750 kV 等。

　　(5) 特高压输电网:±800 kV(直流)、1000 kV、±1100 kV(直流)等。

　　需要注意的是,以上所列电压等级序列指的是不同电网应取得的额定电压,对组成

----

① 　通常所说三相负荷接入电网的额定线电压为 380 V,对单相负荷应取相电压 220 V。

电网的各电气设备而言,各自都有相应的额定电压,且相互之间存在额定电压的配合问题。我们可以定性地认为,各电气设备额定电压相互配合的目的是更好地实现电力系统的本质功能,即让用电设备(或称负荷)能够运行在电网的额定电压下。

这里需要对电力系统中的电源和负荷做推广的定义。定性地说,在某个电压等级的电网中:若观察到电能(或功率)从某个设备中流出,则将该设备定义为电网中的电源;若观察到电能(或功率)流入某个设备,则将该设备定义为电网中的负荷。由于电流在导体中传输时会产生电压降落,因此为使电能传输到负荷处有电网额定电压,电源处正常运行时的电压应适当地高于电网额定电压。电网中发输配用各环节所取额定电压应有如下考虑。

(1)终端用户(通常在配电网中)设备的额定电压为所在电网额定电压;

(2)输电线路的额定电压均为所在电网额定电压;

(3)发电机是全网电能(或有功功率)的源头,从拓扑结构的角度来说,距离终端用户是最远的,为了让全网设备额定电压易于配合,发电机额定电压应高于所在电网的额定电压,通常高5%左右。

(4)变压器连接了电网不同的电压等级,其不同绕组在所在电网中承担的功能不同,导致对变压器额定电压的确定要复杂一些,这里以双绕组变压器进行分析,更多绕组变压器的情况是类似的。

对降压变压器而言:正常情况下电能从其低压侧绕组中流出,为低压侧电网的电源,故低压侧绕组额定电压应比电网额定电压高5%~10%,具体取值与变电站出线的输电线路长度有关;正常情况下电能从其高压侧绕组中流入,为高压侧电网的负荷,故高压侧绕组额定电压应取电网额定电压。

对不与发电机直接相连的升压变压器而言:正常情况下电能从其高压侧绕组中流出,为高压侧电网的电源,故高压侧绕组额定电压应比电网额定电压高5%~10%,具体取值与变电站出线的输电线路长度有关;正常情况下电能从其低压侧绕组中流入,为低压侧电网的负荷,故低压侧绕组额定电压应取电网额定电压。

对与发电机直接相连的升压变压器而言:高压侧绕组的情况与其他升压变压器类似,其额定电压应该比所在电网额定电压高5%~10%;而其低压侧绕组的额定电压应该与发电机的额定电压相同。

可以给出电力系统中各电气设备额定电压相互配合的示意图如图1-2所示,图中的各个数字是设备额定电压与所在电网额定电压的比值。

对变压器而言,还有一个与额定电压有关的问题需要说明。通常在变压器的高压侧装有分接头[①],也就是在额定电压所对应的主抽头之外,向上向下还可能分别偏移若干个百分比来设定运行的电压值,这就使得变压器的变比可以成为一个可选择的量,从而提高电网运行的灵活性。在本书中把变压器的变比定义为空载情况下高压绕组对应电压与低压绕组额定电压的比值,一般假设两侧都是星形接法,对两侧分别为星形和三角形等更加复杂的接法暂不讨论。此时要正确区分变压器是升压变压器还是降压变压

[①] 之所以会在高压侧安装分接头,是因为考虑到式(1.1)的因素,在传输同样的功率时,电压越高的情况下电流就越低,因此在高压侧安装分接头可以降低对各种机械装置流通电流的要求,从而降低设备制造的难度和成本。

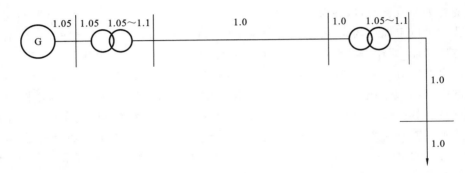

图 1-2　电力系统中各电气设备额定电压相互配合的示意图

器来确定实际运行的变比。

考虑如图 1-3 所示的两台双绕组变压器,它们的高压侧绕组都接入 220 kV 的电网,而低压侧的绕组都接入 35 kV 的电网,其中一台是升压变压器,另一台是降压变压器,现在来计算分接头选择+5%时两台变压器的变比。

图 1-3　电压等级相同的两台双绕组变压器

按照前面对变压器额定电压配合的规定,对升压变压器而言,其低压侧绕组的额定电压应该为 35 kV,而高压侧绕组的额定电压应该为 $220 \times (100\% + 10\%)$ kV＝242 kV,则升压变压器的变比应该为 $242 \times (100\% + 5\%)/35 = 7.26$。

对降压变压器而言,其低压侧绕组的额定电压应该为 $35 \times (100\% + 10\%) = 38.5$ kV,而高压侧绕组的额定电压应该为 220 kV,则降压变压器的变比应该为 $220 \times (100\% + 5\%)/38.5 = 6$。

由此可见,尽管两台变压器的额定电压相同,所选择的分接头位置也相同,但由于其运行时分别是升压变压器和降压变压器,导致最终实际运行的变压器变比并不相同。

1.1.3　电力系统分析的一个基本概念:标幺值

1.1.3.1　标幺值的定义及基准值的确定方法

在图 1-2 中用设备额定电压与电网额定电压的比值来体现不同电气设备额定电压的配合,这其实反映了电力系统分析中常用的一种思维方式,即采用标幺值的思维方式。

在对客观对象进行描述时,如果直接采用所描述参数指标的实际单位来进行表达,那就是所谓有名值单位制的方式。例如,在电路中,如果我们把电流、电压、功率和阻抗分别用 V、A、W 和 Ω 来计量,那就是有名值单位制,有名值通常都有明确的量纲[1]。我

---

[1]　也有特例,例如,当变压器变比有"有名值"和"标幺值"之分时,其有名值也没有量纲。

们在学习和认识这些客观对象时，往往先了解到的是用有名值来进行计量的情况，这也更符合人们的思维方式。

　　然而，在很多场合下，尤其是在对同一类量进行比较的场合下，往往采用相对的数值会比采用绝对的有名值更加有意义。举一个通俗的例子，如果评价一个壮汉和一个幼儿是否吃饱时，不能仅仅通过他们分别食用了多少食物来判断。事实上，如果壮汉说自己只吃了"半饱"，而幼儿说自己已经"完全吃饱"了，前者有可能比后者多吃了很多的食物。显然此时相对的量会更加有意义。如果分别取壮汉和幼儿的饭量作为各自的基准值，那么壮汉吃了半饱意味着吃了自己 0.5 倍基准值的食物，而幼儿完全吃饱，说明他吃了自己 1 倍基准值的食物。可以清楚地看到，如果用这种相对值来进行比较，那么壮汉吃饱的程度就不如幼儿了。

　　这种用相对值来进行定义的方法，首先需要确定一个基准值，各个相对值必须同时明确给出其所使用的基准值才有实际的意义。显然基准值对应的是相对值为 1 时候的实际有名值，因此我们又把这种相对值命名为标幺值，其中"幺"在中文中有"1"的含义。标幺值的英文是"per unit"，也有类似的含义。标幺值的定义为

$$标幺值 = \frac{实际有名值（任意量纲）}{基准值（与有名值同量纲）} \tag{1.4}$$

显然标幺值是一种没有量纲的量。

　　需要尤其强调的是，标幺值所对应的基准值的选择是任意的，也就是说对于同一个问题的描述，相同类型的物理量可以选择不同的基准值来计算标幺值。然而我们使用标幺值的一个非常重要的目的是更加突出问题的本质，并尽可能地简化计算。出于这一目的，通常我们在定义实际问题时并不是任意地选择基准值，而是要有一定的考虑。

　　先以单相交流电路为例，其中最常见的几种物理量为电压 V_p、电流 I_p、功率 S_p 和阻抗 Z_p，下角标"p"是英文单相（phase）的意思。如果选择这 4 个物理量的基准值使它们满足：

$$\begin{cases} V_{pB} = Z_{pB} I_{pB} \\ S_{pB} = V_{pB} I_{pB} \end{cases} \tag{1.5}$$

即与有名值各量间的关系具有完全相同的方程式，则在标幺值中便可得到[①]

$$\begin{cases} V_{p*} = Z_{p*} I_{p*} \\ S_{p*} = V_{p*} I_{p*} \end{cases} \tag{1.6}$$

　　式(1.6)说明，只要基准值的选择满足式(1.5)，则在标幺值中电路各物理量之间的基本关系式就与有名值中的完全相同。因而有名单位制中的有关公式就可以直接应用到标幺值中。需要说明的是，4 个物理量的基准值只有两个关系式，意味着需要指定其中的两个才能确定另外两个。习惯上常给定电压和功率的基准值，求出另外两个量的基准值，当然这也要具体问题具体分析。

　　再来看三相交流电路的情况。三相电路习惯上采用线电压 V、线电流 I、三相功率 S 和一相等值阻抗 Z 等变量来计算。各物理量之间存在下列关系：

---

　　① 在本书中通常用下角标中的"＊"号来表示标幺值，但在某些特定的场合为了符合人们书写的习惯，有时也会把"＊"号省略掉。

$$\begin{cases} V=\sqrt{3}ZI=\sqrt{3}V_p \\ S=\sqrt{3}VI=3S_p \end{cases} \tag{1.7}$$

如果想要让三相电路中标幺值的计算公式与单相电路的完全相同,那么各个物理量的基准值之间的关系应该与其有名值之间的关系相同,也就是说,令

$$\begin{cases} V_B=\sqrt{3}Z_B I_B=\sqrt{3}V_{pB} \\ S_B=\sqrt{3}V_B I_B=3V_{pB} I_B=3S_{pB} \end{cases} \tag{1.8}$$

则在标幺值中便有

$$\begin{cases} V_*=Z_* I_*=V_{p*} \\ S_*=V_* I_*=S_{p*} \end{cases} \tag{1.9}$$

由此可见,在标幺值中,三相电路的计算公式与单相电路的完全相同,线电压和相电压的标幺值相等,三相功率和单相功率的标幺值相等。这样就简化了公式,给计算带来方便。

1.1.3.2 对标幺值进行不同基准值下的折算

前面已经提到过,标幺值的对应基准值的选择事实上是任意的。但是我们引入标幺值往往是为了简化计算,这在很多场合就要求我们对标幺值进行不同基准值下的折算。

本质上来说,这种折算有统一的做法:无论什么基准值下的标幺值,我们都将其先折算成相应的有名值,再按照需要的基准值折算成另一种标幺值即可。若将被折算的物理量表示为 x,则有

$$x_*^{(2)}=\frac{\left[x_*^{(1)}x_B^{(1)}\right]}{x_B^{(2)}}=x_*^{(1)}\left[\frac{x_B^{(1)}}{x_B^{(2)}}\right] \tag{1.10}$$

阻抗标幺值的折算是最常见的情况,而阻抗的基准值有两种表达式,即

$$Z_B=\frac{V_B^2}{S_B} \tag{1.11}$$

及

$$Z_B=\frac{V_B}{\sqrt{3}I_B} \tag{1.12}$$

式(1.11)适用的场合更多。例如,对发电机来说,人们往往更关注它的额定电压和额定容量,此时发电机的额定阻抗就可以用式(1.11)来表示,并用额定阻抗作为设备自身的基准阻抗。而式(1.12)往往应用于额定电流这个指标比较重要的设备。例如,用于限流的电抗,就可以用式(1.12)来表示它的额定阻抗,并用额定阻抗作为设备自身的基准阻抗。

假设设备近似运行在额定电压下,则原本用设备自身的额定电压和额定容量所表示的标幺值又可以近似用系统额定电压和额定容量表示为

$$X_*^{(2)}=X_*^{(1)}\left\{\frac{\frac{\left[V_B^{(1)}\right]^2}{S_B^{(1)}}}{\frac{\left[V_B^{(2)}\right]^2}{S_B^{(2)}}}\right\}\approx X_*^{(1)}\frac{S_B^{(2)}}{S_B^{(1)}} \tag{1.13}$$

可以看出,当设备的额定状态与系统的额定状态接近时,阻抗的折算往往是按照与额定

容量成反比的方式来进行的。

通常设备自身的额定量往往用下角标"N"来表示,而系统侧的基准量往往用下角标"B"来表示,多数情况下都会遵循这样的惯例。

下面以双绕组变压器为例讨论其变比的标幺值问题。按照前面的介绍,变压器变比的有名值可以表示为

$$k_{\text{有名值}} = \frac{V_{N1}}{V_{N2}} \tag{1.14}$$

注意:这个表达式两端的基准电压选择的都是变压器自身的额定电压,具体如何取值请参见前面对变压器各绕组额定电压与其他设备额定电压相互配合的介绍。如果将两端电网额定电压定义为基准电压,则变压器变比的基准值可以表示为

$$k_{\text{基准值}} = \frac{V_{B1}}{V_{B2}} \tag{1.15}$$

进而可以把变压器变比的标幺值表示为

$$k_* = \frac{k_{\text{有名值}}}{k_{\text{基准值}}} = \frac{\dfrac{V_{N1}}{V_{N2}}}{\dfrac{V_{B1}}{V_{B2}}} = \frac{\dfrac{V_{N1}}{V_{B1}}}{\dfrac{V_{N2}}{V_{B2}}} \tag{1.16}$$

既然标幺值对应的基准值本质上是可以任意选择的,那么也可以令 $V_{N1} = V_{B1}$,$V_{N2} = V_{B2}$,则由式(1.16)可知 $k_* = 1$。显然,变压器的变比为1,本质上等价于不存在变压器。这就意味着,如果在电力系统中我们能够合理地选择各电压等级电网的基准值,就可以把所有变压器消去,使得要求解电网的模型大为简化。

然而这种企图并不是在什么情况下都能够满足的。请看图1-4中的例子,其中Ⅰ、Ⅱ、Ⅲ、Ⅳ四部分电网的额定电压分别为 10 kV、110 kV、220 kV 和 10 kV。若取最左侧发电机处所在电网的额定电压为 10.5 kV,则为了将各变压器的变比标幺值都变成1,在选择各电网基准电压时将出现矛盾。

从图1-4(a)中可见,为了让发电机机端母线所连的上面一台变压器的变比标幺值为1,则电网Ⅲ的基准电压应直接取 242 kV。而从图1-4(b)中可见,为了让发电机机端母线所连的下面一台变压器、图中最右侧变压器的变比标幺值都为1,则电网Ⅲ的基准电压应取 220 kV。这显然出现了矛盾。究其原因是因为在电网拓扑的回路中存在变压器支路,即存在所谓电磁环网的情况。

实际电网的拓扑结构接线方式将比图1-4中情况复杂得多。为了规避上述问题,人们基于大量来自工程实际的经验数据,归纳出若干所谓"平均额定电压"。一般认为,如果设备和电网都选择平均额定电压作为基准电压,则可以将变压器变比的标幺值都变成1,从而使分析计算大为简化。而这种近似又不至于对分析结果产生很大的影响,所带来的误差都在工程实际可以接受的范围之内[①]。常用 V_{av} 来表示平均额定电压。在我国现行的电压等级序列里,常见的平均额定电压为 3.15 kV、6.3 kV、10.5 kV、15.75 kV、37 kV、115 kV、230 kV、345 kV、525 kV。

---

① 需要说明的是,在面向工程实际的学科中,这种近似的思维方式是很常见的。有时近似的做法并不一定有很严格的数学上的解释,近似的做法使问题得到了简化,而并不会带来很明显的误差,这本身就是一种"实用主义"的解释。

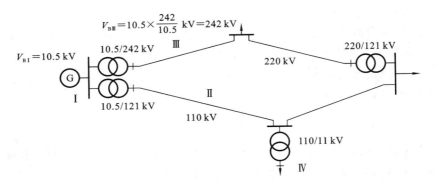

（a）确定电网Ⅲ基准电压的第一个途径

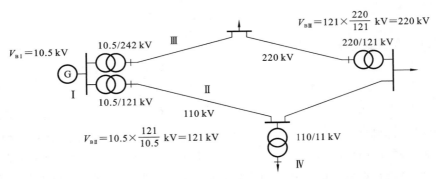

（b）确定电网Ⅲ基准电压的第二个途径

图 1-4   确定电网基准电压出现的矛盾

在本书后面介绍电力系统短路计算等场合，通常都选择平均额定电压作为电压的基准值。

1.1.3.3   标幺值的优缺点

标幺值的使用将贯穿本书的始终，并将在利用本书知识分析各种工程实际问题时得到广泛应用。这里对它的优缺点做一个汇总。

优点 1：易于比较电力系统各元件的特性及参数。

在很多情况下，对同一类物理量来说，其有名值可能有很大的差别，但是其标幺值可能按照更详细的分类分别处于不同的取值范围。例如，发电机的单位调节功率标幺值 K_{G*}，对汽轮发电机组而言，典型的取值范围为 $16.7\sim25$；而对水轮发电机组而言，典型的取值范围为 $25\sim50$。这种取值范围是由不同类型发电机组的本质特征来决定的，因此可以利用某个发电机组单位调节功率标幺值的数值来判断它到底是什么类型。

优点 2：能够简化计算模型。

举例说明。在电力系统运行的多数情况下，各发电机转子的转速相对而言都不会偏离额定值太远，在误差允许的范围内，常常假设发电机转子按匀速转速来旋转。由于有些物理量相互之间只相差了一个转子转速的倍数，而在标幺值的情况下转子的转速近似为 1，因此这些物理量的标幺值近似相同。例如，在同步电机中常用 L_{ji} 来体现一个绕组 i 中通有电流在另一个（也可能是同一个）绕组 j 中所产生磁场的电感，这种电磁感应关系对普通人的思维方式来说并不太形象化。如果注意到在量纲上电抗等于电感乘以角速度,则可以定义一个电抗 $x_{ji} = \omega L_{ji}$,用来代替电感 L_{ji},二者的标幺值相同。类似地,在量纲上电势等于磁链乘以角速度,则可以定义一个电势 $E = \omega \psi$ 代替原来的磁链 ψ,二者的标幺值也相同。这样,原本用电感和磁链所体现的抽象的电磁感应关系就可以用电抗和电势所体现的形象的电路关系来等效,进而用经典的电路分析的方法来加以分析。本书后文关于电机模型的介绍就是遵循这样的思路。

优点 3:能在一定程度上简化计算工作。

这里最典型的例子就是前面所提的在能够合理选择电网基准电压的情况下,尽量让变压器变比的标幺值变为 1,因此在标幺值参数的模型中可以不考虑变压器的变比作用,从而简化了对变压器各侧电压、电流的折算等工作,以实现简化计算的目的。

标幺值最明显的缺点是没有量纲,因此难以给出很直接的物理意义。这个道理显而易见,不展开讨论。

1.2 电力系统的历史沿革与现代社会

本书向读者深入介绍现代社会的基础性能源支撑体系——电力系统,其内容显然属于典型的工科知识。在全书最开始的时候,有必要让读者了解到本课程内容在整个人类知识体系中的地位。

说到知识体系,读者应该知道自古以来有无数的人对其进行了深入的探索。为了让这个话题尽量通俗易懂,这里列举著名美国科幻小说家和科普作家阿西莫夫在其科普名著《阿西莫夫最新科学指南》(见图 1-5)中所介绍的自然科学知识体系,如图 1-6 所示。此书著于 20 世纪中后期,从漫漫历史长河来看,应该是相对比较符合当前情况的。

图 1-5 阿西莫夫和他的《阿西莫夫最新科学指南》(图片来自网络)

图 1-6 中的"机器"就是我们通常所说的"工程技术"。实际上这些学科都是从第一次工业革命之后才发展成熟的,这也验证了这一点。其中与本课程有关的"电"和"电技

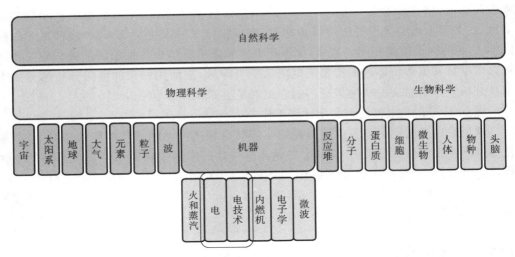

图 1-6　阿西莫夫的自然科学知识体系

术"只是很小一部分内容。然而这很小一部分内容同时又是最能代表现代社会特征的内容,让我们来梳理一下其中的脉络。

1.2.1　人类早期对"电"的认识

人类最早对电磁学相关现象的认识是对雷电的认识,早在原始社会人们就注意到了这些现象。但当时人们的知识储备非常少,只是把它看作是上天对人类的处罚。

人们比较早地试图用科学的态度来研究电磁学,起始于磁和静电现象的发现。人们很早就注意到琥珀被摩擦后可以吸引很轻的物体(如纸片),也发现磁铁吸引铁磁介质的现象,我们中国人发明了指南针,作为中国的四大发明之一,为西方社会进入"大航海时代"做出了重要贡献。但这些仍然至多只能算是经验科学。

第一个值得出现名字的人是吉尔伯特,他是 16 世纪英国物理学家。在 1600 年,吉尔伯特出版了《论磁》一书,书中详细介绍了用观察、实验等方法所研究的磁与电的现象。而作为用实验来研究电磁现象的里程碑式装置是莱顿瓶。荷兰科学家皮埃尔·范·马森布洛克在荷兰的莱顿最早用这种装置来做电磁实验,莱顿瓶由此得名。莱顿瓶本质上是一个静电电容器,能够存储电场能,这为此后的一系列实验创造了条件。

早期电磁学研究的巅峰人物是美国科学家本杰明·富兰克林。我们都很熟悉他在雷雨天放带有导线的风筝的故事,实际上做类似实验的还有几位科学家,有些甚至为此献出了生命,他们同样为科学的发展做出了贡献。富兰克林的一个著名的发明是避雷针,这与我们正在讨论的电磁学有关。

到此为止,人们在电磁学领域所开展的研究都还是比较初级的,因为都只能通过观察等手段做定性分析,没法做定量分析。这些还不能做定量研究的电磁学成果只能属于电磁学研究的早期阶段。

1.2.2　电磁学的定量研究

库仑定律在一定程度上可以看作是人们进行定量电磁学研究的第一个成果。它指的是:真空中两个点电荷之间的相互作用力,与它们的电荷量的乘积成正比,与它们的距离的平方成反比,作用力的方向在它们的连线上。两个电荷性质相同时是排斥力,相反时是吸引力。这个定律不但描述了物理现象,还能够给出具体的数值,所以说这是定量研究,显然这对客观事物的揭示更深刻一些。可以知道,库仑定律和万有引力定律的表达式是非常接近的,这又为一些人试图从更高的层面来思考问题提供了素材。

库仑是一位法国科学家,为了纪念他,人们用他的名字来命名这个定律,并把库仑作为量化电荷的单位。用开拓者的名字来命名成果,这是科学界的良好传统。安培、伏特、欧姆、亨利、高斯、奥斯特等物理量单位都是这样命名的,可以说这些科学家通过这种方式实现了名垂千古。

然而至此人们对电的研究仍局限在"静电"的范围内。如果人们始终注意不到,或者无法解释由于电荷的运动所带来的物理现象,那么很多理论都没法发展,我们专业最重要的研究对象——电力系统也根本不可能出现。从关注"静电"转而关注"动电"的开创性人物是两位意大利人,分别是贾法尼和伏打(又翻译成伏特)。贾法尼在做生物电实验时第一次发现了电流,而伏打正确地解释了生物电产生的原因是由于存在不同电位,并发明了第一个直流电源——伏打电池。

下一个里程碑式的成果更加著名,我们也更加熟悉,就是"欧姆定律"。欧姆定律最初的形式就是电阻两端的电压与通过电阻的电流成正比,这个比值就是电阻。学完"电路"课程后还可以将其推广到复数电路中,这对电力系统来说是极其重要的,因为描述整个电网的数学模型是节点导纳矩阵,而节点导纳矩阵正是基于复数电路中的欧姆定律和基尔霍夫定律推导出来的。

需要强调一点,评价一个成果的水平和重要性,并不一定与这个成果的复杂程度正相关。欧姆定律就是一个极好的例子,整个公式只有三个字母,却起到了改变世界的作用。实际上一些顶级的科学家(如爱因斯坦)都认为科学与美学有深刻的内在联系,而简洁性是美学的一种非常重要的表现形式。对本书的读者而言,一定要注意:并不是把问题做得非常复杂才叫有水平,真正复杂的问题能通过简洁的方式来解决,这才叫有水平,这方面的例子有很多。

1.2.3 电力工业的开端

1.2.3.1 电力工业的理论准备

1820 年丹麦物理学家奥斯特发现,在通电导线的周围,小磁针会发生偏转。这揭开了人类认识电磁关系的序幕,是划时代的一刻。为了纪念这一重大事件,从 1934 年起,奥斯特成为磁场强度的单位。

紧接着,两位法国科学家毕奥和萨伐尔在研究长直导体中电流的磁场对磁极的作用时提出了毕奥-萨伐尔定律,因而可以量化分析电生磁的物理现象。

下一位对"电生磁"理论做出重大贡献的人物是另一位著名的法国科学家——安培。他的成果有很多,首先是安培定律。安培想到,既然电流周围有磁,那么两条通有电流的导体各自产生的磁就会因相互作用而产生力,更重要的是安培提出了计算这种力的公式。我们再次看到,因为有定量的分析方法,说明人们对这种现象的理解已经比较深入了。通常我们把安培定律当作是电动力学开创的标志。同样是为了纪念安培,我们把电流的单位用他的名字来命名。

善于思考的读者应该能想到,既然"电生磁"的理论已经出现,对应的"磁生电"的理论也应该出现了。从某种意义上来说,这对电力专业更加重要一些,因为这意味着人们开始有办法来发电了。开创性人物是英国科学家法拉第。他有很多学术成果,其中就有法拉第电磁感应定律。1831 年 8 月 26 日,法拉第在实验中发现在用伏打电池给线圈通电或断电的瞬间,在另一组线圈中发现了感应电流。同年 10 月 17 日,法拉第发现在磁体与闭合线圈发生相对运动时,同样发现了感应电流。这是电气时代来临的标志。

从某种意义上来说,法拉第做的更重要的贡献是明确地提出了"场"的概念。他认为电和磁的相互作用是通过中间介质从一个物体传递到另一个物体,这个中间介质就是场。爱因斯坦认为,场的概念是法拉第最具有创造性的思想,是牛顿以来最重要的发现,给予了极高的评价。

1832 年,美国科学家亨利发现,一个线圈中的电流不但能在另一个线圈中感应出电流,也能在自身中感应出电流,从而提出了电感的概念。亨利的名字也成为电感的单位。

1833 年,俄国物理学家楞次提出由电磁感应得出感应电动势方向的电磁学定律,指出感应电动势总是会阻碍产生电磁感应的线圈或磁铁的变化。后来德国物理学家亥姆霍兹在提出能量守恒定律时证明楞次定律就是能量守恒定律在电磁现象中的表现形式。楞次定律对我们来说很重要,电机工作的原理、电机暂态过程的分析等在本质上都有楞次定律在发挥作用。

到此为止,人类对由电生磁和由磁生电都已经做了非常深入的研究,取得了丰富的成果。英国物理学家麦克斯韦的天才之处是把前面提到过的库仑定律、高斯定理[①]、安培定律和法拉第电磁感应定律等整合成一个有机的整体,即麦克斯韦方程组:

$$
\begin{cases}
\nabla \cdot E = \dfrac{\rho}{\varepsilon_0} \\[2mm]
\nabla \times E = -\dfrac{\partial B}{\partial t} \\[2mm]
\nabla \cdot B = 0 \\[2mm]
c^2 \nabla \times B = \dfrac{\mathrm{j}}{\varepsilon_0} + \dfrac{\partial E}{\partial t} c^2
\end{cases}
\tag{1.17}
$$

麦克斯韦方程组的具体内涵在这里不赘述,简单评价一下其重大意义。首先,麦克斯韦方程组是建立在一系列重大理论成果的基础之上,因此可以说是此前电磁学成果的集大成者。其次,自从麦克斯韦方程组诞生以来,人们不断地见证了它在多个领域的成功应用,但迄今为止,还没有一个人基于麦克斯韦方程组提出更加高级的电磁学理论。这里所说的在多个领域的成功应用,就包括为爱因斯坦提出相对论提供了工具,还包括从麦克斯韦的理论出发可以自然而然地推导出电磁波的概念。

可以认为麦克斯韦方程组是迄今为止人类电磁学发展的巅峰。读者可能会问,在麦克斯韦方程组提出后,人类开创了电气化时代、信息时代,乃至现在刚刚开始的人工智能时代,我们看到不断涌现出新的成就,怎么就说麦克斯韦方程组就是巅峰了呢?这是因为这里所提到的都属于应用层面,而不是开辟新理论,所以还不能说超越了麦克斯

---

① 也是静电学的内容,属于定量分析,受篇幅所限没有专门介绍,读者在"大学普通物理"或"电磁场"等课程中会学习这些内容。

韦方程组。

1.2.3.2 电力工业的形成和发展

应用不可能是完全自发出现的,如果把理论研究和人类社会发展放到一起来进行观察,我们会发现,我们人类社会的每一次进步,其实都伴随着科学的重大突破。

从人类进入工业时代开始。最早出现的就是机械化时代,当时的理论突破就是提出了牛顿力学,代表性的标志是蒸汽机的发明和利用。

接下来就是电气化时代,理论突破就是各种电磁学的理论,代表性的标志是电力工业的出现和内燃机的发明与利用。

进入 20 世纪,人类又进入了自动化时代,理论突破是爱因斯坦的相对论。我们现在还没完全离开这个时代,标志性事物包括计算机、原子能、航天技术等。

现在我们处于所谓智能化时代。理所当然的理论突破应该是关于人工智能方面的理论突破。不过目前我们还处于这个时代非常初级的阶段,一些学者把它称为"弱人工智能"阶段。我们正在见证这个时代,尤其是我国明确提出要建设"以新能源为主体的新型电力系统",这对人工智能在电力工业领域中的应用提出了更高的要求。

以上概括介绍了几次工业革命的历程,目的是想要指出,我们人类社会进入电气化时代,这是一件非常伟大的事情,直到现在我们都还没有完全超越电气化时代。而这也是经历了艰辛的历程,不可能一蹴而就。下面概括地介绍人类社会电气化的历程,主要是一些技术上的进步。再次强调的是:技术的进步离不开理论的发展。

约 1660 年,德国马德堡市长盖里克[1]发明了摩擦起电机。

1745 年,马森布洛克发明莱顿瓶。

1746 年,富兰克林提出了正电和负电的概念。

1800 年,伏打发明伏打电池。

1831 年,法拉第发现电磁感应现象,揭开了人类电气化的序幕,是划时代的事件。

1831 年,法国人毕克希发明了手摇式直流发电机。这可能是资料中最早关于真正发电机的介绍。前面的摩擦起电机利用的是静电,与我们当前发电机的原理完全不同。

1866 年,德国人西门子[2]发明了自励式直流发电机。

1869 年,格拉姆发明了环形电枢发电机。

1882 年,爱迪生在纽约建成世界上第一个电网,这件事情对我们来说非常有意义。这个电网只能向方圆几公里范围内的几个街区进行供电,和我们现在的大电网完全不能相比,但历史是有继承性的,很多人认为,从 0 到 1 往往比从 1 到 N 更有意义。

1896 年,特斯拉发明交流电机。交流电与直流电相比有很多技术上的优势,因此交流电机的出现使得电力工业能够得到飞跃的发展。

技术一直在进步。时至今日,我们现在建成的电网已经是远距离大容量输电、分布式发电和微网相结合的丰富形态了,在这方面不夸张地说,中国在世界上是处于领先地位的。目前我国明确提出要建设以新能源为主体的新型电力系统,这将是我国电力工业工作者为全世界能源事业做出的巨大贡献,也是我们人类能源利用应该的发展方向。

---

[1] 这位市长做得更著名的实验是马德堡半球实验,验证了大气压的存在。

[2] 这是一个著名的电气设备制造商的名字,同时还是导纳的单位。

　　而且技术将继续进步，人们在畅想，将来的电网将与供水、供气、供热、交通、信息等系统相融合，甚至会出现社会能源信息融合的网络，为更现代化的社会做支撑。为了实现这一目标，不仅技术要进步，而且更加依赖深层次的基础理论发生突破。

　　司马迁说："述往事，思来者。"对日新月异发展变化的世界来说，总有不适应新形势的地方，这就希望我们不断地做出创新。希望本书所讲授的关于现代电力系统的知识，对读者建设未来的电力工业，乃至更广泛的能源工业，可以奠定一定的基础。

1.3　习题

　　(1) 电力系统要尽可能时刻保持功率平衡的根本原因是什么？

　　(2) 决定电网电压等级的因素有哪些？

2

电力系统的系统性

2.1 引言：万物皆为系统

本书面向的是电气工程专业的本科生，这听起来似乎内容并不会太复杂，但是实际情况并不是这样。这固然是因为本课程的知识体系要求读者对本课程的先导课程有融会贯通的能力，同时也是因为本课程事实上是电气工程专业的核心内容，后面的很多专业课都以此为基础。

更重要的是，现代社会对大学生已经有了更高的要求，不仅要求学生有扎实的专业基础，还要求具备很强的通用素质，其中很重要的一个素质就是要有系统化思维的能力。既然本书的名字中就有"系统"二字，理应把"系统化"的理念贯穿于本书的始终。笔者也试图通过本书内容的展开，一方面能向读者介绍较完整的课程知识体系，另一方面也能论述如何用系统化的思维方式来认识电力系统，进而对其进行优化和改进。

要想达到这一目的，首先必须对系统论的一些通用的概念有所了解，这正是本章的主要目的。应该注意的是，本书并不是专门介绍系统论的书籍，读者若在这方面想有更深入的涉猎，建议读者阅读更加专业的作品。

我们知道，"系统"一词是现代社会非常常见的一个词语，以至于很多人不会仔细去思考它的本质含义，就加以应用。例如，我们日常生活中很容易接触到的通信系统、铁路系统、公路系统等，甚至我们人体之内也有循环系统、消化系统等，更不用说本书的核心研究对象——代表电气化时代的电力系统了。一般认为，系统是由实体、属性和活动组成，这些部分相互作用和影响，能够实现某些功能，这是系统的三要素。具有这样特征的客观对象都可以被看作是系统。为此，人们建立了专门的系统论科学来加以研究。

系统论的思维方式由来已久，在古希腊哲学家和中国战国诸子百家的著作中可以看到原始的、朴素的系统论思维。但真正把它当作一门专门的学问来介绍的，应该始于美籍奥地利科学家冯·贝塔朗菲的《一般系统论：基础、发展和应用》一书①。事实上，所谓系统论是现代科学发展和融合的产物，它本身就来自于科学家对不同领域的客观对象有了深入认识之后所做的一般性思考，是一个由特殊到一般、再由一般规律指导特殊应用的过程。系统论体系的理论众多，无法一一列举，著名的有控制论、信息论、协同

---

① 冯·贝塔朗菲.一般系统论：基础、发展和应用[M].北京：清华大学出版社，1987。

学、自组织临界理论等，不一而足。

回到我们要研究的核心问题，我们要深入学习的是电力系统，是要满足系统三要素的：首先，电力系统是由发电、输电、配电、用电的设备及辅助这些设备正常运行的控制、保护、测量等装置共同来组成的，其中每一种设备都可以继续细分成更具体的组成部分，同时电力系统具有典型的分层分区的特征；其次，在电力系统中，这些设备不是相互孤立的，而是通过一个巨大的电力网络联系在一起的，各个环节之间时时刻刻都存在复杂的相互作用；最后，人们建设电力系统的目的就是让需要用电的设备用得上电，因此要能够把发电机发出来的电输送到需要用电的地方，也就是说，电力系统实现了弥补电能供需在时间和空间上不匹配这一功能。显然，电力系统符合系统的定义。事实上，很多人认为电力系统是人类创造的规模最大、最复杂的工业系统，是很有道理的。

2.2 系统论与图论

要认识一个系统，就需要深刻把握构成它的子系统之间相互作用、相互影响的机理。所以系统化思维的一个很重要的特征就是既要关注个体本身，更要关注个体之间的相互影响。在很多情况下，由个体之间相互影响所带来的宏观的、全局的表现比单个个体的细节更重要。

例如，我们中学学物理时都很熟悉的理想气体，是由大量气体分子构成的。当我们把气体分子看成发生完全弹性碰撞的小球时，每个分子的状态由六个量来表征，即分子的位置（三维空间中三个分量）和分子的瞬时速度（三维空间中也是三个分量）。如果想要了解一定量理想气体的详细状态，就需要知道所有这些分子的详细状态，要知道的数据规模是分子个数的六倍，显然这是天文数字。而在热力学中，人们用简单的几个量（如气压、体积、温度）就可以了解作为整体的这部分理想气体的宏观状态了，而不需要知道每个分子的细节。更加重要的是，这并不影响我们利用气体做我们想要做的事情（如驱动蒸汽机工作等）。当然，尤其重要的是，想要把握理想气体的宏观状态，需要对个体之间微观作用有深刻理解，才能归纳出更加宏观的结果。

我们所关心的电力系统也是这样的，很多场合我们更加关注的是全网的宏观表现。例如，在某个运行状态下，电网的关键断面传输的功率有多少、全网电能流动的整体态势如何等。此时我们既要深刻理解组成电力系统的不同部分的工作原理，也要有全局宏观分析问题的思维方式。这些具体的内容读者在后面的章节中都会看到，此时我们需要认识到一点，就是当侧重于分析系统各组成部分之间的关系时，我们可以借助数学中的一个重要分支——图论。

历史上最早明确用图论分析和解决问题的数学家是欧拉（Leonhard Euler，1707 年 4 月 15 日—1783 年 9 月 18 日，见图 2-1）。促使欧拉开展相关研究的是格尼斯堡七桥问题。

格尼斯堡建于 1255 年，位于波罗的海沿岸，当欧拉研究格尼斯堡七桥问题时，该城堡属于普鲁士[①]。普莱格尔河横贯城区，将城市分成两部分，同时河中有两个小岛，使得城市一共分为四块陆地区域，共有七座桥梁将四块区域连接成一体，如图 2-2 所示。

---

① 目前该地区是俄罗斯飞地，今称加里宁格勒，是俄罗斯加里宁格勒州的首府。

图 2-1　瑞士数学家欧拉(图片来自网络)

在该城市中一直流传着一个悬而未决的问题:是否有一种散步的方案可以一次性经过七座桥梁,并不重复经过任意一座桥梁? 1736 年,欧拉向圣彼得堡研究院递交了一篇名为《格尼斯堡的七座桥》的论文,创造性地把四块陆地抽象成节点,把七座桥(见图 2-2 (a))抽象成连接不同节点的边,这样原问题变成了大家都熟悉的一笔画问题。由于图 2-2 中四个节点的度都是奇数,所以理论上一笔画完该图是不可能的。大数学家欧拉就是用这种天才的方式开创了数学的一个全新分支——图论。

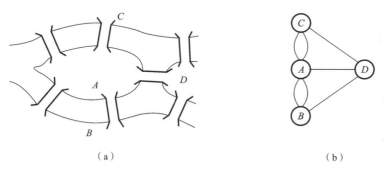

(a)　　　　　　　　　　　　　　　　(b)

图 2-2　格尼斯堡七桥问题(图片来自网络)

之所以说欧拉的解决方案是天才的杰作,本质原因是欧拉敏锐地抓住了问题的本质,即在本问题中,诸如陆地的形状、河流的流向、桥梁的长度等都与问题的解答无关,只有相互分隔的陆地之间的连接关系才是需要考虑的因素。所谓图论,本质上就是一门专门研究节点及节点之间连接关系的数学。现在再回到我们前面提到的系统的特征,一个很重要的表现也是要关注子系统之间的相互影响的关系。显然,如果我们能够把子系统当作节点,把子系统之间的相互影响当作连接节点的边,则系统的某些本质属性也可以用图来表示。

随着所研究的系统规模越来越大、结构越来越复杂，人们渐渐发现，在系统规模大到一定程度以后，一些全局性的特征更多地是由这种连接关系的特征（及拓扑特征）来决定，而系统中单个个体对全局特征的影响相对较小。显然，对于这样复杂的系统，已不能仅借助经典图论的研究工具来完成，而必须有一些能够研究大规模复杂网络的理论来支撑。自 20 世纪中叶以来，一些杰出的学者先后发展了随机网络、小世界网络、无标度网络等诸多网络模型，目的就是研究已经高度复杂化的网络[①]。在我们当前这个时代，很多庞大的系统本质上也都是复杂网络，如互联网、铁路公路网、动物的脑神经网络和血管网络、植物的维管网络等均是如此。本书重点关注的现代大电网也是如此。

2.3　电力系统是典型的非平衡系统

19 世纪，自然科学的一个重要的理论成果是热力学第二定律。该定律有两种等价的表述形式，即克劳修斯表述和开尔文表述。无论哪种表述，最终都能引出一个令人忧虑的论断：在自然界中，一个孤立系统的总混乱度（熵，entropy）是不会减小的。这就是所谓的熵增原理。之所以说这个论断令人忧虑，是因为理论上这种熵增现象是不可避免的，因此系统最终总会演化到处处均匀的所谓各向同性的状态。理想气体注入真空室后，会迅速地弥散到空间各处，而不是所有气体分子在某个角落聚集，这其实就是熵增原理的一种表现。

万幸的是，我们所处的这个世界不但没有表现出混乱程度日益增加的情况，恰恰相反，我们能够观察到周围的有序程度在不断增加。例如，生命从最初的极其原始的状态出发，现在已经演化出极其复杂的生物种类，我们人类就是其中的代表。更进一步，大量人类个体又进一步演化出社会形态，从原始社会开始，到国家、阶级的出现，再到现在社会分工越来越明确，这些无不是有序程度增加（而不是降低）的直接表现。难道是热力学第二定律错了吗？并不是。

图 2-3　伊利亚·普利高津
（图片来自网络）

实际上，"熵增原理"有一个很重要的前提条件，就是它只有在孤立系统中才是绝对成立的。所谓孤立系统（又称为平衡系统），指的是与所处的外部环境之间不存在物质、信息和能量交换的系统。而我们所能接触到的绝大多数系统都不满足孤立系统的条件，所以往往是"非平衡系统"。对非平衡系统而言，最有代表性的成就是 1977 年诺贝尔化学奖获得者、俄裔美籍学者伊利亚·普利高津（见图 2-3）所提出的耗散结构理论。囿于篇幅，在此无法论述耗散结构理论的详细内容，感兴趣的读者可以阅读普利高津的相关著作。本书只简单引述与电力系统相关的典型观点，即耗散结构理论的观点为，若系统与外界存在物质和能量的交换，同时系统各要素之间存在复杂的非线性相干效应，则可能产生自组织有序状态。

---

① 资料来源于厄多茨、瓦茨、巴拉巴什等人的代表论文。

有读者会说,既然出现有序状态,甚至有序程度不断增强,这是非平衡系统才具有的性质,如果把非平衡系统与其外部环境合并到一起形成一个更大的系统,则这个系统又有可能成为孤立系统。如果还不是孤立系统,意味着它仍然有外部环境,那么就重复刚才步骤,直至把整个宇宙都包含进来。这种孤立系统还是满足熵增原理的。事实上还真不能这么武断地下结论。因为关于宇宙是否有边界的问题目前仍然是一个悬而未决的问题,甚至已经触及哲学的范畴,事关有限与无限的定义。这显然超出本书要论述的范围了,我们还是回到现实世界中的电力系统来。

对电力系统来说,前面已经提到过,它是由发电、输电、配电和用电几个环节组合而成的一个整体,如图 2-4 所示。其中的发电环节是将其他形式能量(如图 2-4 中水库放水所带有的机械能,或火电厂燃料中蕴含的化学能)转化成电能,用电环节是将电能转化成其他形式能量(如转化成驱动车床上刀具旋转的机械能,或电动汽车电池中的化学能)。显然,电力系统与外部环境存在能量的交换。

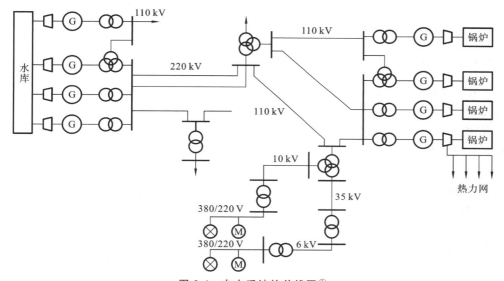

图 2-4　电力系统的单线图①

本书中会有很大一部分内容是在讨论"处于稳态的电力系统"。在稳态下,人们所关注的电力系统中的物理量往往是恒定不变的,或更确切的说法是在一个恒定不变的值附近做微小扰动,这种扰动在很多研究场合都可以忽略不计。需要注意的是,这里所说的"处于稳态的系统"和前面所提到的"孤立系统"不是同一个意思。电力系统中的稳态往往指的是母线电压恒定、发电机输出功率恒定等,其中发电机输出功率的恒定表征的是其他形式能量转化成电能的速度恒定。同理,负荷消耗功率指的是电能转化成其他形式能量的速度恒定,母线电压由达到上述能量转换速度的态势来决定。显然,上述词汇本质上都带有某种"动态"的色彩。

也就是说,电力系统是典型的远离平衡态的系统。或者更加明确地说,电力系统是典型的非平衡系统。因此,人们观察到的电力系统在正常运行时是高度有序的,这既是由电力系统自身所特有的规律所决定的,也是由耗散结构理论这种通用的规律所决定

---

① 　电力系统常为三相对称电路,可通过只绘制其中一相来体现,称为电力系统的单线图。

的。尽管本书后文不会对电力系统的耗散结构理论做进一步深入讨论，但读者最好还是能尽早把这种基本的系统论观点建立起来。

2.4 电力系统的时空表现

"四方上下曰宇，古往今来曰宙"。从古至今，人们试图认识自身所处的世界，其实主要是建立正确的时空观。电力系统尽管是人造的，但确保电力系统正常运行的是大自然中所具有的客观规律。要想深入把握电力系统的本质，也要建立起电力系统语境下的时空观。

上面所说的电力系统是典型的远离平衡态的系统，其原因是电力系统中能源供给的角色（发电环节）与能源消费的角色（用电环节）在不同的时空尺度上存在一定的失配现象，从而促使人们建设电网来提供电能传输的途径，进而实现对这种失配现象的弥补。因此，电网是实现电能优化配置的最重要的手段。或者从另一个角度来说，只有存在对电能传输的需求，电网才有存在下去的意义。

2.4.1 电力系统的时间尺度

电力系统是现代社会最重要的基础设施之一，其自身极为复杂，内部蕴含着多个时间尺度下的问题。为叙述方便，这里假设电力系统典型的时间尺度共有三个，即长时间尺度、中时间尺度和短时间尺度。目前对电力系统中时间尺度的划分尚无明确的定论，在本书中主要依据下述论断：

（1）时间跨度为一年或一年以上的电力系统问题，属于长时间尺度问题；

（2）时间跨度少于一年，但可通过"人为"的电力调度手段解决的问题，属于中时间尺度问题；

（3）时间跨度很短（通常为秒级以下，如毫秒级甚至微秒级），人为因素难以主动参与，需要自动控制手段才能解决的问题，属于短时间尺度问题。

2.4.1.1 电力系统的长时间尺度问题

1. 电力系统规划

1）电力系统规划概述

电力系统的长时间尺度问题主要指的是与电力系统规划建设相关的问题，这种问题往往以月、年甚至数年为周期。前面已经提到过，电力系统是人类创造的最复杂的工业系统，这不仅因为电网覆盖地域广阔，与现代人类社会生活密切相关，还因为电力系统所包括的设备种类繁多，数量巨大，进而决定了电力系统的施工周期漫长，建设经费庞大，在发展建设的过程中出现重大的决策失误而带来巨大的损失。这就要求在对电力系统进行规划设计时要尽可能采取优化的方案，并对电网所服务的经济社会的发展预留足够的裕度。

由于对电力系统的发展做出科学的规划如此重要，长期以来人们已经形成了一整套完善的电力系统规划体系。应该说，电力系统规划本身涉及电力系统、运筹学、经济学等诸多领域的知识，本身足以作为一门专门的专业课来学习。囿于篇幅，此处仅对其做出最为概要的介绍。

对电力系统的发展做出科学的规划,本质上就是在较长的时间尺度上采用尽可能优化的方式来弥补电能供需的失配关系。问题的时间尺度较长,意味着通过电网规划所做出的决策都是比较重大的,无论从经济层面还是政治层面都是如此。

既然电网的作用是实现电能的优化配置,那么从整个电力系统的层面来看,在开始对电网进行规划建设之前,需要厘清电能供需的失配关系,再解决如何弥补这种失配关系的问题。因此,电网规划需要解决三个最基本的问题,即电源规划、负荷预测和电网网架规划。

2) 电源

电源规划指的是采取最合理的方式来建设和改造电力系统区域内的电源,这里的电源往往指的是发电机,在现代电力系统中还可能包括储能装置等,在本书后面的内容里,如果没有专门的说明,电源指的就是发电机,被配置的内容包括电厂的选址、发电机容量型号的选择、辅助设备的配置等,其中最核心的问题是电厂的选址。理论上电源距离用户用电设备越近,传输电能所需付出的代价就越小,电网建设的成本也就越低。但是现实世界中的问题往往是需要满足约束条件的,对电源建设而言,最重要的约束条件就是能源禀赋。

就本书内容而言,除了需要关注电源的上述特征之外,还需要更加关注电源与电网的互动关系。各种可再生能源[①]发电形式,往往需要配置在相应一次能源富足的地区;而相对而言,利用传统的不可再生能源[②]来发电的形式反而受地理条件的约束较少,因为各种不可再生能源都需要在开采出来后才能加以利用。这些能源往往不能在矿区直接被应用(也有一些火电厂是建设在矿区附近的,即所谓"坑口电厂"),而是需要通过交通运输的手段把煤、石油、天然气输运到发电厂所在地址,这就使得这些发电厂的选址要灵活得多。事实上,有学者研究表明,在能量输送的距离超过一定长度之后,将坑口电厂发出的电通过高压输电系统传输到远方,所付出的全社会代价并不一定比把煤炭通过铁路、海运输送到用电需求的区域发电的代价更小。也就是说,虽然"电能是比较容易传输的能量形式"是一种通用的规律,但当遇到具体的情况时还是应该站在更高的层面来做出具体的分析和决策。站在系统论的角度,电源的功能就是通过把其他形式能量转化成电能的方式来实现电力系统与外部环境的能量交换。

3) 负荷

严格地说,在电力系统不同时间尺度的问题中都涉及负荷预测,与电网规划有关的负荷预测是中长期负荷预测,任务是分析和研究被规划电网所在地区若干年(往往被称为规划目标年)后用电负荷发展的整体情况,包括电力[③]预测和电量[④]预测。显然,用电负荷只有满足用电需求时才会发生,通俗地说就是只有人们需要把电能转化成其他形式能量来完成一定任务(如加热、制冷、照明等)时,才会表现出用电的功率或电量。从

---

① 一般指的是在自然界中可以循环再生、取之不尽的能源,如太阳能、风能、水能、生物质能、波浪能、潮汐能、地热能等。

② 又称为非再生能源,指的是在自然界中需要经过漫长的过程才能形成、储量越来越少,终将枯竭的能源,包括煤、石油、天然气、油页岩、核能等。

③ 即用电的有功功率,功率的英文为"power",又有"力量"的意思,早期电力工作者和学者依据习惯将其称为"电力",约定俗成后成为电力工业中的专有词汇。

④ 即"电能量"的简称。

这个意义上来说,用电负荷体现的是人们社会经济生活的具体需要,是更大的社会经济系统中更复杂的行为在电力系统中的体现,是通过把电能转化成其他形式能量的方式来实现电力系统与外部环境的能量交换。

系统的一个重要的特征就是要实现特定的功能,如果我们说让需要用电的设备用上电是电力系统要实现的功能,则满足负荷的需求体现的是电力系统更本质的特征,一般情况下它是促使电力系统发展演化的因素和约束条件,从长时间尺度来看,在传统技术体系下很难通过调整用户的用电行为来影响电力系统的全局特征。

需要特别指出的一点是,当考虑长时间尺度的电力系统的发展变化时,往往电量的约束是更加本质的,而电力的约束由于其瞬时性,相对而言更容易通过具体的技术手段来解决,不会影响电力系统发展的长期目标。如果混淆这一点,有时会让电力系统付出不必要的代价。例如,为了应付一年之中只有少数几天甚至少数几个小时才会出现的最大负荷(所谓"尖峰负荷"),专门建设了额外的输电线路,则显然这些线路在全年负荷水平不高的时段将被长期闲置,设备利用率极低,严重影响电力企业的经济效益和全社会的福利。如果可以通过需求侧响应、储能配置或其他手段来应对这些尖峰负荷,将显著改善系统的设备利用率,这更加符合电力系统发展的长期目标。

4)电网

电网是实现电能优化配置的有效手段。也就是说,既然电力系统的功能是为了让需要用电的设备用上电,就要有足够的手段把电源发出来的电能输送到需要用电的地方去,通常电源和负荷都不在同一个空间位置①,这就需要有一个电网来完成电能输送的任务。

对普通公众而言,通常所说的电力系统其实指的就是电网,人们日常生活中所需的用电通过电网与我们之间的界面(如房间中墙壁上的电源插座)源源不断地输入我们的用电设备。现代社会的用电是即插即用的,人们往往不需要关注所用的电能来自何处,似乎为我们供电的电网一直都在,直到电网中发生了故障才会让我们注意到它的存在。各种公用基础性设施(如供水、供气的系统)都有类似的特点,这实际上是社会发展水平较高的标志。

但是对电力系统的从业者来说,电网并不是静止的,从较长时间尺度来看,电网一直是在发展演化的。从系统论的角度来看,电网与动物的血管网络或呼吸道网络、植物的维管网络等在本质上是非常类似的,都是为了输运物质和能量而形成的网络,因此这类网络又称为"输运网络"。更重要的是,对这些网络而言,由节点和边所体现的纯拓扑特征固然重要,导致这些拓扑特征出现的输运功能的具体实现方式更加重要。电网是为了满足用户的用电需求才出现的,只有有这种需求才会有电网,进而电网的形态就应该是最能够满足用户用电需求的形态,从承担远距离大容量输电功能的输电网,到实现电能明确配给功能的配电网,再到目前日趋成熟的微网等,其终极目标都是为了满足用户的用电需求。这些内容将在"电力系统的空间尺度"一节中详细论述。

2. 电力系统运行方式及年运行方式

1)电力系统运行的特点

以上详细讨论了与电力系统规划有关的电力系统长时间尺度问题,在这些问题中,

---

① 可能的例外是厂用电或机端负荷,不在讨论之列。

电力系统本身被当作可以发展变化的对象来处理,或者换一句话说,人们关心的就是电力系统如何发展变化的问题。

与电力系统规划问题相并列的另一大类问题可以被称为电力系统运行的问题,也就是对一个已经确定的电力系统而言,系统如何运行的问题。我们说电力系统已经确定,指的是系统内各个节点和边所对应的具体设备已经确定,但这并不意味着电力系统运行的具体状态是固定不变的。要说明这个问题,就需要认清电力系统运行的三个最基本特点。

电力系统运行的第一个特点,是电能生产的所有环节(发电、输电、配电和用电)几乎是同时完成的。这里用了"几乎"一词,是因为从发电到用电还是需要经过在电网中传输的过程,这个过程导致延迟。但由于电能借助金属导体传播的速度近似为光速,即每秒约 30 万公里,我们知道地球赤道的周长也不过 4 万公里左右,因此往往可以认为发电机发出来的电瞬间就被负荷用掉了,中间的延迟可以忽略①。

电能生产的所有环节同时完成,还有另一个含义。我们知道,受商品流通的具体流程所限,几乎所有的商品在生产出来后都需要经过一次甚至多次在仓库中进行储存的过程才能最终送到消费者手中。但是对电能而言,迄今为止尚没有很有效的手段进行大量的储存,这在客观上也决定了发电机发出来的电必须立刻被用掉。或者换一个角度说,只有用户有用电需求,相应的电能才会被发电机转化。尽管当前储能技术取得了长足的进步,但迄今为止在电力系统中能发挥的作用还相当有限,使得"电能生产各个环节同时完成"这一论断仍然有效。由于考虑的是瞬间的情况,人们往往将其称为电力系统能够实现功率平衡,有功功率和无功功率都是如此,即

$$\begin{cases} P_{G} = P_{LD} + P_{loss} \\ Q_{G} = Q_{LD} + Q_{loss} \end{cases} \tag{2.1}$$

式中:P_G 和 Q_G 分别为全系统电源发出的有功功率和无功功率的总和;P_{LD} 和 Q_{LD} 分别为全系统负荷所需的有功功率和无功功率的总和;P_{loss} 和 Q_{loss} 分别为电能通过电网传输过程中消耗的有功功率和无功功率的总和。

在式(2.1)中,负荷所需功率由用电用户自身的需求来决定,这对电力系统而言是随机量,且时时刻刻都在变化。功率损耗一方面由电源发出功率和负荷需要功率的不匹配程度来决定,另一方面也由电网运行时的具体拓扑结构来决定。为了保持功率的平衡,需要电源能够尽可能快速地跟随电力系统中功率需求的变化而变化。其中有功功率的平衡更加重要,传统的方式是通过发电机的调速系统动作来改变发电机有功出力的,新技术条件下还可以利用储能装置来参与有功功率平衡,如果机制发展成熟,甚至可以鼓励具有能力的用电设备也参与其中。无功功率电源和负荷与有功功率的有所不同,但从功率平衡的角度是类似的,在后面的章节里会有专门的讨论,此处不赘述。无论如何,电源出力的变化都是在负荷发生变化之后,不可避免地存在延时,所以绝对的功率平衡是不存在的。但是放眼世界,各国的电力系统在绝大多数时间里都能够运

---

① 这一说法通常不会带来问题,但也存在特殊的情况。例如,当分析长输电线路的电磁暂态现象时,假设有一条长度为 1500 km 的输电线路,一度电走完线路全长所需的时间为 1500/300000 s=0.005 s。我国以 50 Hz 作为额定频率,则交流电的一个额定周期为 1/50 s=0.02 s。因此一度电走完线路全长需要经历 0.005/0.02=1/4 周期,这么长的时间电气角度将要变化 1/4×360°=90°,对很多变化快速的物理现象而言是不能忽略的。本书所关注的多数为电力系统稳态运行的问题。

行在比较正常的状态下,这是由电力调度部门通过合理的调度、控制等技术手段来保证的,这不能不说是现代工业的奇迹。

电力系统运行的第二个特点,是系统中存在速度快慢不同的多种暂态过程。这里说的"暂态过程"取其字面上的含义,通常指的是起初系统处于稳态[①],在受到扰动后系统的状态将经过一个随时间而变化的过程,最终趋于一个新的稳态,这种由一个稳态过渡到另一个稳态的过程就是暂态过程。当然系统受到扰动后也可能无法获取新的稳态,则系统将始终处于暂态过程之中。按照变化速度由快到慢,可以把电力系统中的暂态过程分为多种类型,如表 2-1 所示。

表 2-1　电力系统中的暂态过程

名称	含　义	时间跨度	典型物理现象
电磁暂态	电力系统各个元件中电场和磁场(以及相应的电压和电流)的变化过程	数微秒~数秒	操作过电压、输电线路行波、变压器或发电机绕组暂态过程、高次谐波等
机电暂态	电力系统中发电机或电动机电磁转矩变化引起转子机械运动变化进而导致整个电力系统状态变化的过程	数秒~十几秒	电力系统中受到大扰动后的暂态稳定或受到小扰动后的静态稳定,包括功角稳定、电压稳定、频率稳定、低频振荡等
中长期动态	电力系统中严重扰动使得系统的频率、电压、潮流产生较大幅度的持续偏移,以致引起系统一些较慢的动态过程的变化、保护和控制系统的动作等	数分钟~数小时	有功/无功负荷持续加重,频率电压持续偏低/偏高,有载调压变压器分接头的动作,变电站无功补偿装置的投退,火电厂锅炉动作等
长期动态	电力系统中缓慢的变化带来的全局性的影响	数月~数十年	通常指的是全网中负荷数量和分布的变化,系统内能源开发的变化带来电源分布的变化,与之相适应的电网建设项目的实施

表 2-1 中除最后一行外涉及的暂态过程都比较快,可以通过调度、控制等手段来处理。而最后一行中涉及长达数月、数年乃至数十年的变化过程,一方面可以借助前面介绍的对电力系统开展合理的规划来应对,其中相对较短的过程(数月~一年)也不一定需要通过规划建设的方式来改变电力系统,而是可以通过合理设定既定电力系统[②]运行的状态来加以解决。

电力系统的第三个特点,是它与现代社会的所有部门、日常生活、通信、交通等方方面面都有非常密切的联系。这个观点在前面已经提及,此处不赘述。仅说明一点,就是目前工业界和学术界正在提倡的"能源互联网"概念[③],他们试图在更大的范围实现对多种能源形式的综合优化应用,减少对环境的影响,促进可持续发展。多数学者认为,

---

[①] 注意:这里说的稳态就是前面介绍非平衡系统中所指的系统与外部环境的能量交换实现动态平衡的状态。

[②] 需要考虑预期电网或电源建设或改造在运行期间所带来的变化。

[③] 里夫金.第三次工业革命[M].张体伟,译.北京:中信出版社,2012。

即使到能源互联网相关技术比较成熟的时期,由于电能先天所具有的易于传输和转化的优势,仍将以电力系统为枢纽和骨干来建设能源互联网。这既体现了学习本书所介绍的电力系统的相关知识的重要性,同时体现了未来范围更广泛的能源系统仍然存在分层、子系统相互影响、满足人们用能需求等典型的系统论特征。

综上所述,电力系统运行具有三个特点:电能生产各环节的同时性、暂态过程的多样性和复杂性。应该说,从人类社会进入"电气化"时代以来,人们就已经注意到了电力系统所具有的这三个特点,早期的电力系统学术著作中对此就已经有深入详尽的阐述①,并以之为基础建立了电力系统运行的完整的技术框架。笔者认为,在可预见的将来,电力系统的这三个特点仍将直接决定人类社会的用能方式和能源工业发展趋势。

2)电力系统的运行方式

现代电力系统规模越来越大,拓扑结构越来越复杂,设备类型越来越多,所面临的运行条件也越来越多样化。为了对电力系统实施更好的调度,使其能够尽可能运行在比较良好的运行状态,"运行方式"的概念是非常重要的。

电网的运行方式包括电源与负荷的电力电量平衡、厂站接线方式与保护的配合、各电网间的联网及联络线传输功率的控制、电网的调峰、无功电源的运行调度及各种负荷水平下电网的运行特性等。直观地说,电力系统的运行方式指的是电力系统中的所有设备应该按照什么样的方法和形式来运行,才能让它们能够更好地相互配合,获得全系统整体上最好的状态。具体而言,诸如发电厂中应该投入几台发电机运行、每台发电机具体出力多少、抽水蓄能发电机组的抽水和放水模式如何切换、发电机端母线电压应如何整定、变电站中多台变压器投入几台、每台变压器变比对应分接头如何选择、变电站中无功补偿装置如何投切、是否有某些输电线路因检修而退出运行、是否有某些被检修的输电线路需要重新投运、直流输电系统中换流站的运行模式及相应控制量整定值等,都是电力系统运行方式包含的内容。在新能源占比越来越大的电力系统中,如何合理地制定新能源发电厂(场)的发电计划等也成为电力系统运行方式的重要组成部分。严格来说,电力系统的运行方式还可分为正常运行方式、事故运行方式和特殊运行方式,在本书中如果没有特别强调,一般指的是正常运行方式。

由上面的描述可见,从系统论的角度分析,确定电力系统的运行方式也是一个通过指定微观层面单个电气设备运行状态来得到整个电力系统合理运行状态的问题。这里的关键词是"指定"二字,显然这意味着可以通过某个处于核心位置的中央控制部门来确定电力系统的运行状态。事实上,传统的电力系统也确实是按照这样的理念来运行的,从而提出适合传统电力系统实际情况的电力调度控制体系。

在这样理念的指引下,人们采用逐级精细化的方式来指导电力系统的运行。综合各方信息制定年度运行方式,以之为基础制定月度运行方式、日运行方式乃至小时级运行方式。制定运行方式时,时间尺度的每一次升级都是对电力系统可能的运行状态从粗糙向精细的一次过渡。再次强调,这里所获得的运行方式是"指定"出来的,带有电力调度人员的主观因素,而且从全局层面来看是电能提供方(电源及储能)单方向适应电能需求方(用电负荷)变化的结果。

然而电力系统本质上是"去中心化"的。尽管目前电力系统对全局性的电力调度部

---

① 马尔柯维奇.动力系统运行方式[M].张钟俊,译.北京:中国工业出版社,1965。

门有着难以避免的依赖,然而实际上一个典型的电力系统调度体系也是分层分区进行调控的。换言之,虽然电网公司从行政级别上确实存在一个所谓"总调"部门,但这个总调通常只能对级别最高的电力系统联络线路和个别直调电厂等关键设施产生直接的控制效果。从另一角度来讲,一般意义上最高级别的电网调度部门并不能直接控制电网中的每一个角色,更低级别的调度机构是必不可少的。就算忽略了电网的分层分区,最高级别的调度部门能够直接控制的范围也不可能覆盖所有的用电设备。举个简单的例子,人们家中照明灯的使用与电力系统的最高级别调度就不相干(排除偶然的意外断电情况),用户的任意"开灯"和"关灯"的行为都是因为其本身的主观需要而进行的,负荷的变动和电力系统的调控没有关系,具有很强的随机性,这也是前述"电能提供方单方向适应电能需求方"的客观原因。现代大电网中所涉及的源网荷储设备总数量级可达 10^8,而在现有的电力系统调控模式下,能够完全采取中心控制、进行直采直控的设备数量级的极限仅为 10^5,即只有占总数 0.1% 的装置能够被所谓中心控制,剩下的装置的运行都与"中央控制"无关。由此从全局的层面来看,一个能够控制电力系统中所有角色的"中央控制"部门在电力系统中是不可能存在的。更甚的是随着电力市场化改革的推进和分布式发电、微网等技术的逐渐成熟,这种"去中央控制化"将迎来更深刻的增强。

尽管一般认为电力系统的运行极其复杂,但本书作者认为电力系统事实上遵循着"简单的运行原则"。之所以说电力系统的运行复杂,是因为电力系统中都是涉及时间和空间尺度的极其复杂的多种物理现象:发电机和电动机是最常用于实现电能和机械能相互转换的电力设备,其在动力学上受到的约束包括电磁感应定律和牛顿第二定律;此外还有其他如同煤磨机、锅炉、压力管和反应堆的能源设备,它们具有把化学能、水能和核能转换成机械能的能力,可以进一步引起机械运动和电现象的相互作用;当从经济的角度考虑不同角色的行为时,就会萌生更加复杂的问题。然而,这些复杂的现象仅仅是在宏观的角度上反映出来的,在微观的角度上,每一种电气设备之间的相互作用只遵循牛顿力学定律、法拉第电磁感应定律、基尔霍夫电压电流定律等这些非常基本的物理定律。从电力市场的角度来看,若考虑经济行为,单一电力系统中经济参与者的模型也会被高度简化。所以可以认为,电力系统的具体组成部分都遵循着简单的运行原则。

综上所述,本书作者认为电力系统满足学术界公认的复杂系统的定义:电力系统是一个由许多个体组成的大规模网络,没有中央控制,仅仅根据简单的运行规则,便产生复杂的全局性行为。这是本书作者试图在介绍电力系统基本概念和基本分析方法的同时,向读者灌输应用系统论来理解和分析电力系统的一个最重要的理由。

3)年度运行方式

顾名思义,所谓年度运行方式指的是电力调度部门在掌握前一年甚至若干年电网运行信息的前提下,对下一年电网可能处于的运行状态的一种评估和预测的结果,同时还要综合考虑本年度电厂、电网的新改建项目的投产计划、电网覆盖区域经济社会发展的预期等因素。从某种意义上来说,年度运行方式是所有运行方式中最重要的一种,因为它大体上约定了一个电网在未来一年的运行状态、经济效益乃至发展轨迹,对电网乃至电网所服务的社会经济起一定的引领作用。

年度运行方式涉及的内容非常广泛,触及电力系统运行的方方面面,这里只对其中最重要、最能体现系统特征的因素进行讨论。如前所述,电力系统的目的是实现全系统的电力电量平衡,因此运行方式也应从电源和负荷两个角度来确定。

从负荷的角度来说,通常可将年度运行方式分为大方式和小方式两大类,这里的"大"和"小"指的是可能的短路电流水平的高和低。所谓最大运行方式,指的是电网在该方式下运行时具有最小的短路阻抗值,从而一旦发生短路将产生最大的短路电流值。最小运行方式则反之。要强调的一点是,尽管短路电流表面上是电力系统故障分析的直接结果,但其实是由负荷水平、发电机出力、电网拓扑结构等共同决定的,也是能够体现系统特征的重要指标。未来一年电力系统的所有运行状态都应该被包含到大小两种方式所约定的边界范围,因此大方式和小方式的精确预测就成为一个很重要的任务,这往往通过对电力系统进行中长期负荷预测来完成。

从电源的角度来看,情况会更加复杂一些,因为需要综合考虑用于发电的一次能源的特性。传统的发电形式主要包括火电和水电,在过去的几十年里,人们又发展了核电等新的发电形式。近年来,多种多样的新能源发电形式层出不穷,在电力系统中所占比例逐年增加。一般认为火电(尤其是煤电)的发电能力主要是由燃料的可获取性来决定的,而这种可获取性基本只取决于矿藏与发电地理位置之间的交通能力,与气候等难以由人力而转移的特性无关。而水电的情况大不相同,因为存在枯水期和丰水期的因素,所以在水电占相当比例的电网中必须充分考虑这一因素。反映到整个电力系统的年度运行方式中,就需要考虑枯水期和丰水期两种不同的水力发电能力参与电力电量平衡下的运行方式,这构成了电源侧的边界场景。

显而易见,既然电源和负荷两侧分别有两种不同的边界场景需要考虑,因此至少需要 $2 \times 2 = 4$ 种典型的年度运行方式,习惯上称为"丰大""丰小""枯大"和"枯小"四种方式。事实上还可能依据电力系统自身特点不同考虑更多的情况,尤其是在大规模可再生能源接入电力系统的情况下,风力、太阳能等资源在跨度为一年的时间尺度下也可能表现出明显的差异,需要多种典型年度运行方式与之相对应[①]。

在以年为单位的时间尺度下,不仅要考虑所建设或运行的电网在满足全社会用电需求时应具有充分的技术能力,还要考虑实现此技术能力所必须付出的全社会成本。例如,既然水电只有在丰水期才能充分发挥作用,则制定年度运行方式时应尽可能确保水电在丰水期满发,而在枯水期更应发挥水电机组调节能力强的优势,令其发挥电力电量平衡调节的作用,而不是强行追求枯水期因发电所带来的经济效益。又如,在规划和运行含大比例可再生能源的电网时,不能仅看到新能源清洁发电所带来的环保效益和社会效益,也应注意到在当前的技术水平下,主流的新能源仍具有明显的随机性和间歇性,仍需依赖具备灵活调节能力的常规机组(如火电)与之配合,此时应将火电等对环境的影响综合考虑进来并加以评估。再如,高电压等级的特/超高压输电系统的确能完成将高度集中的新能源发电基地所产生的电能传输到远方负荷密集区域的任务,但评估这些输电系统效益时不能仅看一年之中源荷最不匹配的短时阶段的效果,还应综合考虑新能源有效年利用小时数偏低、有可能削弱这种远距离大容量效益的实际情况。凡此种种难以一一列举,电力建设者和运行者应该深刻理解和认识。

无论如何,年度运行方式是在时长为一年的跨度下确定了未来电力系统可能处于的典型运行状态,这也是构成电网的所有组成部分共同作用所呈现出的宏观表现。目

---

① 当需要考虑的典型年度运行方式过多时,事实上所谓"典型"已经失去了应有的含义。

前阶段年度运行方式主要仍依赖电网运行人员的经验和智慧来"人为"制定。随着新能源、用户主动响应电网需求等因素越来越多地加入电力系统中,将有越来越多的任务需要借助计算机和信息系统加以辅助决策来完成。

2.4.1.2 电力系统的中时间尺度问题

本书中将电力系统中时长小于一年、但"人工可干预"的问题都称为中时间尺度问题,传统上包括季度运行方式、日运行方式等。随着电力调度水平的不断提高,还出现了小时级乃至分钟级的调度问题。

对于季度运行方式和日运行方式,通常需要判断该运行方式最接近此前制定的几种典型年度运行方式中的哪一种,并以最接近的典型年度运行方式为基础做适应性修正。修正时主要考虑跨区输电合同的执行情况、月度发电计划、设备检修计划及电网实际情况,并综合考虑天气、节假日、水情、燃料、设备状态等因素,根据负荷预测的结果做出修正,并评估在所制定的运行方式中是否存在设备过载、电压越限、短路电流超标等情况。随着源网荷储在新型电力系统中都能发挥主动作用,还应将储能状态、负荷参与需求侧管理等可能性考虑进来。

在小时级乃至分钟级的调度问题中,重点考虑的是由于实际负荷曲线与日前预测的结果出现偏差时,如何通过先进的技术手段及时对电网运行情况进行预判和调整,从而确保电网的运行状态处在尽可能合理的区间。对规模庞大的电力系统而言,尽管这些问题与日运行方式的确定很类似,但考虑到可做出决策的时间短暂,往往需要强大的计算能力予以支持,并考虑已涉及的一些自动化因素。

在电力系统的时间尺度问题中,核心仍是如何用最小的代价实现电力系统全网的电力电量平衡,是靠电力系统中所有参与主体共同发挥作用来实现的。

2.4.1.3 电力系统的短时间尺度问题

电力系统中的短时间尺度问题往往由于发生和发展极其快速和短暂,无法由人工直接干预,只能依赖各种自动控制手段来解决。电力系统中的短时间尺度问题也可分为正常和事故两种情况。

正常的短时间尺度问题关注的也是如何有效地保证全网的电力电量平衡,目的是使电力系统能实时地调整运行状态,达到最优的效果。最典型的是调频问题。前面提到过,电力系统的运行本质上是"去中心化"的,大量用电设备的用电行为所聚合出的效果在短时间尺度下是快速、小幅度的随机波动。在传统的电力系统中,为了应对这种随机波动,要求全网具有调频能力的发电机组要相互配合,整体上尽可能跟随负荷随机波动,只能通过在发电机组上装设能够自动调整发电出力的调速装置来实现(详见第10章)。当然,发电机组通过调整出力来跟随负荷波动必然发生在负荷已经发生波动之后,而且还需要考虑电气、机械传动机构的时延因素,使得绝对的功率平衡并不存在,进而即使是在正常的运行状态下,全网的频率也会在额定值附近小幅波动。

在新型电力系统中,强调的是源网荷储等所有参与主体协同作用,以获得某种全局的效果。在这种大背景下,除了常规的大容量集中发电机组继续发挥传统形式的作用,以跟随负荷所需功率的变化来调整机组出力,还有大量的分布式电源,难以通过"中心控制"的方式完成由调度部门具体安排每个电源的出力调整,而必须通过单一电源调整所带来的微小变化聚合成群体的有功出力变化效果,以与常规的发电机组相配合。考虑到新能源形式的分布式电源带有随机性和间歇性,往往需要配备充足的储能装置来应对难以预期的随机因素。在电网侧,人们面临的是大规模的跨区域输电电网、常规的输电网、配电网及微电网相协同的局面,而且往往是交流输电系统和直流输电系统相耦合,在特定的历史阶段还有常规直流输电与柔性直流输电共存的情况,未来还可能出现更加新型的输电方式。

尤其需要强调的是,在新型的电力系统中负荷侧并不仅仅是电力系统需要被动应对的角色,其自身也可能发挥重要的主观能动作用。比较典型的情况是电力系统通过对自身运行状态演化的预判,提出未来指定时间段的运行目标,发出需求侧响应的信号。按照各方预先约定的利益分配机制,一些用电用户有可能通过对这些信号做出响应,按照既定的控制策略调整自己的用电行为,以实现整个电力系统运行状态按指定的目标演化的效果。要做到这一点,除了要有更加完备的电力调度控制机制和更加先进的自动化通信手段,也需要有更加成熟的电力市场机制来支撑。

如前所述,对正常的电力系统运行状态来说,主要考虑的是如何让该状态尽可能地被优化,这里的优化往往是从经济、技术的角度来考虑的。而对处于事故运行状态的电力系统来说,主要考虑的是如何让其尽快恢复到正常的运行状态。为了实现这一目的,要求:若系统中发生了故障,应尽快获得故障的详细信息,包括故障发生的位置、故障类型等;应可能消除故障,以避免故障发展为更加严重的事故,同时,应避免因其导致全系统失去稳定;若系统失去稳定导致大范围停电,应尽可能采取必要的措施(如黑启动等)来缩短停电的时间,减小停电的范围。可以看出这些要求同样需要电力系统中的各主体相互配合,如需要合理地整定继电保护和自动装置,需要定期维护以确保一两次设备能够正常运行等。对本书所涉及的范围来说,这意味着需要用电力系统稳态分析、故障分析和稳定性分析等理论和方法来做出合理的结论。

2.4.2 电力系统的空间尺度

在目前主流的电力系统中存在着输电网与配电网两种典型的类型,在现代电力系统中越来越多地出现了微网这一形式。之所以会存在不同类型的电网,主要是由传输容量和传输距离的不同需求来决定的。一般而言,需要传输的电能越多,需要传输的距离越远,就需要越高的电压等级,以伴随越大规模的电网。关于电网不同类型的细节将在第 4 章中详细介绍,本节重点从定性的角度对电力系统的空间尺度问题进行讨论。

迄今为止,电力工业的发展历程就是电力系统空间尺度持续扩大的历程。

1882 年,爱迪生在美国纽约建成了世界上第一个具有现代意义的电力系统,包括珍珠街发电厂、总长 14 英里(1 英里≈1609.34 米)的输电线路及若干用电用户,采用 110 V 直流输电,发电机也为蒸汽机直流发电机,供电半径约 1 km。

为了进一步提高供电能力,延长供电距离,在电力系统早期发展史上展开了著名的交直流输电之争,代表直流一方的是爱迪生,代表交流一方的是特斯拉。最终特斯拉的交流电机和交流电网胜出,世界电力工业的发展沿着交流输电的路径前进,其影响一直持续至今。

电力工业沿着交流输电路径发展,首先出现了城市电网,最初只在少数几个大城市建设电网,而且规模都很小,往往只涉及小型的电源,电能基本上是就地平衡的。

我国的电力工业发展史从一穷二白起步,发展到现在,在世界处于领先地位,离不开一代代电力工作者的艰苦奋斗和奉献。这本身就是一部值得大书特书的历史,囿于篇幅,只能予以极其简略的概括。在我国城市电网进一步发展,渐渐出现了省级电网,这时的电力体制是国家办电模式,但电厂的装机容量显著增大,相应的交流电网(或称为同步电网)的规模也在持续增大。继续发展的结果是在我国出现了区域电网,这是一种跨省级的电网,区域内部由于特定的历史、社会经济发展因素所决定,联络相对紧密,但区域之间联络相对稀疏①。区域电网的出现也伴随着电力体制的改革,如厂网分开、社会多家办电等因素被引入电力工业的建设中。目前我国的区域电网有东北电网、华北电网、西北电网、华东电网、华中电网、南方电网②。

不同区域电网之间具体的连接方式多种多样,包括超高压交直流、特高压交直流等。区域电网之间的连接方式可以表现为两种类型,一种是以输电为主,一种是以联络为主;前者主要联络大规模能源基地与负荷中心区域,后者面对的往往是区域间电力电量交换的需求很少但联络所带来的效益(如事故时可以相互支撑)比较大的情况。

至此可以看到电网的规模在持续扩大,而未来电力系统的发展路径面临两种选择,一种是继续扩大电网的规模,另一种是考虑其他的发展模式。第一种思维方式比较简单,即固守历史上一直呈现出的发展模式,从而将出现全国联网、跨国联网,甚至最终建成"全球能源互联网"。然而这将遇到一个无法规避的终极问题:如果假设整个人类群体对能量的需求是持续增加的③,则意味着为现代社会提供主要能量来源的电力系统也应持续扩大,可是地球的空间本身是有限的,最终必然形成最大的电网规模。因此,如果认为必须持续扩大电网规模才能够满足人们的用能需求,逻辑上等价于人类的文明必将在未来的某个时刻停止发展,这是所有人都不希望看到的现象,也与主流的唯物主义观点相悖。当然,如果人类的技术取得了跨越式的发展,以致能够建设所谓的"星际"电网,这一问题将迎刃而解。但这一观点过于科幻,目前还看不到任何实现的可能性。

事实上与建设"星际"电网所需的技术相比,从另一个角度入手,尽可能挖掘未来电力系统的内生动力,是现实得多的选择。人们现在已经在大力发展分布式发电和微网的应用,而不是简单地追求电网规模的扩张,就是一个最典型的例子。尽管大力发展分布式发电确实可以大幅度提高对新能源的消纳能力,从而实现节能减排的效果,但其意义远不止此。分布式发电和微网广泛应用后,尤其是它们与未来的通信系统和其他能源网络能够更加有机地结合后,可以促进信息和能量在未来能源网络中更加高效地流转,从而衍生出满足人们用能持续增长的需求。

现阶段分布式发电和微网从技术的角度其实已经具备实用的可能性,目前阻碍其进一步发展的因素主要源自合理的商业模式层面。电力系统乃至任何现代工业系统能够合理地运行和发展,往往是技术和经济各种因素综合作用的结果,这也是从事本专业的人们需要建立的重要观点。

---

① 从复杂网络理论的角度来解释,这说明多区互联的电网存在着明显的社团结构。

② 蒙西电网和新疆兵团电网虽然空间尺度也较大,但其运营相对特殊。西藏电网虽然覆盖地域辽阔,但负荷水平非常低,通常认为其不具备成为一个独立的区域电网的条件。

③ 这一观点本身也值得商榷,但这是另一个问题,不在本书讨论的范围之内。

综上所述,关于电力系统的空间尺度问题目前能够给出的合理结论是:一方面,目前的电力系统还存在继续扩大其规模的可能性,因而在相当长的时间内仍应继续研发更高电压等级、更远输电距离的输电技术,以建设越来越大的电网;另一方面,更加重要的是应该越来越重视分布式发电和微网等较微观层面技术的发展,从而利用所有电力系统参与主体的群体效应以激发其持续发展的内生动力。将这两个方面有机地结合起来,才是当前电力系统最应该采取的发展方向。关于电力系统空间尺度演化的示意图可参见图 2-5。

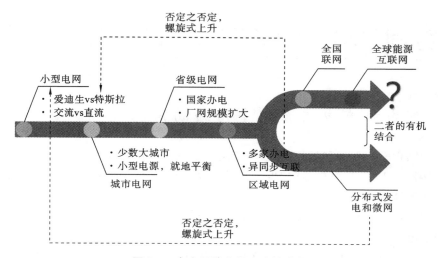

图 2-5 电力系统空间尺度的演化

2.5 习题

(1)对于下面两种对象:

① 电力网络;

② 电能在电网中传输的整体态势。

若将其分别建模,则两个图在拓扑特征上有何区别?

(2)电力系统的非平衡性如何体现?

(3)列举电力系统各个时间尺度下典型问题的例子。

电能的"生产":发电机

3.1 发电机在电力系统中扮演的角色

基础物理知识告诉我们,能量是不能凭空产生,也不能消失的,只能在不同形式之间进行转换。因此,所谓电能的"生产",从纯文字的角度来看是有问题的。然而,由于电力工业已经成为非常成熟的一个现代工业体系,其成熟性也在与电能有关的经济活动中有所体现。站在电力系统的角度来看,其所经营的"商品"就是电能,此前提到过电力系统是电能的生产、交换、分配、使用各个环节所形成整体,从这个意义上来说,电能的确是被"生产"出来的。发电机是电力系统中最主要"生产"电能的设备,因此可以说发电机是电力系统中最核心的一类设备。

此前曾经提到电力系统的第一个重要特征就是电能不能大量存储,因此其生产、交换、分配和使用几乎同时完成。在现代电力系统中,由于储能技术取得了长足的进步,这种情况已经在发生改变。但迄今为止,储能技术在电力系统中的应用还远未成熟,在本章中暂不介绍,主要的篇幅还是介绍发电机,其中最主要的发电机类型是同步电机。

发电机在电力系统中处于核心地位,主要体现为以下几个方面。

3.1.1 影响整个电力系统的格局

电力系统最基本的功能就是在多个时空尺度上实现功率平衡,这是其作为远离平衡态的耗散系统的本质。显然,发电机的布局首先取决于用来发电的一次能源的空间分布,而一次能源的类型和特点又决定了具体每一台发电机的形式,从而实现以年或更长时间为时间尺度的功率平衡。

例如,在传统发电技术支持下,我国可以大力开发集中在西部的火电和水电,单机容量不断提高,需要进行远距离大容量输电,从而需要特高压和超高压交直流通道将电能输送到主要位于东部的京津唐、长三角和珠三角等负荷密集区域,从本质上决定了我国当前多个区域电网互联的电网格局。

随着新能源发电技术不断进步,不仅富集在西北的风光资源和富集在西南的水力资源可以继续以大机组的形式来发电,从而使得远距离输电形式在一定时间内仍得以持续,更重要的是随着分布式发电的应用越来越广泛,会有越来越多的用电需求就近得到平衡,对远距离大容量输电的依赖明显减弱,同时将促使并网或离网的微网应用日渐广泛,由于分布式电源接入配电网,使得传统"无源"的配电网变成"有源"的配电网,整个电力系统的运行模式都将发生深刻的变化。

3.1.2 影响电力系统调度运行

电力系统的调度运行涉及的时间尺度为日前级、小时级或分钟级及更小的尺度。

首先需要确定日前的运行方式,这个时候主要考虑的是第二天全网负荷的可能情况,通常通过日前负荷预测来获取相关信息。在传统的发电模式下,既然认为电力系统在正常运行时是不应该强制要求负荷有所改变的,因此电力系统通常都是靠合理设定发电机的出力计划来应对负荷的实际需求,所以需要把负荷在一天之中的变化波动分解到不同的时间尺度,考虑不同发电形式的应对能力和速度,来对不同时间尺度的负荷变化加以平衡。这通常还需要进一步考虑具体的情况。例如,在丰水期为了避免弃水,需要让水电机组尽可能满发,所以需要调节的发电机出力往往由火电机组来承担,而在枯水期就往往需要用水电机组来调节。根据上面这些因素,可以制定各个发电机组的出力计划,从而在日前基于负荷预测的结果来尽可能实现第二天每个时刻功率的平衡。在传统的发电形式中,通常认为发电机的出力基本是比较确定的(或可控的),所以需要应对的不确定性主要体现在负荷这一方面。随着风电、光伏等各种可再生能源形式在电力系统中的应用越来越广泛,它们自身出力所具有的随机性和波动性对电力系统功率平衡的影响表现得越来越明显。

在小时级或分钟级的时间尺度,主要应对的是负荷预测与实际值的偏差所带来的影响,需要能够比较快速地调整各个发电机组的出力来弥补这一偏差,此时就需要考虑不同发电形式应对出力变化需求的能力。对可再生能源而言,出力也是具有随机性的,因此此时全网功率不平衡的随机性不仅体现在负荷侧,也体现在电源侧。同时可再生能源也在不同的空间尺度产生影响。例如,有大规模的可再生能源基地,也有分布式的可再生能源发电,它们与负荷之间的距离不同,接入的电压等级也不同,对电力系统产生的影响也不同,对这种新的情况也要有合适的应对策略。

对于秒级甚至更短时间尺度的功率不平衡问题,需要通过自动化的手段来加以解决,因此电力系统中存在各种各样的频率调整的方式,这些内容在后文有功平衡与频率调整问题中会详细阐述。

与此同时,随着需求侧管理理念的不断深化,可以通过各种经济技术手段来促使用电用户主动响应电力系统的需求,发掘用户在用电侧进行功率平衡的潜力,这在一定程度上可以认为是对用户的负荷曲线也有所调整,而不仅仅依赖于发电侧的调整。

3.1.3 影响以电能为商品的市场活动

电能是一种特殊的商品,其生产、交换、分配、消费各个过程几乎是同时完成的。但无论如何,电能仍然是一种商品,作为商品的基本属性是具备的。要让电能回归其商品属性,通过合理的市场机制实现电能的优化配置,这是整个电力工业界乃至全社会的共识,电能的生产成本、价格、供需关系、流通实现方式等都需要以市场理论、经济学理论来进行分析。其中不同的发电类型决定了电能生产的成本,从而影响到了电能商品此后的各个环节。随着可再生能源的应用越来越广泛,这一问题也变得越来越复杂,目前已经产生了专门的学术分支来研究电力市场,这个问题不在本书中详细论述。

传统的发电机通常是同步电机,用于各种新能源发电,还有不同类型的异步电机。无论是同步电机还是异步电机,都是"电机学"这门课程的重点内容,即使在"电机学"中已经对此进行了详细阐述,我们在本课程中仍将其作为重点内容来介绍,主要是为了从系统的角度来研究这些电机对电力系统将会产生什么样的影响,这是决定电力系统能否正常运行、如何运行的一个非常关键的因素。

3.2 理想同步电机的基本假设

为了进行深入的理论分析,在"电力系统分析"这门课程中往往需要把各种各样的设备进行理想化处理,即使是直接用于工程实际场景的电力设备也是如此处理。例如,为了专门表达变压器改变电压和电流等级的功能,引入了理想变压器这一概念,它只体现变压器两侧电压和电流按比例的变化,并不体现功率的损耗。类似地,为了表征同步电机的一些本质性特征,需要引入理想同步电机的基本假设,主要包括以下六点内容。

3.2.1 假设电机铁芯的磁导率为常数

对同步电机而言,是通过分析其各组成部分的电磁感应关系来揭示其运行的机理。如果能够假设电机的铁芯部分的磁导率为常数,同时磁通所经过的磁路固定不变,则可以认为不同绕组电流对某一绕组的电磁感应的影响是线性的关系,即满足

$$\varphi = \lambda F = \lambda \omega i \tag{3.1}$$

在忽略电机中磁路饱和、磁滞、涡流等的影响之后,电机铁芯的磁导率为常数的假设可以成立。

3.2.2 假设电机对纵横轴对称

在对同步电机进行理论分析时,通常对电机的实际形状进行近似。在仅考虑一对极[①]的情况下认为定子截面为圆环,故相对圆心呈中心对称。假设转子截面为过定子圆心的轴对称形状,位于定子圆环截面之中。通常表示为图3-1所示的形式。

从图3-1可见,电机定子有两个过定子圆心的相互垂直的对称轴。由于定子相对任何一个直径都是对称的,故必有一条磁力线沿其中一个对称轴的方向穿过空间,其经过电机铁芯的长度是最长的,进而经过定子、转子之间气隙的长度是最短的,将这一方向定义为纵轴(通常表示为 d 轴)方向。类似地,必有一条磁力线沿另一个对称轴的方向穿过空间,其经过电机铁芯的长度最短,故经过定子、转子之间气隙的长度最长,将这一方向定义为横轴(通常表示为 q 轴)方向。

此时假设 q 轴滞后于 d 轴90°,显然对运行中的电机而言, d 轴和 q 轴是随着转子一起旋转的,故其相对定子而言是运动的。但无论转子运动到什么位置,整个电机相对于纵横轴都是对称的。

3.2.3 假设定子三相绕组在空间中对称

定子绕组是同步电机直接与电网相连的部分。通常电力系统为三相交流系统,其

---

① 实际电机往往为多对极,以使电机转子在相对较低转速的情况下获得电气意义上的同步转速。这是电机学中的基本概念,在本课程中不赘述。

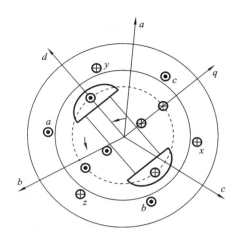

图 3-1 同步电机定子、转子示意图

理想化的运行状态为三相对称的状态。故定子绕组也设计为三相对称的,也就是说三相绕组的形状、匝数等要素均完全相同,在定子上按空间中刚好两两相差 120°的形式来布置。我们定义绕组的方向为通过正向电流时产生正向磁场的方向,如图 3-1 所示的 a、b、c 三个轴向,显然这三个轴向两两相差 120°。

顺便说一下,相量旋转的正方向是使相角增加的方向,在本书中假设逆时针旋转为正。从图 3-1 可以看出,如果有一个相量从 a 轴开始沿正向旋转,则其旋转 120°后到达 b 轴,再旋转 120°后到达 c 轴,这就意味着时间上三相量中 a 相超前于 b 相 120°,而 b 相又超前于 c 相 120°,这种相序与我们日常的习惯是相同的,称其为正序。在开始分析电力系统的不对称故障之前,所分析的三相量都是正序的。类似地,还有负序和零序的概念,我们将在不对称故障分析部分详细介绍。

在本书的各种分析计算中往往假设电网是三相对称的,即使对分析不对称故障的情况来说,除了故障端口之外,其他部分也都是三相对称的。这意味着可以用三相对称的电压、电流相量来进行各种分析,其中的一个特点就是三相量不是独立的。例如,对三相对称电流的瞬时值而言,有

$$i_a + i_b + i_c = I\sin(\omega t + \alpha_0) + I\sin(\omega t + \alpha_0 - 120°) + I\sin(\omega t + \alpha_0 - 240°) = 0$$

$$(3.2)$$

由式(3.2)所描述的约束,使得我们可以认为尽管三相电流有三个量,但其实只有两个量是独立的,这是后面我们能够用派克变换来将三相量变成 d、q 轴两个量的本质原因[①]。

3.2.4 假设三相绕组在气隙中产生正弦分布的磁动势

在这部分的讨论中,将沿定子的圆周展平成直线。假设某相绕组只有一匝,则其通过正向电流后,在空间中所产生的磁动势分布如图 3-2 所示。

进一步,如果绕组有多匝(如三匝),可以将其想象为串联的三个单匝绕组,它们分别产生类似于图 3-2 所示的磁动势在空间中的分布。考虑到前面所说的假设铁芯的磁

---

① 更严谨的说法是:对于三相不对称的量,仍需要引入一个零轴量,本章将在后文详述,此处不赘述。

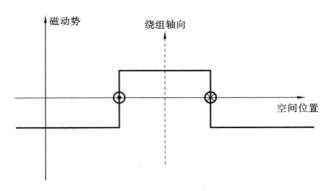

图 3-2 单匝绕组磁动势在空间中的分布

导率为常数,可以将三个单匝绕组所产生的磁动势直接相加,得到如图 3-3 所示的磁动势在空间中的分布,所得到的分布为阶梯波形,相对于图 3-2 而言已经更接近正弦波了。考虑绕组有很多匝的效果,阶梯波形的阶数越来越多,而每一阶变化的幅度越来越小,整个波形将趋于正弦波。

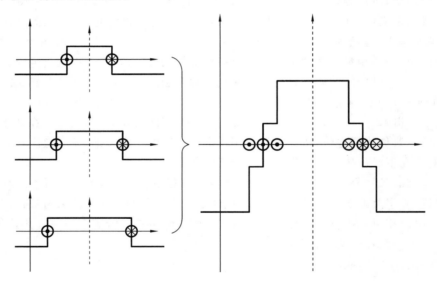

图 3-3 三匝绕组磁动势在空间中的分布

这种用很多阶的阶梯波形来逼近正弦波形的思维方式,也应用于现代的模块化多电平(MMC)的设计及建模分析。

3.2.5 当电机空载、转子恒速旋转时,假设转子绕组磁动势在定子绕组中所感应的空载电势是时间的正弦函数

如图 3-4 所示,d、q 轴相对于定子 a、b、c 轴正向旋转(逆时针),则 d 轴向上的磁动势 F 在 a、b、c 三个绕组轴向上的投影与 d、q 轴和 a、b、c 轴之间的相对位置有关。例如,图 3-4 中 d 轴超前 a 轴角度为 α,显然 α 为一个时变量,即

$$\alpha = \alpha_0 + \omega t \tag{3.3}$$

则磁动势在 a、b、c 三个绕组轴上的投影分别为

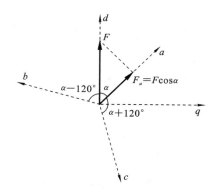

图 3-4 转子绕组磁动势在定子绕组中所感应的空载电势

$$\begin{cases} F_a = F\cos\alpha = F\cos(\alpha_0 + \omega t) \\ F_b = F\cos(\alpha - 120°) = F\cos(\alpha_0 + \omega t - 120°) \\ F_c = F\cos(\alpha + 120°) = F\cos(\alpha_0 + \omega t + 120°) \end{cases} \tag{3.4}$$

可以认为式(3.4)中各绕组中的磁动势为时间的正弦函数[①]。根据法拉第电磁感应定律，由各磁动势感应出的电动势也是时间的正弦函数。

3.2.6　假设定子、转子具有光滑表面

在定子和转子的表面开槽处放置各个绕组，因此定子和转子的表面不可能是完全光滑的。然而当我们研究电机的主要特性时，尤其是从电力系统的角度观察电机的表现，不需要保留定子和转子上如此细节的因素，不妨将定子和转子表面的不光滑程度忽略，认为它们是完全光滑的。

这样处理后固然带来一定的误差，但会对我们的分析研究带来极大的好处。例如，前面假设电机相对 d 轴和 q 轴是轴对称的，以及假设感应的空载电势是沿着定子表面的正弦函数，这些都只有在假设定子表面光滑的前提下才成立。

3.3　同步电机原始模型

3.3.1　基本形式

同步电机原始模型的基本形式如图 3-1 所示，此时假设转子横轴（q 轴）落后于纵轴（d 轴）90°。在本书中假设定子侧有三个绕组，即 a、b、c 三相绕组，转子侧也有三个绕组，即纵轴向的励磁绕组（用 f 表示）和阻尼绕组（用 D 表示），以及横轴向的阻尼绕组（用 Q 表示）[②]。对各绕组而言，规定绕组轴线正方向为该绕组磁链的正方向，进而可规定产生正向磁链的电流为正电流，这些在图 3-1 中都有正确表达。

首先需要表达各个绕组作为电路的表现，再研究各个绕组由于存在电磁耦合关系的相互影响。各绕组的基本电路如图 3-5 所示。

---

① 余弦函数是相角差 90°的正弦函数。
② 在后面也会讨论无阻尼绕组同步电机，可以将其看作是有阻尼绕组同步电机中阻尼绕组对应电抗无穷大的特例。

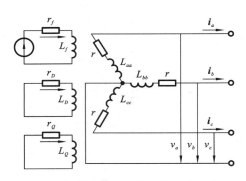

图 3-5 同步电机原始模型中各绕组电路

对整个电力系统来说,同步发电机绝大多数的运行工况都是作为电源,因此习惯上希望将其电流从电机中流出的方向规定为正方向,在图 3-5 中定子 a、b、c 三相绕组中的电流都是由中性点流向各相的端点[①]。类似地,可以规定定子各相感应电动势的方向与电流的方向相同,而从电力系统看到的各相机端电压正方向就是使得电极可以向外流出电流的方向。

转子侧各绕组感应电动势的方向同样可以假设与电流的方向相同。在这三个绕组中,d 轴和 q 轴是不存在外加电源的,而励磁绕组需要依靠外加的励磁电源来产生励磁电流,这样励磁绕组本身就被看作是励磁电源的负载,因此可以有如图 3-5 所示的励磁电流的正方向。

3.3.2 同步电机原始方程

3.3.2.1 电势方程

依据图 3-5 中所示的 6 个绕组的各物理量的定义,直接写出如下所示的电势方程:

$$
\begin{cases}
u_a = -\dot{\psi}_a - r i_a \\
u_b = -\dot{\psi}_b - r i_b \\
u_c = -\dot{\psi}_c - r i_c \\
u_f = \dot{\psi}_f + r i_f \\
0 = \dot{\psi}_D + r i_D \\
0 = \dot{\psi}_Q + r i_Q
\end{cases}
\tag{3.5}
$$

亦可将式(3.5)整理成矩阵形式,即

$$
\begin{bmatrix}
v_a \\ v_b \\ v_c \\ \cdots \\ -v_f \\ 0 \\ 0
\end{bmatrix}
= -
\begin{bmatrix}
\dot{\psi}_a \\ \dot{\psi}_b \\ \dot{\psi}_c \\ \cdots \\ \dot{\psi}_f \\ \dot{\psi}_D \\ \dot{\psi}_Q
\end{bmatrix}
-
\begin{bmatrix}
r & 0 & 0 & & & \\
0 & r & 0 & & 0 & \\
0 & 0 & r & & & \\
\hdashline
& & & r_f & 0 & 0 \\
& 0 & & 0 & r_D & 0 \\
& & & 0 & 0 & r_Q
\end{bmatrix}
\begin{bmatrix}
i_a \\ i_b \\ i_c \\ \cdots \\ i_f \\ i_D \\ i_Q
\end{bmatrix}
\tag{3.6}
$$

[①] 也就是各相绕组与电网相连的地方。

其紧凑形式为

$$
\begin{bmatrix} \boldsymbol{v}_{abc} \\ \boldsymbol{v}_{fDQ} \end{bmatrix} = - \begin{bmatrix} \dot{\boldsymbol{\psi}}_{abc} \\ \dot{\boldsymbol{\psi}}_{fDQ} \end{bmatrix} - \begin{bmatrix} \boldsymbol{r}_S & \boldsymbol{0} \\ \boldsymbol{0} & \boldsymbol{r}_R \end{bmatrix} \begin{bmatrix} \boldsymbol{i}_{abc} \\ \boldsymbol{i}_{fDQ} \end{bmatrix}
\tag{3.7}
$$

式中：S、R 分别为英文定子（stator）、转子（rotor）的首字母的大写字母。

3.3.2.2 磁链方程

假设图中各绕组之间均存在电磁耦合，基于前面理想同步电机的基本假设，各绕组电流对某个绕组中磁场的影响是线性关系，可以直接用累加的方式来表达。例如，a 相绕组中的磁链可以表示为

$$
\psi_a = L_{aa} i_a + L_{ab} i_b + L_{ac} i_c + L_{af} i_f + L_{aD} i_D + L_{aQ} i_Q
\tag{3.8}
$$

式中：L_{aa} 为 a 相绕组中电流对自身绕组磁场的影响，称为绕组 a 的自感；另外 5 个电感为其他绕组中电流对 a 相绕组磁场的影响，称为绕组 a 与其他绕组之间的互感。

将 6 个绕组统一进行考虑的整体磁链方程可表示为

$$
\begin{bmatrix} \psi_a \\ \psi_b \\ \psi_c \\ \cdots \\ \psi_f \\ \psi_D \\ \psi_Q \end{bmatrix} = \begin{bmatrix} L_{aa} & L_{ab} & L_{ac} & L_{af} & L_{aD} & L_{aQ} \\ L_{ba} & L_{bb} & L_{bc} & L_{bf} & L_{bD} & L_{bQ} \\ L_{ca} & L_{cb} & L_{cc} & L_{cf} & L_{cD} & L_{cQ} \\ \cdots & \cdots & \cdots & \cdots & \cdots & \cdots \\ L_{fa} & L_{fb} & L_{fc} & L_{ff} & L_{fD} & L_{fQ} \\ L_{Da} & L_{Db} & L_{Dc} & L_{Df} & L_{DD} & L_{DQ} \\ L_{Qa} & L_{Qb} & L_{Qc} & L_{Qf} & L_{QD} & L_{QQ} \end{bmatrix} \begin{bmatrix} i_a \\ i_b \\ i_c \\ \cdots \\ i_f \\ i_D \\ i_Q \end{bmatrix}
\tag{3.9}
$$

显然式（3.9）体现的是各绕组电流与磁场之间的线性关系。在等号右侧的系数矩阵中，对角元为相应绕组的自感，非对角元为相应绕组之间的互感。

可以将式（3.9）写成其紧凑形式，即

$$
\begin{bmatrix} \boldsymbol{\psi}_{abc} \\ \boldsymbol{\psi}_{fDQ} \end{bmatrix} = \begin{bmatrix} \boldsymbol{L}_{SS} & \boldsymbol{L}_{SR} \\ \boldsymbol{L}_{RS} & \boldsymbol{L}_{RR} \end{bmatrix} \begin{bmatrix} \boldsymbol{i}_{abc} \\ \boldsymbol{i}_{fDQ} \end{bmatrix}
\tag{3.10}
$$

3.3.3 同步电机原始电势方程中电感的计算

尽管式（3.9）或式（3.10）是简单的线性表达式，但由于正常运行的同步电机中定子和转子存在相对运动，使得被分析的磁场与产生该磁场的电流之间也存在着复杂的影响关系，本节对此进行详细的分析。

3.3.3.1 电感计算的通用方法

电感系数体现的是某绕组电流对某绕组磁链的贡献。当两个绕组为同一绕组时，得到的是自感；当两个绕组为不同绕组时，得到的是互感。显然为了正确地计算电感，需要把电流产生磁链的详细机理分析清楚。

具体而言，为了计算绕组 i 与绕组 j 之间的电感，需要知道的是绕组 i 中的电流产生的磁链有多少是与绕组 j 相交链的。当两个绕组同向（含相同绕组情况）[1]时，可遵循

---

① 注意正确应用前面介绍的绕组方向的定义。

下述步骤：

(1) 绕组 i 中电流乘以绕组 i 的匝数，得到绕组 i 的磁势；

(2) 磁势乘以 i、j 两个绕组共同磁路磁导得到共同的磁通；

(3) 磁通乘以绕组 j 的匝数得到与绕组 j 交链的磁链；

(4) 用这一磁链除以绕组 i 的电流，就得到了所需的电感 L_{ji}。

上述步骤可体现为图 3-6 所示的流程。

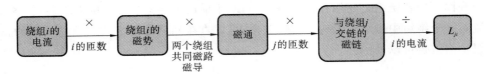

图 3-6　同向绕组间电感的计算流程

图 3-6 只适用于两个绕组方向相同的情况。如果两个绕组之间存在一个夹角，甚至二者之间存在相对运动，相应的电感计算将复杂很多，但仍然是有规律可循的。问题的焦点在于最终所需要的磁链与磁路的磁阻有关，而磁路又与两个绕组之间的相对位置有关。对凸极机而言，转子的纵横轴向是不对称的，因此当转子与某个绕组之间发生相对运动时，该绕组方向上的磁路磁阻也是变化的[①]。要想正确计算电感，就需要把所要分析的磁场分解为磁阻不变的磁路。对同步电机而言，最常用、最方便的磁阻不变的方向就是转子纵横两个轴向。

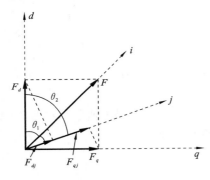

图 3-7　计算电感涉及绕组轴向与 d、q 轴位置关系示意图

如图 3-7 所示，用来产生磁场的电流所在的绕组称为绕组 i，被绕组 i 磁场所交链的绕组称为绕组 j。规定 d 轴超前绕组 i 的角度为 θ_1，d 轴超前绕组 j 的角度为 θ_2。为了应用与图 3-6 所示的计算电感类似的步骤，需要将绕组 i 所产生的磁场对应的磁势 F 向转子 d、q 轴向进行投影，如图 3-7 所示。

显然有

$$F_d = F\cos\theta_1 \qquad F_q = F\sin\theta_1 \tag{3.11}$$

原绕组 i 中磁场对绕组 j 的影响被等价为式（3.11）中两个磁场共同作用的结果，因此需要计算这两个磁场向绕组 j 的投影：

$$F_{dj} = F_d\cos\theta_2 \qquad F_{qj} = F_q\sin\theta_2 \tag{3.12}$$

综合上述考虑，可以得到此时绕组 i 和绕组 j 之间电感的通用计算方法，如图 3-8 所示。

进而可得到通用的电感计算公式，即

$$L_{ji} = \omega_i\omega_j\left(\cos\theta_1\lambda_{ad}\cos\theta_2 + \sin\theta_1\lambda_{aq}\sin\theta_2 + \lambda_\sigma\right) \tag{3.13}$$

式中：ω_i、ω_j 分别为绕组 i 和绕组 j 的匝数；λ_{ad}、λ_{aq} 分别为转子 d、q 轴向定子、转子相交

[①]　可以直观地将磁路和磁组想象为有一条闭合的磁力线沿着绕组的方向，当转子相对这条磁力线运动时磁力线所经过的铁磁介质的长度是发生变化的，因此其所遇到的磁阻也是发生变化的。

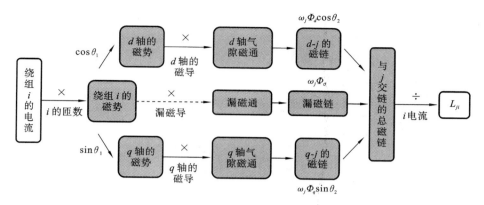

图 3-8　电感计算的通用方法

链磁路磁导,为常数;λ_σ 为漏磁通的磁路所对应的磁导。只要厘清定子、转子相对位置与两个角度 θ_1、θ_2 之间的关系,就可以利用式(3.13)来计算两个绕组之间的电感。

观察式(3.13)可知,如果将下角标 i 和 j、1 和 2 互换位置,等号右侧的表达式事实上并没有发生变化,这就意味着任意两个绕组之间的互感是对称的,即 $L_{ji} = L_{ij}$。

3.3.3.2　定子绕组自感系数

先来看定子 a 相绕组的自感系数。在本章中将 d 轴超前 a 轴角度定义为 α,如图 3-9 所示。

显然有

$$\theta_1 = \theta_2 = \alpha \qquad (3.14)$$

将其代入式(3.13),可得

$$
\begin{aligned}
L_{aa} &= \omega_a (\lambda_{ad} \cos\alpha\cos\alpha + \lambda_{aq} \sin\alpha\sin\alpha + \lambda_{s\sigma}) \omega_a \\
&= \omega_a^2 (\lambda_{ad} \cos^2\alpha + \lambda_{aq} \sin^2\alpha + \lambda_{s\sigma}) \\
&= l_0 + l_2 \cos(2\alpha)
\end{aligned} \qquad (3.15)
$$

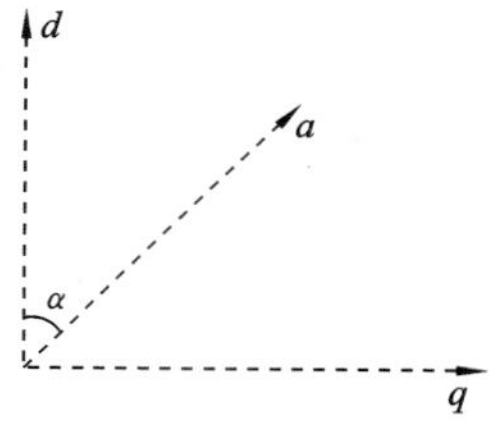

式中:$l_0 = \omega_a^2 \left[\dfrac{1}{2} (\lambda_{ad} + \lambda_{aq}) + \lambda_{s\sigma} \right]$;$l_2 = \dfrac{1}{2} \omega_a^2 (\lambda_{ad} - \lambda_{aq})$。由于定子和转子之间存在相对运动,故角 α 是时变的。显然 a 相自感是 α 的周期函数,变化周期为 π。

图 3-9　定子 a 轴与 d、q 轴的位置关系

定子 a 相自感的周期性可以有更直观的解释。如图 3-10 所示,对于定子上同一个位置的磁力线,其感受到的磁路磁感的变化与定子、转子之间的相对位置有关。在图 3-10(a)中,定子 a 轴与转子 d 轴重合,同时经过定子和转子的磁力线所遇到的磁路磁导为 λ_{ad}。当转子旋转 $90°$ 时,即达到图 3-10(b)所示的位置,此时定子 a 轴与转子 d 轴垂直,同一条磁力线所遇到的磁路磁导为 λ_{aq}。当转子再旋转 $90°$ 时,即达到图 3-10(c)所示的位置,此时定子 a 轴与转子 d 轴反向,但这条磁力线所遇到的磁路磁导仅与该条磁力线中铁磁介质及气隙所占的比例有关,因此该磁导又变为 λ_{ad}。类似地,当转子继续旋转 $90°$ 时,即达到图 3-10(d)所示的位置,此时定子 a 轴超前转子 d 轴 $90°$,但该磁力线所遇到的磁路磁导又变为 λ_{aq}。可见,在转子旋转一周后,同时经过定子和转子的磁力线所遇到的磁路磁导将变化两个周期,故其周期为 π。

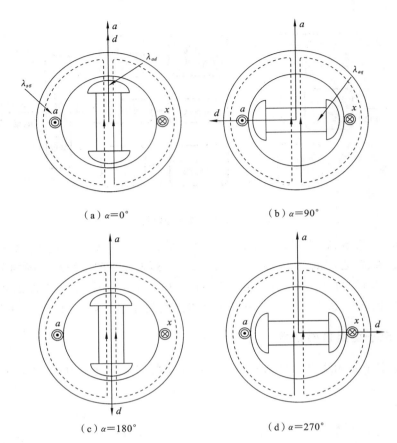

（a）$\alpha=0°$　　　　　　　　　　（b）$\alpha=90°$

（c）$\alpha=180°$　　　　　　　　　（d）$\alpha=270°$

图 3-10　定子 a 相自感的变化

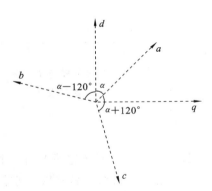

图 3-11　定子三相绕组与 d、q 轴
的位置关系

用类似的方法可以计算定子 b、c 两相绕组的自感。由图 3-11 可见，对 b 相绕组有 $\theta_1=\theta_2=\alpha-120°$，代入式（3.15），可得

$$L_{bb}=l_0+l_2\cos[2(\alpha-120°)] \qquad (3.16)$$

类似地，对 c 相绕组有 $\theta_1=\theta_2=\alpha+120°$，代入式（3.15），可得

$$L_{cc}=l_0+l_2\cos[2(\alpha+120°)] \qquad (3.17)$$

式中：l_0 和 l_2 的定义与式（3.15）中的定义相同。

显然 b、c 相自感也是 α 的周期函数，变化周期为 π。

3.3.3.3　定子绕组间互感系数

定子中共有三个绕组，排列组合可知定子绕组间互感系数共有三种情况。先讨论定子 a、b 相绕组互感系数的计算方法。

由前面的分析已知 $\theta_1=\alpha$，$\theta_2=\alpha-120°$，代入式（3.13）可得

$$\begin{aligned}L_{ba}&=\omega_a\omega_b[\cos\alpha\lambda_{ad}\cos(\alpha-120°)+\lambda_{aq}\sin\alpha\sin(\alpha-120°)-\lambda_{m\sigma}]\\&=-\{m_0+m_2\cos[2(\alpha+30°)]\}\end{aligned}$$

$$(3.18)$$

式中：$m_0 = \omega^2\left[\lambda_{m\sigma} + \dfrac{1}{4}(\lambda_{ad} + \lambda_{aq})\right]$；$m_2 = \dfrac{1}{2}\omega^2(\lambda_{ad} - \lambda_{aq})$；$\lambda_{m\sigma}$ 为仅经过定子 a、b 两相绕组并未经过转子绕组的漏磁通所对应的磁导，如图 3-12 所示。

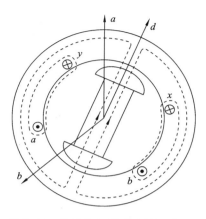

图 3-12　定子绕组互感中的漏磁通

需要说明的是：由图 3-12 可知，考虑仅经过定子两相绕组并未经过转子绕组的漏磁通，若其从某一绕组反向进入该绕组，从其正向离开，则同一磁通必从另一绕组正向进入该绕组，从其反向离开。也就是说，同一磁通对两个绕组互感的影响总是相反的，这也是式(3.18)中 $\lambda_{m\sigma}$ 前面为负号的原因。

类似地，也可计算出绕组 bc 以及绕组 ca 之间的互感。将定子侧三个互感计算公式统一写成

$$\begin{cases} L_{ba} = L_{ab} = -\{m_0 + m_2\cos[2(\alpha + 30°)]\} \\ L_{bc} = L_{cb} = -\{m_0 + m_2\cos[2(\alpha - 90°)]\} \\ L_{ca} = L_{cb} = -\{m_0 + m_2\cos[2(\alpha + 150°)]\} \end{cases} \tag{3.19}$$

观察式(3.19)可知，定子侧三个绕组两两之间的互感也是 α 的周期函数，周期为 π。

3.3.3.4　定子绕组与转子绕组间的互感系数

先来分析定子 a 相绕组与转子 d 轴励磁绕组的互感系数。由图 3-9 可知，$\theta_1 = \alpha$，$\theta_2 = 0$，代入式(3.13)中可得

$$L_{fa} = L_{af} = \omega(\lambda_{ad}\cos\alpha\cos0° + \lambda_{aq}\sin\alpha\sin0° + \lambda_\sigma)\omega_f \tag{3.20}$$

式中：ω_f 为励磁绕组的匝数。由于要计算的是互感，所以式(3.20)中所涉及的磁通都是同时穿过两个绕组的，对于所谓漏磁通也是一样的。但由于只涉及两个绕组，所以同时穿过这两个绕组的磁通不能被称为是"漏"磁通。出于这一考虑可以确定 $\lambda_\sigma = 0$，故式(3.20)变为

$$L_{fa} = L_{af} = \omega\omega_f\lambda_{ad}\cos\alpha = m_{af}\cos\alpha \tag{3.21}$$

可以看出，a 相绕组与励磁绕组的互感系数是转子位置角的周期函数，周期为 2π。可以仿照图 3-10 的情况给出类似的直观解释，如图 3-13 所示。

在图 3-13(a)中，定子 a 轴与转子 d 轴重合，同时经过定子和转子的磁力线所遇到的磁路磁导为 λ_{ad}。当转子旋转 $90°$ 时，即达到图 3-13(b)所示的位置，此时定子 a 轴与转子 d 轴垂直，同时经过定子和转子的磁力线所遇到的磁路磁导为 λ_{aq}。当转子再旋转 $90°$ 时，即达到图 3-13(c)所示的位置，此时定子 a 轴与转子 d 轴反向，尽管该磁导又变为 λ_{ad}，但从转子 d 轴向定子来看，此时其与绕组 a 相的位置关系与图 3-13(a)的情况刚好相反，因此定子、转子间电磁感应关系与图 3-13(a)并不相同。类似地，当转子继续旋转 $90°$ 时，即达到图 3-13(d)所示的位置，尽管该磁导又变为 λ_{aq}，但定子、转子间电磁感应关系与图 3-13(b)也不相同。只有当转子继续旋转 $90°$ 时，即又回到图 3-13(a)所示的位置，电磁感应关系才发生重复。可见，在转子旋转一周后，同时经过定子和转子的磁力线所遇到的磁路磁导将变化一个周期，故其周期为 2π。

类似地，也可计算出绕组 b、c 与励磁绕组之间的互感。将定子侧三个绕组与励磁绕组之间互感计算公式统一写成

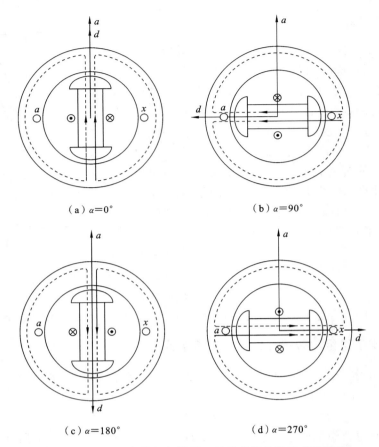

（a）$\alpha=0°$　　　　　　　　　　（b）$\alpha=90°$

（c）$\alpha=180°$　　　　　　　　　（d）$\alpha=270°$

图 3-13　定子 a 相绕组与转子 d 轴励磁绕组间互感的变化

$$\begin{cases} L_{fa}=L_{af}=m_{af}\cos\alpha \\ L_{fb}=L_{bf}=m_{af}\cos(\alpha-120°) \\ L_{fc}=L_{cf}=m_{af}\cos(\alpha+120°) \end{cases} \tag{3.22}$$

三种互感作为周期函数幅值相同，相位互差 120°。

类似地，还有定子侧三个绕组与转子 d 轴阻尼绕组之间的互感，也都是周期为 2π 的周期函数，相位互差 120°，即

$$\begin{cases} L_{Da}=L_{aD}=m_{aD}\cos\alpha \\ L_{Db}=L_{bD}=m_{aD}\cos(\alpha-120°) \\ L_{Dc}=L_{cD}=m_{aD}\cos(\alpha+120°) \end{cases} \tag{3.23}$$

在本章中，假设转子 q 轴上可能存在阻尼绕组 Q，则也可计算定子 a 相绕组与 q 轴阻尼绕组的互感系数。由图 3-9 可知，$\theta_1=\alpha,\theta_2=90°$，代入式（3.13）可得

$$\begin{aligned} L_{Qa}=L_{aQ} &=\omega(\lambda_{ad}\cos\alpha\cos90°+\lambda_{aq}\sin\alpha\sin90°+\lambda_\sigma)\omega_Q \\ &=\omega\omega_Q\lambda_{aq}\sin\alpha \\ &=m_{aQ}\sin\alpha \end{aligned} \tag{3.24}$$

式（3.24）同样考虑了 $\lambda_\sigma=0$ 的情况。进而可以得到定子三个绕组与转子 q 轴阻尼绕组之间的互感计算公式：

$$\begin{cases} L_{Qa} = L_{aQ} = m_{aQ}\sin\alpha \\ L_{Qb} = L_{bQ} = m_{aQ}\sin(\alpha - 120°) \\ L_{Qc} = L_{cQ} = m_{aQ}\sin(\alpha + 120°) \end{cases} \tag{3.25}$$

同样是周期为 2π 的周期函数，相位互差 $120°$。

至此计算的各种自感和互感系数均是随时间而变化的周期函数。其根本原因是目前计算的自感和互感均与定子有关，而当定子和转子之间存在相对运动时，站在定子的视角，是可以感受到（凸极机）转子旋转时其形状的非中心对称性对与定子相对静止的磁场的磁路影响的。

3.3.3.5　转子绕组自感系数

对于励磁绕组自感，$\theta_1 = \theta_2 = 0$，代入式（3.13）可得

$$L_f = \omega_f^2(\lambda_{ad} + \lambda_{\sigma f}) = \text{const} \tag{3.26}$$

对于 d 轴阻尼绕组自感，$\theta_1 = \theta_2 = 0$，代入式（3.13）可得

$$L_D = \omega_D^2(\lambda_{ad} + \lambda_{\sigma D}) = \text{const} \tag{3.27}$$

对于 q 轴阻尼绕组自感，$\theta_1 = \theta_2 = 90°$，代入式（3.13）可得

$$L_Q = \omega_Q^2(\lambda_{aq} + \lambda_{\sigma Q}) = \text{const} \tag{3.28}$$

3.3.3.6　转子绕组间互感系数

转子侧共有三个绕组，其中励磁绕组 f 和 d 轴阻尼绕组 D 在纵轴向，q 轴阻尼绕组 Q 在横轴向。根据排列组合的结果可知，共有三种不同的转子绕组间互感。但由于相互垂直的绕组之间不可能有公共的磁通，事实上只有励磁绕组 f 和 d 轴阻尼绕组 D 之间存在不为零的互感。套用式（3.13）也能得到相同的结果。

例如，对于励磁绕组 f 和 d 轴阻尼绕组 D 之间的互感有 $\theta_1 = \theta_2 = 0$，代入式（3.13）可得[1]

$$L_{Df} = L_{fD} = \omega_f\omega_D\lambda_{ad} = \text{const} \tag{3.29}$$

对于励磁绕组 f 和 q 轴阻尼绕组 Q 之间的互感有 $\theta_1 = 0, \theta_2 = 90°$，代入式（3.13）可得

$$L_{fQ} = L_{Qf} = \omega_f \times \omega_Q \times 0 = 0 \tag{3.30}$$

类似地，有 $L_{DQ} = L_{QD} = \omega_D \times \omega_Q \times 0 = 0$。

对比仅与转子绕组有关的电感，以及不仅与转子绕组有关还与定子绕组有关的电感，可以发现前者的数值为常数。尽管转子与定子之间存在相对运动，但站在与转子保持静止的磁场的视角，由于定子是中心对称的形状[2]，该磁场并不会感觉到磁路发生了变化，故相应电感始终为常数。

至此式（3.9）等号右侧系数矩阵中每个元素均已可计算，其中大多数均与定子和转子之间的相对运动有关，故其是随时间而变化的量。这将使得磁链方程代入电势方程后得到以时间的周期函数为系数的微分方程，求解非常困难，且结果为相当复杂的表达

---

[1]　严格地说，这里还应该考虑同时穿过转子励磁绕组和 d 轴阻尼绕组但不穿过定子侧绕组的漏磁通，在后文 3.5.2 节中假设不存在仅穿过 d 轴向某两个绕组却不穿过第三个绕组的磁通，所以这一因素在此处不予考虑。

[2]　读者可回顾 3.2 节中介绍的理想同步电机基本假设。

式,这不利于对同步电机运行特性做本质性把握,这成为制约早期电机理论发展的关键问题。

3.4 派克变换和 $dq0$ 坐标系

如前所述,磁链方程中的电感系数之所以会出现时变的数值,本质是因为定子和转子之间存在的相对运动影响了一些磁场的磁路,而那些仅与转子绕组有关的电感系数由于不会遇到磁路变化的情况,导致它们都是常数。从这个角度引发思考,美国工程师派克(Park)于 1929 年提出了派克变换的思想,创造性地把与定子相对静止的三相定子绕组等价成与转子相对静止的两相定子绕组,使得一系列问题迎刃而解。

3.4.1 派克变换

注意到 a、b、c 三相定子电流可以表示为

$$\begin{cases} i_a = I\cos\theta \\ i_b = I\cos(\theta-120°) \\ i_c = I\cos(\theta+120°) \end{cases} \tag{3.31}$$

式中:$\theta=\omega t+\theta_0$ 为 a 相绕组中电流的相角,使得三相电流是时变的量。可将式(3.31)中三相电流瞬时值看作是某一通用电流相量向空间中静止的 a、b、c 三个绕组的轴向的投影,如图 3-14 所示,显然此时 θ 是通用电流相量超前 a 轴的角度。θ 的定义表明,随着时间的增加 θ 也是逐渐增大的。在本书的习惯中,相量逆时针旋转的方向是相角增大的方向,这就意味着通用电流相量应该以同步转速 ω 在空间中逆时针旋转。

我们已经知道,同步电机转子的旋转方向在正常时也是逆时针的,这就意味着通用电流相量与转子以相同的角速度旋转,因此二者是相对静止的。若将通用电流相量向转子 d、q 轴做投影(图 3-15 中 α 的定义与图 3-4 的相同),得到的电流分量所产生磁场的磁路磁导是恒定的,这就使我们能够得到恒定的电感系数。

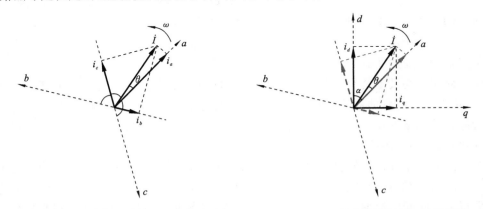

图 3-14　由三相电流瞬时值引出的通用电流相量　　图 3-15　通用电流相量向 d、q 轴的投影

由图 3-15 可知:

$$\begin{cases} i_d = I\cos(\alpha-\theta) \\ i_q = I\sin(\alpha-\theta) \end{cases} \tag{3.32}$$

式中:$\theta = \omega t + \theta_0$;$\alpha = \omega t + \alpha_0$。进而有 $\theta - \alpha = \theta_0 - \alpha_0$ 为常数,即发电机转子与通用电流相量相对位置保持不变。

根据三角函数可知

$$\cos(\alpha - \theta) = \frac{2}{3}\left[\cos\alpha\cos\theta + \cos(\alpha - 120°)\cos(\theta - 120°) + \cos(\alpha + 120°)\cos(\theta + 120°)\right]$$

故有

$$
\begin{aligned}
i_d &= I\cos(\alpha - \theta) \\
&= \frac{2}{3}I\left[\cos\alpha\cos\theta + \cos(\alpha - 120°)\cos(\theta - 120°)\right. \\
&\quad \left. + \cos(\alpha + 120°)\cos(\theta + 120°)\right] \\
&= \frac{2}{3}\left\{(I\cos\theta)\cos\alpha + [I\cos(\theta - 120°)]\cos(\alpha - 120°)\right. \\
&\quad \left. + [I\cos(\theta + 120°)]\cos(\alpha + 120°)\right\} \\
&= \frac{2}{3}\left[i_a\cos\alpha + i_b\cos(\alpha - 120°) + i_c\cos(\alpha + 120°)\right]
\end{aligned} \tag{3.33}
$$

类似地有

$$i_q = \frac{2}{3}\left[i_a\sin\alpha + i_b\sin(\alpha - 120°) + i_c\sin(\alpha + 120°)\right] \tag{3.34}$$

这意味着定子侧 a、b、c 三个绕组中的电流可以与 d、q 两个虚拟绕组中的电流等价。由线性代数可知,一组量可以用另一组个数更少的量来等价,这意味着原来的量不是完全独立的。例如,式(3.31)表明 a、b、c 三相电流幅值相同,相位互差 120°,因此可以只知道某一相的量就可以直接求出另外两相的量,显然三个量并不是独立的。

相对更加松弛的条件是尽管三相电流不对称,但其总和为 0,即

$$i_a + i_b + i_c = 0 \tag{3.35}$$

此时仍然可以用三个量中的两个量来确定第三个量,因此仍然可以用式(3.33)和式(3.34)来与原来的 a、b、c 三个绕组中的电流相等效。若三相不平衡,也就是式(3.35)不成立,则需要增加一个电流量来保证变换后的三个电流与变换前的三相电流相等价,所增加的电流为

$$i_0 = \frac{1}{3}(i_a + i_b + i_c) \tag{3.36}$$

也可写成矩阵形式:

$$
\begin{bmatrix} i_d \\ i_q \\ i_0 \end{bmatrix} = \frac{2}{3}
\begin{bmatrix}
\cos\alpha & \cos(\alpha - 120°) & \cos(\alpha + 120°) \\
\sin\alpha & \sin(\alpha - 120°) & \sin(\alpha + 120°) \\
\frac{1}{2} & \frac{1}{2} & \frac{1}{2}
\end{bmatrix}
\begin{bmatrix} i_a \\ i_b \\ i_c \end{bmatrix} \tag{3.37}
$$

或其紧凑形式

$$\boldsymbol{i}_{dq0} = \boldsymbol{P}\boldsymbol{i}_{abc} \tag{3.38}$$

式中:

$$
\boldsymbol{P} = \frac{2}{3}
\begin{bmatrix}
\cos\alpha & \cos(\alpha - 120°) & \cos(\alpha + 120°) \\
\sin\alpha & \sin(\alpha - 120°) & \sin(\alpha + 120°) \\
\frac{1}{2} & \frac{1}{2} & \frac{1}{2}
\end{bmatrix} \tag{3.39}
$$

$$\boldsymbol{i}_{abc} = \begin{bmatrix} i_a & i_b & i_c \end{bmatrix}^{\mathrm{T}}; \boldsymbol{i}_{dq0} = \begin{bmatrix} i_d & i_q & i_0 \end{bmatrix}^{\mathrm{T}}.$$

在线性代数中某个列向量左乘一个非奇异矩阵的计算过程相当于坐标变换。因此可以把式(3.37)称为由 abc 坐标系向 $dq0$ 坐标系的变换，或派克变换(Park transformation)。接下来仍暂时先考虑三相对称的情况，则派克变换可以将与转子相对运动的定子 a、b、c 三个量变换成与转子相对静止的 d、q 两个量，这为我们将随时间而变化的磁链方程电感系数变换成常数提供了条件。

3.4.2　派克反变换

在具体应用派克变换之前，还需要明确派克反变换的条件。可以很容易求出派克变换矩阵的逆矩阵，即

$$\boldsymbol{P}^{-1} = \begin{bmatrix} \cos\alpha & \sin\alpha & 1 \\ \cos(\alpha-120°) & \sin(\alpha-120°) & 1 \\ \cos(\alpha+120°) & \sin(\alpha+120°) & 1 \end{bmatrix} \tag{3.40}$$

则可得到式(3.40)的等价表达式，即

$$\boldsymbol{i}_{abc} = \boldsymbol{P}^{-1} i_{dq0} \tag{3.41}$$

其展开式为

$$\begin{bmatrix} i_a \\ i_b \\ i_c \end{bmatrix} = \begin{bmatrix} \cos\alpha & \sin\alpha & 1 \\ \cos(\alpha-120°) & \sin(\alpha-120°) & 1 \\ \cos(\alpha+120°) & \sin(\alpha+120°) & 1 \end{bmatrix} \begin{bmatrix} i_d \\ i_q \\ i_0 \end{bmatrix} \tag{3.42}$$

从派克反变换的展开式可知，即使三相电流不平衡导致存在零轴电流，由于零轴电流在定子侧 a、b、c 三相绕组中所占的分量是相同的，且由于三相绕组在空间中对称，彼此互相差 $120°$，导致三相零轴电流分量在气隙中所产生的磁场可以相互抵消，对转子不会产生影响。因此在后文中我们很少直接讨论零轴分量。

3.4.3　派克变换的应用

假设发电机转子以同步转速旋转，即图 3-4 中 $\alpha = \alpha_0 + \omega t$。同时假设式(3.31)中 $\theta = \omega' t + \theta_0$，代入式(3.37)可得

$$\begin{cases} i_d = I\cos(\alpha - \theta) = I\cos[(\alpha_0 - \theta_0) + (\omega - \omega')t] \\ i_q = I\sin(\alpha - \theta) = I\sin[(\alpha_0 - \theta_0) + (\omega - \omega')t] \end{cases} \tag{3.43}$$

此式表明，d、q 轴电流的角速度是定子电流角速度与发电机转子电气转速之差。常见有以下三种情况。

3.4.3.1　定子侧电流为三相直流

此时 $\omega' = 0$，由式(3.43)可知

$$\begin{cases} i_d = I\cos[(\alpha_0 - \theta_0) + \omega t] \\ i_q = I\sin[(\alpha_0 - \theta_0) + \omega t] \end{cases} \tag{3.44}$$

可见 d、q 轴电流为基频电流。由于这两个电流始终与转子同步，这意味着定子通用电流相量相对于转子以同步转速反向旋转。

3.4.3.2　定子侧电流为三相基频交流

此时 $\omega' = \omega$，由式(3.43)可知

$$\begin{cases} i_d = I\cos(\alpha_0 - \theta_0) \\ i_q = I\sin(\alpha_0 - \theta_0) \end{cases} \tag{3.45}$$

可见 d、q 轴电流为直流电流。由于这两个电流始终与转子同步，这意味着定子通用电流相量相对于转子是静止的。

3.4.3.3 定子侧电流为三相倍频交流

此时 $\omega' = 2\omega$，由式（3.43）可知

$$\begin{cases} i_d = I\cos[(\alpha_0 - \theta_0) - \omega t] \\ i_q = I\sin[(\alpha_0 - \theta_0) - \omega t] \end{cases} \tag{3.46}$$

可见 d、q 轴电流为基频电流。由于这两个电流始终与转子同步，这意味着定子通用电流相量相对于转子以同步转速正向旋转。

这里的讨论都是用三相电流量与 d、q 轴电流量之间的对应关系来分析的，对于电压、磁链等其他三相量的分析方法是类似的，不再赘述。

3.4.4 $dq0$ 坐标系下的电势方程

在式（3.6）中，转子侧的 f、D、Q 三个绕组的相关量已经在 $dq0$ 坐标系下，因此重点需要处理的是定子侧三相绕组的相关量。将定子侧绕组三相电势方程重写为

$$\boldsymbol{v}_{abc} = -\dot{\boldsymbol{\psi}}_{abc} - r_s \boldsymbol{i}_{abc} \tag{3.47}$$

式中：等号两边同时左乘派克变换矩阵 $\boldsymbol{P}$，可得

$$\boldsymbol{v}_{dq0} = -\boldsymbol{P}\dot{\boldsymbol{\psi}}_{abc} - r_s \boldsymbol{i}_{dq0} \tag{3.48}$$

式中：只有 a、b、c 三相绕组磁链对时间的导数不是用 $dq0$ 坐标系下的变量来表示的，处理完这些变量后，就可以得到 $dq0$ 坐标系下的电势方程。

已知 $\boldsymbol{\psi}_{dq0} = \boldsymbol{P}\boldsymbol{\psi}_{abc}$，使其等号两侧同时对时间求导，则有

$$\dot{\boldsymbol{\psi}}_{dq0} = \dot{\boldsymbol{P}}\boldsymbol{\psi}_{abc} + \boldsymbol{P}\dot{\boldsymbol{\psi}}_{abc} \tag{3.49}$$

故式（3.49）a、b、c 三相绕组磁链对时间的导数可表示为

$$\begin{aligned} \boldsymbol{P}\dot{\boldsymbol{\psi}}_{abc} &= \dot{\boldsymbol{\psi}}_{dq0} - \dot{\boldsymbol{P}}\boldsymbol{\psi}_{abc} \\ &= \dot{\boldsymbol{\psi}}_{dq0} - \dot{\boldsymbol{P}}\boldsymbol{P}^{-1}\boldsymbol{\psi}_{dq0} = \dot{\boldsymbol{\psi}}_{dq0} + \boldsymbol{S} \end{aligned} \tag{3.50}$$

式中：

$$\begin{aligned} \boldsymbol{S} &= -\dot{\boldsymbol{P}}\boldsymbol{P}^{-1}\boldsymbol{\psi}_{dq0} \\ &= -\frac{2}{3}\begin{bmatrix} -\sin\alpha\dfrac{\mathrm{d}\alpha}{\mathrm{d}t} & -\sin(\alpha-120°)\dfrac{\mathrm{d}\alpha}{\mathrm{d}t} & -\sin(\alpha+120°)\dfrac{\mathrm{d}\alpha}{\mathrm{d}t} \\ \cos\alpha\dfrac{\mathrm{d}\alpha}{\mathrm{d}t} & \cos(\alpha-120°)\dfrac{\mathrm{d}\alpha}{\mathrm{d}t} & \cos(\alpha+120°)\dfrac{\mathrm{d}\alpha}{\mathrm{d}t} \\ 0 & 0 & 0 \end{bmatrix}\boldsymbol{P}^{-1}\boldsymbol{\psi}_{dq0} \end{aligned} \tag{3.51}$$

显然 $\mathrm{d}\alpha/\mathrm{d}t = \omega$，再考虑派克反变换矩阵的表达式，可知

$$\boldsymbol{S} = \begin{bmatrix} 0 & \omega & 0 \\ -\omega & 0 & 0 \\ 0 & 0 & 0 \end{bmatrix}\begin{bmatrix} \psi_d \\ \psi_q \\ \psi_0 \end{bmatrix} = \begin{bmatrix} \omega\psi_q \\ -\omega\psi_d \\ 0 \end{bmatrix} \tag{3.52}$$

将式（3.52）代入式（3.53），再将式（3.50）代入式（3.48），可得定子侧 $dq0$ 坐标系下电势方程为

$$\begin{cases} u_d = -\dot{\psi}_d - \omega\psi_q - ri_d \\ u_q = -\dot{\psi}_q + \omega\psi_d - ri_q \\ u_0 = -\dot{\psi}_0 - ri_0 \end{cases} \tag{3.53}$$

首先可以看到零轴电势与 d、q 轴的量无关,是相对独立的。进一步分析 d、q 两个等价绕组中的电势可以发现,每个绕组电势都包含三个分量。

(1) 由绕组总磁链数量变化感应出的电势。这种电势总是试图阻碍磁链发生变化,式(3.53)中的 $-\dot{\psi}_d$、$-\dot{\psi}_q$ 即为此量,由于这种电势产生的工作原理与变压器的工作原理相同,习惯上常称其为"变压器电势"。

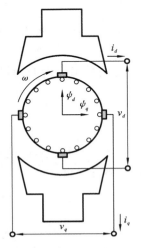

图 3-16 转子视角观察到的发电机运行

(2) 由导体运动切割磁力线感应出的电势。这与发电机的工作原理相同,习惯上常称其为"发电机电势",数值上等于表征导体运动的角速度 ω 及所切割磁力线对应的磁场磁链 ψ 的乘积,这种感应出的电势的正方向在后面需要进一步讨论。

(3) 由于导体是有电阻的,通有电流以后会产生电压降落,ri_d、ri_q 即为此量。

如前所述,派克变换最关键的一点是把分析的视角从定子侧移到转子侧,也就是说现在假设观察者位于转子上,此时他观察到定子是以顺时针相对他而旋转,如图3-16 所示,图中同时给出了定子 a、b、c 三相绕组等价为 d、q 两相绕组后相应磁链的正方向。

先来看 d 轴向电势。可以依据右手螺旋定则判断变压器电势与定子绕组中电流的关系,参见图 3-17 中的 $-\dot{\psi}_d$,当定子绕组中通过正向电流而产生正向的 ψ_d 时,该变压器电势也为正向。再分析发电机电势的情况。若存在正向磁链 ψ_q,由前面已知定子绕组导体顺时针旋转,若观察绕组截面则可看到两个导体界面。根据右手螺旋定则可知左侧导体截面中的电流流入纸面,而右侧导体截面中的电流流出纸面,即如图 3-17 中第二个绕组所示。显然此时由右手螺旋定则可知第二个绕组产生的磁场方向与 d 轴正向相反。这是式(3.53)中 d 轴绕组电势方程中发电机电势前面的符号为负的原因。

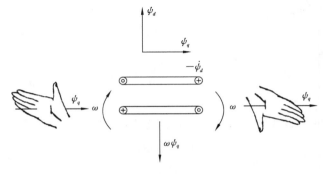

图 3-17 d 轴向电势

再来看 q 轴向电势。仍可以依据右手螺旋定则判断变压器电势与定子绕组中电流的关系,参见图3-18 中的 $-\dot{\psi}_q$,当定子绕组中通过正向电流而产生正向的 ψ_q 时,该变压

器电势也为正向。再分析发电机电势的情况。若存
在正向磁链 ψ_d,由前面已知定子绕组导体顺时针旋
转,若观察绕组截面事实上可看到两个导体界面。
根据右手螺旋定则可知上方导体截面中的电流流出
纸面,而下方导体截面中的电流流入纸面,即如图
3-18 中第二个绕组所示。显然此时由右手螺旋定
则可知第二个绕组产生的磁场方向与 q 轴正向相
同。这是式(3.53)中 q 轴绕组电势方程中发电机电
势前面的符号为正的原因。

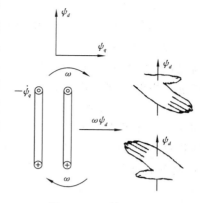

图 3-18 q 轴向电势

派克变换最本质的作用,就是把观察者的视角
从静止的定子转换到旋转的转子上,进而用等价的
类似直流电机的模型来等效原始同步电机方程。此
时定子侧 a、b、c 三相绕组被等价为 d、q 两相绕组。

3.4.5　$dq0$ 坐标系下的磁链方程和电感系数

将式(3.10)展开写成

$$\boldsymbol{\psi}_{abc} = \boldsymbol{L}_{ss}\boldsymbol{i}_{abc} + \boldsymbol{L}_{SR}\boldsymbol{i}_{fDQ} \tag{3.54}$$

$$\boldsymbol{\psi}_{fDQ} = \boldsymbol{L}_{RS}\boldsymbol{i}_{abc} + \boldsymbol{L}_{RR}\boldsymbol{i}_{fDQ} \tag{3.55}$$

现在的目的是把式(3.54)和式(3.55)中仍用 abc 坐标系表示的各量转换成用 $dq0$
坐标系表示的量。为此,将派克变换的坐标变换矩阵记为 $\boldsymbol{P}$(式(3.39)),则有

$$\boldsymbol{\psi}_{dq0} = \boldsymbol{P}\boldsymbol{\psi}_{abc} = \boldsymbol{P}\boldsymbol{L}_{ss}\boldsymbol{i}_{abc} + \boldsymbol{P}\boldsymbol{L}_{SR}\boldsymbol{i}_{fDQ} = \boldsymbol{P}\boldsymbol{L}_{ss}\boldsymbol{P}^{-1}\boldsymbol{i}_{dq0} + \boldsymbol{P}\boldsymbol{L}_{SR}\boldsymbol{i}_{fDQ} \tag{3.56}$$

$$\boldsymbol{\psi}_{fDQ} = \boldsymbol{L}_{RS}\boldsymbol{P}^{-1}\boldsymbol{i}_{dq0} + \boldsymbol{L}_{RR}\boldsymbol{i}_{fDQ} \tag{3.57}$$

将各已知量代入式(3.56)和式(3.57),可得

$$\boldsymbol{P}\boldsymbol{L}_{SS}\boldsymbol{P}^{-1} = \begin{bmatrix} L_d & 0 & 0 \\ 0 & L_q & 0 \\ 0 & 0 & L_0 \end{bmatrix} \quad \boldsymbol{P}\boldsymbol{L}_{SR} = \begin{bmatrix} m_{af} & m_{aD} & 0 \\ 0 & 0 & m_{aQ} \\ 0 & 0 & 0 \end{bmatrix}$$

$$\boldsymbol{L}_{RS}\boldsymbol{P}^{-1} = \begin{bmatrix} \frac{3}{2}m_{af} & 0 & 0 \\ \frac{3}{2}m_{aD} & 0 & 0 \\ 0 & \frac{3}{2}m_{aQ} & 0 \end{bmatrix} \quad \boldsymbol{L}_{RR} = \begin{bmatrix} L_f & L_{fD} & 0 \\ L_{Df} & L_D & 0 \\ 0 & 0 & L_Q \end{bmatrix} \tag{3.58}$$

完整的 $dq0$ 坐标系下磁链方程为

$$\begin{bmatrix} \psi_d \\ \psi_q \\ \psi_0 \\ \psi_f \\ \psi_D \\ \psi_Q \end{bmatrix} = \begin{bmatrix} L_d & 0 & 0 & m_{af} & m_{aD} & 0 \\ 0 & L_q & 0 & 0 & 0 & m_{aQ} \\ 0 & 0 & L_0 & 0 & 0 & 0 \\ \frac{3}{2}m_{fa} & 0 & 0 & L_f & L_{fD} & 0 \\ \frac{3}{2}m_{Da} & 0 & 0 & L_{Df} & L_D & 0 \\ 0 & \frac{3}{2}m_{Qa} & 0 & 0 & 0 & L_Q \end{bmatrix} \begin{bmatrix} i_d \\ i_q \\ i_0 \\ i_f \\ i_D \\ i_Q \end{bmatrix} \tag{3.59}$$

由此可得如下结论。

（1）$dq0$ 坐标系下所有电感系数均为常数。

（2）$dq0$ 坐标系下的电感系数矩阵存在若干非对角线 0 元素，此种情况又分为两种情况：① 矩阵元素下角标对应的两个绕组相互垂直，如绕组 f 中电流产生的磁场不可能进入绕组 q，则对应互感为 0；② 零轴绕组与所有其他绕组之间的互感均为 0。

（3）$dq0$ 坐标系下电感系数矩阵"几乎"为对称矩阵，唯一不对称的因素在于右上和左下矩阵子块中的非 0 元素相差 3/2 倍，其原因在于定子三相绕组合成的磁势必为单相磁势的 3/2 倍[①]。出于同样的原因，在计算纵轴同步电感 L_d 和横轴同步电感 L_q 时，体现定子、转子间电磁耦合的 λ_{ad} 和 λ_{aq} 前面也要乘以 3/2，即

$$L_d = \omega^2 \left(\lambda_{s\sigma} + \lambda_{m\sigma} + \frac{3}{2} \lambda_{ad} \right) \tag{3.60}$$

$$L_q = \omega^2 \left(\lambda_{s\sigma} + \lambda_{m\sigma} + \frac{3}{2} \lambda_{aq} \right) \tag{3.61}$$

最后有零轴自感为

$$L_0 = \omega^2 \left(\lambda_{s\sigma} - 2\lambda_{m\sigma} \right) \tag{3.62}$$

式中：$\lambda_{s\sigma}$ 为定子各相绕组自感漏磁通的磁导；$\lambda_{m\sigma}$ 为定子各相绕组互感漏磁通的磁导。

3.4.6 $dq0$ 坐标系下的功率公式

功率公式相对简单，仅将其结果罗列如下：

$$p = v_a i_a + v_b i_b + v_c i_c = \boldsymbol{v}_{abc}^{\mathrm{T}} \boldsymbol{i}_{abc} = (\boldsymbol{P}^{-1} \boldsymbol{v}_{dq0})^{\mathrm{T}} (\boldsymbol{P}^{-1} \boldsymbol{i}_{dq0})$$

$$= \boldsymbol{v}_{dq0} (\boldsymbol{P}^{-1})^{\mathrm{T}} (\boldsymbol{P}^{-1}) \boldsymbol{i}_{dq0} = 3 v_0 i_0 + \frac{3}{2} (v_d i_d + v_q i_q) \tag{3.63}$$

可见与 abc 坐标系下功率公式不同的是，$dq0$ 坐标系下功率并不直接等于三个绕组中电压、电流瞬时值乘积之和。数学上这是因为派克变换矩阵 $\boldsymbol{P}$ 并不是正交矩阵。无论如何，$dq0$ 坐标系下的功率公式并没有直接的物理意义。

3.5 同步电机稳态模型

在分析同步电机的稳态模型之前，先需要对已有的 $dq0$ 坐标系下的电势方程和磁链方程做实用化的处理。

3.5.1 同步电机模型的标幺化

定子侧各电压均用瞬时值表示，应采用定子侧额定相电压幅值作为基准值，数值上为有效值的 $\sqrt{2}$ 倍，即 $v_B = \sqrt{2} V_N$。类似地，也可确定定子侧额定电流基准值为 $i_B =$

---

① 事实上，由图 3-14 可知，直接与合成的磁势相对应的电流为

$$i_a \cos\theta + i_b \cos(\theta - 120°) + i_c \cos(\theta + 120°)$$

$$= I\cos^2\theta + i_b \cos^2(\theta - 120°) + i_c \cos^2(\theta + 120°)$$

$$= \frac{I}{2}(\cos 2\theta + 1) + \frac{I}{2}[\cos 2(\theta - 120°) + 1] + \frac{I}{2}[\cos 2(\theta + 120°) + 1]$$

$$= \frac{3}{2} I$$

$\sqrt{2}I_N$。由于 V_N 和 I_N 为相电压有效值,则基准容量为

$$S_B = 3V_N I_N = 3\left(\frac{v_B}{\sqrt{2}}\right)\left(\frac{i_B}{\sqrt{2}}\right) = \frac{3}{2}v_B i_B \tag{3.64}$$

还需定义基准频率 f_B,其通常为所在电网的额定频率 f_N,在我国 $f_B = f_N = 50$ Hz。进而可知基准同步转速为 $\omega_B = \omega_N = 2\pi f_N$。

其他若干物理量的基准值均可由上述已确定的基准值计算得出。例如,基准阻抗 $z_B = v_B/i_B$,基准电感 $L_B = z_B/\omega_B$,基准磁链 $\psi_B = L_B i_B$,不一而足,不赘述。

通过选择合适的基准值,可以让磁链方程中的系数矩阵的标幺值形式变成对称矩阵,需解决的主要问题是消除部分电感的系数 3/2,其关键在于确定定子和转子之间各物理量基准值之间的关系。

若假设三相对称的定子基准电流 i_B 产生磁势与转子基准电流 i_{fB} 产生磁势相同,则(依据前文[⑩]的分析)有

$$i_{fB}\omega_f = \frac{3}{2}i_B\omega \tag{3.65}$$

或

$$i_{fB} = \frac{3}{2}\times\frac{\omega}{\omega_f}i_B \tag{3.66}$$

式中:匝数比扮演了变压器中变比的角色。再假设定子、转子额定容量相同,则由式(3.64)有

$$v_{fB}i_{fB} = \frac{3}{2}v_B i_B \tag{3.67}$$

故

$$v_{fB} = \frac{3}{2}\times\frac{i_B}{i_{fB}}v_B = \frac{\omega_f}{\omega}v_B \tag{3.68}$$

用本节确定的各种基准值对同步电机基本方程进行标幺化,可得下面二式(为简便起见,略去了标幺值的符号 $*$):

$$\begin{cases} v_d = -\dot{\psi}_d - \omega\psi_q - ri_d \\ v_q = -\dot{\psi}_q + \omega\psi_d - ri_q \\ v_0 = -\dot{\psi}_0 - ri_0 \\ -v_f = -\dot{\psi}_f - r_f i_f \\ 0 = -\dot{\psi}_D - r_D i_D \\ 0 = -\dot{\psi}_Q - r_Q i_Q \end{cases} \tag{3.69}$$

$$\begin{cases} \psi_d = L_d i_d + m_{af}i_f + m_{aD}i_D \\ \psi_q = L_q i_q + m_{aQ}i_Q \\ \psi_0 = L_0 i_0 \\ \psi_f = m_{fa}i_d + L_f i_f + m_{fD}i_D \\ \psi_D = m_{Da}i_d + m_{Df}i_f + L_D i_D \\ \psi_Q = m_{Qa}i_q + L_Q i_Q \end{cases} \tag{3.70}$$

可见式(3.69)和式(3.70)中标幺值下电感系数矩阵变成了对称矩阵。

3.5.2 基本假设

目前已导出的同步电机模型是用并不直观的电磁耦合关系来刻画的。为了做更深

入的分析,希望能够用(数值上)等价的电路来代替。为此需要进一步考虑下述四个基本假设。

3.5.2.1 转子转速恒定且为额定转速

读者很快就会认识到,对一个交流电力系统而言,其稳态时全网有相同的频率,且由所有同步电机的共同转速来决定。这意味着频率是一个全局的量,后文还表明其由电力系统整体的功率平衡态势所决定。换个角度来说,频率的变化对整个电力系统都有影响,因此通常其允许变化的范围是很小的。出于这一考虑,通常假设同步电机转子转速恒定且为额定转速,尤其是在做稳态分析时更是如此。

在此假设下有 $\omega_* = 1$,可为分析带来一系列好处。例如,数值上电感等于电抗,磁链将等于电势……这为我们构建同步电机模型的等值电路提供了很大帮助。

尤其需要说明的是,后面将要引入一系列与电机模型有关的电抗,读者一定要清楚,所提到的每一个电抗事实上都对应于电机中的一个磁场。细节将在后文详述。

3.5.2.2 在多于两个绕组的方向上只有一个公共磁通

本书中派克变换后同步电机有 5 个绕组,即纵轴上的定子侧 d 绕组、励磁绕组和阻尼绕组,横轴上的定子侧 q 绕组和阻尼绕组,因此本假设只适用于纵轴方向。其含义是纵轴方向的磁场,要么同时穿过前述三个绕组,要么只穿过其中的一个绕组(漏磁通),而不存在穿过其中两个绕组却不穿过第三个绕组的磁场。这一假设能够成立的理由需要进行烦琐的解释,此处不赘述,但为简化模型带来了莫大的好处。

在有的电机模型中,横轴方向上需要用 g、Q 两个绕组来模拟暂态过程(g 模拟暂态,Q 模拟次暂态),甚至考虑 d、q 两个方向上的阻尼效果分别是由一系列阻尼绕组共同作用的结果。在这些更加复杂的模型中,这一假设也有相应的形式,这一内容超出了本书的范围,不赘述。

3.5.2.3 略去变压器电势

定子侧电势方程中的变压器电势体现的是绕组自身的暂态性能。电机受到扰动后,各绕组都会经历一个暂态过程,电流、磁链等状态量是不能突变的。但若这种暂态过程非常快,可以近似认为相应量可以突变,也就可以略去变压器电势。

3.5.2.4 忽略定子回路中的电阻

电力系统中的设备,尤其是用于高电压等级的设备,其绕组的电阻相对而言总是远远小于电抗的,这是能够忽略发电机定子绕组电阻的理由。

当然,不忽略电阻一定比忽略电阻要精确一些,之所以还要这么做,是因为忽略了电阻后的同步电机模型的表达式会得到相当程度的简化,简化所带来的效益完全能够弥补模型不精确所造成的损失。

3.5.3 实用正向

本章此前关于同步电机模型的推导均是基于图 3-1 中的坐标系,在该坐标系中 d 轴是超前 q 轴 90°的,如图 3-19 所示。由于发电机通常带感性负载,故电流相位总是滞后于电压相位,且机端电压相位也总是滞后于发电机空载电势。很快就会证明,发电机

空载电势总是在 q 轴方向上（见 3.5.4 节），这就使得我们经常分析的发电机机端电压、电流等物理量往往落在第四象限，某个纵坐标总是小于 0 的，这不符合工程技术人员的思维习惯。

为了解决这一问题，简单的做法是令 d 轴反向，如图 3-20 所示，可见前述原本在第四象限的物理量都进入了新坐标系的第一象限，模拟坐标均大于 0，符合人们通常的习惯，这种做法称为"实用正向"。

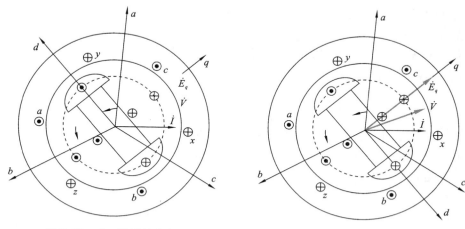

图 3-19　d、q 轴原始方向　　　　　　　　图 3-20　实用正向

采用实用正向后，需要把式（3.69）中 v_d、i_d 的符号反向，并假设 $\omega=1$，有

$$
\begin{cases}
v_d = \dot{\psi}_d + \phi_q - r i_d \\
v_q = -\dot{\psi}_q + \phi_d - r i_q \\
v_f = \dot{\psi}_f + r_f i_f \\
0 = \dot{\psi}_D + r_D i_D \\
0 = \dot{\psi}_Q + r_Q i_Q
\end{cases}
\tag{3.71}
$$

进一步略去变压器电势和定子绕组电阻，有

$$
\begin{cases}
v_d = \psi_q \\
v_q = \psi_d \\
v_f = r_f i_f
\end{cases}
\tag{3.72}
$$

类似地，采用实用正向后，需要把式（3.72）中 v_d、i_d 的符号反向。按照基本假设，当 $\omega=1$ 时，标幺值的电感等于电抗，标幺值的电势等于磁链，故可把式（3.70）中所有的磁链都看作是等价的电势，所有的电感都用电抗来代替，得到磁链方程的电路形式为

$$
\begin{cases}
\psi_d = -x_d i_d + x_{ad} i_f + x_{ad} i_D \\
\psi_q = x_q i_q + x_{aq} i_Q \\
\psi_f = -x_{ad} i_d + x_f i_f + x_{ad} i_D \\
\psi_D = -x_{ad} i_d + x_{ad} i_f + x_D i_D \\
\psi_Q = x_{aq} i_q + x_Q i_Q
\end{cases}
\tag{3.73}
$$

在式（3.73）中已经考虑了 d 轴方向上三个绕组有公共磁通的假设，该磁通对应的电抗用 x_{ad} 来表示，体现的是 d 轴方向上定子、转子各绕组相交链的磁场（读者可回顾在之前基本假设中所提到的"每一个电抗事实上都对应于电机之中的一个磁场"的论述）。

纵轴方向上另外三个电抗分别为

$$x_d = x_{\sigma a} + x_{ad}$$
$$x_f = x_{\sigma f} + x_{ad}$$
$$x_D = x_{\sigma D} + x_{ad}$$

式中：$x_{\sigma a}$、$x_{\sigma f}$ 和 $x_{\sigma D}$ 分别为定子绕组漏磁通对应电抗、励磁绕组漏磁通对应电抗和纵轴阻尼绕组漏磁通对应电抗，此处表明通过纵轴三个绕组中的磁场分别包含了只与本绕组相交链的漏磁通，以及同时与三个绕组相交链的互磁通。

类似地，在式(3.73)中用 x_{aq} 来表示 q 轴方向上两个绕组的互磁通，体现的是 q 轴方向上定子、转子两个绕组相交链的磁场。式(3.73)中 $x_q = x_{\sigma a} + x_{aq}$，$x_Q = x_{\sigma Q} + x_{aq}$，其中 $x_{\sigma Q}$ 为横轴阻尼绕组漏磁通对应电抗，其含义与纵轴情况类似。

3.5.4　同步电机稳态模型

若进一步考虑稳态时的情况，可以注意到所谓阻尼绕组是用于对电机暂态过程产生影响，在稳态时不起作用，故可认为稳态时 $i_D = i_Q = 0$。将其代入磁链方程中，并将相应磁链表达式代入电势方程，可得

$$v_d = \psi_q = x_q i_q \tag{3.74}$$
$$v_q = \psi_d = x_{ad} i_f - x_d i_d = E_q - x_d i_d \tag{3.75}$$
$$v_f = r_f i_f \tag{3.76}$$

式(3.74)~式(3.76)中没有出现磁场量，是完全用电气量表达的同步电机稳态模型。一个纯粹用电气量来表达的电机模型是能够将其放入大规模电力系统中与系统其他参与主体共同进行分析的重要条件。为实现这一目的，事实上是用数值上等价的电气量来替换了原始模型中与磁场有关的量。在式(3.75)中引入了一个新的物理量 $E_q = x_{ad} i_f$，体现的是由励磁电流 i_f 产生的磁场通过定子和转子之间的公共磁路耦合到定子一侧后所产生的感应电势。当定子侧开路($i_d = i_q = 0$)时，机端电压就只剩下 E_q，故将其命名为空载电势。

正常稳态运行的电力系统是三相对称的，电压、电流、磁链等物理量可分别对应于空间中匀速旋转的相量。也就是说，考虑实用正向，若将 d 轴定义为坐标横轴(复平面的实轴)，q 轴定义为坐标纵轴(复平面的虚轴)，上面定义的 v_d 和 v_q、i_d 和 i_q 分别是电压、电流相量在两个坐标轴上的投影，即

$$\dot{V}_d = v_d \quad \dot{I}_d = i_d \quad \dot{V}_q = j v_q \quad \dot{I}_q = j i_q$$

类似地还有 $\dot{E}_q = j E_q$。则式(3.74)和式(3.75)分别变为

$$\dot{V}_d = -j x_q \dot{I}_q \tag{3.77}$$
$$\dot{V}_q = \dot{E}_q - j x_d \dot{I}_d \tag{3.78}$$

可分别画出这两个式子对应的等值电路，如图 3-21 和图 3-22 所示。

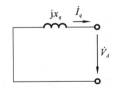

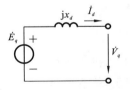

图 3-21　横轴向等值电路　　　　图 3-22　纵轴向等值电路

这里假设被研究的同步电机是凸极机,即 $x_d \neq x_q$ 的情况。若为隐极机,有 $x_d = x_q$,模型将有相应简化,此处不赘述。

显然同步电机机端电压和电流分别为 $\dot{V} = \dot{V}_d + \dot{V}_q$ 和 $\dot{I} = \dot{I}_d + \dot{I}_q$,将式(3.77)和式(3.78)代入,有

$$
\begin{aligned}
\dot{V} = \dot{V}_d + \dot{V}_q &= (-jx_q \dot{I}_q) + (\dot{E}_q - jx_d \dot{I}_d) \\
&= \dot{E}_q - j(x_d - x_q)\dot{I}_d - jx_q \dot{I}_d - jx_q \dot{I}_q \\
&= \dot{E}_q - j(x_d - x_q)\dot{I}_d - jx_q \dot{I}
\end{aligned}
\tag{3.79}
$$

若令

$$
\dot{E}_Q = \dot{E}_q - j(x_d - x_q)\dot{I}_d
\tag{3.80}
$$

显然有

$$
\dot{V} = \dot{E}_Q - jx_q \dot{I}
\tag{3.81}
$$

对于隐极机 $x_d = x_q$,故 $\dot{E}_Q = \dot{E}_q$,则

$$
\dot{V} = \dot{E}_q - jx_q \dot{I}
\tag{3.82}
$$

而对于凸极机,注意到与式(3.81)和式(3.82)在形式上的相似性,可以认为是将凸极机等价为某种隐极机的效果,故 $\dot{E}_Q$ 被称为等值隐极机电势,图 3-21 和图 3-22 可被整合为图 3-23。

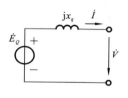

图 3-23　等值隐极机电路

引入等值隐极机电势不仅是为了得到一个更加简化的等效模型。事实上,它提供了一个由电力系统可获得的发电机外部状态分析同步电机内部状态的手段。迄今为止,所得到的同步电机稳态模型需要通过分解到 d、q 两个轴上的分量来体现。显然,要想分析同步电机内部的情况,首先需要确定 d、q 两个轴的位置,才能够正确地把各种相量向这两个轴做投影。

由式(3.80)可知,在等号右侧的两个分量中:已知第一个分量 $\dot{E}_q$ 必在 q 轴上;第二个分量为一个纯虚数 $-j(x_d - x_q)$ 乘以 $\dot{I}_d$,而 $\dot{I}_d$ 必在 d 轴上,故此乘积也必在 q 轴上。由此可知,$\dot{E}_Q$ 必为 q 轴上的相量。也就是说,如果找到了 $\dot{E}_Q$,也就找到了同步电机 q 轴的方向,进而也就找到了 d 轴的方向(根据实用正向的假设),后面的一系列分析就都可以开展了。

又由式(3.81)可见,可以直接用发电机机端电压 $\dot{V}$ 和机端电流 $\dot{I}$ 来计算 $\dot{E}_Q$,这就为从电力系统的角度分析发电机内部状态创造了条件,尤其是当分析多机系统相互影响时,这一条件尤为重要。

所涉及的各相量之间的关系可用下述绘制稳态运行同步电机相量图的过程来体现。

3.5.4.1　确定发电机外部状态

首先需要知道电机此时的运行状态,从电网的角度来说,就是这台电机机端母线电压取值(包括幅值 V 和相角 θ)及电机注入电网的功率(包括有功功率 P 和无功功率 Q,或等价地包括视在功率 S 和功率因数 $\cos\varphi$)。对于当前要解决的同步电机相量图问题,可以先假设机端母线电压相角已知(如 $\theta = \theta_0$),读者要明确此时所有相量都以相同的转速在空间中旋转,因此机端母线电压相位始终在变化,但各相量之间保持相对

图 3-24 同步电机外部状态

静止。

由复功率计算公式,可知当前电机注入电网的功率为

$$S = \dot{V}\overset{*}{\dot{I}} = VI \angle (\theta - \theta_I) \tag{3.83}$$

式中:I 为电机注入电网的电流幅值,可由视在功率和机端电压幅值计算得到;θ_I 为电流相角,由式(3.83)可见,其与电压相角之差就是已知的功率因数角 φ,故当电压相角已知时即可知道电流相角。至此即确定了同步电机外部状态,其相量图如图 3-24 所示。

3.5.4.2　确定 d、q 轴位置

根据等值隐极机的概念,可利用式(3.81)计算得出 $\dot{E}_Q$,进而得到 d、q 轴的位置,如图 3-25 所示(图中 d 轴并不是实用正向的)。

3.5.4.3　求出机端电压和电流在 d、q 轴上的投影

此时即可求出机端电压和电流在 d、q 轴上的投影(见图 3-26)。若假设 q 轴超前机端电压的角度为 δ,显然其超前机端电流的角度即为 $\delta + \varphi$,故有

$$V_d = V\cos\delta \quad V_q = V\sin\delta \tag{3.84}$$

$$I_d = I\cos(\delta + \varphi) \quad I_q = \sin(\delta + \varphi) \tag{3.85}$$

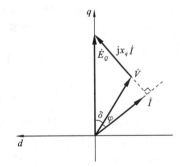

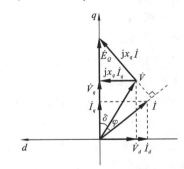

图 3-25　确定 d、q 轴位置　　　**图 3-26　机端电压和电流在 d、q 轴上的投影**

3.5.4.4　获得空载电势

最后可计算空载电势 $\dot{E}_q$。有两种等价的方法,其一是由式(3.80)可直接得

$$E_q = E_Q + (x_d - x_q)I_d \tag{3.86}$$

或等价地有

$$E_q = V_q + x_d I_d \tag{3.87}$$

最终的相量图如图 3-27 所示。

图 3-21~图 3-23、图 3-27 及相关计算公式是同步电机稳态模型的典型形式,体现的是处于稳态的同步电机(从电力系统的角度来讲是因为它们所处的电力系统整体上是稳态的)各关键物理量之间的数值关系。读者

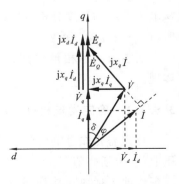

图 3-27　同步电机稳态模型相量图

应着重理解:从整个电力系统分析的角度出发,单个同步电机的状态如何由系统状态(此时是稳态)来获得。

同步电机稳态模型不仅是电力系统稳态分析的重要工具,也是分析同步电机乃至整个电力系统暂态表现的起点。

3.6 同步电机暂态模型

3.6.1 同步电机稳态与暂态的关系

3.6.1.1 稳态与暂态的一般概念

定性地说,所谓"暂态"指的是人们所关心的量随着时间的推移而变化的状态。从这个意义来说,我们研究的电力系统在各个时间尺度上都是处于"暂态"过程。例如,在年乃至跨年的时间尺度上,电力系统中的负荷水平持续变化(通常都是在上升),导致与之配合的电源、电网形态也随之演化。又如,某个地区一天之中的负荷水平也是在上下波动的,致使全网功率平衡的态势也随之变化。这两个例子都符合这里关于"暂态"的定义。

当然,通常来说,我们在电力系统分析的框架下所关注的暂态特指时间尺度在微秒级→毫秒级→秒级→分钟级这一水平的暂态过程,最长不会超过小时级。常见的有电磁暂态,常为微秒级至毫秒级,包括输电线路、变压器绕组可能发生的暂态过程等,在新形势下考虑电力电子装置中开关元件动态特性的暂态过程也逐渐成为主流;还有机电暂态,常为毫秒级至秒级,主要研究电机转子机械运动与电网通过电机体现出来的电磁现象之间的互动;更长的有中长期动态过程,通常为数分钟至数小时,如考虑变压器分接头、并联无功补偿装置通过机械机构产生的变化对电力系统带来的影响等。

从数学的角度来说,无论是电力设备,还是整个电力系统,如果其数学模型表示为

$$\begin{cases} \dfrac{\mathrm{d}x}{\mathrm{d}t} = f(x, y) \\ 0 = g(x, y) \end{cases} \tag{3.88}$$

则显见其中的 x 是与时间有关的变化量,可称为微分量,y 由于受到代数方程的约束,也会随变化的 x 而变化,可将 y 称为代数量。

类似地,定性地说,所谓"稳态"指的是人们所关心的量随着时间的推移不发生变化的状态。事实上,由于系统始终处于外部环境对其的扰动,因此绝对的稳态是不存在的。当扰动小到一定程度,乃至可以认为式(3.88)中的 $\mathrm{d}x/\mathrm{d}t = 0$ 时,式(3.88)可变为

$$\begin{cases} 0 = f(x, y) \\ 0 = g(x, y) \end{cases} \tag{3.89}$$

称此时系统处于稳态,无论是微分量和代数量都不随时间变化。从某种意义上来说,可以把"稳态"看作是"暂态"的特例,即稳态是微分量对时间导数取各种值的情况中取零值的特殊情况。

一般认为通常的微分量均不能突变。例如,电感两端电压等于电感乘以电流对时间的导数,若电流可以突变,则突变时电流对时间的导数为无穷大,进而电感两端电压

将为无穷大,不具有实际的物理意义[①]。而我们要分析的暂态过程通常都有某种因素突变的情况(如三相接地短路时短路点对地电压由正常状态突变为 0),为了对暂态发生后的情况进行分析,只能从扰动前后不会突变的物理量来入手,将扰动前微分量的信息传递到扰动后的分析过程中,作为扰动起始时的"边界条件"。

本节对同步电机暂态过程的分析也遵循这一思路。

3.6.1.2　超导体闭合回路磁链守恒原则

按照上述思路,若同步电机受到外部扰动致使其进入了暂态过程,首先需要确认哪些量是可以被我们用来做扰动前后介质的微分量。根据法拉第电磁感应定律,某个绕组的感应电势在数值上等于其磁链对时间的导数。若该绕组有电阻,则对于没有外接电源的闭合回路,根据基尔霍夫电压定律有

$$\frac{\mathrm{d}\psi}{\mathrm{d}t}+Ri=0 \tag{3.90}$$

若绕组为超导体,即 $R=0$,则有 $\mathrm{d}\psi/\mathrm{d}t=0$,即 $\psi=\mathrm{const}$。因此,若由于某种外部因素导致闭合回路中磁链发生了变化,则必然会感应出一个抵御此变化的磁链,以维持回路中总的磁链不变。这就是分析电机暂态过程常用的超导体闭合回路磁链守恒原则。

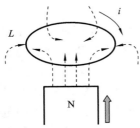

注意:这里强调穿过回路"总的"磁链不变,并不是任何因素所引起的磁链都不可能变化。例如,在图 3-28 中,磁铁附近的闭合线圈中有磁场通过。若把磁铁移近线圈,显然由于磁通密度增加,使得磁铁产生磁场通过线圈的磁链也增加,但这部分磁链只是"总磁链"的一部分。事实上,如果图 3-38 中 $R=0$,则根据超导体闭合回路磁链守恒原则,在线圈中将感应出一个新的电流分量,这个电流分量产生的磁场将把磁铁移近线圈导致磁链增加的效果抵消掉,使得"总磁链"保持不变[②]。

图 3-28　超导体闭合回路磁链守恒原则

超导体闭合回路磁链守恒原则是前面所说"微分量"不突变并作为把扰动前状态传递到扰动后介质的一种具体表现形式,这是分析电机暂态过程最常见的理论工具。然而要说明的是,在目前的技术水平下,实际电机的绕组都不可能是用超导体材料制作的,因此这只能是一种理想化的假设,只适用于在暂态开始的瞬间分析各绕组之间的电磁感应关系,此后各时刻的状态变化将按照实际的物理规律来演化。

3.6.2　无阻尼绕组同步电机机端突然短路的分析

本节用相对简单但有充分代表性的无阻尼绕组同步电机空载运行时机端突然发生三相短路的场景来分析同步电机受到扰动后可能出现的物理现象。表征同步电机状态的既有电磁量如电流、磁链等,也有机械量如转速等。前面提到了电磁暂态和机电暂态

[①]　这只是便于理解的工程上的解释,数学上并不严谨。

[②]　显然对感应出的这个磁场分量而言,其由无到有,也不是守恒的。读者对磁链守恒原则只适用于"总磁链"一定要有深刻的认识。

的概念,由于电磁量比机械量变化快很多,本节假设在分析电磁量变化时机械量的变化还没来得及开始,因此对机械量的变化不予考虑。

在发生短路之前,同步电机(乃至整个电力系统)都运行在稳态。对所研究的同步电机来说,电枢磁势大小是恒定的,以同步转速正向旋转。由于其匀速地经过定子绕组线圈,为定子绕组带来幅值和角速度恒定的三相对称正弦电流,从而可以持续地向电力系统注入恒定的功率。当然,本节后文研究的是更简单的空载情况,因此定子电流、发电机输出功率等都为 0。无论如何,电枢磁势以同步转速正向旋转,与同样以同步转速旋转的转子并无相对运动,因此在转子中不会感应出额外电流(以及相应的额外磁场),仅有励磁绕组外加直流电源所带来的直流励磁电流。

若同步电机机端突然发生三相短路,将带来定子电流的急剧变化。这不可避免地导致电枢磁势发生显著变化,从而在转子绕组中感应出原本不存在的电流分量。这些新电流分量产生的磁场与转子一起运动,反过来又对定子绕组中电流产生影响。可以看出,短路后定子、转子之间存在着复杂的电磁感应关系,需要细致地对其进行分析。

首先分析清楚发生短路瞬间短路电流的计算条件。如前所述,需要借助短路前瞬间不能突变的物理量的实时状态来确定短路后瞬间电机的状态,故有如下条件。

（1）短路前励磁绕组中有恒定的直流励磁电流 i_f,由外加励磁电源 u_f 所提供。

（2）转子励磁绕组总磁链 ψ_f 由定子、转子间互磁链 ψ_{fd},以及仅通过转子励磁绕组的漏磁链 $\psi_{\sigma f}$ 共同组成,短路前随转子同步旋转。

（3）短路前电机空载,故 $i_a = i_b = i_c = 0$,进而 $i_d = i_q = 0$。

（4）定子 d 轴中磁链 ψ_d 即为前述定子、转子间互磁链 ψ_{fd},令其为 ψ_0;显然 q 轴中磁链 $\psi_q = 0$。

（5）条件（1）～（4）的状态可用图 3-29 来描述(注意不是实用正向),图中 d 轴超前定子 a 轴的角度为 $\alpha = \alpha_0 + \omega t$,则 a 相绕组中的磁链(为 $\psi_0 \cos\alpha$)也是时变的,进而由法拉第电磁感应定律有 $E_a = -\mathrm{d}\psi_a/\mathrm{d}t = \psi_0 \sin\alpha$(注意 $\omega = 1$ 的假设)。

现在考虑机端发生三相对称短路的情况。根据超导体闭合回路磁链守恒原则,此瞬间所有绕组派生出一系列的电磁感应现象,所达到的效果是试图将各绕组总的磁链维持为发生短路前瞬间的状态。其中短路前定子绕组中的总磁链 $\dot{\psi}_0$ 如图 3-30 所示。

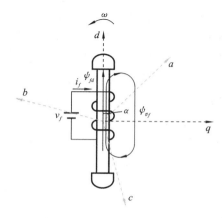

图 3-29 空载无阻尼同步电机机端三相短路前状态

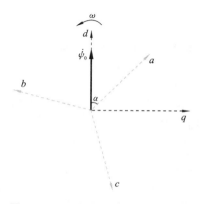

图 3-30 短路前瞬间的定子总磁链

短路发生瞬间，由于励磁绕组外加电源的强制作用仍然存在，使得图 3-30 中的 $\dot\psi_0$ 有继续旋转的倾向，如图 3-31 所示的 $\dot\psi$[①]。超导体闭合回路磁链守恒原则此时发挥作用：为了维持定子绕组中的"总"磁链不变，就需要感应出一个新的分量来扼制这个试图继续旋转的倾向，即出现一个新的磁链，始终与 $\dot\psi$ 大小相等、方向相反，即如图 3-31 所示的 $-\dot\psi$。

若此时只有图 3-31 中的两个磁链分量，其总和将为 0。显然应该进一步感应出一个大小和方向与短路前瞬间定子绕组中总磁链 $\dot\psi_0$ 均一致的新磁链分量。该磁链并不与转子一起旋转，而是保持与定子相对静止。只有这样，才能体现出定子绕组"磁链守恒"的效果。此时涉及的各磁链分量如图 3-32 所示。

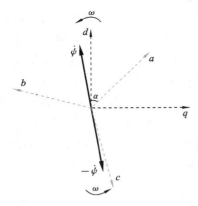

图 3-31　励磁绕组强制作用的效果
及抵消此作用的效果

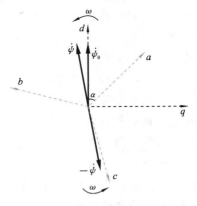

图 3-32　感应出与定子绕组相对
静止的磁链分量

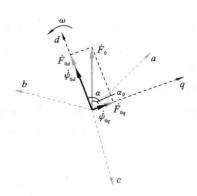

图 3-33　与定子相对静止磁场在转子
d、q 轴方向上产生的效果

然而分析到这里并未结束。感应出的与定子绕组相对静止的磁链 $\dot\psi_0$ 相对于转子是以同步转速反向旋转的，对转子将产生影响，这种影响又将反作用于定子绕组，进而对应一系列更复杂的物理现象。

设 $\dot\psi_0$ 产生的磁势为 $\dot F_0$，在空间中的大小不变，也相对定子绕组静止。由于原动机的作用，转子将继续旋转，使得 d、q 轴也随之继续旋转。d、q 轴方向磁路磁导固定不变且易于分析[②]，促使我们在分析 $\dot F_0$ 对转子的影响时也想要将其分解为 d、q 轴两个方向投影之和，并分别对这两个投影进行分析，这两个投影即为图 3-33 中的 $\dot F_{0d}$ 和 $\dot F_{0q}$。

由于 d、q 轴与 $\dot F_0$ 方向夹角以同步转速在变化，故两个投影 $\dot F_{0d}$ 和 $\dot F_{0q}$ 是脉振磁场，即二者方向始终与 d、q 轴分别重合，但大小始终在变化。既然 d、q 轴方向磁路磁导固定不变，这意味着两个投影所对应的磁链 $\dot\psi_{0d}$ 和 $\dot\psi_{0q}$ 也是脉振的。这种脉振矢量的效果

①　请读者注意，短路瞬间 $\dot\psi_0$ 和 $\dot\psi$ 是重合的，为了能够将二者区分开来进行分析，图 3-30 中的 $\dot\psi_0$ 和图 3-31 中的 $\dot\psi$ 相差了一个很小的角度。

②　读者可回想本章开头关于同样形状磁力线有多少经过铁磁介质的描述。

可用两个大小相同(大小为脉振幅值一半)、反向同步旋转的两个矢量共同作用来等效，如图 3-34 所示。

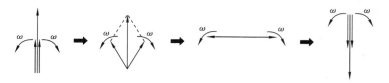

图 3-34 脉振矢量的等效效果

假设起初两个矢量方向相同,其合并的效果为脉振矢量正向且幅值最长情况。随着两个矢量反向旋转,由平行四边形法则所决定,其合并的等效脉振矢量方向暂不改变,但幅值变小。两个矢量继续旋转至恰好互为反向,其合并的等效脉振矢量为 0。两个矢量继续旋转至与最初状态反向,其合并的脉振矢量幅值重新达到最大,但方向刚好与最初状态相反。两个矢量各自旋转一周,则其合并的脉振矢量回到初始状态。可见,脉振矢量幅值变化的周期即为两个矢量各自旋转一周所用时间。按照前面的分析,可知两个矢量的转速也应该是同步转速。

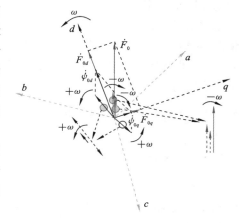

对图 3-33 中两个脉振的磁链 $\dot{\psi}_{0d}$ 和 $\dot{\psi}_{0q}$ 应用图 3-34 中的等效方法,可将这两个磁链分别用两个反向同步旋转的磁链来等效,如图 3-35 所示。

应该注意如下事项。

图 3-35 d、q 轴脉振磁场的等效分解

(1) 图 3-35 中两个正向旋转的磁链方向始终相反,分别来自 d、q 轴上的脉振磁链,等价于存在一个相对于转子以同步转速正向旋转,即相对于定子以两倍同步转速正向旋转的磁链,其大小为前述两个磁链幅值之差,对于隐极同步机,d、q 轴两个方向上磁路磁导相同,使得两个磁链大小相等、方向相反,故隐极同步机不存在这一相对于定子以两倍同步转速正向旋转的磁链。

(2) 图 3-35 中两个反向旋转的磁链方向始终相同,也分别来自 d、q 轴上的脉振磁链,等价于存在一个相对于转子以同步转速反向旋转,即相对于定子静止的磁链,其大小为前述两个磁链幅值之和。

这里的一个分析原则是:某磁链相对于某绕组的转速是多少,该磁链在此绕组中就将有一个相应的电流分量。为此,可将前述物理分析的结果汇总,如表 3-1 所示。

表 3-1 无阻尼绕组同步电机空载情况下机端三相短路后的电磁感应关系

磁链分量		定子绕组电流分量	转子绕组电流分量
励磁绕组与定子绕组相交链的强制磁链		基频强制电流分量	直流强制电流分量
短路瞬间抵御强制磁链继续旋转效果的感应磁链		基频自由电流分量	直流自由电流分量
短路瞬间维持"总"磁链恒定的感应磁链	相对于定子倍速旋转效果	倍频自由电流	基频自由电流分量
	相对于定子静止效果	非周期自由电流	

需要再次强调的是,表 3-1 中的各种磁链分量和电流分量出现的依据是超导体闭合回路磁链守恒原则,这仅适用于短路刚刚发生瞬间的情况。换句话说,超导体闭合回路磁链守恒原则用于获取各种磁链分量或电流分量的初始值。表 3-1 中各种分量分为强制量和自由量两大类,其中强制量由外加激励所决定,自由量随着时间的推移将衰减,衰减的具体规律由决定其衰减因素对应的时间常数来确定。

各种电磁感应现象的时间常数分析起来极其复杂,其中一个原因是电磁感应现象并不直观。基于前面的基本假设,各磁链分量数值上可用电压源来等价,使得我们可以构造体现电磁感应关系的等值电路,通过等值电路来分析等价的电磁感应现象,这是接下来几节的主要内容。

最后需要说明的是,本节仅分析了无阻尼绕组同步电机的情况。在后面的分析中,均把无阻尼绕组同步电机看作是有阻尼绕组同步电机中阻尼绕组开路的特例,物理本质是类似的。此外,本节仅分析了空载同步电机机端三相短路的情况,更一般的有负载情况,可以将负载等价成同步电机模型电抗串联一个额外电抗,具体做法在后文中详细介绍,这里提及的主要目的是想表明,尽管看起来本节分析的情况相对较简单,但事实上是有充分代表性的。

3.6.3 用等价电气量分析同步电机暂态行为——有阻尼绕组情况

3.6.3.1 磁链方程的等值电路

前面所说电磁感应关系可用磁链方程来体现,本节用到的磁链方程为式(3.73)。考虑到 d、q 两轴相互垂直,故对应电磁量相互解耦,可将式(3.73)中的五个方程分别表示为式(3.91)和式(3.92),这两个式子用到了前文讨论过的可将磁链等价成电势的假设。

$$\begin{bmatrix} \psi_d \\ \psi_f \\ \psi_D \end{bmatrix} = \begin{bmatrix} x_d & x_{ad} & x_{ad} \\ x_{ad} & x_f & x_{ad} \\ x_{ad} & x_{ad} & x_D \end{bmatrix} \begin{bmatrix} -i_d \\ i_f \\ i_D \end{bmatrix} \tag{3.91}$$

$$\begin{bmatrix} \psi_q \\ \psi_Q \end{bmatrix} = \begin{bmatrix} x_q & x_{aq} \\ x_{aq} & x_Q \end{bmatrix} \begin{bmatrix} i_q \\ i_Q \end{bmatrix} \tag{3.92}$$

先看纵轴方向的情况。若式(3.91)中 $x_d = x_{\sigma a} + x_{ad}$,$x_f = x_{\sigma f} + x_{ad}$,$x_D = x_{\sigma D} + x_{ad}$,则该式可变形为

$$\begin{cases} \psi_d = x_{\sigma a}(-i_d) + x_{ad}(-i_d + i_f + i_D) \\ \psi_f = x_{\sigma f} i_f + x_{ad}(-i_d + i_f + i_D) \\ \psi_D = x_{\sigma D} i_D + x_{ad}(-i_d + i_f + i_D) \end{cases} \tag{3.93}$$

仔细观察式(3.93)可见,三个式子等号右侧第二项都是 x_{ad} 乘以所涉及三个绕组中电流之和(考虑实用正向),这促使我们联想到基尔霍夫电流定律,进而可构造如图3-36 所示的等值电路,图中分别用三个电势源来表达式(3.93)中的三个磁链,故式(3.93)中的三个等式对应图中三个折线箭头所表示的三个回路的总电压降落(基尔霍夫电压定律)。

图 3-36 可充分体现式(3.93)所表达的各物理量之间的关系,尤其需要明确的是图中各电抗与同步电机中各磁场之间的对应关系。例如,图 3-36 中定子 d 轴绕组电压源的取值 ψ_d 等于对应漏抗 $x_{\sigma a}$ 上的电压降落加上 x_{ad} 上的电压降落,这里所反映的物理本

质是定子 d 轴绕组中的总磁链由定子自身漏磁链,以及定子、转子间交链磁链构成。励磁绕组和纵轴阻尼绕组的情况类似,读者在分析等值电路时一定要结合实际的物理意义来理解,尤其是要时刻关注等价电气量与实际电磁感应现象的关系。

本书更加强调的是从电力系统的角度来看同步电机的表现,因此需要"站在定子一侧观察发电机内部的情况"。也就是说,以图 3-36 中 ψ_d 处为端口,向"发电机内部"看过去,看到的是一个有源的电路,可以用其戴维南等效电路来等价,如图 3-37 所示。

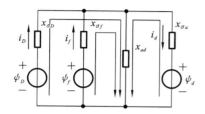

图 3-36　有阻尼绕组同步电机纵轴向磁链等值电路

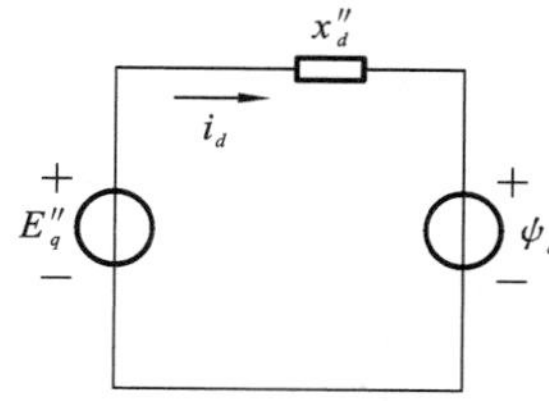

图 3-37　图 3-36 的戴维南等效电路

由图 3-37 可见

$$\psi_d = E''_q - x''_d i_d \tag{3.94}$$

式中:

$$E''_q = \frac{\dfrac{\psi_f}{x_{ad}} + \dfrac{\psi_D}{x_{\sigma D}}}{\dfrac{1}{x_{ad}} + \dfrac{1}{x_{\sigma f}} + \dfrac{1}{x_{\sigma D}}} \tag{3.95}$$

$$x''_d = x_{\sigma a} + \frac{1}{\dfrac{1}{x_{ad}} + \dfrac{1}{x_{\sigma f}} + \dfrac{1}{x_{\sigma D}}} \tag{3.96}$$

式(3.95)和式(3.96)可被看作是通用的并联电源支路合并情况的一种特例。接下来考虑图 3-38 中有 n 条电压源串联阻抗支路相并联的一般情况。

基于戴维南等效电路与诺顿等效电路的对应关系,可将图 3-38 中每一条电压源串联阻抗支路用其诺顿等效电路来代替,如图 3-39 所示,其中

$$\dot{I}_i = \frac{\dot{E}_i}{\mathrm{j}x_i} \quad i = 1\cdots n \tag{3.97}$$

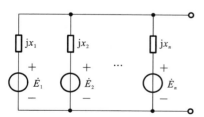

图 3-38　并联电源支路的一般情况

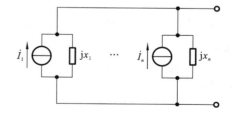

图 3-39　图 3-38 中单条电压源串联阻抗支路的诺顿等效

显然图 3-39 中所有支路均为并联关系,故 n 个电流源可合并成一个电流源,n 个并联阻抗亦可合并成一个阻抗,可得图 3-40,其中

$$\dot{I}_\Sigma = \sum_{i=1}^{n} \dot{I}_i \tag{3.98}$$

$$x_\Sigma = x_1 \parallel x_2 \parallel \cdots \parallel x_n = \frac{1}{\sum\limits_{i=1}^{n} \frac{1}{x_i}} \tag{3.99}$$

最后再次利用戴维南等效电路和诺顿等效电路的对应关系,可将图 3-40 变换成相应的戴维南等效电路形式,即图 3-41,这是图 3-38 的戴维南等效电路,其中

$$\dot{E}_\Sigma = jx_\Sigma \dot{I}_\Sigma = \frac{\sum\limits_{i=1}^{n} \dfrac{\dot{E}_i}{jx_i}}{\sum\limits_{i=1}^{n} \dfrac{1}{jx_i}} = \frac{\sum\limits_{i=1}^{n} \dfrac{\dot{E}_i}{x_i}}{\sum\limits_{i=1}^{n} \dfrac{1}{x_i}} \tag{3.100}$$

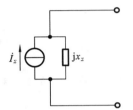

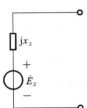

图 3-40　图 3-39 的化简　　　　　图 3-41　图 3-38 的戴维南等效电路

式(3.100)和式(3.99)是通用的并联电源支路合并后戴维南等效电路等效电势和等效阻抗的计算公式。图 3-36 是图 3-38 的特例,共有三条电源支路相并联,且 x_{ad} 所在支路电压源电压为 0,套用等效电势和等效阻抗的通用计算公式,即可得到式(3.95)和式(3.96)的结果。

观察式(3.95)可以发现,E''_q 为励磁绕组总磁链 ψ_f 和纵轴阻尼绕组总磁链 ψ_D 的线性组合,将其称为横轴次暂态电势。顺便说明,x''_d 被称为纵轴次暂态电抗。根据超导体闭合回路磁链守恒原则,短路前后瞬间某个绕组总磁链不能发生突变,因此 ψ_f 和 ψ_D 均不能突变,进而 E''_q 也不能突变。也就是说,可以根据短路前瞬间 E''_q 的取值作为短路后该量的取值,从而为发生短路后详细的定量分析创造条件。

与 E''_q 不同的是,在 3.5.4 节中引入的发电机空载电势 $E_q = x_{ad} i_f$,其对应的是励磁绕组磁链与定子 d 轴绕组相交链的部分,不是励磁绕组总磁链,短路前后不能保证不突变,不能作为短路后定量分析的直接依据。

需要特别指出,E''_q 只能根据给定的运行状态计算而得,是一个"虚拟"的物理量,无法进行实测。而 E_q 可以通过对发电机进行空载试验直接测量得到,具有更直接的物理意义。

类似地可分析横轴方向的情况。式(3.92)中的 $x_q = x_{\sigma a} + x_{aq}$,$x_Q = x_{\sigma Q} + x_{aq}$,该式可变形为

$$\begin{cases} \psi_q = x_{\sigma a} i_q + x_{aq}(i_q + i_Q) \\ \psi_Q = x_{\sigma Q} i_Q + x_{aq}(i_q + i_Q) \end{cases} \tag{3.101}$$

可构造如图 3-36 所示的等值电路(注意实用正向情况下图 3-36 和图 3-42 中定子电流方向的区别)。

图 3-42 的戴维南等效电路如图 3-43 所示。由图 3-43 可知

$$\psi_q = E''_d - x''_q i_q \tag{3.102}$$

套用式(3.100)和式(3.99)给出的通用公式,可知

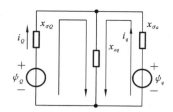

图 3-42 有阻尼绕组同步电机横轴向磁链等值电路

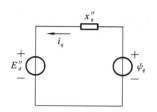

图 3-43 图 3-42 的戴维南等效电路

$$E''_d = \frac{\dfrac{\psi_Q}{x_{\sigma Q}}}{\dfrac{1}{x_{\sigma Q}} + \dfrac{1}{x_{aq}}} \tag{3.103}$$

$$x''_q = x_{\sigma i} + \frac{1}{\dfrac{1}{x_{\sigma Q}} + \dfrac{1}{x_{aq}}} \tag{3.104}$$

同样地，E''_d 与横轴阻尼绕组总磁链 ψ_Q 成正比，短路前后瞬间不能发生突变，称为纵轴次暂态电势，可用短路前取值来计算短路后情况。x''_q 称为横轴次暂态电抗。

3.6.3.2　相量图及各相量计算过程

由图 3-37 和图 3-43 可得相量形式的定子电势方程：

$$\begin{cases} \dot{V}_q = \dot{E}''_q - \mathrm{j}x''_d\,\dot{I}_d \\ \dot{V}_d = \dot{E}''_d - \mathrm{j}x''_q\,\dot{I}_q \end{cases} \tag{3.105}$$

或

$$\dot{V} = (\dot{E}''_q + \dot{E}''_d) - \mathrm{j}x''_d\,\dot{I}_d - \mathrm{j}x''_q\,\dot{I}_q = \dot{E}'' - \mathrm{j}x''_d\,\dot{I}_d - \mathrm{j}x''_q\,\dot{I}_q \tag{3.106}$$

式（3.105）和式（3.106）定义了新的物理量 $\dot{E}'' = \dot{E}''_d + \dot{E}''_q$，称为次暂态电势。

至此得到了转子侧存在阻尼绕组情况下各种电势和电抗参数，这些参数通常称为次暂态参数。同时还得到了次暂态电势与电机机端电压和电流之间的关系，使得我们可以把各物理量间的关系用相量图来表示。

首先仍需要利用式（3.80）定义的等值隐极机电势来获取转子 d、q 轴此时的位置，以及机端电压、电流在两个轴上投影的分量，如图 3-26 所示。利用式（3.106）可求得次暂态电势 $\dot{E}''$，进而求得其在 d、q 两个轴上的投影 $\dot{E}''_d$ 和 $\dot{E}''_q$，如图 3-44 所示。

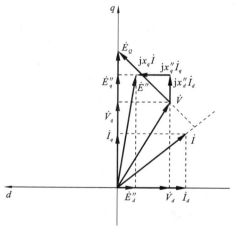

图 3-44　次暂态参数相量图

3.6.3.3　不计衰减时短路电流各分量的计算公式

所谓不计衰减，事实上指的是分析刚刚发生短路瞬间的情况。此时利用超导体闭合回路磁链守恒原则分析磁链平衡所对应的等值电路，在这些等值电路中求得 $dq0$ 坐标系下各种电流分量，必要时通过派克反变换求得 abc 坐标系下定子侧各种电流分量。

根据 3.6.2 节的分析,待求解的磁链平衡等值电路又分为与转子相对静止和与转子以同步转速相对运动的两种磁场所对应的等值电路。计算各种电流分量的整体思路如图 3-45 所示。

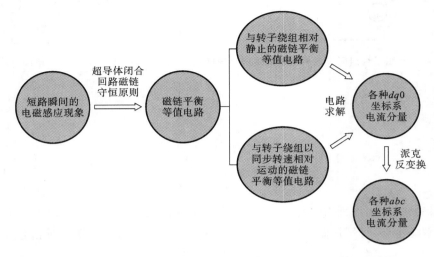

图 3-45　计算短路瞬间各种电流分量的整体思路

1. 可产生与转子绕组相对静止磁场的电流分量

先分析可产生与转子绕组相对静止磁场的电流分量所对应的磁链平衡等值电路,分纵横两个轴向的情况来讨论。首先看纵轴向的情况,发生短路前定子侧机端存在一个电压 $\dot{V}_q$(空载时即为空载电势 $\dot{E}_q$),如图 3-46(a)所示,短路后定子侧机端短接,如图 3-46(b)所示。

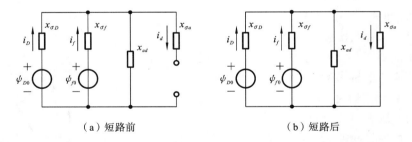

（a）短路前　　　　　　　　（b）短路后

图 3-46　与转子绕组相对静止的纵轴向磁链平衡等值电路

事实上,若短路前同步电机处于稳态,则阻尼绕组中应没有电流,即 $i_D = 0$,而励磁绕组中有稳态励磁电流 $i_{f[0]}$。发生短路之后,由表 3-1[1] 可知,阻尼绕组和励磁绕组中将分别出现新的自由分量 Δi_{Da} 和 Δi_{fa}[2]。同时由图 3-37 可知,短路后定子侧 d 轴绕组中电流将为 i_d''。相应的磁链平衡等值电路如图 3-47 所示,其等价的戴维南等效电路如图 3-48 所示。注意:图 3-48 中 E_{q0}'' 即为由超导体闭合回路磁链守恒原则所确定的短路前后不突变的横轴次暂态电势。此时需要求解的电流为图 3-47 各支路中的电流,包括 Δi_{Da}、Δi_{fa} 和 i_d''(又分为自由分量和强制分量两部分)。

---

① 尽管表 3-1 仅讨论了无阻尼绕组同步电机的情况,但不难将相应结论推广到有阻尼绕组同步电机的情况。

② 这里的下角标"a"表示非周期分量(aperiodic),以与后文 $\Delta i_{f\omega}$ 中下角标"ω"表示周期分量相对应。

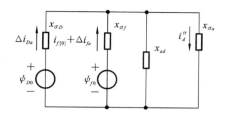 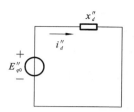

图 3-47 暂态过程刚刚开始时刻的纵轴向磁链平衡等值电路　　**图 3-48** 图 3-47 的戴维南等效电路

由图 3-48 显然有

$$i''_d = \frac{E''_{q0}}{x''_d} \tag{3.107}$$

式中：E''_{q0} 可由短路前同步电机运行状态算得（见图 3-34）

$$E''_{q0} = u_{q[0]} + x''_d i_{d[0]} = V_{[0]} \cos\delta_0 + x''_d i_{d[0]} \tag{3.108}$$

注意：此时分析的是电机短路前有载的情况，只需令 $i_{d[0]} = 0$，$\delta_0 = 0$，即可得到短路前空载的结果。

式（3.107）中的 i''_d 是短路发生瞬间定子侧 d 轴绕组的全电流，由强制分量和自由分量共同组成，需将强制分量扣除才能得到短路时感应出的自由分量。注意：如果短路持续时间足够长，所有自由分量均衰减为 0 后，转子侧的条件与发生短路前相同，故从定子侧向发电机内部看进去所见的戴维南等效电势应为 $E_{q\infty} = E_{q[0]}$，而定子侧短路，故有如图 3-49 所示的等效电路，则故障后稳态的 d 轴电流为

$$i_{d\infty} = \frac{E_{q\infty}}{x_d} = \frac{E_{q[0]}}{x_d} \tag{3.109}$$

显然 d 轴电流的自由分量为

$$i''_d - i_{d\infty} = \frac{E''_{q0}}{x''_d} - \frac{E_{q[0]}}{x_d} \tag{3.110}$$

接下来分析图 3-47 中所体现的发生短路瞬间转子侧两条支路中电流情况。由基尔霍夫电流定律和电压定律可知

$$\begin{aligned}
\psi_{D0} &= x_{\sigma D} \Delta i_{Da} + x_{ad} \left[\Delta i_{Da} + (i_{f[0]} + \Delta i_{fa}) - i''_d \right] \\
&= x_{ad} (i_{f[0]} + \Delta i_{fa}) + (x_{\sigma D} + x_{ad}) \Delta i_{Da} - x_{ad} i''_d \\
&= x_{ad} (i_{f[0]} + \Delta i_{fa}) + x_D \Delta i_{Da} - x_{ad} i''_d
\end{aligned} \tag{3.111}$$

对于短路前瞬间情况，可将图 3-46(a) 进一步具体化为图 3-50。注意：短路前瞬间阻尼绕组中无电流，对应图中支路开路，则 ψ_{D0} 即为 x_{ad} 两端电压，即

$$\psi_{D0} = x_{ad} (i_{f[0]} - i_{d[0]}) = x_{ad} i_{f[0]} - x_{ad} i_{d[0]} \tag{3.112}$$

显然式（3.111）和式（3.112）等号右侧应相等，即

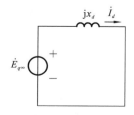 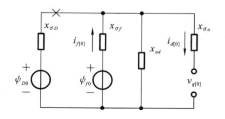

图 3-49 故障后稳态的等效电路　　　　**图 3-50** 短路前瞬间稳态电路

$$x_{ad}(i_{f[0]}+\Delta i_{fa})+x_D\Delta i_{Da}-x_{ad}i''_d=x_{ad}i_{f[0]}-x_{ad}i_{d[0]} \tag{3.113}$$

整理得

$$x_{ad}\Delta i_{fa}+x_D\Delta i_{Da}=x_{ad}(i''_d-i_{d[0]}) \tag{3.114}$$

由式(3.107)和式(3.108)可知

$$i''_d=\frac{E''_{q0}}{x''_d}=\frac{V_{[0]}\cos\delta_0}{x''_d}+i_{d[0]}$$

故有

$$i''_d-i_{d[0]}=\frac{V_{[0]}\cos\delta_0}{x''_d}$$

此式代入式(3.114),有

$$x_{ad}\Delta i_{fa}+x_D\Delta i_{Da}=\frac{x_{ad}}{x''_d}V_{[0]}\cos\delta_0 \tag{3.115}$$

式(3.115)为利用短路前后瞬间转子纵轴阻尼绕组总磁链 ψ_{D0} 不突变的情况分析而得。类似地,利用短路前后瞬间转子励磁绕组总磁链 ψ_{f0} 不突变的情况,可得

$$x_f\Delta i_{fa}+x_{ad}\Delta i_{Da}=\frac{x_{ad}}{x''_d}V_{[0]}\cos\delta_0 \tag{3.116}$$

联立求解式(3.115)和式(3.116),即可得到短路发生瞬间转子侧两个纵轴向绕组中的短路电流自由分量为

$$\begin{cases}\Delta i_{fa}=\dfrac{x_{ad}x_{\sigma D}}{x_fx_D-x_{ad}^2}\times\dfrac{V_{[0]}\cos\delta_0}{x''_d}\\[3mm]\Delta i_{Da}=\dfrac{x_{ad}x_{\sigma f}}{x_fx_D-x_{ad}^2}\times\dfrac{V_{[0]}\cos\delta_0}{x''_d}\end{cases} \tag{3.117}$$

上面分析的是纵轴向的情况,再来看横轴向的情况。与转子绕组相对静止的横轴向磁链平衡等值电路如图 3-51 所示,其中短路前瞬间情况如图 3-51(a)所示,短路后瞬间情况如图 3-51(b)所示。

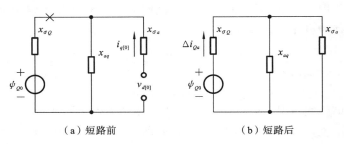

(a) 短路前   (b) 短路后

图 3-51　与转子绕组相对静止的横轴向磁链平衡等值电路

可以看出,横轴的情况相对简单,因为在本书中仅考虑纵轴向有多于一个转子侧绕组的情况,故在横轴向磁链平衡等值电路中仅有阻尼绕组是有源的支路。由图 3-51(b)易知,短路后瞬间该阻尼绕组中电流为

$$\Delta i_{Qa}=\frac{\psi_{Q0}}{x_{\sigma Q}+x_{\sigma a}\parallel x_{aq}}=\frac{\psi_{Q0}}{x_{\sigma Q}+\dfrac{x_{\sigma a}x_{aq}}{x_{\sigma a}+x_{aq}}}$$

$$=\frac{x_q\psi_{Q0}}{x_{\sigma Q}(x_{\sigma a}+x_{aq})+x_{\sigma a}x_{aq}}=\frac{x_q\psi_{Q0}}{x_{\sigma a}(x_{\sigma Q}+x_{aq})+x_{\sigma Q}x_{aq}}$$

$$= \frac{x_q \psi_{Q0}}{(x_{\sigma Q} + x_{aq})\left(x_{\sigma a} + \frac{x_{\sigma Q} x_{aq}}{x_{\sigma Q} + x_{aq}}\right)} = \frac{x_q \psi_{Q0}}{x_Q x''_q} \tag{3.118}$$

又由图 3-51(a)可知短路前瞬间阻尼绕组开路，故

$$\psi_{Q0} = x_{aq} i_{q[0]} = x_{aq} \frac{v_{d[0]}}{x_{\sigma a} + x_{aq}} = x_{aq} \frac{V_{[0]} \sin\delta_0}{x_q} \tag{3.119}$$

此式代入式(3.118)，有

$$\Delta i_{Qa} = \frac{x_q}{x_Q x''_q} \times \frac{x_{aq}}{x_q} V_{[0]} \sin\delta_0 = \frac{x_{aq}}{x_Q x''_q} V_{[0]} \sin\delta_0 = \frac{x_{aq} + x_{\sigma Q} - x_{\sigma Q}}{(x_{\sigma Q} + x_{aq}) x''_q} V_{[0]} \sin\delta_0$$

$$= \frac{(x_{aq}^2 + x_{\sigma Q} x_{aq}) - x_{\sigma Q} x_{aq}}{(x_{\sigma Q} + x_{aq}) x_{aq} x''_q} V_{[0]} \sin\delta_0 = \frac{x_{aq} - \frac{x_{\sigma Q} x_{aq}}{x_{\sigma Q} + x_{aq}}}{x_{aq} x''_q} V_{[0]} \sin\delta_0$$

$$= \frac{(x_{\sigma Q} + x_{aq}) - \left(x_{\sigma a} + \frac{x_{\sigma Q} x_{aq}}{x_{\sigma Q} + x_{aq}}\right)}{x_{aq} x''_q} V_{[0]} \sin\delta_0 = \frac{x_q - x''_q}{x_{aq} x''_q} V_{[0]} \sin\delta_0 \tag{3.120}$$

至此求出可产生与转子绕组相对静止磁场的所有($dq0$ 坐标系下)电流分量初始值，其汇总如表 3-2 所示。

表 3-2　可产生与转子绕组相对静止磁场的所有 $dq0$ 坐标系下电流分量初始值

电　流　分　量	计　算　公　式
纵轴定子电流强制分量	$i_{d\infty} = \dfrac{E_{q[0]}}{x_d}$
纵轴定子电流自由分量	$\Delta i''_d = \dfrac{E''_{q0}}{x''_d} - \dfrac{E_{q[0]}}{x_d}$
励磁电流强制分量	$i_{f[0]}$，与具体的励磁系统模型有关
励磁电流自由分量	$\Delta i_{fa} = \dfrac{x_{ad} x_{\sigma D}}{x_f x_D - x_{ad}^2} \times \dfrac{V_{[0]} \cos\delta_0}{x''_d}$
纵轴阻尼绕组电流自由分量	$\Delta i_{Da} = \dfrac{x_{ad} x_{\sigma f}}{x_f x_D - x_{ad}^2} \times \dfrac{V_{[0]} \cos\delta_0}{x''_d}$
横轴阻尼绕组电流自由分量	$\Delta i_{Qa} = \dfrac{x_q - x''_q}{x_{aq} x''_q} V_{[0]} \sin\delta_0$

2. 可产生与转子绕组以同步转速相对运动磁场的电流分量

和可产生与转子绕组相对静止磁场的电流分量所对应的磁链平衡电路不同的是，在可产生与转子绕组以同步转速相对运动磁场的磁链平衡电路中，电源仅存在于定子侧，这是 3.6.2 节所介绍的实际电磁感应现象在磁链平衡电路中的体现。相应的纵轴向和横轴向磁链平衡等值电路如图 3-52 所示。

显然，解决问题的关键在于对图 3-52 中两个等值电源的量化计算，图 3-53 中给出了相应量化关系。在考虑了 $\omega = 1$ 的基本假设后，可认为数值上 $\psi_{[0]} = V_{[0]}$。若电机空载运行，则 $V_{[0]} = E_{q[0]}$，可知

$$\begin{cases} \psi_d = \psi_{d\omega} = V_{[0]} \cos(\omega t + \delta_0) \\ \psi_q = \psi_{q\omega} = V_{[0]} \sin(\omega t + \delta_0) \end{cases} \tag{3.121}$$

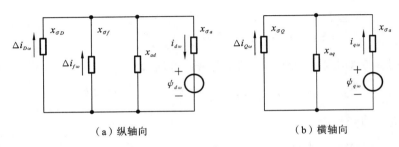

（a）纵轴向　　　　　　　　　　（b）横轴向

图 3-52　与转子绕组以同步转速相对运动磁场的磁链平衡电路

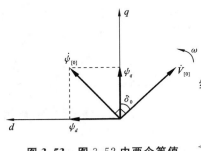

图 3-53　图 3-52 中两个等值电源的确定

在图 3-52（a）中，可求出纵轴向定子侧绕组电流为

$$i_{d\omega} = -\frac{\psi_{d\omega}}{x''_d} = -\frac{V_{[0]}}{x''_d}\cos(\omega t + \delta_0) \qquad (3.122)$$

根据电路的分流原理，可分别计算出励磁绕组和纵轴阻尼绕组中的电流分别为

$$\begin{cases} \Delta i_{f\omega} = \dfrac{i_{d\omega}}{1+\dfrac{x_{\sigma f}}{x_{\sigma D}}+\dfrac{x_{\sigma f}}{x_{ad}}} = -\dfrac{x_{ad}x_{\sigma D}}{x_f x_D - x_{ad}^2}\times\dfrac{V_{[0]}}{x''_d}\cos(\omega t + \delta_0) \\[4mm] \Delta i_{D\omega} = \dfrac{i_{d\omega}}{1+\dfrac{x_{\sigma D}}{x_{\sigma f}}+\dfrac{x_{\sigma D}}{x_{ad}}} = -\dfrac{x_{ad}x_{\sigma f}}{x_f x_D - x_{ad}^2}\times\dfrac{V_{[0]}}{x''_d}\cos(\omega t + \delta_0) \end{cases}$$

$$(3.123)$$

注意：此时这两个绕组中只存在自由分量。

在图 3-52（b）中，可求出横轴向定子侧绕组电流为

$$i_{q\omega} = \frac{\psi_{q\omega}}{x''_q} = \frac{V_{[0]}}{x''_q}\sin(\omega t + \delta_0) \qquad (3.124)$$

根据电路的分流原理可计算出横轴阻尼绕组中的电流为

$$\Delta i_{Q\omega} = -\frac{i_{q\omega}}{1+\dfrac{x_{\sigma Q}}{x_{aq}}} = -\frac{x_q - x''_q}{x_{aq}}\times\frac{V_{[0]}}{x''_q}\sin(\omega t + \delta_0) \qquad (3.125)$$

3.6.3.4　不计衰减的全电流计算公式

综合考虑各式，可以得到短路发生瞬间各绕组中全电流计算公式。

1. 定子侧

纵轴向定子绕组电流为

$$i_d = i''_d + i_{d\omega} = i_{d\infty} + (i''_d - i_{d\infty}) + i_{d\omega} = \frac{E_{q[0]}}{x_d} + \left(\frac{E''_{q0}}{x''_d} - \frac{E_{q[0]}}{x_d}\right) - \frac{V_{[0]}}{x''_d}\cos(\omega t + \delta_0)$$

$$(3.126)$$

横轴向定子绕组电流为

$$i_q = i''_q + i_{q\omega} = -\frac{E''_{d0}}{x''_q} + \frac{V_{[0]}}{x''_q}\sin(\omega t + \delta_0) \qquad (3.127)$$

本章只考虑三相对称故障的情况，故利用派克反变换可得 a 相绕组电流为

$$i_a = -i_d\cos(\omega t + \alpha_0) + i_q\sin(\omega t + \alpha_0)$$

$$= -\left[\frac{E_{q[0]}}{x_d} + \left(\frac{E''_{q0}}{x''_d} - \frac{E_{q[0]}}{x_d}\right)\right]\cos(\omega t + \alpha_0) - \frac{E''_{d0}}{x''_q}\sin(\omega t + \alpha_0)$$

$$+ \frac{V_{[0]}}{2}\left(\frac{1}{x''_d} + \frac{1}{x''_q}\right)\cos(\delta_0 - \alpha_0) + \frac{V_{[0]}}{2}\left(\frac{1}{x''_d} - \frac{1}{x''_q}\right)\cos(2\omega t + \delta_0 + \alpha_0) \quad (3.128)$$

式中：α_0 如图 3-4 中的定义。对比表 3-1 中的分析，可见式（3.128）中第一、二项为基频分量，由基频强制分量和基频自由分量两部分共同组成，第三项为非周期自由分量，第四项为倍频自由分量。$b、c$ 两相绕组电流可将式（3.128）中 α_0 分别替换为 $\alpha_0 - 120°$ 和 $\alpha_0 + 120°$ 而得到，此处不赘述。

2. 转子侧

励磁绕组电流为

$$i_f = i_{f[0]} + \Delta i_{fa} + \Delta i_{f\omega} = i_{f[0]} + \frac{x_{ad}x_{\sigma D}}{x_f x_D - x_{ad}^2}\frac{V_{[0]}}{x''_d}\left[\cos\delta_0 - \cos(\omega t + \delta_0)\right] \quad (3.129)$$

包含强制分量和自由分量两部分。

纵轴阻尼绕组电流为

$$i_D = \Delta i_{Da} + \Delta i_{D\omega} = \frac{x_{ad}x_{\sigma f}}{x_f x_D - x_{ad}^2}\frac{V_{[0]}}{x''_d}\left[\cos\delta_0 - \cos(\omega t + \delta_0)\right] \quad (3.130)$$

横轴阻尼绕组电流为

$$i_Q = \Delta i_{Qa} + \Delta i_{Q\omega} = \frac{x_q - x''_q}{x_{aq}x''_q}\frac{V_{[0]}}{x''_q}\left[\sin\delta_0 - \sin(\omega t + \delta_0)\right] \quad (3.131)$$

两种阻尼绕组电流均仅含自由分量，经过足够长时间后阻尼绕组中电流将衰减到 0。

3.6.4　用等价电气量分析同步电机暂态行为——无阻尼绕组情况

所谓无阻尼绕组情况，亦可解释为有阻尼绕组同步电机中阻尼绕组开路的情况。故在 3.6.3 节各式中令 $x_{\sigma D} \to +\infty$、$x_{\sigma Q} \to +\infty$ 即可得到相应的无阻尼绕组同步电机机端三相短路的分析结果。

3.6.4.1　磁链方程的等值电路

与图 3-36 对应的纵轴向磁链等值电路如图 3-54 所示，其戴维南等效电路如图 3-55 所示。

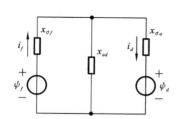

图 3-54　无阻尼绕组同步电机纵轴向磁链等值电路

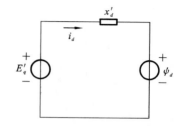

图 3-55　图 3-54 的戴维南等效电路

由图 3-55 可见

$$\psi_d = E'_q - x'_d i_d \quad (3.132)$$

令式（3.95）中 $x_{\sigma D} \to +\infty$，可得图 3-55 中戴维南等效电势为

$$E'_q = \frac{\frac{\psi_f}{x_{ad}}}{\frac{1}{x_{ad}} + \frac{1}{x_{\sigma f}}} \tag{3.133}$$

该电势称为横轴暂态电势，显然其与励磁绕组总磁链 ψ_f 成正比，故短路前后瞬间不能突变，可用来确定短路发生瞬间的初始条件。E'_q 也是一个虚拟的物理量，无法进行实测。

令式(3.96)中的 $x_{\sigma D} \to +\infty$，可得图 3-55 中等效电抗为

$$x'_d = x_{\sigma a} + \frac{1}{\frac{1}{x_{ad}} + \frac{1}{x_{\sigma f}}} \tag{3.134}$$

该电抗称为纵轴暂态电抗。

与图 3-42 对应的横轴向磁链等值电路如图 3-56 所示。可见此时转子侧不存在电源，从定子侧端口向发电机内部看过去，看到的是一个无源电路，可等效为一个电抗，如图 3-57 所示。

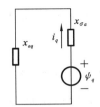

图 3-56 无阻尼绕组同步电机横轴向磁链等值电路　图 3-57 图 3-56 的简化结果

令式(3.104)中的 $x_{\sigma D} \to +\infty$，可得图 3-57 中等效电抗(即横轴暂态电抗)为

$$x_q = x_{\sigma a} + x_{aq} \tag{3.135}$$

显然由图 3-57 可直接得到这一结果。

3.6.4.2 相量图及各相量计算过程

由图 3-55 和图 3-57 可得相量形式的定子电势方程为

$$\begin{cases} \dot{V}_q = \dot{E}'_q - \mathrm{j} x'_d \dot{I}_d \\ \dot{V}_d = -\mathrm{j} x'_q \dot{I}_q \end{cases} \tag{3.136}$$

或

$$\dot{V} = \dot{E}'_q - \mathrm{j} x_q \dot{I}_q - \mathrm{j} x'_d \dot{I}_d \tag{3.137}$$

至此得到了转子侧不存在阻尼绕组情况下各种电势和电抗参数，通常称为暂态参数。同时还得到了暂态电势与电机机端电压和电流之间的关系，使得我们可以把各物理量之间的关系用相量图来表示。

首先仍需要利用式(3.80)定义的等值隐极机电势来获取转子 d、q 轴此时的位置，以及机端电压、电流在两个轴上投影的分量，如图 3-26 所示。利用式(3.137)可求得横轴暂态电势 E'_q，如图 3-58 所示。

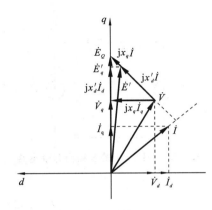

图 3-58 暂态参数相量图

图 3-58 中还试图仿照图 3-44 的方式将 $\dot{E}'_q$ 解释为某电势在 q 轴上的投影。在图 3-58 中，设机端电压 $\dot{V}$ 和等值隐极机电势 $\dot{E}_Q$ 之间连线上存在满足这一投影条件的某个点，记相应电势为 $\dot{E}'$。易知 $\dot{E}' = \dot{V} + \mathrm{j} x'_d \dot{I}$，故将其称为暂态电抗后电势，其含义是从机端向发电机内部看进去所看到暂态电抗 $\mathrm{j} x'_d$ 之后的电势取值。多数情况下 $\dot{E}'_q$ 和 $\dot{E}'$ 非常接近，在有些场合用 $\dot{E}'$ 来代替 $\dot{E}'_q$，以简化计算。

3.6.4.3　不计衰减时短路电流各分量的计算公式

1. 可产生与转子绕组相对静止磁场的电流分量

首先看定子侧。暂态电势为

$$E'_{q0} = \lim_{x_{\sigma D} \to +\infty} (V_{[0]} \cos\delta_0 + x''_d i_{d[0]}) = V_{[0]} \cos\delta_0 + x'_d i_{d[0]} \tag{3.138}$$

则定子侧纵轴向绕组中直流电流为

$$i'_d = \lim_{x_{\sigma D} \to +\infty} \left(\frac{E''_{q0}}{x''_d} \right) = \frac{E'_{q0}}{x'_d} \tag{3.139}$$

故定子侧纵轴向绕组中自由直流电流分量为

$$\Delta i'_d = i'_d - i_{d\infty} = \frac{E'_{q0}}{x'_d} - \frac{E_{q[0]}}{x_d} \tag{3.140}$$

由于横轴向磁链平衡等值电路为无源电路，故 $i_q = 0$。

再来看转子侧。励磁绕组中新产生的自由直流分量为

$$\Delta i_{fa} = \left(\lim_{x_{\sigma D} \to +\infty} \frac{x_{ad} x_{\sigma D}}{x_f x_D - x_{ad}^2} \right) \times \frac{V_{[0]} \cos\delta_0}{x'_d} = \frac{x_{ad}}{x_f} \times \frac{V_{[0]} \cos\delta_0}{x'_d} \tag{3.141}$$

$E'_{q0} = V_{[0]} \cos\delta_0$，故有

$$\Delta i_{fa} = \frac{x_{ad}}{x_f} \times \frac{E'_{q0}}{x'_d} \tag{3.142}$$

2. 可产生与转子绕组以同步转速相对运动磁场的电流分量

在定子侧，纵轴向绕组中基频电流为

$$i_{d\omega} = \lim_{x_{\sigma D} \to +\infty} \left[-\frac{V_{[0]}}{x''_d} \cos(\omega t + \delta_0) \right] = -\frac{V_{[0]}}{x'_d} \cos(\omega t + \delta_0) \tag{3.143}$$

横轴向绕组中基频电流为

$$i_{q\omega} = \lim_{x_{\sigma Q} \to +\infty} \left[\frac{V_{[0]}}{x''_q} \sin(\omega t + \delta_0) \right] = \frac{V_{[0]}}{x_q} \sin(\omega t + \delta_0) \tag{3.144}$$

在转子侧仅有励磁绕组中的自由基频电流分量，其计算公式为

$$\Delta i_{f\omega} = -\left(\lim_{x_{\sigma D} \to +\infty} \frac{x_{ad} x_{\sigma D}}{x_f x_D - x_{ad}^2} \right) \times \frac{V_{[0]}}{x'_d} \cos(\omega t + \delta_0) = -\frac{x_{ad}}{x_f} \times \frac{V_{[0]}}{x'_d} \cos(\omega t + \delta_0) \tag{3.145}$$

由于 $\psi_d = \psi_0 \cos(\omega t) = E'_{q0} \cos(\omega t)$，$\psi_q = \psi_0 \sin(\omega t) = E'_{q0} \sin(\omega t)$，故有

$$\begin{cases} i_{d\omega} = -\dfrac{E'_{q0}}{x'_d} \cos(\omega t) \\[2mm] i_{q\omega} = \dfrac{E'_{q0}}{x_q} \sin(\omega t) \\[2mm] \Delta i_{f\omega} = -\dfrac{x_{ad}}{x_f} \times \dfrac{E'_{q0}}{x'_d} \cos(\omega t) \end{cases} \tag{3.146}$$

3.6.4.4　不计衰减的全电流计算公式

1. 定子侧

纵轴向定子绕组电流为

$$i_d = i'_d + i_{d\omega} = i_{d\infty} + (i'_d - i_{d\infty}) + i_{d\omega} = \frac{E_{q[0]}}{x_d} + \left(\frac{E'_{q0}}{x'_d} - \frac{E_{q[0]}}{x_d} \right) - \frac{V_{[0]}}{x'_d} \cos(\omega t + \delta_0)$$

$$\tag{3.147}$$

横轴向定子绕组电流为

$$i_q = i_{q\omega} = \frac{V_{[0]}}{x_q} \sin(\omega t + \delta_0) \tag{3.148}$$

派克反变换可得 a 相绕组电流为

$$i_a = -\left[\frac{E_{q[0]}}{x_d} + \left(\frac{E'_{q0}}{x'_d} - \frac{E_{q[0]}}{x_d} \right) \right] \cos(\omega t + \alpha_0) + \frac{V_{[0]}}{2} \left(\frac{1}{x'_d} + \frac{1}{x_q} \right) \cos(\delta_0 - \alpha_0)$$

$$+ \frac{V_{[0]}}{2} \left(\frac{1}{x'_d} - \frac{1}{x_q} \right) \cos(2\omega t + \delta_0 + \alpha_0) \tag{3.149}$$

式中：α_0 如图 3-4 中的定义。对比表 3-1 中的分析，可见式（3.149）中第一项为基频分量，由基频强制分量和基频自由分量两部分共同组成，第二项为非周期自由分量，第三项为倍频自由分量。

若短路前电机空载，则式（3.149）变为

$$i_a = -\left[\frac{E_{q[0]}}{x_d} + \left(\frac{E'_{q0}}{x'_d} - \frac{E_{q[0]}}{x_d} \right) \right] \cos(\omega t + \alpha_0) + \frac{E'_{q0}}{2} \left(\frac{1}{x'_d} + \frac{1}{x_q} \right) \cos\alpha_0$$

$$+ \frac{E'_{q0}}{2} \left(\frac{1}{x'_d} - \frac{1}{x_q} \right) \cos(2\omega t + \alpha_0) \tag{3.150}$$

b、c 两相绕组电流可将式（3.149）、式（3.150）中的 α_0 分别替换为 $\alpha_0 - 120°$ 和 $\alpha_0 + 120°$ 而得到，此处不赘述。

2. 转子侧

励磁绕组电流为

$$i_f = i_{f[0]} + \left(\lim_{x_{\sigma D} \to +\infty} \frac{x_{ad} x_{\sigma D}}{x_f x_D - x_{ad}^2} \right) \frac{V_{[0]}}{x'_d} \left[\cos\delta_0 - \cos(\omega t + \delta_0) \right]$$

$$= i_{f[0]} + \frac{x_{ad}}{x_f} \frac{V_{[0]}}{x'_d} \left[\cos\delta_0 - \cos(\omega t + \delta_0) \right] \tag{3.151}$$

若短路前电机空载，则

$$i_f = i_{f[0]} + \frac{x_{ad}}{x_f} \frac{E'_{q0}}{x'_d} \left[1 - \cos(\omega t) \right] \tag{3.152}$$

3.6.5　自由电流衰减的时间常数及衰减的全电流计算公式

3.6.5.1　自由电流衰减的时间常数

1. 分析时间常数的一般原则

超导体闭合回路磁链守恒原则是一种高度理想化的假设，仅适用于对短路刚刚发生瞬间各种初始条件的分析。事实上，同步电机中所有绕组都是有电阻的，将其简化成

如图 3-59 所示的简单三相对称恒定电势源电路(假设短路前电路稳态运行,$t=0$ 时三相短路)。由于故障前后电路均三相对称,这里只分析 a 相的情况。

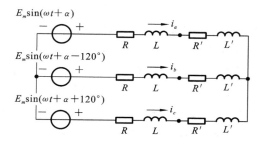

图 3-59 简单三相对称恒定电势源电路

由电路可知,短路前 a 相稳态电流为

$$i=I_m\sin(\omega t+\alpha-\varphi')\qquad(3.153)$$

式中:

$$I_m=\frac{E_m}{\sqrt{(R+R')^2+\omega^2(L+L')^2}}$$

$$\varphi'=\arctan\frac{\omega(L+L')}{R+R'}\qquad(3.154)$$

发生短路后,短路点右侧电路无源,最终将衰减到 0,没有分析的价值。根据基尔霍夫电压定律,短路点左侧的有源电路中 a 相回路电压应为

$$Ri+L\frac{\mathrm{d}i}{\mathrm{d}t}=E_m\sin(\omega t+\alpha)\qquad(3.155)$$

该式的解分为通解和特解两部分,即

$$i=i_p+i_{ap}\qquad(3.156)$$

其中,特解与外加激励有关,又称为强制分量。由于此处外加激励为恒定交流电源,故又将此特解称为周期分量,即为短路后重新达到稳态的电流,分析方法与式(3.153)类似,故有短路后稳态值(特解、强制分量、周期分量)为

$$i_p=I_{pm}\sin(\omega t+\alpha-\varphi)\qquad(3.157)$$

式中:

$$I_{pm}=\frac{E_m}{\sqrt{R^2+\omega^2L^2}}$$

$$\varphi=\arctan\frac{\omega L}{R}\qquad(3.158)$$

为维持短路前后瞬间电感中电流不能突变的条件[①],需要即时感应出一个有合适初始值且不断衰减的新电流分量,这个新电流分量为直流电流,其初始值仅与短路瞬间电路运行状态有关,称为自由分量,也就是前面所说的微分方程通解,其表达式为

$$i_{ap}=Ce^{-\frac{t}{\tau}}\qquad(3.159)$$

式中:$\tau=L/R$ 为时间常数,显然其取值由回路中电阻和电感参数来确定,对于短路前有

---

① 若电感中电流突变,则意味着电感两端电压将为无穷大,没有意义。这是超导体闭合回路磁链守恒原则的简化形式。

负载的情况,分析方法和结论均类似。

根据短路瞬间条件易知

$$C = I_m \sin(\alpha - \varphi') - I_{pm} \sin(\alpha - \varphi) \tag{3.160}$$

对于更复杂的同步电机中短路暂态过程实际情况,随着时间的推移,短路瞬间电磁感应出的各种自由磁链分量将逐渐衰减。若始终保持短路故障,各绕组中的总磁链将逐渐过渡到新的稳态。理论上各自由磁链分量及与之对应的各自由电流分量将按照特定的时间常数衰减到 0。基于 3.6.1 节的分析,可以把短路过程中各自由电流变化的过程用线性常微分方程组来描述[①],其初始条件由超导体闭合回路磁链守恒原则来确定,各自由电流衰减的时间常数与微分方程组的特征根相对应。

用特征根计算时间常数是理论上最严谨的做法,但在工程实际中往往过于烦琐,对规模较大的电网而言更是如此。为使特征根的分析得到简化,通常假设各自由电流衰减的时间常数遵循如下两个简化原则。

简化原则 1:假设每个自由电流分量在每个衰减的瞬间都只受某个绕组的时间常数影响。

直观上可以认为,某个自由电流所产生的磁场与哪个绕组相对静止,该自由电流就按照这个绕组的时间常数来衰减。例如,短路发生的瞬间在定子绕组中感应出一个自由直流分量,它产生的磁场与定子 a、b、c 相绕组相对静止,则这个自由直流分量应按定子绕组时间常数衰减。

一个特殊情况是定子绕组中感应出的倍频电流分量,其产生的磁场相对定子绕组以两倍同步转速旋转,并不是相对定子绕组静止的。然而由 3.6.2 节的分析可知,这个倍频电流分量与前面的定子绕组自由直流分量存在着依存关系,因此它也应该按照定子绕组的时间常数来衰减。

简化原则 2:某个绕组的时间常数仅用其自身的电阻和电感来计算。

这里主要想强调的是,在同步电机中,不同绕组的电阻之间也存在相互影响,此处将这些相互影响忽略掉。而由 3.3.3 节可知,某个绕组的电感已经涉及了其他绕组对自身的影响,不必重复考虑。

2. 定子绕组的时间常数

图 3-13 描绘的是同步电机转子以同步转速旋转时,转子处于不同位置时定子 a 相绕组可能感受到的电磁感应情况。显然转子纵轴和横轴与 a 轴分别重合是两个极端的情况,对有阻尼绕组同步电机来说,从定子侧向发电机内部看进去,看到的电抗应介于纵轴、横轴次暂态电抗之间,常假设用于计算定子绕组时间常数的电感应满足调和平均的条件

$$\frac{1}{\omega L} = \frac{1}{2}\left(\frac{1}{x_d''} + \frac{1}{x_q''}\right) \tag{3.161}$$

可得

$$L = \frac{2x_d'' x_q''}{\omega(x_d'' + x_q'')} \tag{3.162}$$

即定子绕组的时间常数为

---

① 更准确的说法是将其看作微分代数方程组消去代数量后的结果。

$$T_a = \frac{2x''_d x''_q}{\omega r (x''_d + x''_q)} \tag{3.163}$$

式中：r 是单相定子绕组的电阻。

对无阻尼绕组同步电机而言，有

$$T_a = \lim_{x_{\sigma D} \to +\infty, x_{\sigma Q} \to +\infty} \frac{2x''_d x''_q}{\omega r (x''_d + x''_q)} = \frac{2x'_d x_q}{\omega r (x'_d + x_q)} \tag{3.164}$$

定子 a、b、c 绕组中的非周期分量和倍频分量、转子励磁绕组和阻尼绕组中的基频分量均按定子绕组的时间常数衰减。

3. 转子侧横轴向绕组时间常数

有阻尼绕组同步电机的转子横轴向有一个绕组，即横轴阻尼绕组，横轴阻尼绕组中的自由直流电流分量将按其时间常数 T''_q 来衰减。

当定子侧三相短路时，确定 T''_q 的等值电路如图 3-60 所示。由横轴阻尼绕组向定子侧看过去的等值电抗为

$$x_{\sigma Q} + x_{aq} \parallel x_{\sigma a}$$

故

$$T''_q = \frac{x_{\sigma Q} + x_{aq} \parallel x_{\sigma a}}{\omega r_Q} \tag{3.165}$$

若定子绕组开路，即图 3-61 的情况，相应的横轴阻尼绕组时间常数为

$$T''_{q0} = \frac{x_{\sigma Q} + x_{aq}}{\omega r_Q} = \frac{x_Q}{\omega r_Q} \tag{3.166}$$

简单推导可知

$$T''_q = \frac{x''_q}{x_q} T''_{q0} \tag{3.167}$$

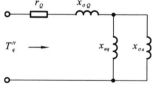

图 3-60　确定 T''_q 的等值电路

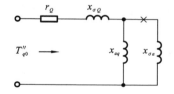

图 3-61　定子绕组开路时确定 T''_{q0} 的等值电路

无阻尼绕组同步电机的横轴向没有转子绕组，也就没有需要分析的时间常数了。

4. 转子侧纵轴向绕组时间常数

有阻尼绕组同步电机的转子纵轴向有两个绕组，即励磁绕组和纵轴阻尼绕组，这两个绕组中的自由直流电流分量按相应时间常数来衰减。由于这两个绕组之间存在相互的电磁感应作用，基于微分方程理论的详细时间常数分析相当烦琐。根据上面提到的分析时间常数的简化原则，并考虑到所涉及两个时间常数数值相差悬殊的实际情况，可以用下面的简化方法来获得两个时间常数。

首先分析定子绕组开路时对应的时间常数。励磁绕组和阻尼绕组同时起作用的情况如图 3-62 所示，可知

$$T''_{d0} = \frac{x_{\sigma D} + x_{\sigma f} \parallel x_{ad}}{\omega r_D} \tag{3.168}$$

阻尼绕组中的自由直流电流分量按 T''_{d0} 迅速衰减,对直流电流分量所对应的电路而言,阻尼绕组将很快处于开路状态,接下来的直流电流衰减效果将由图 3-63 所确定的时间常数来决定。显然

$$T'_{d0} = \frac{x_{\sigma f} + x_{ad}}{\omega r_f} = \frac{x_f}{\omega r_f} \tag{3.169}$$

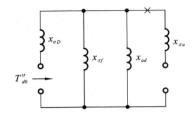
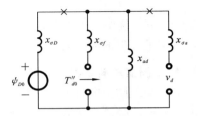

图 3-62　定子绕组开路时确定 T''_{d0} 的等值电路　　图 3-63　定子绕组和阻尼绕组开路时确定 T'_{d0} 的等值电路

当定子侧三相短路时,纵轴向各转子绕组时间常数遵循与式(3.167)类似的对应关系(公式推导略),即有

$$\begin{cases} T''_d = \dfrac{x''_d}{x'_d} T''_{d0} \\[2mm] T'_d = \dfrac{x'_d}{x_d} T'_{d0} \end{cases} \tag{3.170}$$

将按照 T''_d 衰减的电流分量称为次暂态分量,而将按照 T'_d 衰减的电流分量称为暂态分量。之所以会有前面的分析结果,事实上隐含了一个假设,即纵轴向可产生与转子相对静止磁场的自由电流分量均先后按仅 T''_d 作用和仅 T'_d 作用的两个相互独立的过程来衰减,当两个时间常数数值相差很大时这种假设是可以接受的。但由于纵轴阻尼绕组中的自由直流电流分量多数是次暂态分量,仅有少量暂态分量,直接假设其全部按 T''_d 衰减即可;类似地,励磁绕组中的自由直流电流分量多数是暂态分量,仅有少量次暂态分量,直接假设其全部按 T'_d 衰减即可。而定子 a、b、c 绕组中的基频自由电流分量是励磁绕组和阻尼绕组共同作用的结果,其衰减过程如图 3-64 所示。

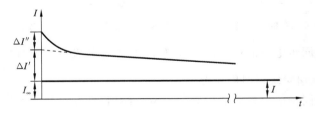

图 3-64　有阻尼绕组同步电机机端突然三相短路时定子
a、b、c 绕组中的基频自由电流分量的衰减过程

这意味着需将式(3.110)所确定的定子绕组纵轴向自由直流分量分成次暂态分量和暂态分量两部分。当计算暂态分量时,假设阻尼绕组中电流已为 0,即阻尼绕组开路。显然其暂态分量应为式(3.140),故次暂态分量应为

$$\Delta i''_d = (i''_d - i_{d\infty}) - \Delta i'_d = \frac{E''_{q[0]}}{x''_d} - \frac{E'_{q[0]}}{x'_d} \tag{3.171}$$

类似地,还需将式(3.117)所确定的转子励磁绕组自由直流分量也分成次暂态分量和暂态分量两部分。同样用阻尼绕组开路的假设计算暂态分量,即为式(3.141),则次暂态分量应为

$$\Delta i''_{fa} = \Delta i_{fa} - \Delta i'_{fa} = \frac{x_{ad} x_{\sigma D}}{x_f x_D - x_{ad}^2} \times \frac{V_{[0]} \cos\delta_0}{x''_d} - \frac{x_{ad}}{x_f} \times \frac{V_{[0]} \cos\delta_0}{x'_d} \tag{3.172}$$

对于无阻尼绕组同步电机,只需认为上述电流次暂态分量及相应时间常数不存在即可,不做进一步分析。

最后指出,有阻尼绕组同步电机,按 $E'_q = V_q + x'_d i_d$ 确定的 E'_q 并不直接与励磁绕组"总"磁链成正比,因此不能认为其在短路前后瞬间不突变,仅有 E''_q 是不突变的,因为它是纵轴阻尼绕组和励磁绕组总磁链的线性组合,满足不突变的条件。

3.6.5.2 衰减的全电流计算公式

基于前述不计衰减全电流计算公式和各自由电流分量衰减时间常数计算公式,可得各衰减的全电流计算公式,汇总如下。

1. 定子侧

纵轴向定子绕组电流为

$$i_d = \frac{E_{q[0]}}{x_d} + \left[\left(\frac{E''_{q0}}{x''_d} - \frac{E'_{q[0]}}{x'_d} \right) e^{-\frac{t}{T''_d}} + \left(\frac{E'_{q0}}{x'_d} - \frac{E_{q[0]}}{x_d} \right) e^{-\frac{t}{T'_d}} \right] - \frac{V_{[0]}}{x''_d} e^{-\frac{t}{T_a}} \cos(\omega t + \delta_0)$$

$$\tag{3.173}$$

横轴向定子绕组电流为

$$i_q = i''_q + i_{q\sigma} = -\frac{E''_{d0}}{x''_q} e^{-\frac{t}{T''_q}} + \frac{V_{[0]}}{x''_q} e^{-\frac{t}{T_a}} \sin(\omega t + \delta_0) \tag{3.174}$$

派克反变换可得 a 相绕组电流为

$$
\begin{aligned}
i_a &= -i_d \cos(\omega t + \alpha_0) + i_q \sin(\omega t + \alpha_0) \\
&= -\frac{E_{q[0]}}{x_d} \cos(\omega t + \alpha_0) - \left(\frac{E''_{q0}}{x''_d} - \frac{E'_{q[0]}}{x'_d} \right) e^{-\frac{t}{T''_d}} \cos(\omega t + \alpha_0) \\
&\quad - \left(\frac{E'_{q[0]}}{x'_d} - \frac{E_{q[0]}}{x_d} \right) e^{-\frac{t}{T'_d}} \cos(\omega t + \alpha_0) - \frac{E''_{d0}}{x''_q} e^{-\frac{t}{T''_q}} \sin(\omega t + \alpha_0) \\
&\quad + \frac{V_{[0]}}{2} \left(\frac{1}{x''_d} + \frac{1}{x''_q} \right) e^{-\frac{t}{T_a}} \cos(\delta_0 - \alpha_0) \\
&\quad + \frac{V_{[0]}}{2} \left(\frac{1}{x''_d} - \frac{1}{x''_q} \right) e^{-\frac{t}{T_a}} \cos(2\omega t + \delta_0 + \alpha_0)
\end{aligned}
\tag{3.175}
$$

b、c 两相绕组电流可将式(3.175)中的 α_0 分别替换为 $\alpha_0 - 120°$ 和 $\alpha_0 + 120°$ 而得到,此处不赘述。

2. 转子侧

励磁绕组电流为

$$
\begin{aligned}
i_f &= i_{f[0]} + \left[\frac{x_{ad} x_{\sigma D}}{x_f x_D - x_{ad}^2} \frac{V_{[0]}}{x''_d} - \frac{(x_d - x'_d)}{x_{ad}} \frac{V_{[0]}}{x'_d} \right] e^{-\frac{t}{T''_d}} \cos\delta_0 \\
&\quad + \frac{(x_d - x'_d)}{x_{ad}} \frac{V_{[0]}}{x'_d} e^{-\frac{t}{T'_d}} \cos\delta_0 - \frac{x_{ad} x_{\sigma D}}{x_f x_D - x_{ad}^2} \frac{V_{[0]}}{x''_d} e^{-\frac{t}{T_a}} \cos(\omega t + \delta_0)
\end{aligned}
\tag{3.176}
$$

阻尼绕组中的电流计算公式略。

3.6.6 与短路计算有关的若干基本概念

上述同步电机机端三相短路后详细的时变计算公式对深刻理解电机暂态过程的物理现象至关重要。但在工程实际中，往往并不需要知道每时每刻的详细信息（通常也很难做到），而是针对若干典型的关键状态进行定量分析即可。为此，人们引入了一系列与短路电流有关的基本概念，此处重点介绍冲击电流、短路电流最大有效值和短路容量三个概念。

在实际的电力系统中，影响短路电流的因素纷繁复杂，但只要能够把握问题的本质，是可以对其进行简化分析的。在本节中以图 3-59 中的恒定电势源电路发生三相对称短路的情况为例进行详细分析，再将其推广到实际电力系统中。

3.6.6.1 冲击电流

根据电磁场理论，两根相近的导体通有电流后相互之间会产生力的作用。为了确保电气设备的安全运行，要求它们能够承受可能的最大作用力的影响，在电力系统规划建设和设备选型时就需要进行相应校验，称为"动稳定校验"。显然对于越大的电流这种作用力也越大，而超出常规的大电流通常都发生在电力系统中发生短路的时候，故需要通过短路电流计算进行分析。一般认为力的作用效果是瞬间体现出来的，所以在进行动稳定校验时需要知道设备可能遇到的最大瞬时值，将其称为冲击电流。

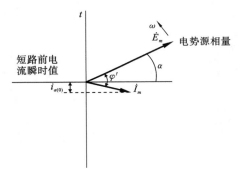

图 3-65　短路前瞬间的电压、电流相量

在提出短路电流取最大瞬时值的条件之前，先来对图 3-59 中发生三相对称短路的暂态过程进行相应的相量图分析，如图 3-65 所示。电势源恒定，意味着存在着一个长度不变、以同步转速 ω 在空间中逆时针匀速旋转的相量 $\dot{E}_m$，假设图 3-65 中给出的是 a 相的情况。发生短路之前电路处于稳态，任意相电流均恒定，即也有一个以同步转速 ω 在空间中逆时针匀速旋转的电流相量，图 3-65 中对应于 a 相电流的相量 $\dot{I}_m$，显然它滞后于 $\dot{E}_m$ 的角度 φ' 就是图 3-59 中每相阻抗的阻抗角。由图 3-65 可见，此时电流瞬时值就是电流相量 $\dot{I}_m$ 在时间轴上的投影 $i_{a(0)}$。

假设如图 3-65 所示，当 $\dot{E}_m$ 旋转至与水平方向夹角为 α 时发生图 3-59 中位置 f 处的三相短路，将 α 称为合闸角。由于发生了短路，导致此后电流变化规律由图 3-59 中位置 f 左侧的电路（在 f 处三相短接）来决定。当前瞬间由恒定电势源所确定电流分量（短路电流的强制分量，亦即短路后周期电流分量）的分析方法与短路前瞬间情况类似，也对应一个以同步转速 ω 在空间中逆时针匀速旋转的电流相量，如图 3-66 所示的 $\dot{I}_{pm}$。根据欧姆定律，$\dot{I}_{pm}$ 的幅值等于恒定电势源幅值除以剩余电路每相阻抗的幅值，由于原电路中部分阻抗被短路点与电源隔离，故实际"起作用"的阻抗幅值变小，从图 3-66 可看出短路后周期电流分量幅值比短路前电流幅值要大；同时可以确定，$\dot{I}_{pm}$ 滞后于 $\dot{E}_m$ 的相角即为剩余电路每相阻抗的阻抗角，假设为 φ。

同样地，此时电流瞬时值就是电流相量 $\dot{I}_{pm}$ 在时间轴上的投影 i_{p0}。由图 3-66 显然

可见 $i_{p0} \neq i_{a(0)}$。i_{p0} 流经了每相阻抗的电感,前面已经说过,电感中的电流是不能突变的,这必然意味着需要在短路瞬间感应出一个之前不存在的分量来维持电流瞬时值不变,这其实就对应于超导体闭合回路磁链守恒原则中为维持暂态过程初始瞬间某绕组总磁链不变而感应出的新磁场分量。新感应出的电流分量如图 3-67 所示的 i_{ap0},可认为是某虚拟相量 $\dot{I}_m - \dot{I}_{pm}$ 在时间轴上的投影。

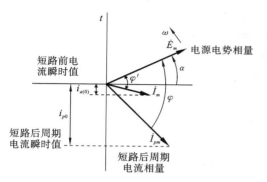

图 3-66　短路后瞬间的周期分量

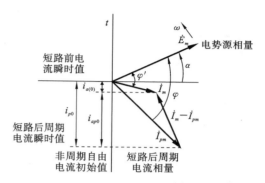

图 3-67　短路瞬间的完整相量图

之所以将 $\dot{I}_m - \dot{I}_{pm}$ 称为虚拟相量,是因为它仅用来确定短路后瞬间新感应电流分量的初始值(式(3.160)),此后这个新感应出的电流分量就以式(3.159)中特定的时间常数 τ 衰减,但不会改变符号,因此新感应出的电流分量事实上是一个自由直流分量,也就没有一个在空间旋转的相量与之对应。

注意不要忘记当前要分析的主题是如何获得冲击电流,即短路电流的最大瞬时值。虽然现在还没有精确的结论,但直观上可以知道,这个最大瞬时值既与短路后电流周期分量有关,也与非周期分量有关,其中决定某一时刻非周期分量瞬时值的只有两个因素,一是非周期分量的初始值,二是非周期分量衰减的时间常数。对特定网络来说,时间常数本质上完全由短路发生的位置来唯一确定。

剩下要分析的就是影响非周期分量初始值的因素。由图 3-67 可见,非周期分量初始值是虚拟相量 $\dot{I}_m - \dot{I}_{pm}$ 在时间轴上的投影,而该虚拟相量的长度事实上已由短路前后瞬间电路的运行状态来确定,投影长度的不同取决于虚拟相量倾斜角的不同,归根结底取决于合闸角的不同 α。两种最极端的情况如图 3-68 所示。

图 3-68 中上部表现的是短路瞬间各相量旋转到刚好使虚拟相量 $\dot{I}_m - \dot{I}_{pm}$ 与时间轴垂直,此时其在时间轴上的投影为 0,也就是短路前后电流周期分量瞬时值刚好相等的情况,发生短路后不需要过渡过程,直接进入到故障后稳态。

图 3-68 中下部表现的是短路瞬间各相量旋转到刚好使虚拟相量 $\dot{I}_m - \dot{I}_{pm}$ 与时间轴平行,此时其在时间轴上的投影就是虚拟相量全长,是所有可能情况中投影最长的情况,也就是短路电流自由直流分量初始值最大的情况。

要确定的冲击电流是短路电流的最大瞬时值,因此需要用到的是发生短路后最恶劣的条件。显然,在短路位置已确定的情况下,需要考虑自由直流分量初始值能取得最大值的条件,如图 3-69 所示。

前面提到,自由直流分量的初始值一方面取决于虚拟相量 $\dot{I}_m - \dot{I}_{pm}$ 与时间轴是否平行,另一方面显然也取决于相量自身的长度。由于短路点是确定的,电源又恒定不变,

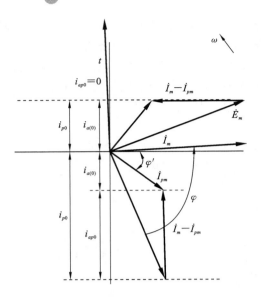

图 3-68　短路电流自由直流分量初始值的两种极端情况

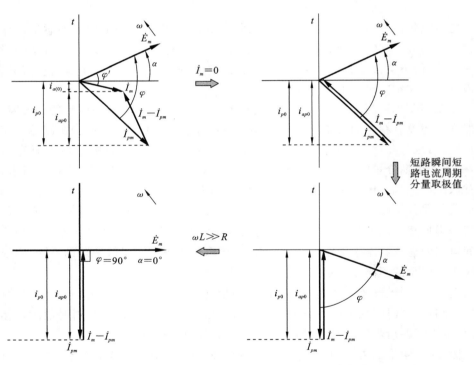

图 3-69　自由直流分量初始值能取得最大值的条件

则短路电流周期分量相量 $\dot{I}_{pm}$ 的幅值是固定不变的。如图 3-69 所示,如果短路前电路是空载的,即 $\dot{I}_m=0$,则虚拟相量 $\dot{I}_m-\dot{I}_{pm}$ 就是 $-\dot{I}_{pm}$,亦即一个与 $\dot{I}_{pm}$ 幅值相同、方向相反的相量,这是虚拟相量长度最长的情况。再根据上面的分析,当 $\alpha+\varphi=90°$ 时短路电流周期分量 $\dot{I}_{pm}$ 是一条垂直向下的相量,从而 $-\dot{I}_{pm}$ 是一条垂直向上的相量,满足与时间轴平行的条件。通常电路中电阻均不为 0,则短路后电路阻抗角略小于 $90°$,即在恒定电势 $\dot{E}_m$ 到达 $0°$ 前一个较小角度位置时发生三相短路满足虚拟相量与时间轴平行的条件。对高电压等级电力系统中的设备来说，常假设 $R \ll \omega L$，故可近似认为 $\dot{I}_{pm}$ 滞后 $\dot{E}_m$ 90°，则 $\alpha = 0°$ 时满足虚拟相量与时间轴平行的条件。

综上所述，可给出短路电流直流分量初始值取得最大值的条件为：① 短路前空载；② 恒定电势 $e(t)$ 瞬时值过 0 时发生三相短路。需要注意的是，前面均针对 a 相的情况开展分析，由于三相对称电路中 a、b、c 三相电压、电流瞬时值永远互差 120°，故不可能三相同时满足条件②。在相量图中，这意味着三相的虚拟相量在某一瞬间只可能有某一相旋转到与时间轴平行的位置，此时另外两相的虚拟相量不可能与时间轴平行。

继续分析 a 相在满足上述条件时发生三相短路的情况，此时其全电流由式（3.156）变为

$$i = -I_{pm}\cos(\omega t) + I_{pm}\mathrm{e}^{-\frac{t}{\tau}} = \left[\mathrm{e}^{-\frac{t}{\tau}} - \cos(\omega t)\right]I_{pm} \tag{3.177}$$

式中：短路电流周期分量、自由直流分量和全电流的瞬时值变化如图 3-70 所示。图 3-70 表明，由于发生短路瞬间恒定电势瞬时值过 0，而短路电流周期分量滞后该电势 90°，故此时周期分量取反向最大值；自由直流分量初始值与此时周期分量瞬时值大小相等、符号相反，即自由直流分量初始值在数值上等于周期分量幅值；全电流瞬时值为周期分量瞬时值和自由直流分量瞬时值之和。

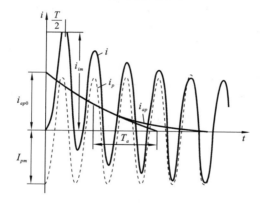

图 3-70　短路电流瞬时值

由图 3-70 可见，短路发生 1/2 周期后瞬间，周期分量取正向最大值，而自由直流分量虽有衰减，但由于故障持续时间较短，衰减尚不明显，故此时全电流有最大瞬时值。在此后的周期分量取正向最大值时刻，自由直流分量都会衰减到更小值，二者总和不可能比 1/2 周期时刻的更大。显然，短路后 1/2 周期时刻电流瞬时值就是所求短路冲击电流。我国电力系统额定频率为 50 Hz，即一个周期为 1/50 s＝0.02 s，短路冲击电流发生的时刻为 0.02/2 s＝0.01 s，代入式（3.177）可得冲击电流为

$$i_{im} = \left[-I_{pm}\cos(\omega t) + I_{pm}\mathrm{e}^{-\frac{t}{\tau}}\right]\Big|_{t=0.01} = (1 + \mathrm{e}^{-\frac{0.01}{\tau}})I_{pm} = k_{im}I_{pm} \tag{3.178}$$

式中：k_{im} 称为冲击系数。

可见冲击电流在数值上与短路后稳态电流幅值成正比，等价于与短路后稳态电流有效值成正比。

需要注意的是，这里认为故障发生后半个周期时刻是冲击电流瞬时值发生时刻，事实上是工程实际中的近似。理论上严谨的做法应该是对式（3.177）的全电流计算公式求导以获得极值条件，并分析所有满足极值条件的电流值中哪个对应冲击电流。式

(3.177)的求导结果为

$$\frac{\mathrm{d}i}{\mathrm{d}t} = \omega\sin(\omega t) - \frac{\mathrm{e}^{-\frac{t}{\tau}}}{\tau}$$

将 $t=0.01$ s 代入上式,显然可知等号右侧第一项必为 0(因 $\omega t=\pi$),而第二项必不为 0(因指数函数值必不为 0),从而可知 0.01 s 时全电流值并不满足极值条件,进而此时的短路电流也不可能取最大瞬时值。当然,在工程实际中,第一个极值点对应的时刻往往非常接近 0.01 s,因此当前的做法在精度上是可以接受的。

对冲击系数 k_{im} 的取值范围进行讨论。若图 3-59 的电路为纯电阻电路,即 $L=0$,则时间常数 $\tau=0$,代入冲击系数计算公式有 $k_{im}=1$;若其为纯电感电路,即 $R=0$,则时间常数 $\tau \to +\infty$,代入冲击系数计算公式有 $k_{im}=2$。通常 k_{im} 介于这两种极端情况之间,即 $1 \leqslant k_{im} \leqslant 2$。

实际的电力系统不会取极端情况,而且按照式中冲击系数的精确定义来计算也比较烦琐。通常按照发生短路故障的位置来确定冲击系数,认为距电源越近的地方发生故障所带来的影响也越严重,故一般认为:① 短路发生在发电机机端母线处,取 $k_{im}=1.9$;② 短路发生在发电厂高压母线处,取 $k_{im}=1.85$;③ 短路发生在电力系统其他位置,常取 $k_{im}=1.8$。冲击系数取值的示意图如图 3-71 所示,可以看到几种情况下冲击系数的取值均比较接近理论上限值 2,这说明人们把电力系统中发生三相短路故障看作是一种非常严重的不正常情况。

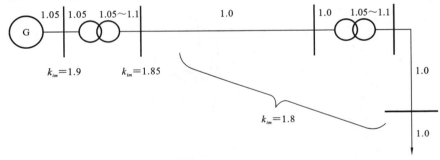

图 3-71　电力系统不同位置发生短路故障时冲击系数的取值

3.6.6.2　短路电流最大有效值

在电力系统规划建设和设备选型时除需要进行"动稳定校验"外,还需要进行所谓"热稳定校验",即校验设备在遇到较大电流时是否会因散热量过大而造成损害。与电动力带来的瞬时损害相比,散热所带来的影响是持续一段时间的累积效果,所以应通过对电流有效值进行量化分析来评估。

如果一个时变的电流通过给定电阻 R 后,在指定时间段内所消耗的电能与一个恒定电流通过同一电阻在同一时间段内所消耗的电能相同,则称这个恒定电流是时变电流的有效值(又称为均方根电流),即由

$$I^2 RT = \int_0^T i^2(t)R\,\mathrm{d}t$$

可得

$$I = \sqrt{\frac{1}{T}\int_0^T i^2(t)\,\mathrm{d}t} \tag{3.179}$$

在这里分析的短路电流包括两个分量，即幅值不变的周期分量和大小持续衰减的自由直流分量，显然式(3.179)中所选择的时间窗口不同，所得到的短路电流有效值也不同。为此可定义时刻 t 短路电流的有效值 I_t 为以时刻 t 为中心的一个周期内瞬时电流的均方根电流为

$$I_t = \sqrt{\frac{1}{T} \int_{t-T/2}^{t+T/2} i_t^2 \, dt} = \sqrt{\frac{1}{T} \int_{t-T/2}^{t+T/2} (i_{pt} + i_{apt})^2 \, dt} \tag{3.180}$$

考虑到一个周期的时间仅为 0.02 s，可忽略在该周期内自由直流分量取值的变化，即认为 $i_{apt} = I_{apt}$。同时认为周期分量在所计算周期内幅值也不变。对于这里的恒定电势源电路，显然周期分量幅值是不变的；对于由实际发电机和输变用电设备构成的电力系统，从前面内容可以看到，周期分量中也有逐步衰减的自由分量部分，但在计算时刻 t 的电流有效值时也认为幅值恒定不变，就取此时周期分量幅值的"瞬时值"。这样式(3.180)可进一步推导为

$$I_t = \sqrt{\frac{1}{T} \int_{t-T/2}^{t+T/2} i_\tau^2 \, d\tau} = \sqrt{\frac{1}{T} \int_{t-T/2}^{t+T/2} (i_p(\tau) + i_{ap}(\tau))^2 \, d\tau}$$

$$= \sqrt{\frac{1}{T} \int_{t-T/2}^{t+T/2} (I_m \sin(\omega\tau + \varphi) + I_{apt})^2 \, d\tau}$$

$$= \sqrt{\frac{1}{T} \int_{t-T/2}^{t+T/2} [I_m^2 \sin^2(\omega\tau + \varphi) + 2I_m I_{ap} \sin(\omega\tau + \varphi) + I_{apt}^2] \, d\tau} \tag{3.181}$$

定义

$$\begin{cases} f_1(\tau) = I_m^2 \sin^2(\omega\tau + \varphi) \\ f_2(\tau) = 2I_m I_{ap} \sin(\omega\tau + \varphi) \\ f_3(\tau) = I_{apt}^2 \end{cases} \tag{3.182}$$

可分别计算三部分定积分：

$$\int_{t-T/2}^{t+T/2} f_1(\tau) \, d\tau = \int_{t-T/2}^{t+T/2} I_m^2 \sin^2(\omega\tau + \varphi) \, d\tau = I_m^2 \int_{t-T/2}^{t+T/2} \frac{1}{2} [1 - \cos 2(\omega\tau + \varphi)] \, d\tau$$

$$= \frac{I_m^2}{2} \left[\tau - \frac{1}{2} \sin 2(\omega\tau + \varphi) \right] \Big|_{t-T/2}^{t+T/2} = \frac{I_m^2 T}{2} = I_{pt}^2 T \tag{3.183}$$

$$\int_{t-T/2}^{t+T/2} f_2(\tau) \, d\tau = \int_{t-T/2}^{t+T/2} 2I_m I_{ap} \sin(\omega\tau + \varphi) \, d\tau$$

$$= -2I_m I_{ap} \cos(\omega\tau + \varphi) \Big|_{t-T/2}^{t+T/2} = 0 \tag{3.184}$$

$$\int_{t-T/2}^{t+T/2} f_3(\tau) \, d\tau = \int_{t-T/2}^{t+T/2} I_{apt}^2 \, d\tau = I_{apt}^2 \tau \Big|_{t-T/2}^{t+T/2} = I_{apt}^2 T \tag{3.185}$$

式中：I_{pt} 是时刻 t 短路电流周期分量有效值。将式(3.183)~式(3.185)代入式(3.181)，可得

$$I_t = \sqrt{\frac{1}{T} (I_{pt}^2 T + 0 + I_{apt}^2 T)} = \sqrt{I_{pt}^2 + I_{apt}^2} \tag{3.186}$$

由于短路电流有效值是用于进行电气设备的热稳定校验，显然最有意义的是考虑最严重的情况，即冲击电流发生时刻的有效值，定义其为短路电流最大有效值。如前所述，冲击电流发生在短路后 0.01 s 瞬间，按照前面关于自由直流分量初始值最大的条件可知

$$I_{apt}(0.01) = I_{pm} \exp\left(-\frac{0.01}{T_a}\right) = (k_{im} - 1) I_{pm} \tag{3.187}$$

将其代入式(3.186),可求得短路电流最大有效值为

$$I_{im} = \sqrt{I_p^2 + \left[(k_{im}-1)\sqrt{2}I_p \right]^2} = I_p\sqrt{1+2(k_{im}-1)^2} = \begin{cases} 1.62I_p, & k_{im}=1.9 \\ 1.51I_p, & k_{im}=1.8 \end{cases}$$

(3.188)

由式(3.188)可见,短路电流最大有效值也与短路电流周期分量有效值成正比。

3.6.6.3 短路容量

短路容量的直接用途是校验断路器的开断能力。若发生图 3-59 中所示的短路故障,假设在故障点 f 处原本装有断路器(用来隔离故障),该断路器可能遇到的最严重情况是发生短路的瞬间,此时它靠近短路点的一侧接地,即电位为 0,另一侧由于刚刚发生扰动,仍维持故障前的电压,因此施加到断路器上的电压即为故障前电压,假设正常的平均额定电压为 V_{av},从而发生短路后流经断路器的功率为

$$S_t = \sqrt{3}V_{av}I_{pt}$$

(3.189)

显然短路容量也与短路电流周期分量有效值成正比。若取平均额定电压为所在电压等级电压基准值,则可定义短路容量的标幺值为

$$S_{*t} = \frac{\sqrt{3}V_{av}I_{pt}}{\sqrt{3}V_B I_B} = I_{*pt}$$

(3.190)

即短路容量和短路电流有效值的标幺值相同。

校验断路器的开断能力只是短路容量(或短路电流)的一种"微观"应用。事实上,短路容量还是一个能体现系统层面特征的全局指标。其实我们可以把图 3-59 的电路看作是实际大电网的抽象。当一个电力系统规模非常大时,以致在某个局部发生的扰动不足以对整个系统的对外表现产生影响,则可以在从局部向电力系统看过去的时候将电力系统用恒定电势源来代替,短路电流就是恒定电势源与电势源和短路点之间转移阻抗相除所得的商。此恒定电势源所表现出来的电压由电力系统调度运行的诸多因素来确定,通常可取额定电压附近的一个值,因此标幺值下短路电流往往可近似为上述转移阻抗的倒数。

这个转移阻抗亦可解释为故障点端口向电力系统看过去所得到的戴维南等效电路的入端阻抗,是由整个电网的拓扑结构、支路参数、电源位置等共同来决定的,因此能够体现整个电网的全局特征。在现代大电网中,随着用电规模不断增大,通过输配电网输送电能的规模也不断增大,这往往需要通过新建电源(发电厂)和新增输电通道来实现。从全局的层面来看,可以理解成在原戴维南等效电路中并联了新的电源支路,显然新的总转移阻抗将变小,进而意味着短路电流或短路容量将增大。可见,短路容量增大,一方面意味着电网传输电能为用户提供服务的能力增强,另一方面也意味着削弱了电网安全运行的能力,在电网关键位置一旦发生故障将可能产生严重后果。

为了避免这种严重后果的发生,需要从提高电网"本质安全"[1]能力的角度来采取措施。比较常见的措施是在关键位置串联电抗,用最直接的方式强制增大转移阻抗。这固然对限制短路电流能起到最好的效果,但显然也牺牲了电网传输功率的能力。另

---

[1] 本质安全是指通过设计等手段使生产设备或生产系统本身具有安全性,即使在误操作或发生故障的情况下也不会造成事故。

一种常见的思维方式是提高电网电压等级，理由是对相同数量的功率，运行电压越高，电流也就越小，自然也就削减了短路电流。然而制造更高电压等级的装备需要更困难的制造工艺和巨大的投资，同时也会带来若干新的问题，这是需要慎重考虑的。随着现代电力电子技术的发展，目前还可以通过异步互联的方式，利用直流输电系统（包含直流背靠背）将交流同步电网连接起来，利用直流线路的传输能力传输电能，同时利用电力电子装置的特性对短路电流进行某种隔断，从而起到限制短路电流的作用。这是目前比较好的限制短路电流的措施，但交直流系统混联运行将使电力系统的物理规律和运行规则更加复杂，这也是需要付出代价的。

短路冲击电流、短路电流最大有效值和短路容量在数值上均与短路电流周期分量有效值成正比。这一事实表明，在对短路电流进行实用计算时，可以简化为先求取故障发生时刻短路电流周期分量幅值或有效值[①]，再乘以合适的系数。从前面的分析可知，初始时刻短路电流周期分量有效值的计算，相当于原电路中所有元件都用其次暂态参数模型来替换所得新电路的求解结果，故这一电流又被称为"起始次暂态电流"。一般来说，旋转元件（发电机、电动机等）的次暂态参数与稳态参数不同，静止元件（变压器、输电线路等）的次暂态参数与稳态参数相同。

3.7　不同电力系统分析场合中同步电机的模型

发电机往往是所在电力系统中最复杂的一种装备，在所有电力系统分析的场合都用最复杂、最完整的发电机模型既不现实，也不必要。电力系统分析所涉及的三大计算为潮流计算、短路（故障）计算和稳定性计算，通常可以针对不同计算任务的特殊性，强调发电机能够体现这种特殊性的关键因素，忽略其对求解计算并不重要的次要因素，从而得出不同电力系统分析场合中同步电机的不同模型，汇总如表3-3所示[②]。

表 3-3　不同电力系统分析场合中同步电机的模型

应用场合	模　　型	特　　征
潮流计算	PQ 节点	向电网中输入的有功功率和无功功率恒定
	PV 节点	向电网中输入的有功功率恒定，机端母线电压幅值恒定
	平衡节点	机端母线电压幅值恒定，相角为指定值
短路计算	恒定电势源串联电抗	发电机接近故障位置
稳定性计算	转子运动方程	仅考虑转子机械运动动态的情况
	三阶模型	考虑转子运动方程＋励磁绕组动态
	五阶模型	考虑三阶模型＋纵横轴阻尼绕组动态
	更高阶模型	具体情况具体分析

---

① 参见前面对冲击电流取值的解释。

② 部分内容在后面才会介绍到，届时读者可回顾本节内容，以建立对课程知识体系的整体认识。

3.8 习题

(1) 同步电机磁链方程可以表示为线性方程组,这与什么基本假设有关?

(2) 同步电机原始方程的电势方程部分用到了哪些基本的电工定律?

(3) 空载隐极同步电机机端突然三相短路后,定子侧绕组是否会派生出倍频自由电流分量? 为什么?

(4) 基于有阻尼绕组同步电机纵、横轴向磁链平衡的等值电路和数学模型,推导无阻尼绕组同步电机对应的磁链平衡等值电路、暂态电势和暂态电抗的表达式、相量图。

(5) 无阻尼绕组凸极同步电机空载运行时,若突然发生机端三相短路,其各绕组中自由电流分量分别按照什么时间常数来衰减?

(6) 同步发电机 $x_d = 1.1$, $x_q = 0.7$, $\cos\varphi_N = 0.8$,发电机额定满载运行($V_G = 1.0$, $I_G = 1.0$),试求电势 E_Q、E_q 和 δ,并画出电流、电压和电势的相量图。

(7) 一台无阻尼绕组同步发电机,已知:$P_N = 50$ MW, $\cos\varphi_N = 0.85$, $V_N = 10.5$ kV, $x_d = 1.04$, $x_q = 0.69$, $x'_d = 0.31$。发电机额定满载运行,试计算电势 E_q、E'_q 和 E',并画出相量图。

4

电力网络的数学模型

4.1 电力网络通用模型

从某种意义上来说,现代电力系统可以被看作是一张规模庞大的电力网络,其中既有诸如交流输电线路等元件所构成的实际电路,也有将发电机、变压器等设备运行时的电磁感应关系等效成的"虚拟"电路。为了准确地刻画电力网络的数学模型,首先需要一个通用的建立电力网络模型的方法。

在电路的课程中,对如图 4-1 所示的有 n 个节点的电力网络而言,往往用节点注入电流向量和节点电压向量之间的关系来刻画电力网络模型,即

$$\dot{\boldsymbol{i}} = \boldsymbol{Y}\dot{\boldsymbol{v}} \tag{4.1}$$

或

$$\dot{\boldsymbol{v}} = \boldsymbol{Z}\dot{\boldsymbol{i}} \tag{4.2}$$

式中:$\dot{\boldsymbol{i}}$ 为所有节点注入电流构成的列向量,其第 i 个分量 $\dot{i}_i$ 为外部环境由节点 i 注入网络的电流,对交流电路而言其为一个相量[①](复数);$\dot{\boldsymbol{v}}$ 为所有节点注入电压构成的列向量,其第 i 个分量为节点 i 相对于参考节点电位的电压,对交流电路而言其也为一个相量。

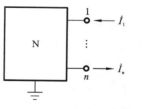

图 4-1 n 节点电力网络示意图

由以上式(4.1)和式(4.2)显然可知,$\boldsymbol{Y}$ 和 $\boldsymbol{Z}$ 都是 $n \times n$ 的矩阵,均体现节点电压与节点电流之间的关系。前者元素具有导纳量纲,称为节点导纳矩阵,后者元素具有阻抗量纲,称为节点阻抗矩阵。在本课程中通常都把节点导纳矩阵和节点阻抗矩阵作为描述电力网络的模型,显然可以看出二者互为逆矩阵。对大电网而言,前者具有高度稀疏性,更有利于分析计算方法性能的提升,故在本课程中更加常用。后者是满阵,在电力系统故障分析计算等场合较为常用。

---

① 读者应注意"向量"和"相量"两个名词含义的区别。

4.1.1 节点导纳矩阵

4.1.1.1 节点导纳矩阵概念

以图 4-2 所示的简单电力系统为例介绍节点导纳矩阵概念的引出[①]。

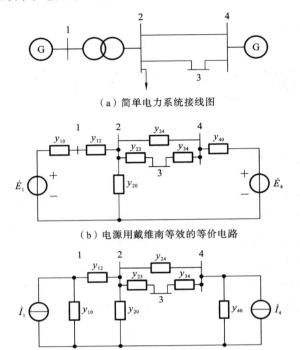

（a）简单电力系统接线图

（b）电源用戴维南等效的等价电路

（c）电源用诺顿等效的等价电路

图 4-2 简单电力系统的示意图

在图 4-2 中，图（a）是简单电力系统接线图，节点编号已示于图中。发电机在电力系统分析的不同场合下往往会表现为一个恒定的电势源串联一个阻抗，事实上就是有源电路的戴维南等效电路。同时，变压器的励磁支路常可忽略，则变压器为一个阻抗串联理想变压器的模型，当变压器变比标幺值接近于 1 时，变压器也可近似用一个阻抗来代替。近似地，若忽略输电线路等值电路的并联支路，则输电线路也为恒定阻抗。最后，负荷模型多种多样，此处取恒阻抗模型。基于上述考虑，可将图 4-2（a）等价成图 4-2（b）的形式。由于要研究的是节点导纳矩阵，故图中所有阻抗都用其对应的导纳来代替。将图 4-2（b）中发电机的戴维南等效电路用其对应的诺顿等效电路来代替，则得到图 4-2（c）。

根据基尔霍夫电流定律和欧姆定律，可对图中每个节点列写一个电流平衡的方程，由外部环境从某个节点处流入网络的电流[②]等于从该节点流到网络其他地方的电流，

[①] 何仰赞，温增银.电力系统分析（上）[M].4 版.武汉：华中科技大学出版社，2020。

[②] 流入网络中的电流本质上常分为两种情况，一是发电机处其他形式能量转化成了电能，二是负荷处电能转化成了其他形式能量（流出电流相当于负的流入电流）。

即有

$$
\begin{cases}
y_{10}\dot{V}_1 + y_{12}(\dot{V}_1 - \dot{V}_2) = \dot{I}_1 \\
y_{12}(\dot{V}_2 - \dot{V}_1) + y_{20}\dot{V}_2 + y_{23}(\dot{V}_2 - \dot{V}_3) + y_{24}(\dot{V}_2 - \dot{V}_4) = 0 \\
y_{23}(\dot{V}_3 - \dot{V}_2) + y_{34}(\dot{V}_3 - \dot{V}_4) = 0 \\
y_{24}(\dot{V}_4 - \dot{V}_2) + y_{34}(\dot{V}_4 - \dot{V}_3) + y_{40}\dot{V}_4 = \dot{I}_4
\end{cases}
\tag{4.3}
$$

对式(4.3)等号左侧依据节点电压变量合并同类项,则有

$$
\begin{cases}
Y_{11}\dot{V}_1 + Y_{12}\dot{V}_2 = \dot{I}_1 \\
Y_{21}\dot{V}_1 + Y_{22}\dot{V}_2 + Y_{23}\dot{V}_3 + Y_{24}\dot{V}_4 = 0 \\
Y_{32}\dot{V}_2 + Y_{33}\dot{V}_3 + Y_{34}\dot{V}_4 = 0 \\
Y_{42}\dot{V}_2 + Y_{43}\dot{V}_3 + Y_{44}\dot{V}_4 = \dot{I}_4
\end{cases}
\tag{4.4}
$$

式中: $Y_{11} = y_{10} + y_{12}$; $Y_{22} = y_{20} + y_{23} + y_{24} + y_{12}$; $Y_{33} = y_{23} + y_{34}$; $Y_{44} = y_{40} + y_{24} + y_{34}$; $Y_{12} = Y_{21} = -y_{12}$; $Y_{23} = Y_{32} = -y_{23}$; $Y_{24} = Y_{42} = -y_{24}$; $Y_{34} = Y_{43} = -y_{34}$。

式(4.4)的矩阵形式即为式(4.1)在本例中的具体形式,显然该式的系数矩阵即为这里要讨论的节点导纳矩阵,可以推广到电网中有任意个节点的情况。

仔细观察节点导纳矩阵元素的具体表达式可以发现如下规律。

(1) 所有的对角元数值等于与对应节点相连的所有支路导纳之和。例如, $Y_{11} = y_{10} + y_{12}$ 刚好等于与节点 1 相连的两条支路的导纳之和,将节点导纳矩阵的对角元称为自导纳。

(2) 所有的非对角元数值等于行和列所对应的两个节点之间支路导纳的相反数。例如, $Y_{12} = Y_{21} = -y_{12}$ 刚好等于节点 1 和节点 2 之间支路导纳 y_{12} 的相反数,将节点导纳矩阵的非对角元称为互导纳。

从互导纳的含义可知节点导纳矩阵是一个对称的矩阵[①]。同时只有非对角元行列所对应的两个节点之间实际存在支路,该元素值才不为 0。对大规模电网而言,任意两个节点之间存在支路的情况非常罕见,这意味着节点导纳矩阵中存在大量的 0 元素,亦即该矩阵为高度稀疏的矩阵。这在电力系统实际分析计算时是有重要优势的。

4.1.1.2　节点导纳矩阵元素的物理意义

式(4.1)的详细形式为

$$
\begin{bmatrix}
Y_{11} & Y_{12} & \cdots & Y_{1n} \\
Y_{21} & Y_{22} & \cdots & Y_{2n} \\
\vdots & \vdots & \vdots & \vdots \\
Y_{n1} & Y_{n2} & \cdots & Y_{nn}
\end{bmatrix}
\begin{bmatrix}
\dot{V}_1 \\
\dot{V}_2 \\
\vdots \\
\dot{V}_n
\end{bmatrix}
=
\begin{bmatrix}
\dot{I}_1 \\
\dot{I}_2 \\
\vdots \\
\dot{I}_n
\end{bmatrix}
\tag{4.5}
$$

式中:第 i 个方程的展开式为

$$
\dot{I}_i = \sum_{k=1}^{n} Y_{ik}\dot{V}_k = Y_{i1}\dot{V}_1 + \cdots + Y_{ij}\dot{V}_j + \cdots + Y_{in}\dot{V}_n
\tag{4.6}
$$

若能令式(4.6)除 Y_{ij} 对应项外其他各项置零,则可以用式(4.6)仅剩的变量求出

---

① 对电力系统而言,若电网中存在移相器(变比为复数的变压器),则节点导纳矩阵并不对称,这一特殊情况本书暂不考虑。

Y_{ij} 的值。一种可行的做法是令网络中除节点 j 外其他节点都接地（强制令它们的电压等于 0），则 Y_{ij} 可表示为

$$Y_{ij} = \left. \frac{\dot{I}_i}{\dot{V}_j} \right|_{\substack{\dot{V}_k=0 \\ k \neq j}} \tag{4.7}$$

当节点 i 注入网络中的电流 $\dot{I}_i$ 和节点 j 的电压 $\dot{V}_j$ 已知时，可用式（4.7）计算 Y_{ij}。特别地，若此时在节点 j 处接入单位电压源，则所求节点导纳矩阵元素 Y_{ij} 就等于此时由节点 i 流入网络中的电流，即

$$Y_{ij} = \left. \dot{I}_i \right|_{\substack{\dot{V}_k=0, k \neq j \\ \dot{V}_j=1}} \tag{4.8}$$

此即节点导纳矩阵元素的物理意义。

节点导纳矩阵元素的物理意义表明，即使是对诸如图 4-1 所示的网络结构和参数均未知的电路，也可以通过在其每个节点引出的端子上做一系列实验来获取节点导纳矩阵。具体做法是：首先将网络中原有电源均置零[1]，在某节点处接入单位电压源，令其他节点均接地，此时量测所有节点注入网络中的电流，即可得到与接入电压源对应的一列节点导纳矩阵元素值[2]。对每个节点做这样的实验，就可以得到完整的节点导纳矩阵。

更进一步，由于节点导纳矩阵非对角元的位置体现了两个节点之间的连接关系，因此可以利用这一信息获取网络的拓扑结构。同时非对角元数值的相反数等于两个节点间支路导纳，进而使我们获得相应支路的参数。

对于图 4-2(c) 图所示的电路，我们接下来解释如何用上面的方法来求取其节点导纳矩阵的第一列元素。令电路中两个已有的电流源开路后，在节点 1 处接入单位电压源，并令节点 2～4 接地，得到如图 4-3 所示的电路。

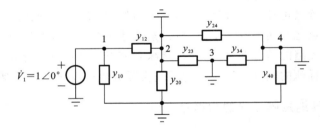

图 4-3　求第一列节点导纳矩阵元素的电路

由于目前电路中只有节点 1 处所接入的单位电压源是唯一的电源，所以某节点处若有电流注入网络，其必然来自该电压源。由于除节点 1 外其他节点都接地，则节点 1 处电压源流入网络的电流只能沿与该节点相连的两条支路直接流入大地，如图 4-4 所示。

由于图 4-4 的两个通路中的导纳两端均与单位电压源并联，故可直接由欧姆定律给出

$$\dot{I}_1 = (1\angle 0° - 0)y_{10} = y_{10}$$
$$\dot{I}_2 = (1\angle 0° - 0)y_{12} = y_{12}$$

---

[1]　即电压源短路、电流源开路。

[2]　考虑到节点导纳矩阵的对称性，此时其实也得到了对应的一行节点导纳矩阵元素值。

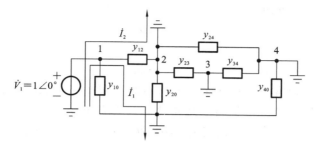

图 4-4 图 4-3 中电流的分布

则节点 1 的自导纳等于由节点 1 处注入网络中的电流,即上述两个电流之和为

$$Y_{11} = \dot{I}_1 + \dot{I}_2 = y_{10} + y_{12}$$

节点 1 和节点 2 之间的互导纳等于由节点 2 处注入网络中的电流,注意图 4-4 中的 $\dot{I}_2$ 是从节点 2 处流入大地的电流,故所需电流为 $\dot{I}_2$ 的相反数,即

$$Y_{21} = -\dot{I}_2 = -y_{12}$$

由于节点 2 处短路,图 4-4 中电流源的电流无法流到节点 3 和节点 4 处,故

$$Y_{31} = Y_{41} = 0$$

至此节点导纳矩阵第一列元素均已求出。

4.1.1.3 生成节点导纳矩阵的计算机方法——支路追加法

本章此前介绍的节点导纳矩阵中自导纳、互导纳的含义及物理意义可以让我们对节点导纳矩阵从多方面有深刻的理解,但并不利于开发计算机程序来建立节点导纳矩阵。为解决这一问题,本节介绍常用的生成节点导纳矩阵的计算机方法——支路追加法,其最基本的思路是:对于简单的无源串联支路或无源并联支路,分析其对节点导纳矩阵的影响,全网的节点导纳矩阵即为所有简单支路影响的累加。

尽管交流电网中的网络元件通常为输电线路和变压器,均不是简单支路,但由于它们都可以被处理为 π 形等效电路,每个 π 形等效电路都是由一条简单串联支路和两条简单并联支路组成的,因此仍然可以分别考虑其对全网节点导纳矩阵的影响。

1. 无源支路及其关联矢量

在进行电力系统分析计算时,常常需要把整个模型分成有源和无源两部分,本章讨论的是无源的电力网络部分的建模。假设有如图 4-5 所示的简单无源支路(该支路在全网中的编号为 k),连接了 i、j 两个节点,通常又称为支路 k 使得节点 i、j 关联起来。此处规定了支路的正方向,即支路电压、电流的正方向,均为节点 i 侧为正,节点 j 侧为负。

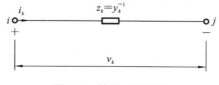

图 4-5 简单无源支路

显然由欧姆定律可知

$$v_k = z_k i_k$$

或

$$i_k = y_k v_k$$

尽管在电网中通常不存在如图 4-5 所示的简单支路,但在本书的很多场合中均可将输电线路和变压器等常见的电网元件等效为简单无源支路的组合,故此处的目的是对无源支路在电网中的表现进行刻画,这对后面建立完整的电力网络模型是至关重要的。

假设电网中共存在 b 条简单支路,在尚未考虑支路间连接关系时,可简单地将这些支路的电气特征表达为

$$V_b = Z_b I_b \tag{4.9}$$

或

$$I_b = Y_b V_b \tag{4.10}$$

式中:$V_b = [v_1 \quad \cdots \quad v_k \quad \cdots \quad v_b]^T$ 为所有支路电压降落所形成的列向量;$I_b = [i_1 \quad \cdots \quad i_k \quad \cdots \quad i_b]^T$ 为所有支路电流所形成的列向量;Z_b 称为原始阻抗矩阵,当不计及各支路之间的电磁耦合关系时,Z_b 为对角阵,即

$$Z_b = \begin{bmatrix} z_1 & & \\ & \ddots & \\ & & z_b \end{bmatrix}_{(b \times b)}$$

若计及支路 i 和支路 j 之间的电磁耦合关系,则 Z_b 为

$$Z_b = \begin{bmatrix} z_1 & & & & \\ & \ddots & & z_{ji} & \\ & z_{ij} & \ddots & & \\ & & & \ddots & \\ & & & & z_b \end{bmatrix}_{(b \times b)}$$

Y_b 称为原始导纳矩阵,满足关系 $Y_b = Z_b^{-1}$。本章仅考虑支路间无耦合的情况,故

$$Y_b = \begin{bmatrix} 1/z_1 & & \\ & \ddots & \\ & & 1/z_b \end{bmatrix}_{(b \times b)} = \begin{bmatrix} y_1 & & \\ & \ddots & \\ & & y_b \end{bmatrix}_{(b \times b)} \tag{4.11}$$

图 4-5 无法体现该支路在电网中的地位,为体现这一点,需要表达支路两端节点在电网中的位置。将图 4-5 略做处理,考虑图 4-6 中串联支路的情况。

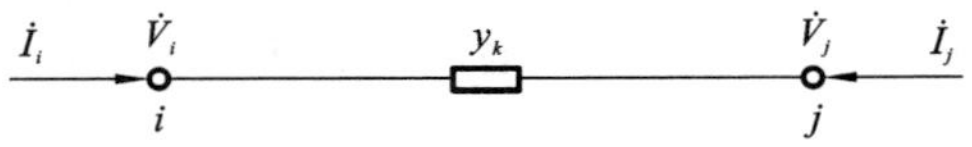

图 4-6　串联支路在电网中的位置

显然可知

$$\begin{cases} \dot{I}_i = y_k(\dot{V}_i - \dot{V}_j) \\ \dot{I}_j = y_k(\dot{V}_j - \dot{V}_i) \end{cases} \tag{4.12}$$

若在全网背景下表达,则有

$$
\begin{bmatrix} 0 \\ \vdots \\ \dot{I}_i \\ \vdots \\ \dot{I}_j \\ \vdots \\ 0 \end{bmatrix} = \begin{bmatrix} 0 \\ \vdots \\ y_k(\dot{V}_i - \dot{V}_j) \\ \vdots \\ -y_k(\dot{V}_i - \dot{V}_j) \\ \vdots \\ 0 \end{bmatrix} = \begin{bmatrix} & & 0 & & 0 & & \\ & & \vdots & & \vdots & & \\ 0 & \cdots & y_k & \cdots & -y_k & \cdots & 0 \\ & & \vdots & & \vdots & & \\ 0 & \cdots & -y_k & \cdots & y_k & \cdots & 0 \\ & & \vdots & & \vdots & & \\ & & 0 & & 0 & & \end{bmatrix} \times \begin{bmatrix} \dot{V}_1 \\ \vdots \\ \dot{V}_i \\ \vdots \\ \dot{V}_j \\ \vdots \\ \dot{V}_N \end{bmatrix}
$$

$$
= \begin{bmatrix} 0 \\ \vdots \\ 1 \\ \vdots \\ -1 \\ \vdots \\ 0 \end{bmatrix} \times y_k \times \begin{bmatrix} 0 & \cdots & 1 & \cdots & -1 & \cdots & 0 \end{bmatrix} \times \dot{\boldsymbol{V}} = \boldsymbol{M}_k y_k \boldsymbol{M}_k^{\mathrm{T}} \dot{\boldsymbol{V}} \qquad (4.13)
$$

式中：

$$
\boldsymbol{M}_k = \begin{bmatrix} 0 & \cdots & \underset{i}{1} & \cdots & \underset{j}{-1} & \cdots & 0 \end{bmatrix}^{\mathrm{T}} \qquad (4.14)
$$

称为支路 k 的关联矢量。从图 4-5 中关于支路方向的定义可知，对某条已经确定了始末端的支路而言，定义一个列向量，长度为网络中节点的个数，令始端对应元素为 1，末端对应元素为 -1，其他元素均为 0，则可得到该支路的关联矢量。显然，关联矢量可直接体现出支路对两端节点的关联作用。

图 4-6 中支路两端节点电压均需利用节点方程求得，称这样的支路为串联支路。与其相对应，在电网中还有一类支路，其一端节点电压未知，而另一端节点电压已知，通常另一端接地，故其电压为参考电位（常为 0），称这样的支路为并联支路，如图 4-7 所示。SVC、静电电容器组等常可被处理为并联支路。

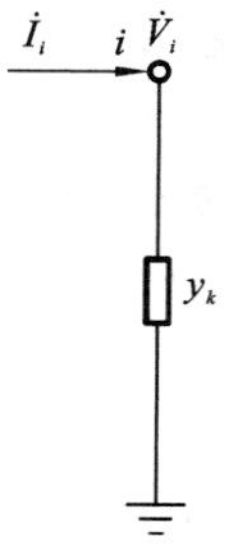

可知

$$
\dot{I}_i = y_k \dot{V}_i \qquad (4.15)
$$

图 4-7 并联支路在电网中的位置

在全网背景下表达，有

$$
\begin{bmatrix} 0 \\ \vdots \\ \dot{I}_i \\ \vdots \\ 0 \end{bmatrix} = \begin{bmatrix} 0 \\ \vdots \\ y_k \dot{V}_i \\ \vdots \\ 0 \end{bmatrix} = \begin{bmatrix} & & 0 & & \\ & & \vdots & & \\ 0 & \cdots & y_k & \cdots & 0 \\ & & \vdots & & \\ & & 0 & & \end{bmatrix} \times \begin{bmatrix} \dot{V}_1 \\ \vdots \\ \dot{V}_i \\ \vdots \\ \dot{V}_N \end{bmatrix}
$$

$$
= \begin{bmatrix} 0 \\ \vdots \\ 1 \\ \vdots \\ 0 \end{bmatrix} \times y_k \times \begin{bmatrix} 0 & \cdots & 1 & \cdots & 0 \end{bmatrix} \times \dot{\boldsymbol{V}} = \boldsymbol{M}_k y_k \boldsymbol{M}_k^{\mathrm{T}} \dot{\boldsymbol{V}} \qquad (4.16)
$$

式中:

$$M_k = [0 \quad \cdots \quad \underset{i}{1} \quad \cdots \quad 0]^T \tag{4.17}$$

称为并联支路 k 的关联矢量。对某条并联支路而言,定义一个列向量,长度为网络中节点的个数,令电压未知节点对应元素为 1,其他元素均为 0,则可得到该支路的关联矢量。显然,此关联矢量可直接体现出支路对节点 i 和参考节点的关联作用。

2. 描述网络拓扑结构的关联矩阵

网络最本质的特征是其拓扑特征,本节介绍两种最常见的关联矩阵,用来描述网络的拓扑结构,即节点-支路关联矩阵和回路-支路关联矩阵。

1) 节点-支路关联矩阵

讨论如图 4-8 所示的网络结构,图中共有 4 个节点和 5 条支路。根据前面对支路关联矢量的描述,每条支路可以定义默认方向,即可以预先指定支路的起点和终点,在

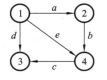

图中也有体现。

将图 4-8 中每条支路的关联矢量作为一列,每个关联矢量的各分量分别对应一个节点,则可以定义如下的节点-支路关联矩阵:

图 4-8　4 节点网络

$$\tilde{A} = \begin{bmatrix} 1 & & & 1 & 1 \\ -1 & 1 & & & \\ & & -1 & -1 & \\ & -1 & 1 & & -1 \end{bmatrix} \begin{matrix} ① \\ ② \\ ③ \\ ④ \end{matrix} \tag{4.18}$$

若图 4-8 所示的为电力网络,则为了唯一确定各节点电压,必须预先指定某个节点电压为已知值,即需要确定所谓参考节点。例如,在图中指定节点 4 为参考节点,则原来与节点 4 相连的支路 b、c、e 变为并联支路,等价于将节点-支路关联矩阵中节点 4 对应的行划去,即得到降阶节点-支路关联矩阵为

$$A = \begin{bmatrix} 1 & & & 1 & 1 \\ -1 & 1 & & & \\ & & -1 & -1 & \end{bmatrix} \begin{matrix} ① \\ ② \\ ③ \end{matrix} \tag{4.19}$$

2) 回路-支路关联矩阵

对于任意网络,为满足下述两个条件的子图定义其生成树[①]:① 子图包含原网络所有节点;② 子图为树状结构。由于网络为树状结构的充分必要条件为节点数比支路数多一个的连通图,故一个给定网络的生成树的支路数也是确定的(一定比全网节点个数少 1)。例如,图 4-9 为图 4-8 的一个生成树。将生成树中的支路称为"树支"。

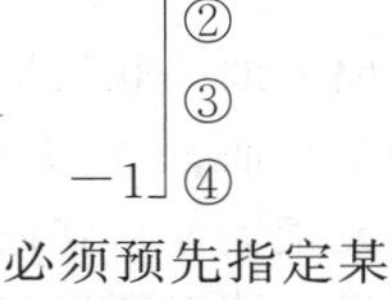

将原网络去掉所有树支及随之出现的所有孤立节点后剩余的部分称为该生成树的"树余",将树余中的支路称为"连支"。图 4-10 即为图 4-9 中生成树的树余。

图 4-9　图 4-8 的一个生成树

可以证明,生成树是连接原网络所有节点的支路数最少的连通图。也就是说,在生成树中添加任意条连支都会构成原网络中的一个回路,

---

① 图的子图为节点集合和支路集合分别为原图节点集合子集和支路集合子集的图。

将所生成的回路称为原网络的"基本回路",假设基本回路的方向与新增连支的方向一致。例如,在上述生成树中添加连支 b,将得到一个由树支 a、e 和连支 b 所形成的基本回路。由于连支 b 方向为由节点 2 指向节点 4,决定了该基本回路的方向为顺时针方向,如图 4-11 所示。

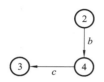

图 4-10 图 4-9 的树余

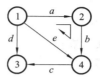

图 4-11   加入连支 b 后的基本回路方向

可以仿照前面支路的关联矢量来定义回路的关联矢量,关联矢量为 $b×1$ 的列向量,b 为网络中的支路数。该向量的每一个分量对应一条支路,若支路与基本回路的方向相同,该分量值为 1,方向相反则为 -1,若某支路没有被包含到基本回路中,对应分量为 0。故图 4-11 中的基本回路的关联矢量为

$$[1 \quad 1 \quad 0 \quad 0 \quad -1]^{\mathrm{T}}$$

将网络中每个基本回路的关联矢量转置后作为矩阵的一行,所得到的矩阵称为原网络的回路-支路关联矩阵,它与前面所介绍的节点-支路关联矩阵有一个很显著的区别:节点-支路关联矩阵在网络中节点编号顺序确定后就是唯一的,而回路-支路关联矩阵与生成树的选择方式有关。无论如何,基本回路总数应该是确定的,即为连支的个数,等于总支路数-生成树中支路数,而生成树中支路数又等于总节点数-1,故基本回路数等于总支路数-总节点数+1,这些数量的基本回路也可以用来唯一地确定网络的拓扑结构。这意味着对一个确定的网络而言,其回路-支路关联矩阵的阶数也是确定的。例如,对图 4-8 中的网络而言,节点数为 4,支路数为 5,则连支数或基本回路数为 $5-4+1=2$,即回路-支路关联矩阵为一个 2 行 5 列的矩阵。若按照图 4-9 来选择生成树,则其回路-支路关联矩阵为

$$\boldsymbol{B} = \begin{bmatrix} 1 & 1 & & & -1 \\ & & 1 & -1 & 1 \end{bmatrix} \tag{4.20}$$

3. 基尔霍夫定律的矩阵描述

对电力网络而言,有专门的工具同时体现网络的电气特征和拓扑特征,这就是我们都很熟悉的基尔霍夫定律,分为基尔霍夫电流定律(常记为 KCL)和基尔霍夫电压定律(常记为 KVL)。

1) 基尔霍夫电流定律的矩阵描述

KCL 指的是任何时刻流进网络中某个节点的电流总和一定为 0,这里的节点既可以是网络中实际存在的真实节点,也可以是由任意封闭区域所组成的"广义"节点。换一种说法也可以表述为:任何时刻流进网络中某个节点的电流总和一定等于流出该节点的电流总和。

注意:这里所说流进某个节点的电流,既包括由网络其他部分流进该节点的电流,也包括由网络外部从此节点注入网络的电流。例如,对于图 4-12 中的节点 2,网络外部注入网络中的电流为 $\dot{i}_2$,根据 KCL,其数值应等于流出节点 2 的支路 b 中电流 $\dot{i}_b$ 减去流进节点 2 的支路 a 中的电流 $\dot{i}_a$。考虑到流进节点 2 的电流所在支路必以节点 2 为终

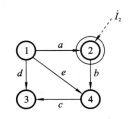

图 4-12 节点 2 处的基尔霍夫
电流定律

点,而流出节点 2 的电流所在支路必以节点 2 为起点,两端都不是节点 2 的支路与此 KCL 无关,则可以断言 KCL 与某节点相连支路的关联矢量存在某种关系,并写出如下关系式:

$$\dot{I}_2 = \begin{bmatrix} -1 & 1 & 0 & 0 & 0 \end{bmatrix} \begin{bmatrix} \dot{I}_a \\ \dot{I}_b \\ \dot{I}_c \\ \dot{I}_d \\ \dot{I}_e \end{bmatrix} \qquad (4.21)$$

显然可见式(4.21)中等号右侧的行向量恰为式(4.19)中节点 2 对应的一行。若考虑所有节点的注入电流,则相当于是让式(4.21)中等号右侧的列向量分别左乘每个节点在式(4.19)中对应的行,写成矩阵形式则有

$$\begin{bmatrix} \dot{I}_1 \\ \dot{I}_2 \\ \dot{I}_3 \end{bmatrix} = \begin{bmatrix} 1 & & & 1 & 1 \\ -1 & 1 & & & \\ & & -1 & -1 & \end{bmatrix} \begin{bmatrix} \dot{I}_a \\ \dot{I}_b \\ \dot{I}_c \\ \dot{I}_d \\ \dot{I}_e \end{bmatrix} \qquad (4.22)$$

等号右侧的系数矩阵就是式(4.19)中的降阶节点-支路关联矩阵 $\boldsymbol{A}$,则该式的紧凑形式为

$$\dot{\boldsymbol{I}} = \boldsymbol{A} \dot{\boldsymbol{I}}_B \qquad (4.23)$$

式中:$\dot{\boldsymbol{I}} = \begin{bmatrix} \dot{I}_1 & \dot{I}_2 & \dot{I}_3 \end{bmatrix}^T$ 为以各节点注入电流为分量的列向量,$\dot{\boldsymbol{I}}_B = \begin{bmatrix} \dot{I}_a & \dot{I}_b & \dot{I}_c & \dot{I}_d & \dot{I}_e \end{bmatrix}^T$ 为以各支路电流为分量的列向量。

式(4.23)即为用矩阵形式所表示的 KCL,可推广到任意节点数、任意拓扑结构的电力网络中。

2)基尔霍夫电压定律的矩阵描述

KVL 指的是任何时刻电力网络中任意回路的总电压降落为 0。注意:若按照网络中所规定的原支路方向来定义电压降落方向,则网络中基本回路的总电压降落可由每条支路的电压降落及基本回路关联矢量来计算。例如,对于图 4-11 中的基本回路,其总电压降落为

$$\dot{V}_a + \dot{V}_b - \dot{V}_e = \begin{bmatrix} 1 & 1 & 0 & 0 & -1 \end{bmatrix} \begin{bmatrix} \dot{V}_a \\ \dot{V}_b \\ \dot{V}_c \\ \dot{V}_d \\ \dot{V}_e \end{bmatrix} = 0 \qquad (4.24)$$

式中:用于相乘的行向量恰为图 4-11 中与连支 b 相对应的基本回路关联矢量,亦即回路-支路关联矩阵中的一行。若考虑与当前生成树对应的所有基本回路的总电压降落,则相当于是让式(4.24)中的列向量分别左乘每个基本回路在式(4.20)中对应的行,其矩阵形式为

$$\begin{bmatrix} 1 & 1 & & -1 & \\ & & 1 & -1 & 1 \end{bmatrix} \begin{bmatrix} \dot{V}_a \\ \dot{V}_b \\ \dot{V}_c \\ \dot{V}_d \\ \dot{V}_e \end{bmatrix} = 0 \tag{4.25}$$

等号左侧的系数矩阵就是式(4.20)中的回路-支路关联矩阵 $\boldsymbol{B}$，则该式的紧凑形式为

$$\boldsymbol{B} \dot{\boldsymbol{V}}_B = 0 \tag{4.26}$$

式中：$\dot{\boldsymbol{V}}_B = \begin{bmatrix} \dot{V}_a & \dot{V}_b & \dot{V}_c & \dot{V}_d & \dot{V}_e \end{bmatrix}^T$ 为以各支路电压降落为分量的列向量。

任意支路电压降落可用该支路关联矢量及节点电压计算得到，如图 4-12 中支路 a 的电压降落可表示为

$$\dot{V}_a = \dot{V}_1 - \dot{V}_2 = \begin{bmatrix} 1 & -1 & 0 & 0 \end{bmatrix} \begin{bmatrix} \dot{V}_1 \\ \dot{V}_2 \\ \dot{V}_3 \\ \dot{V}_4 \end{bmatrix} = \boldsymbol{M}_a^T \dot{\boldsymbol{V}}$$

式中：$\boldsymbol{M}_a = \begin{bmatrix} 1 & -1 & 0 & 0 \end{bmatrix}^T$ 为支路 a 的关联矢量。若考虑全网络的整体情况，则有

$$\boldsymbol{A}^T \dot{\boldsymbol{V}} = \dot{\boldsymbol{V}}_B \tag{4.27}$$

4. 支路追加法

考虑原始导纳矩阵的定义，易知支路电流与支路电压降落的关系为

$$\dot{\boldsymbol{I}}_B = \boldsymbol{Y}_b \dot{\boldsymbol{V}}_B \tag{4.28}$$

则由矩阵形式基尔霍夫电流定律有

$$\dot{\boldsymbol{I}} = \boldsymbol{A} \dot{\boldsymbol{I}}_B = \boldsymbol{A}(\boldsymbol{Y}_b \dot{\boldsymbol{V}}_B) \tag{4.29}$$

考虑到式(4.27)，则有

$$\dot{\boldsymbol{I}} = \boldsymbol{A}\boldsymbol{Y}_b\boldsymbol{A}^T \dot{\boldsymbol{V}} \tag{4.30}$$

将式(4.30)与式(4.1)相对比可知

$$\boldsymbol{Y} = \boldsymbol{A}\boldsymbol{Y}_b\boldsymbol{A}^T \tag{4.31}$$

式(4.31)是一种与 4.1.1.1 节思路完全不同的生成电力网络节点导纳矩阵的方法。从式(4.31)可见，决定节点导纳矩阵的主要两个因素为：① 电力网络的拓扑结构，由网络的节点-支路关联矩阵 $\boldsymbol{A}$ 来表征；② 网络中支路元件的参数，由原始导纳矩阵 $\boldsymbol{Y}_b$ 来表征。更进一步可以看出，由式(4.31)所得到的节点导纳矩阵必为对称矩阵。

前文已经指出，网络的节点-支路关联矩阵的每一行对应网络中的一个节点，每一列为网络中某个支路的关联矢量，即

$$\boldsymbol{A} = \begin{bmatrix} \boldsymbol{M}_1 & \boldsymbol{M}_2 & \cdots & \boldsymbol{M}_b \end{bmatrix} \tag{4.32}$$

则式(4.31)可进一步变为

$$\boldsymbol{Y} = \boldsymbol{A}\boldsymbol{Y}_b\boldsymbol{A}^T = \begin{bmatrix} \boldsymbol{M}_1 & \boldsymbol{M}_2 & \cdots & \boldsymbol{M}_b \end{bmatrix} \begin{bmatrix} y_1 & & \\ & \ddots & \\ & & y_b \end{bmatrix} \begin{bmatrix} \boldsymbol{M}_1^T \\ \boldsymbol{M}_2^T \\ \vdots \\ \boldsymbol{M}_b^T \end{bmatrix}$$

$$= \sum_{k=1}^{b} \boldsymbol{M}_k \boldsymbol{y}_k \boldsymbol{M}_k^T \tag{4.33}$$

由式(4.13)和式(4.16)可知,无论网络中支路是串联支路还是并联支路,该支路(如支路 k)对节点导纳矩阵的贡献均可由式(4.33)中求和符号内算式 $\boldsymbol{M}_k\boldsymbol{y}_k\boldsymbol{M}_k^{\mathrm{T}}$ 来计算,完整的节点导纳矩阵是计及所有支路所作贡献的总和。这就是所谓支路追加法。

具体而言:对于一条连接了节点 i 和节点 j 的串联支路,由式(4.13)可知,该支路仅影响矩阵中第 i、j 两行和第 i、j 两列相交位置四个元素的数值,具体的效果是两个对角元数值应加上本支路导纳值,两个非对角元数值应减去本支路导纳值[①]。对于一条连接了节点 i 与参考节点的并联支路,由式(4.16)可知,该支路仅影响矩阵中第 i 行第 i 列处的对角元,具体的效果是该对角元数值应加上本支路导纳值。

在支路追加法中,任何一条支路对节点导纳矩阵的贡献均是相对独立处理的,这使得该方法具有天然的可并行性。

5. 节点导纳矩阵的修改

所谓节点导纳矩阵的修改,指的是当电力网络的拓扑结构或元件参数发生了变化后,原来的节点导纳矩阵应该如何变化。利用支路追加法可以很容易修改节点导纳矩阵。这里以图 4-13 所示的简单电网为例来介绍节点导纳矩阵的修改,对于规模更大、结构更复杂的实际电网,道理是相同的,不赘述。

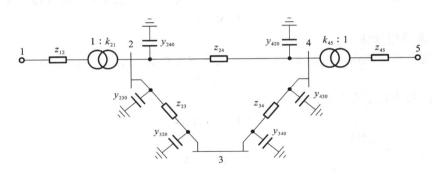

图 4-13 简单的 5 节点电力网络

假设图 4-13 中网络的节点导纳矩阵为

$$\boldsymbol{Y} = \begin{bmatrix} Y_{11} & Y_{12} & Y_{13} & Y_{14} & Y_{15} \\ Y_{21} & Y_{22} & Y_{23} & Y_{24} & Y_{25} \\ Y_{31} & Y_{32} & Y_{33} & Y_{34} & Y_{35} \\ Y_{41} & Y_{42} & Y_{43} & Y_{44} & Y_{45} \\ Y_{51} & Y_{52} & Y_{53} & Y_{54} & Y_{55} \end{bmatrix} \tag{4.34}$$

1) 增加或移除树支

增加树支指的是在网络中新增一个节点,并在此节点与网络中某个已有节点之间增加一条支路。实际电力系统中将一台原本退出运行的发电机接入电网就是增加树支的情况。例如,图 4-14 中虚线内新增了一个节点 6,并在原节点 4 和新增的节点 6 之间增加了一条导纳为 y_{46} 的支路。

---

① 这也从另一个角度解释了节点导纳矩阵非对角元数值为何是行列号对应的两个节点之间支路导纳的相反数。

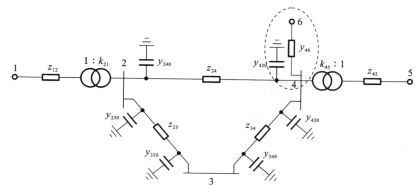

图 4-14　新增树支的情况

由于新增一个节点,故节点导纳矩阵应扩展一行和一列,并利用支路追加法对新矩阵中第 4、6 行和第 4、6 列相交的四个节点做如下修改:

$$Y = \begin{bmatrix} Y_{11} & Y_{12} & Y_{13} & Y_{14} & Y_{15} & 0 \\ Y_{21} & Y_{22} & Y_{23} & Y_{24} & Y_{25} & 0 \\ Y_{31} & Y_{32} & Y_{33} & Y_{34} & Y_{35} & 0 \\ Y_{41} & Y_{42} & Y_{43} & Y_{44}+y_{46} & Y_{45} & -y_{46} \\ Y_{51} & Y_{52} & Y_{53} & Y_{54} & Y_{55} & 0 \\ 0 & 0 & 0 & -y_{46} & 0 & y_{46} \end{bmatrix} \tag{4.35}$$

对于移除树支的情况,可认为是等价地在原支路处并联一个导纳(或阻抗)恰为相反数的支路,利用支路追加法计算出更新的节点导纳矩阵后,再将被移除节点对应行列删去即可。

2)增加或移除连支

增加连支指的是在网络中已有的两个节点之间增加一条支路。实际电力系统中将一条原本退出运行的输电线路接入电网就是增加连支的情况(对其 π 形等效电路而言,相当于增加了三条连支)。例如,在图 4-14 中的原节点 2 和节点 4 之间增加了一条阻抗为 z'_{24} 的支路。

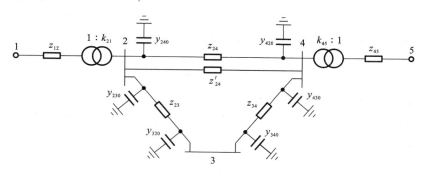

图 4-15　新增连支的情况

由于节点集合并没有发生变化,故可利用支路追加法对原节点导纳矩阵第 2、4 行和第 2、4 列相交的四个节点做如下修改:

$$
Y = \begin{bmatrix}
Y_{11} & Y_{12} & Y_{13} & Y_{14} & Y_{15} \\
Y_{21} & Y_{22} + \dfrac{1}{z'_{24}} & Y_{23} & Y_{24} - \dfrac{1}{z'_{24}} & Y_{25} \\
Y_{31} & Y_{32} & Y_{33} & Y_{34} & Y_{35} \\
Y_{41} & Y_{42} - \dfrac{1}{z'_{24}} & Y_{43} & Y_{44} + \dfrac{1}{z'_{24}} & Y_{45} \\
Y_{51} & Y_{52} & Y_{53} & Y_{54} & Y_{55}
\end{bmatrix} \tag{4.36}
$$

对于移除连支的情况,可认为是等价地在原支路处并联一个导纳(或阻抗)恰为相反数的支路,利用支路追加法计算出更新的节点导纳矩阵即可。

3) 变压器变比变化

变压器变比发生变化,事实上是一种特殊的增加或移除连支的情况。由于任何绕组个数的变压器均能变换成若干个双绕组变压器星形接法的形式,而每个双绕组变压器均能用图 4-28 所示的 π 形等值电路来等效,其中每条支路的参数均与变压器变比有关,因此对于变压器变比的变化,可以等价为先将原变比对应等值电路支路移去,再将新变比对应等值电路支路接入,从而可以用前面做法的组合来达到目的。具体过程这里不再赘述。

4.1.2 节点阻抗矩阵

由式(4.1)和式(4.2)可知,节点导纳矩阵 Y 和节点阻抗矩阵 Z 互为逆矩阵,显然节点阻抗矩阵也是一个对称矩阵。式(4.2)的展开形式为

$$
\begin{bmatrix}
\dot{V}_1 \\
\dot{V}_2 \\
\vdots \\
\dot{V}_n
\end{bmatrix}
=
\begin{bmatrix}
Z_{11} & Z_{12} & \cdots & Z_{1n} \\
Z_{21} & Z_{22} & \cdots & Z_{2n} \\
\vdots & \vdots & & \vdots \\
Z_{n1} & Z_{n2} & \cdots & Z_{nn}
\end{bmatrix}
\begin{bmatrix}
\dot{I}_1 \\
\dot{I}_2 \\
\vdots \\
\dot{I}_n
\end{bmatrix} \tag{4.37}
$$

仿照分析节点导纳矩阵元素物理意义的做法,将式(4.37)中第 i 个方程展开为

$$
\dot{V}_i = \sum_{k=1}^{n} Z_{ik} \dot{I}_k = Z_{i1} \dot{I}_1 + \cdots + Z_{ij} \dot{I}_j + \cdots + Z_{in} \dot{I}_n \tag{4.38}
$$

若能令式(4.38)中除 Z_{ij} 对应项外其他各项置零,则可以用式(4.38)中仅剩的变量求出 Z_{ij} 的值。一种可行的做法是令网络中除节点 j 外其他节点都对地开路(强制令这些节点不存在从外部注入网络的电流),则 Z_{ij} 可表示为

$$
Z_{ij} = \frac{\dot{V}_i}{\dot{I}_j} \bigg|_{\substack{\dot{I}_{k}=0 \\ k \neq j}} \tag{4.39}
$$

当节点 j 注入网络的电流 $\dot{I}_j$ 和节点 i 的电压 $\dot{V}_i$ 已知时,可用式(4.39)计算出 Z_{ij}。特别地,若此时在节点 j 处接入单位电流源,则所求节点阻抗矩阵元素 Z_{ij} 就等于此时节点 i 的电压,即

$$
Z_{ij} = \dot{V}_i \bigg|_{\substack{\dot{I}_{k}=0, k \neq j \\ \dot{I}_j = 1}} \tag{4.40}
$$

此即节点阻抗矩阵元素的物理意义。

例如,对如图 4-16 所示的电力网络而言,可通过在节点 1 接入单位电流源,令节点 2(从网络外)对地开路的方式来求出节点阻抗矩阵的第一列元素。

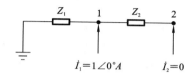

图 4-16 利用物理意义求节点阻抗矩阵元素

由于节点 2 处开路,故 Z_2 中不存在电流,节点 1 处注入的单位电流沿 Z_1 流入大地形成回路。根据欧姆定律,此时节点 1 的电压即为 $1\angle 0° \times Z_1 = Z_1$;由于 Z_2 中无电流,故也不存在电压降落,此时节点 2 的电压也为 Z_1。这两个数值就是节点阻抗矩阵第一列元素值。对于更加复杂的网络结构,用节点阻抗矩阵元素物理意义进行分析的方法类似,不赘述。

基于节点阻抗矩阵元素的物理意义可以得出一个附加的结论。由于原网络是连通的,在网络中任意节点注入电流,除参考节点外所有节点的电压都不等于 0。这就意味着在节点阻抗矩阵中不存在 0 元素,是一个满阵,这与大电网节点导纳矩阵高度稀疏的情况大不相同。这也是在电力系统分析计算的很多场合都喜欢利用节点导纳矩阵而不利用节点阻抗矩阵的一个非常重要的原因。

当然,在电力系统故障分析等场合也会使用节点阻抗矩阵元素,但往往并不需要求得矩阵所有元素,只需要个别元素值即可。在这种情况下,事实上仍是利用节点阻抗矩阵元素物理意义,通过求解如式(4.1)所示的线性方程来得到所需矩阵元素值,此时节点注入电流和节点电压均是稀疏向量,可利用稀疏向量法进一步削减计算时间,提高节点阻抗矩阵具体元素的计算速度。这些内容将在电力网络稀疏计算部分详细介绍。

4.2 电网元件模型

在传统的交流电网中,构成电网的电气设备主要有交流输电线路和变压器。随着电力电子装置在电网的应用中越来越广泛,还应考虑静止无功补偿器(static var compensator,SVC)、静止同步补偿器(static synchronous compensator,STATCOM)、晶闸管控制串联电容器(thyristor controlled series capacitor,TCSC)、统一潮流控制器(unified power flow controller)等。尤其是现代长距离、高电压等级输电中常见的常规直流输电、柔性直流输电等形式,更是现代电力电子装置应用的典范。然而从建立电网模型的角度来看,这些经过电力电子界面接入电网的装置模型难以直接被引入到本质上基于基尔霍夫定律的节点导纳矩阵或节点阻抗矩阵中,故在本章暂不介绍,而在后文潮流计算等内容中会提及。本节仅详细介绍交流输电线路和常规变压器,其中后者也以双绕组变压器为重点,更多绕组变压器通过适当推广得到模型。

4.2.1 交流输电线路

4.2.1.1 单位长度架空输电线路的参数

对一条交流输电线路而言,如果沿其全长均采用相同型号的导体和架设方式,则可以想见用来表征多个物理现象的参数应均匀分布在线路全长。这里所说的物理现象及相应参数如下。

电阻：导体通过电流后因散热所产生的有功功率损失。

电感：导体因通有交变电流而在周围环境中产生的磁场效应。

电导：线路带电后，若周围绝缘介质有缺陷，将产生泄漏电流，导线附近还存在空气游离效应，这些都可理解为有极少部分电流无法沿导体流到线路末端，从而导致部分有功功率损失。

电容：线路导线为导体，大地也为导体，二者之间的空气为电介质，则形成电容，亦即带电导体周围存在电场效应。

本书中输电线路均考虑三相情况，则某相参数还应正确计及另外两相所带来的影响。所谓参数均匀分布在线路全长，直观地可理解为在线路任意位置截取相同长度，所对应的线路参数都相同。例如，在始端截取 1 m，与在任何其他地方截取 1 m 所测得的参数应该是相同的。更进一步，在始端截取 1 cm，与在任何其他地方截取 1 cm 所测得的参数也应该是相同的。在所截取的长度无穷小后，可认为线路参数均匀分布在线路全长，即所谓"分布式参数电路"。

4.2.1.2　单位长度架空输电线路的等值电路

图 4-17 所示的为某输电线路单位长度某一相的等值电路。从图 4-17 中可见，四个基础参数分为两类，其中电阻和电感所形成的支路符合串联支路的定义，而电导和电容所形成的支路符合并联支路的定义。这意味着因散热产生的有功功率损耗和磁场效应主要与输电线路导体中通有交变电流有关，而因耗散电流等所产生的有功损耗及电场效应主要与输电线路导体和大地之间的电位差有关。这里体现的都是单位长度等值电路的参数，在后文中研究微分级别长度等值电路的参数时，只需要用单位长度的参数乘以对应的微分长度即可。

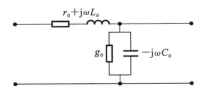

图 4-17　单位长度线路的一相等值电路

1. 单位长度架空输电线路的电阻

对简单形状为柱状的导体而言，其单位长度电阻主要由导体的材质及截面积来决定，其计算公式为

$$r = \frac{\rho}{S} \tag{4.41}$$

式中：ρ 为导体的电阻率，量纲为 $\Omega \cdot \mathrm{mm}^2/\mathrm{km}$；$S$ 为导体的截面积，量纲为 mm^2；r 为导体单位长度电阻，量纲为 Ω/km。

读者需要理解的是，由于输电线路不是超导体，因此通过电流后一定会以散热的方式损耗一部分功率，导致流进这段线路的电能没有完全流出这段线路，这一现象与在电路中存在一定大小的电阻所产生的效果相同，因此用电阻来体现"通过电流产生有功功率损失"这一物理现象，而不是说任意截取单位长度的输电线路，一定存在一个图 4-17

所示的电阻。后面的电感、电导和电容的单位长度参数在这一意义上是类似的。

　　事实上导体的电阻并不是一个固定不变的数值,诸多因素都会引起它的变化,其中比较典型的就是外部环境的温度带来的变化。例如,如果以 20 ℃时的导体电阻作为基准,则任意温度 t 对应的电阻用简单的线性化关系来表达,即

$$r_t = r_{20}[1 + a(t-20)] \tag{4.42}$$

式中:r_t 表示温度为 t 时的电阻;r_{20} 表示温度为 20 ℃时的电阻;a 为电阻温度系数。

　　由于集肤效应、邻近效应等物理现象的存在,同一导体在交流电路中的电阻比其在直流电路中的电阻要大。而且输电线路的导线在制造的时候常采用多股绞线的扭绞形式,而不是简单的圆柱体,因此导体实际的长度比导线表现出来的长度要长 2%~3%。最后,导线实际的截面积比标称的截面积要小。以上诸多因素决定了计算电阻时所采用的电阻率 ρ 比实际的标准电阻率要大一些。

2. 单位长度架空输电线路的电感

　　与单位长度电阻类似,输电线路上并不实际存在图 4-17 所示的电感,而是某种物理现象效果的等效。对电感来说,就是交变电流通过输电线路导体后对周围产生磁场效应的等效,其数值按照定义应该为与导体相交链的磁链除以导体中流过的电流,即

$$L = \frac{\psi}{i} \tag{4.43}$$

　　利用电磁场理论进行分析,假设导线长度远远长于半径,常见的各种导体所对应的单位长度自感均可以用如下所示的通用计算表达式来表示(分析过程略,见电磁场相关知识):

$$L = \frac{\mu_0}{2\pi}\left(\ln\frac{2l}{D_s} - 1\right) \tag{4.44}$$

式中:μ_0 为磁导率;l 为导体长度;D_s 为自几何均距。

　　对由任意 n 条材质均完全相同的非铁磁材料平行圆柱形导线所构成的复合导体而言,若已知任意第 i 条导体的半径为任意第 i、j 两条导体的距离为 d_{ij},则 D_s 的通用计算表达式为[①]

$$D_s = \sqrt[n]{e^{-\frac{1}{4}}}\sqrt[n^2]{\prod_{i=1}^{n}\left(r_i\prod_{\substack{j=1\\j\neq i}}^{n} d_{ij}\right)} \tag{4.45}$$

D_s 的几种特殊情况如下。

　　非铁磁材料单股线,$n=1$,$D_s^{(1)} = e^{-\frac{1}{4}}r \approx 0.779r$;

　　二分裂导线,每条导线完全相同,距离为 d,如图 4-18(a)所示,$D_s^{(2)} = \sqrt{D_s^{(1)}d}$;

　　三分裂导线,每条导线完全相同,截面圆心位于正三角形顶点,正三角形边长为 d,如图 4-18(b)所示,$D_s^{(3)} = \sqrt[3]{D_s^{(1)}d^2}$;

　　四分裂导线,每条导线完全相同,截面圆心位于正方形顶点,正方形边长为 d,如图 4-18(c)所示,$D_s^{(4)} = 1.09\sqrt[4]{D_s^{(1)}d^3}$;

　　更多分裂导线情况分析方法相同,导体为其他形式的情况也有类似的结论,这里不再深入讨论。可以看出只要 $d > r$(这几乎是不言而喻的),采用分裂导线就可以起到增

---

① 推导过程略。

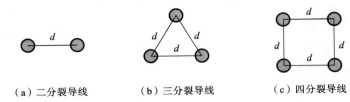

（a）二分裂导线　　　（b）三分裂导线　　　（c）四分裂导线

图 4-18　分裂导线的截面图

大导体自几何均距的作用，进而可以以特定的方式影响输电线路的参数，稍后会有更为详细的讨论。

对于两条平行的圆柱形长导线，其单位长度的互感与单条导线单位长度自感有类似的表达式：

$$M=\frac{\mu_0}{2\pi}\left(\ln\frac{2l}{D}-1\right) \tag{4.46}$$

可以看出与式（4.44）相比，式（4.46）的表达式仅需将自几何均距 D_s 用导线轴线距离 D 来代替。两条分裂导线的互感情况类似。

目前已经能够计算单条导线的自感和任意两条导线的互感，接下来就可以分析三相输电导线作为整体的电感。先假设三相导体的截面中心位于等边三角形的三个顶点，该三角形的边长为 D（注意与三分裂导线的区别，后者的三条导线属于同一相）。

此处仅分析电力系统三相对称运行的情况，即三相通有对称的正弦电流，幅值相同，相位互差 $120°$。与 a 相单位长度导体相交链的磁链应该表示为

$$\psi_a=Li_a+M(i_b+i_c)=\frac{\mu_0}{2\pi}\left[\left(\ln\frac{2l}{D_s}-1\right)i_a+\left(\ln\frac{2l}{D}-1\right)(i_b+i_c)\right] \tag{4.47}$$

考虑到 $i_a+i_b+i_c=0$，式（4.47）可进一步化简为

$$\psi_a=\frac{\mu_0}{2\pi}\ln\frac{D}{D_s}i_a \tag{4.48}$$

则 a 相单位长度电感为

$$L_a=\frac{\psi_a}{i_a}=\frac{\mu_0}{2\pi}\ln\frac{D}{D_s} \tag{4.49}$$

由式（4.49）可以看出 a 相的电感事实上已经考虑到 b、c 两相通有电流后对 a 相所产生的等价效果。考虑到三相对称性，b、c 两相的电感应该与式（4.49）的表达式相同。

前面的推导需要假设三相导体截面中心位于等边三角形的三个顶点，即任意两相导体中心距离相同。在现实世界中这个条件很难一直满足，而电路三相对称对电力系统的运行是很重要的，需要想其他的办法来满足这个条件，最常见的做法是通过导线的整换位来使三相参数恢复对称。

考虑图 4-19 中的情况，假设任意两相导体中心的距离为 D_{ij}。如果能在线路全长上让某相导体（如 a 相）处于三个位置中的任意一个的长度近似相同，如图 4-20 所示。以 a 相导体为例，当其分别处于第 Ⅰ、Ⅱ、Ⅲ 段时，单位长度交链的磁链分别为

$$\begin{cases}\psi_{a\,\mathrm{I}}=\dfrac{\mu_0}{2\pi}\left(i_a\ln\dfrac{1}{D_s}+i_b\ln\dfrac{1}{D_{12}}+i_c\ln\dfrac{1}{D_{31}}\right)\\[2mm]\psi_{a\,\mathrm{II}}=\dfrac{\mu_0}{2\pi}\left(i_a\ln\dfrac{1}{D_s}+i_b\ln\dfrac{1}{D_{23}}+i_c\ln\dfrac{1}{D_{12}}\right)\\[2mm]\psi_{a\,\mathrm{III}}=\dfrac{\mu_0}{2\pi}\left(i_a\ln\dfrac{1}{D_s}+i_b\ln\dfrac{1}{D_{31}}+i_c\ln\dfrac{1}{D_{23}}\right)\end{cases} \tag{4.50}$$

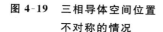

图 4-19 三相导体空间位置
不对称的情况

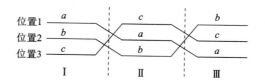

图 4-20 输电线路的整换位

考虑到 $i_a + i_b + i_c = 0$，a 相每单位长度平均交链磁链为

$$\psi_a = \frac{1}{3}(\psi_{a\,I} + \psi_{a\,II} + \psi_{a\,III}) = \frac{\mu_0}{2\pi}\left(i_a \ln\frac{1}{D_s} + i_b \ln\frac{1}{D_{eq}} + i_c \ln\frac{1}{D_{eq}}\right)$$

$$= \frac{\mu_0}{2\pi}i_a \ln\frac{D_{eq}}{D_s} \tag{4.51}$$

式中：$D_{eq} = \sqrt[3]{D_{12}D_{23}D_{31}}$ 为三相导体两两之间距离的几何平均值，称为互几何均距。则 a 相每单位长度平均电感为

$$L_a = \frac{\psi_a}{i_a} = \frac{\mu_0}{2\pi}\ln\frac{D_{eq}}{D_s} \tag{4.52}$$

由于式(4.52)在数学形式上具有对称性，易知 $L_a = L_b = L_c$，即通过导线整换位可以实现三相输电线路单位长度电感参数的对称化。工程实际中难以保证导线换位的三段长度绝对相同，甚至难以保证任何位置三相导线截面形状完全相同，因此程度较小的三相不对称性是必然存在的。

从式(4.52)可以看出，自几何均距 D_s 位于计算公式对数中分母部分，使得输电线路单位长度电感是自几何均距的减函数，亦即通过分裂导线可以增大自几何均距，进而起到降低输电线路电感的效果。

3. 单位长度架空输电线路的电导

输电线路通过电流后，在绝缘介质中会存在泄漏电流，同时导体附近空气受高电压大电流的作用会发生空气游离，导致出现局部放电。这些带来的效果是流进本段导体的电流并没有完全流到导体末端，可认为是通过某种等价的并联支路流到大地（见图 4-17）。

泄漏电流与绝缘介质的情况有关，当线路绝缘较好时，可以忽略泄漏电流的作用。而空气游离由导体表面电场强度是否超过空气击穿强度来决定，可以用临界电压来体现。所谓临界电压就是线路开始出现电晕的电压，其计算公式为

$$V_{cr} = 49.3 m_1 m_2 \delta r \lg\frac{D}{r} \tag{4.53}$$

式中：m_1 为导体表面系数，对多股绞线而言，$m_1 = 0.83 \sim 0.87$；m_2 为气象状况系数，用来体现恶劣天气可能降低临界电压的效果，故干燥、晴朗天气常取 $m_2 = 1$，而雨、雾、雪等恶劣天气常取 $m_2 = 0.8 \sim 1$；r 为导体的等值半径；D 为相间距离；δ 为空气相对密度。

由式(4.52)可见，导体等值半径 r 分别出现在连乘式和对数分母位置，定性地可以认为，当 r 增大时，前者对计算结果增大的效果要比后者对计算结果降低的效果明显，因此整体上增大导体等值半径 r 可达到提高临界电压进而降低电晕带来损失的目的，这往往可以通过分裂导线增大自几何均距来实现。

从计算分析的角度，由于电导参数带来的影响相对于其他参数而言非常微小，常可

忽略不计。在本书其他需要用到输电线路等值参数和等值电路的场合，往往忽略电导参数，故在此处不赘述电导的具体计算方法。

4. 单位长度架空输电线路的电容

与单位长度电阻类似，输电线路上并不实际存在图 4-17 中所示的电容，而是某种物理现象效果的等效。事实上，输电线路运行电压很高，与大地这一零电位导体之间存在空气介质，这将在周围产生电场效应，等价于存在一个电容。经过复杂的电磁场分析可得到式(4.54)所示的单位长度电容计算公式，具体的推导过程可参考相应电磁场书籍。

$$C=\frac{q_a}{v_a}=\frac{2\pi\varepsilon}{\ln\dfrac{D_{eq}}{r}-\ln\sqrt[3]{\dfrac{H_{12}H_{23}H_{31}}{H_1H_2H_3}}}\approx\frac{0.0241}{\lg\dfrac{D_{eq}}{r}} \tag{4.54}$$

式中：各个 H 为各导体与其以大地为镜面相距各镜像导体的距离。同样地，采用分裂导线可以增大导体的等效半径，进而起到增大单位长度电容的效果。

更进一步的分析是电磁场理论的内容，这里不进一步展开。

4.2.1.3 架空输电线路的分布式参数模型

图 4-17 所示的为单位长度的输电线路模型，当假设参数均匀分布于输电线路全长时，理论上只要截取输电线路中任意长度的一段，就可用图 4-17 中 4 个参数乘以相应长度得到该段线路的对应参数。其极限情况是假设总长为 l 的输电线路由无穷多段长度为微分长度 $\mathrm{d}x$ 的等效电路串联而成，如图 4-21 所示。当考虑分布参数时，不同位置的电压、电流都是不同的，想要获得整条线路的状态，就要求解距离线路末端为 x 处的电压和电流的数值。假设截取微分长度 $\mathrm{d}x$ 的导体，求解思路是通过长度为 $\mathrm{d}x$ 的局部电路两端电压、电流变化与 $\mathrm{d}x$ 的关系列出微分方程，结合合适的边界条件求解该方程，得到电压、电流与位置关系的表达式，位置用 x 来体现。

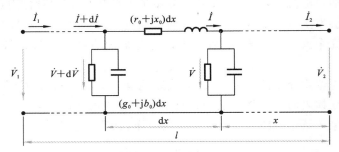

图 4-21 输电线路的分布式参数等效电路

设所求距离线路末端为 x 处的电压和电流分别为 $\dot{V}$ 和 $\dot{I}$[①]。本微分段串联支路参数为 $(r_0+\mathrm{j}\omega L_0)\mathrm{d}x$，根据欧姆定律有

$$\mathrm{d}\dot{V}=\dot{I}(r_0+\mathrm{j}\omega L_0)\mathrm{d}x$$

故可得电压与所在位置的导数关系为

---

① 注意：三相交流电路中需用相量来表示。

$$\frac{\mathrm{d}\dot{V}}{\mathrm{d}x} = \dot{I}(r_0 + \mathrm{j}\omega L_0) \tag{4.55}$$

类似地,本微分段并联支路参数为 $(g_0 + \mathrm{j}\omega C_0)\mathrm{d}x$,根据欧姆定律有

$$\mathrm{d}\dot{I} = (\dot{V} + \mathrm{d}\dot{V})(g_0 + \omega C_0)\mathrm{d}x$$

略去高阶无穷小后可得电流与所在位置的导数关系为

$$\frac{\mathrm{d}\dot{I}}{\mathrm{d}x} = \dot{V}(g_0 + \mathrm{j}\omega C_0) \tag{4.56}$$

将式(4.55)等号两侧再对 x 求一次导数,并将式(4.56)代入求导结果,可得

$$\frac{\mathrm{d}^2\dot{V}}{\mathrm{d}x^2} = (g_0 + \mathrm{j}\omega C_0)(r_0 + \mathrm{j}\omega L_0)\dot{V} \tag{4.57}$$

式(4.57)为标准的常微分线性方程,很容易写出其解的通用表达式,即

$$\dot{V} = A_1 \mathrm{e}^{\gamma x} + A_2 \mathrm{e}^{-\gamma x} \tag{4.58}$$

式中: $\pm\gamma$ 为式(4.57)对应特征方程的根,即

$$\gamma = \sqrt{(g_0 + \mathrm{j}\omega C_0)(r_0 + \mathrm{j}\omega L_0)} = \beta + \mathrm{j}\alpha \tag{4.59}$$

称为输电线路的传播常数,显然其量纲为 $1/\mathrm{m}$。

根据指数函数的计算规则及欧拉公式有

$$\mathrm{e}^{\gamma x} = \mathrm{e}^{(\beta + \mathrm{j}\alpha)x} = \mathrm{e}^{\beta x}\mathrm{e}^{\mathrm{j}\alpha x} = \mathrm{e}^{\beta x}[\cos(\alpha x) + \mathrm{j}\sin(\alpha x)] \tag{4.60}$$

利用式(4.60)可以解释式(4.58)的物理意义:线路电压随位置的变化关系由两部分组成,第一部分随着 x 的增大而增大,对应 $A_1 \mathrm{e}^{\gamma x}$ 项,其中传播常数 γ 的实部 β 对应的是电压幅值的变化,虚部 α 对应的是电压相角的变化,故这一项可理解为一个沿线传播的波,常假设波在传播过程中会衰减,利用此方法可判断本项的波是朝向线路末端传播的,称为入射波;另一部分随着 x 的增大而减小,对应 $A_2 \mathrm{e}^{-\gamma x}$ 项,为一个朝向线路始端传播的波,称为反射波。

式(4.58)中尚有 A_1 和 A_2 两个待定系数未确定,需要利用线路某一端已知的电压和电流的关系。在此之前需要先确定电流的表达式,可依式(4.55)直接对电压求导而得:

$$\dot{I} = \frac{\dfrac{\mathrm{d}\dot{V}}{\mathrm{d}x}}{r_0 + \mathrm{j}\omega L_0} = \frac{\gamma A_1 \mathrm{e}^{\gamma x} - \gamma A_2 \mathrm{e}^{-\gamma x}}{r_0 + \mathrm{j}\omega L_0} = \frac{A_1}{Z_C}\mathrm{e}^{\gamma x} - \frac{A_2}{Z_C}\mathrm{e}^{-\gamma x} \tag{4.61}$$

同样存在入射波和反射波。其中 Z_C 为线路的波阻抗(或称特征阻抗),其表达式为

$$Z_C = \sqrt{\frac{r_0 + \mathrm{j}\omega L_0}{g_0 + \mathrm{j}\omega C_0}} = R_C + \mathrm{j}X_C = |Z_C|\mathrm{e}^{\mathrm{j}\theta_C} \tag{4.62}$$

其量纲为 Ω。

需要特别指出的是,传播常数 γ 和波阻抗 Z_C 均仅与输电线路单位长度参数及电力系统的运行频率有关,而与输电线路的具体长度无关,这是能够体现输电线路本质特征的物理量。

更进一步,对于高压架空线路,前面已经提到通常可假设 $g_0 \approx 0$,则

$$\gamma \approx \sqrt{\mathrm{j}\omega C_0(r_0 + \mathrm{j}\omega L_0)} \tag{4.63}$$

又由于 $r_0 \ll \omega L_0$,则若将式(4.63)表示为

$$\gamma \approx f(x_0 + \mathrm{d}x)$$

式中: $x_0 = (\mathrm{j}\omega C_0)(\mathrm{j}\omega L_0)$; $\mathrm{d}x = (\mathrm{j}\omega C_0)r_0$,则将式(4.63)在 x_0 附近做泰勒级数展开,并

仅保留微分量的一次项,有

$$\gamma \approx f(x_0 + dx) \approx f(x_0) + f'(x_0)dx = j\omega\sqrt{L_0 C_0} + \frac{r_0}{2}\sqrt{\frac{C_0}{L_0}} \tag{4.64}$$

由于 r_0 非常小,这意味着传播常数近似为纯虚数,入射波和反射波主要体现为相位的变化,几乎不存在幅值的变化。

类似地,也可以得到波阻抗的近似式,即

$$Z_C \approx \sqrt{\frac{r_0 + j\omega L_0}{j\omega C_0}} \approx \sqrt{\frac{L_0}{C_0}} - j\frac{1}{2}\frac{r_0}{\omega\sqrt{L_0 C_0}} \tag{4.65}$$

由于 r_0 非常小,这意味着波阻抗近似为纯电阻,由于其虚部小于 0,因此该阻抗略呈容性。

回到对 A_1 和 A_2 两个待定系数的分析。如果已知输电线路末端的电压 $\dot{V}_2$ 和电流 $\dot{I}_2$,则可将其作为边界条件。显然此时 $x=0$,代入式(4.58)和式(4.61),可得

$$\begin{cases} \dot{V}_2 = A_1 + A_2 \\ \dot{I}_2 = \dfrac{A_1 - A_2}{Z_C} \end{cases} \tag{4.66}$$

进而解得

$$\begin{cases} A_1 = \dfrac{1}{2}(\dot{V}_2 + Z_C \dot{I}_2) \\ A_2 = \dfrac{1}{2}(\dot{V}_2 - Z_C \dot{I}_2) \end{cases} \tag{4.67}$$

再将两个待定系数代回式(4.58)和式(4.61),有

$$\begin{cases} \dot{V} = \dfrac{1}{2}(\dot{V}_2 + Z_C \dot{I}_2)e^{\gamma x} + \dfrac{1}{2}(\dot{V}_2 - Z_C \dot{I}_2)e^{-\gamma x} = \dot{V}_2 \operatorname{ch}(\gamma x) + Z_C \dot{I}_2 \operatorname{sh}(\gamma x) \\ \dot{I} = \dfrac{1}{2Z_C}(\dot{V}_2 + Z_C \dot{I}_2)e^{\gamma x} - \dfrac{1}{2Z_C}(\dot{V}_2 - Z_C \dot{I}_2)e^{-\gamma x} = \dfrac{\dot{V}_2}{Z_C}\operatorname{sh}(\gamma x) + \dot{I}_2 \operatorname{ch}(\gamma x) \end{cases} \tag{4.68}$$

式中:ch( )和 sh( )分别为双曲余弦函数和双曲正弦函数。

式(4.68)适用于线路中任意位置,当然也适用于线路起始端,也就是 $x=l$ 处,此时

$$\begin{cases} \dot{V}_1 = \dot{V}_2 \operatorname{ch}(\gamma l) + Z_C \dot{I}_2 \operatorname{sh}(\gamma l) \\ \dot{I}_1 = \dfrac{\dot{V}_2}{Z_C}\operatorname{sh}(\gamma l) + \dot{I}_2 \operatorname{ch}(\gamma l) \end{cases} \tag{4.69}$$

式(4.69)满足线性二端口网络的通用表达式,即

$$\begin{cases} \dot{V}_1 = \dot{A}\dot{V}_2 - \dot{B}\dot{I}_2 \\ \dot{I}_1 = \dot{C}\dot{V}_2 - \dot{D}\dot{I}_2 \end{cases} \tag{4.70}$$

因此可以用电力网络理论中通用的二端口网络理论来分析其等值电路,这是后面能够得到输电线路集中参数模型的理论基础。补充说明,$\dot{A}\dot{D} - \dot{B}\dot{C} = 1$,这是无源线性二端口网络的充分必要条件,读者可自行验证。而从物理意义上来看,输电线路是无源的,这是显而易见的结论。

4.2.1.4 架空输电线路的集中参数模型

根据二端口网络理论,任何二端口网络都可以写成对应的 π 形等值电路或 T 形等

值电路形式,如图 4-22 所示。

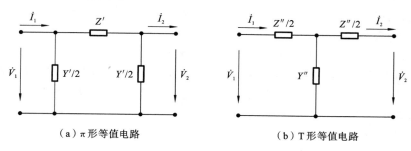

（a）π形等值电路　　　　　（b）T形等值电路

图 4-22　输电线路的集中参数等值电路

这两种等值电路中的阻抗导纳参数有已知的结论,只需将二端口网络表达式中对应参数代入此结论即可,感兴趣的读者可以去查阅相关理论,这里只给出最终推导的结果。对于 π 形等值电路,有

$$\begin{cases} Z' = Z_C \, \text{sh}(\gamma l) \\ Y' = \dfrac{2[\text{ch}(\gamma l) - 1]}{Z_C \, \text{sh}(\gamma l)} \end{cases} \tag{4.71}$$

对于 T 形等值电路,有

$$\begin{cases} Z'' = \dfrac{Z_C \, \text{sh}(\gamma l)}{\text{ch}(\gamma l)} \\ YZ = \dfrac{\text{sh}(\gamma l)}{Z_C} \end{cases} \tag{4.72}$$

式(4.71)和式(4.72)都是精确计算公式,需要计算三角函数,计算过程相对烦琐。当输电线路长度不太长时,可直接用单位长度参数乘以长度来代替对应参数。例如,π形等值电路,可近似认为

$$\begin{cases} Z' = (r_0 + j\omega L_0)l \\ Y' = (g_0 + j\omega C_0)l \end{cases}$$

对于长度不超过 300 km 的输电线路,这种近似所带来的误差是完全可以接受的。当输电线路超过 300 km 时,可将其看作是若干个 π 形等值电路的串联,其中每个等值电路所对应的长度均小于 300 km,这同样可以得出比较精确的结果。事实上在工程实际的电力系统分析中,即使对于超过 300 km 的输电线路,通常简单地用近似的方式来计算其参数也能得到合理的结果。

还需要说明的是,由于采用 T 形等值电路将增加一个节点,很多时候会给分析带来不必要的麻烦,因此在本书中更常用的是 π 形等值电路。

4.2.2　变压器

变压器是电力系统中一种可以连接不同电压等级电网的特殊设备,但不是通过简单的电气连接,而是通过电磁耦合的方式实现不同电压等级电网的连接,因此情况比较特殊。

最简单的变压器是双绕组变压器,对每一相来说,都可以认为是两个绕组缠绕到同一个铁芯上,而绕组从电路的角度可以认为是电阻串联电感,因此两个电阻串联电感的支路直接与铁芯对应的一条励磁支路相连,其实是三条支路形成了星形接法。正常情

况下,励磁支路中的电流都不大,因此可以把励磁支路前移到电源侧,则两条电阻串联电感的支路直接形成了串联关系,进而也可以合并起来,从而得到图 4-23 中的近似等值电路,图中各参数具体含义在后文解释。

需要说明的是,图中的阻抗导纳支路主要体现变压器内部的电压和功率损耗,变压器对两侧电网的"变压"效果需要再串联一个不消耗功率的"理想变压器"来表示,这里暂时不分析。这里之所以称为"等值电路",与输电线路"等值电路"的考虑是类似的:实际上变压器中并不存在阻抗、导纳之类的元件,而是存在特定的物理现象,这些物理现象等价于阻抗、导纳的效果。

电力系统中的变压器有可能连接多于两个电压等级的电网,这里仅以最简单的三绕组变压器示意,更多绕组变压器的情况与此类似。三个电压等级的绕组缠绕到同一个铁芯上,相当于三个绕组的阻抗支路与励磁绕组的导纳支路形成星形接法,一般仍将励磁支路前移,形成图 4-24 所示的形式。显然此时不同绕组的阻抗支路无法直接合并,但具体的分析方法本质上与双绕组变压器的情况是类似的。

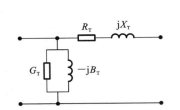

图 4-23　双绕组变压器的近似等值电路

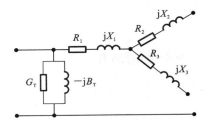

图 4-24　三绕组变压器的近似等值电路

读者需要注意的是,虽然后面在讨论参数计算的过程中都直接针对等值电路进行分析,但通过实验测量这些参数时只能在变压器外部来进行,因此实验者只能把变压器当成密闭的"黑盒子"来进行处理,具体的实验方法只能在"黑盒子"能够提供的条件下进行,不能要求直接测量深入到变压器外壳以内空间的细节。

4.2.2.1　变压器的短路试验及对应参数

以图 4-23 中所示的双绕组变压器为例,其串联支路两个参数电阻 R_T 和电抗 X_T 可由短路试验获得。进行短路试验时,将低压侧短接[①],高压侧电压从 0 开始逐渐增大,进而可增大高压侧绕组的电流。由于两侧绕组存在电磁耦合关系,低压侧绕组电流也随之增大。

对于传输电能过程中自身不损耗能量的理想变压器,低压侧短路意味着电压为 0,则高压侧电压也应该为 0。考虑到存在图 4-23 所示的各参数,高压侧电压虽不为 0,但也不应该很大。这意味着施加在励磁支路上的电压也不大,因此被励磁支路分流掉的电流也应该很小,可以忽略,这样可以认为两侧绕组同时达到额定电流。

由于电流是直接流入各相绕组的,所以需要计算的电阻和电抗也是单相的电阻和电抗。通过电工实验很容易获得变压器通过额定电流时一、二侧绕组的总损耗,即

$$\Delta P_S = 3I_N^2 R_T$$

故

$$R_T = \frac{\Delta P_S}{3 I_N^2}$$

考虑到

$$I_N = \frac{S_N}{\sqrt{3} V_N}$$

则有

$$R_T = \frac{\Delta P_S V_N^2}{S_N^2} \tag{4.73}$$

单相电阻对应的是两侧绕组流过电流后由于散热产生的有功功率损耗。绕组导体往往是铜的,故这部分有功功率损耗称为铜耗。与之相对应的铁芯在实现两侧电磁耦合时所产生的涡流损耗等有功损耗称为铁耗。由于施加电压很低,因此短路试验时铁耗可以忽略不计,认为所测量的所有有功功率损耗 ΔP_S 都是铜耗,进而可得到式(4.73)所示计算变压器单相电阻的公式。

再来看电抗。从图 4-23 中可见,短路试验时,额定电流下外界施加电压加在串联支路上,因此对应的短路电压百分比(短路试验所加电压占额定电压百分比)为

$$V_S\% = \frac{\sqrt{3} I_N Z_T}{V_N} \times 100$$

式中:$Z_T = R_T + jX_T$。通常电阻远远小于电抗,所以可以近似认为短路电压完全加到电抗上,从而可以推导出电抗的计算公式为

$$X_T \approx Z_T = \frac{V_S\%}{100} \times \frac{V_N^2}{S_N} \tag{4.74}$$

在 1.1.3 节介绍了标幺值的概念。在式(4.74)中,若认为额定电压 V_N 和额定容量 S_N 分别为变压器电压和容量的基准值,则 V_N^2/S_N 即为变压器阻抗的基准值,亦即 $V_S\%/100$ 等于变压器绕组电抗的标幺值,这一结论在后文中经常直接应用。然而需要注意的是,标幺值要同时给出基准值才有意义,读者应该清楚这里的标幺值指的是以变压器自身容量为基准容量时的标幺值,在后文中往往全系统取统一的基准容量,所以通常会涉及将变压器的电抗向系统基准值进行折算的问题。同时还要强调,变压器是连接多个电压等级的设备,涉及不同电压等级的基准电压,因此当提到变压器电阻和电抗的有名值时,需要明确是将阻抗"归高"还是"归低"。

4.2.2.2　变压器的空载试验及对应参数

仍以图 4-23 中所示的双绕组变压器为例,其并联支路(励磁支路)两个参数电导 G_T 和电纳 B_T 可由空载试验获得。进行空载试验时,将低压侧开路,高压侧外加电流从 0 开始逐渐增大。由于低压侧开路,所有电流都将流入励磁支路,进而在高压侧建立起电压并逐渐升高。由于两侧绕组存在电磁耦合关系,低压侧电压也随之增大。对于理想变压器,低压侧短路意味着电流为 0,则串联支路上电压也应该为 0。考虑到变比的因素,可以认为两侧绕组同时达到额定电压。

与串联支路参数不同的是,本书往往假设三相绕组有共同的励磁支路,因此不存在单相并联支路参数的问题。对于由三个单相绕组构成的三相绕组的情况,可以认为存在相应等价的励磁支路,并不区别对待。由于低压侧开路,电流为 0,因此可以认为所

测量的所有有功功率损耗都是铁耗[①]。可以写出铁耗的计算公式为

$$\Delta P_{Fe} = G_T \times V_N^2$$

简单推导即可得到励磁支路电导为

$$G_T = \frac{\Delta P_{Fe}}{V_N^2} \qquad (4.75)$$

在图 4-23 可见,空载试验时空载电流加在整个励磁导纳支路上,但通常电导远远小于电纳,所以可以近似认为空载电流完全加到电纳上,从而可以推导出电纳的计算公式为

$$B_T = \frac{I_0\%}{100} \times \frac{\sqrt{3}\,I_N}{V_N} = \frac{I_0\%}{100} \times \frac{S_N}{V_N^2} \qquad (4.76)$$

从式(4.76)可见,与电抗参数计算的情况类似的是,S_N/V_N^2 即为变压器导纳的基准值,亦即 $I_0\%/100$ 等于变压器励磁支路电纳的标幺值。由于公式中存在额定电压表达式,故电导和电纳的计算也需要明确"归高"或"归低"。

事实上,在正常运行的状态下励磁支路所起的分流作用很小,因此在本书中很多情况下将直接忽略励磁支路。顺便一提,图 4-23 所示等值电路中并联支路的损耗与所连一侧运行电压的平方成正比,但电力系统绝大多数时间都运行在正常状态,运行电压通常都在额定电压附近,故往往用空载试验条件下的功率损耗来代替实际工况中并联支路的损耗,以简化分析计算过程。

4.2.2.3 双绕组变压器的节点导纳矩阵和 π 形等值电路

掌握了节点导纳矩阵元素的物理意义后,可以用来分析如图 4-25 所示的双绕组变压器的节点导纳矩阵。该变压器两端节点分别为节点 1 和节点 2,考虑网络中仅有这两个节点和该双绕组变压器的情况,显然所求的节点导纳矩阵是一个 2×2 的方阵。

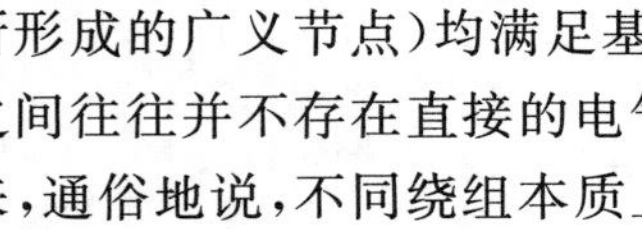

图 4-25 双绕组变压器

前面讨论求取图 4-2 中电力网络的节点导纳矩阵时,首先需要对网络中每个节点列写基于基尔霍夫电流定律的电流平衡方程,这是能够正确引入节点导纳矩阵的前提条件。对于通过直接的电气联系构造的连通图,其每个节点(包括任意闭合曲面所形成的广义节点)均满足基尔霍夫电流定律条件。然而,由于变压器各电压等级绕组之间往往并不存在直接的电气联系,而是通过铁芯、气隙等建立的电磁感应关系耦合起来,通俗地说,不同绕组本质上并不属于同一个电路(自耦变压器的情况除外),故并不存在绕组间基尔霍夫电流定律的约束。事实上,考虑图 4-25 中理想变压器两侧电流,左侧与右侧电流比值为 $1:k$,当 $k\neq1$ 时,画一封闭曲面来包纳理想变压器作为广义节点,则流进此广义节点电流并不等于流出电流,基尔霍夫电流定律条件是不满足的。

然而如前所述,基尔霍夫电流定律是构建节点导纳矩阵的前提条件,而节点导纳矩阵又是进行如式(4-1)所示计算乃至今后开展潮流计算、稳定性计算等的基础。在电力

---

① 事实上高压侧绕组中仍有电流,因此并不是所有有功损耗都发生在励磁支路(铁芯)中。然而由于空载试验时低压侧电流为 0,高压侧绕组中的电流也很小,绕组中所产生的有功损耗与铁芯中损耗相比占比很小,可近似忽略不计。

系统中必然存在变压器的情况下,如何分析变压器对全网节点导纳矩阵的影响就成了一个必须要解决的问题。

根据节点导纳矩阵元素的物理意义,图 4-25 中所示双绕组变压器的节点导纳矩阵的每一列都可以被看作是令某一个节点接入单位电压源、另一个节点接地情况下,分别由两个节点流入变压器中的电流。

先计算第一列节点导纳矩阵元素。令节点 1 接入单位电压源,节点 2 接地,可得如图 4-26 所示的电路。

易知

$$Y_{11} = \dot{I}_1 = y_T(\dot{V}_1 - \dot{V}'_2) = y_T(1-0) = y_T \tag{4.77}$$

$$Y_{21} = -\dot{I}_2 = -\frac{y_T}{k} \tag{4.78}$$

由于节点导纳矩阵是对称的,故此时事实上已经同时求得了第一行第二列元素 $Y_{12} = Y_{21} = -y_T/k$。为了保持执行过程的完整性,仍构造计算第二列节点导纳矩阵元素的电路图,即令节点 2 接入单位电压源,节点 1 接地,如图 4-27 所示。

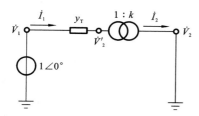

图 4-26 双绕组变压器节点导纳矩阵
第一列元素的物理意义

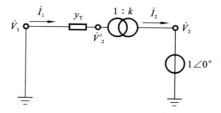

图 4-27 双绕组变压器节点导纳矩阵
第二列元素的物理意义

易知

$$Y_{22} = -\dot{I}_2 = \frac{1}{k}\left[y_T(\dot{V}'_2 - \dot{V}_1)\right] = \frac{1}{k}\left[y_T\left(\frac{1}{k} - 0\right)\right] = \frac{y_T}{k^2} \tag{4.79}$$

$$Y_{12} = \dot{I}_1 = -(-k\dot{I}_2) = -k \times \frac{y_T}{k^2} = -\frac{y_T}{k} \tag{4.80}$$

对比后可知,所得节点导纳矩阵的确为对称矩阵,其结果为

$$\boldsymbol{Y} = \begin{bmatrix} y_T & -\dfrac{y_T}{k} \\[2mm] -\dfrac{y_T}{k} & \dfrac{y_T}{k^2} \end{bmatrix} \tag{4.81}$$

此矩阵是单独由双绕组变压器构成的电力网络的节点导纳矩阵。若该变压器是更大电网的一部分,则式(4.81)中各矩阵元素体现了变压器对全网节点导纳矩阵的贡献。为了更清晰地展现这一点,尤其是为了便于应用前面介绍的形成节点导纳矩阵的支路追加法,注意到双绕组变压器可看作是以两个绕组为端口的二端口网络,则可以用电力网络分析中的二端口网络模型来做进一步的阐释。通常二端口网络可用 π 形等值电路或 T 形等值电路来等价,这里采用 π 形等值电路,避免 T 形等值电路中引入一个额外的虚拟节点,如图 4-28 所示。

利用 4.1.1.1 节中的结论,结合式(4.81),得到的图 4-28 中 π 形等值电路三个支路导纳值与节点导纳矩阵中元素的关系为

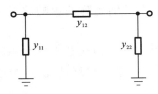

图 4-28 双绕组变压器的
π 形等值电路

$$\begin{cases} y_{12} = -Y_{12} = -Y_{21} = \dfrac{y_T}{k} \\[2mm] y_{11} + y_{12} = Y_{11} = y_T \\[2mm] y_{22} + y_{12} = Y_{22} = \dfrac{y_T}{k^2} \end{cases} \quad (4.82)$$

该式为三个线性方程构成的线性方程组,变量为 π 形等值电路中三条支路的导纳参数,容易求得

$$y_{12} = \frac{y_T}{k} \quad y_{11} = \frac{k-1}{k}y_T \quad y_{22} = \frac{1-k}{k^2}y_T \quad (4.83)$$

关于变压器 π 形等值电路的物理意义,需要思考如下问题:图 4-25 中双绕组变压器原副边两侧的变压效果是通过理想变压器来实现的,图 4-28 中的等值电路为何能实现同样的效果?

注意到图 4-28 等值电路中 y_{11} 和 y_{22} 的表达式。通常变压器的 y_T 呈感性,当 $k>1$ 时,其式中 y_{11} 的系数为正,y_{22} 的系数为负,即 y_{11} 呈感性,y_{22} 呈容性;当 $k<1$ 时,式中 y_{11} 的系数为负,y_{22} 的系数为正,即 y_{11} 呈容性,y_{22} 呈感性。无论变比 k 取何值($k>0$),y_{11} 和 y_{22} 符号必然相反,即二者必定一个为感性支路,一个为容性支路。π 形等值电路两端节点总有一端节点并联感性支路,其作用是降低该节点电压;而另一端节点并联容性支路,其作用是升高该节点的电压。这就是在第 7 章中将要介绍的无功补偿原理。π 形等值电路正是通过并联无功支路来实现升降变压的。显然,低电压侧通过并联感性无功补偿实现降压,而高压侧节点则通过并联容性无功补偿实现升压。因此图 4-28 是以调节无功补偿来实现变化电压以取代图 4-25 通过调节原副边线圈匝数比变化的原理来实现升(降)压的。

或者可以从另一角度来解释,所谓变压器实际上也是变流器。因为当忽略变压器的自身损耗时,其两端输入与输出的功率相等,高电压侧电流小,低电压侧电流大。等值的 π 形电路如何能造成一端大电流,一端小电流? 由于电力网络通常传输感性电流,因而从互联支路(感性)看,它与两个对地支路电流之和即为输入端或输出端的电流,因而要造成大电流必定并接一电感性对地支路,二者相加,增大等值电路一端的电流。若并联一电容性支路,二者方向正好相反,相加一负值,则减少等值电路另一端的电流。显然大电流值为低压侧,小电流侧对应着高压侧。所以无功补偿也可以理解为电流补偿。

电力系统中无功补偿升高或降低节点电压都是小比例的(不会跨越电压等级),与通常的变压器大幅度升压或降压是不同的。观察变压器的 π 形等值电路可以发现

$$\frac{1}{y_{12}} + \frac{1}{y_{11}} + \frac{1}{y_{22}} = \frac{k}{y_T} + \frac{k}{(k-1)y_T} + \frac{k^2}{(1-k)y_T} = 0 \quad (4.84)$$

即 π 形等值电路回路总阻抗为零,表明该回路为串联谐振电路。理想情况下对谐振电路中施加一个很小的扰动电压,则回路电流为无穷大。实际情况是虽然做不到总阻抗为 0,但在总阻抗相当小时,对回路施加一个很小的电压就会产生相当大的电流在回路中流动,这一电流足以将原副边电流的一端补偿得相当小,而另一端补偿得相当大,以达到大幅度改变其两端电压的目的。

还有一点要注意的是:π 形等值电路中 y_T 含有电阻因素时,它是电阻与电感的结合。当等值电路其中一接地支路的系数为正时,而另一接地支路的系数必为负,即出现

负电感和负电阻,负电感即为电容,但负电阻在这里就仅仅是一个理论上的存在。

从电路的角度看,π形等值电路是一个无功补偿电路,它是通过对节点无功补偿来实现两端电压的改变的。当补偿为电容性电路时,该节点将升高电压;当补偿为电感性电路时,该节点将降低电压。两端分别补偿不同性质的电路,起到了升降压的作用。同时它又是一个串联谐振电路,以提高该电路的电流、电压等级;由于该电路存在负电阻,它是一个理想电路。

综上所述,π形等值电路的物理意义可以总结如下:

(1)π形等值电路是以无功补偿的原理来实现电路两端的电压变化的。

(2)π形等值电路是一个串联谐振电路,以谐振实现大幅度升(降)压。

(3)π形等值电路是一个用于实现谐振和无功补偿的理想电路。

4.2.3　电网元件对节点导纳矩阵的贡献

从图4-22和图4-28可知,无论是交流输电线路还是变压器,当不考虑电网元件本身内部的详细情况,仅需考虑其在整个电网中所起的作用时,总是可以将其等价成某种π形等值电路。

从对电网节点导纳矩阵的贡献来看,任何π形等值电路无非就是一条串联支路和两条并联支路的适当组合。因此在制定电网的节点导纳矩阵时,仅需将电网元件当成三条简单支路的组合来分别处理即可。

4.3　配电网与输电网

在2.4.2节中讨论电力系统空间尺度的时候,事实上已经铺垫了电力系统中为何需要建设不同形态网络的基础概念。电力系统的终极目的是实现电能的优化配置,因此电源和用电负荷不匹配的不同格局就需要不同的电网形态。目前典型的电网形态主要有配电网和输电网两大类。也有越来越多的微电网渐渐在电力系统中出现,但这部分在技术上不完全成熟,当前的应用也算不上广泛,在本书中暂不讨论。

电网、公路网、物流网、互联网等的实际功能都是为了输运能量、物质和信息,可统称为输运网络(transportation network)。它们的形态和实现的功能也有类似之处,可以通过类比的方式加以理解。

输电网的主要功能是把大量的电能从能源密集区域(电源区域)输送到负荷密集区域(负荷区域)。通常输电网输送的距离远,输送的容量大,为了降低远距离大容量传输所需付出的成本代价,输电网需要采用较高的电压等级。目前在我国常把220 kV及以上电压等级用于输电网中。

当然,电压等级并不是判断电网是输电网还是配电网的唯一因素,甚至不是必要的因素,本质上还是要从实现的功能来看。如前所述,输电网需要实现远距离大容量功率传输,其运行状态对整个电力系统起决定性作用,一旦出现故障影响极其严重,因此需要采用所谓"有备用"的接线方式,即确保关键节点与电网其他部分的联络不唯一,这样当某个联络发生故障时,至少形式上该节点还可以通过其他的联络与电网其他部分保持联系,避免发生严重的事故。

作为类比,输电网与公路网中的高速公路主干道、物流网中的不同城市物流中心之间的运输路线相对应,起到了大空间尺度上对所输运对象进行优化配置的作用。

　　功能上与输电网相对的是配电网,它的目的是把从电源区域输运过来的电能用尽可能明确的方式输送到每个具体的用电设备处。为了体现这种明确的供电关系,同时考虑到在传统配电网中电能的流动都是从电源传输到负荷的,并且为了使每段线路中电能的流向确定,使得相关控制保护装置的整定相对简单,运行中的配电网基本都采用无备用接线方式。

　　所谓无备用接线方式,指的是电网中有唯一的电源(常为输电网中降压变压器的低压母线),且所有节点与电源间的通路是唯一的。数学上这显然应该是树状拓扑结构,其中电源定义为该树状拓扑的根节点。其余节点均可能为负荷节点,如图 4-29(a)所示,图中双同心圆表示电源节点,单个圆表示负荷节点(无负荷可理解为数值为 0 的负荷,故可统一),其中沿相同路径没有距根节点更远节点的节点称为叶子节点。在此情况下,电能只能从外部环境(或上级电网)流入电源节点,在电网中通过固定且唯一的路径流到各个负荷节点处。具有这样特征的电网习惯上又称为开式网络。

　　数学上树状拓扑结构的充分必要条件为节点数比支路数多 1 的连通图,这样的网络显然是不存在回路的。在电力系统中还存在满足这种条件的更加特殊的情况,如图 4-29(b)所示的所有非电源节点均直接与电源节点相邻(术语为二者距离为 1)的放射式网络,或图 4-29(c)所示除电源节点和叶子节点外所有节点的度[1]均为 2 的干线式网络等,具体形式在电力系统中应因地制宜地选择。

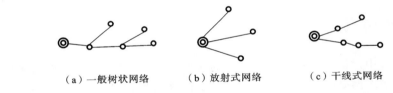

　　(a)一般树状网络　　　　(b)放射式网络　　　　(c)干线式网络

图 4-29　几种典型的无备用接线方式

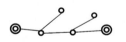

图 4-30　两端供电网络示意图

　　应该注意的是,所谓开式网络通常刻画的都是运行中的配电网,而为了提高运行的灵活性和可靠性,多个配电网的树状网络常通过联络支路连接成有环的形式,如图 4-30 所示的两端供电网络的情况[2]。

　　图 4-30 中有两个电源,相当于是一个回路,因此需要断开其中的一条支路才能形成两个树状网络(注意被断开的两个连通子图中的任何一个都要保证与某个电源连通),共有三种情况,如图 4-31 所示。当然,这三种情况中的第一种和第三种不尽合理,因为某个电源成为孤立节点[3],而网络所有负荷都由另一个电源来供电。出现此情况的根本原因是原网络过于简单,可供选择的情况不多。无论如何,这里存在选择,因此就存在优化的机会。这是依据电网的运行条件对电网运行时的拓扑结构进行的一种较特殊的优化,称为"配网重构"问题。更进一步,既然是优化问题,就应该有优化目标,工

---

　　[1]　某节点的度即为网络中与该节点相关联的支路条数,有向网络某节点的度又分为出度和入度。

　　[2]　注意尽管网络拓扑结构形状有可能仍然是树状的,但如果网络中有多个电源,该网络也就不是开式网络,因为此时网络中电能流动的方向不再固定且唯一。

　　[3]　读者应注意,即使如此,数学上该孤立节点仍满足树状拓扑节点数比支路数多一的条件,因此仍然是树状网络。

程中往往以经济性(如全网损耗最小)、可靠性(如因发生故障可能带来的损失最小)等
为目标。

图 4-31 图 4-30 的三种解环方式

配网重构是一种典型的离散式组合优化问题,当原"有备用"网络的拓扑结构变复杂时,配网重构的可行解急剧增加。例如,对图 4-32 中所示的尚不甚复杂的环形网络而言,存在两个明确的网孔,以及由两个电源确定的特殊的"回路",共计 3 个相互独立的回路,现讨论其可能的解环组合。基于图论中的知识可知,应断开网络中的 3 条支路才可能形成所需的开式网络。网络中共有 7 条支路,可能的组合数为 $C_7^3 = 35$[①]。此外还需要考虑到约束条件。例如,既然网络中有两个电源,则解环后应分解成两个开式网络,且每个网络中刚好有一个电源;每个开式网络中所需供电的负荷总量应不超过电源的容量;此外,若考虑到网损、电压偏移量等因素,使得问题将变得更加复杂。

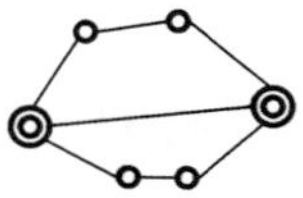

无论如何,上面描述的配网重构的可能组合数将随着网络规模的增加而急剧增多,这使得对通常规模的配网重构问题难以用枚举的方式来获得最优,而必须采用诸如启发式搜索等方法来进行。这方面目前已有大量学术成果,不在本书的讨论范围。

图 4-32 环形网络

原则上输电网也存在通过优化运行拓扑结构来改善运行状态的潜力,但读者要注意,除了考虑类似的拓扑结构、稳态运行条件等约束之外,往往还需要从安全性、稳定性等角度进行全方位的考虑,情况会更加复杂一些,这里不再赘述。

4.4 习题

(1) 请解释纯交流电网的节点导纳矩阵为对称矩阵的原因。

(2) 请解释大型电网节点导纳矩阵高度稀疏的原因。

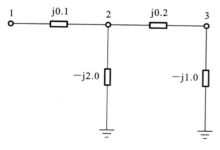

图 4-33 习题(5)图

(3) 请解释节点阻抗矩阵为满阵的原因。

(4) 一台 SFL1-31500/35 型双绕组三相变压器,额定变比为 35/11,查得 $\Delta P_0 = 30 \ \text{kW}$, $I_0 = 1.2\%$, $\Delta P_s = 177.2 \ \text{kW}$, $V_s = 8\%$,求变压器参数归算到高、低压侧的有名值。

(5) 3 节点网络如图 4-33 所示,各支路阻抗标幺值已注明于图中。① 根据节点导纳矩阵元素物理意义求节点导纳矩阵;② 利用支路追加法求节点导纳矩阵;③ 假设三条母线处都有

幅值为 1 相角为 0 的注入电流,列出节点方程,并用高斯消去法求解,每次消去画出对应的星网变换等效图。

---

① 这种方式并不严谨,因为有些组合并不会将剩余网络分成不连通的两部分。

5

电能的"消费"：负荷

5.1 电力系统负荷的概念及组成

可以把电能从被"生产出来"到被"使用掉"看作其完整的"生命周期"[①]，这与通常商品的生命周期几乎完全一样，其特殊性在于电能的整个周期非常短暂。尽管如此，全生命周期所经历的几种典型设备也各有特点，其中用于刻画电能全生命周期最后一个环节——用电环节的负荷是模型最复杂的一类。

负荷模型的复杂体现为数量庞大，分布广泛。一般而言，迄今为止的电力系统中的发电部分（常称为电源）基本都是集中式的，即相对少数大容量发电机组在能源富集之处承担将其他形式的能量转化成电能的任务，这一局面将随着大量分布式新能源接入电网而发生改变，但要扭转集中式发电的整体态势尚需假以时日。与其形成鲜明对比的是，从电力系统刚刚出现的时候，用电设备就可以说是分布式的。通俗地说，用电设备存在于电网覆盖的全部地理空间之中，甚至发电厂内部都会有大量的照明、控制、牵引等用电设备。负荷模型这种数量庞大、分布广泛的特性是由电力系统外部环境来决定的，满足设备的用电需求是电力系统最核心、最本质的功能。

负荷模型的复杂还体现为用电设备类型的多样性。这一点似乎不言而喻，但事实上如何对用电设备进行分类也需要按照问题的具体需求而定。以下是几种对负荷进行分类的典型方法。

（1）按设备类型来分，其实就是按设备将电能转换成什么形式能量来分，可将用电设备分为：异步电机、同步电机、加热装置、整流装置、照明装置等。

（2）按用户性质来分，可将负荷分为：工业负荷、农业负荷、交通运输业负荷、人民生活用电负荷等。这是在进行电力系统规划时最常用的负荷分类方法。

（3）按重要性来分，可将负荷分为：一类负荷，原则上不能停电，否则将对人民生命财产安全和社会正常运转带来巨大影响；二类负荷，中断供电将造成巨大经济损失、严重影响居民正常生活；三类负荷，短时中断供电影响范围相对较小。

最后，负荷模型的复杂体现为用电设备的随机性。从数学分析的角度，这种随机性

[①]　能量守恒定律表明，能量既不能产生，也不能消失，只能在不同能量形式之间进行转换。这里所说的电能的"生产"和"使用"只是"其他形式能量转换成电能"和"电能转换成其他形式能量"的形象化比喻。

取决于海量用电设备共同作用的结果。某个用电设备何时使用、如何使用通常完全由使用者来决定，因此单一用电设备的用电规律对其使用者而言是确定的。从电力系统的角度来看，尽管理论上可以获得无数用电设备中每一个用电规律，但这从工程实际的角度来说是不现实的。此外，考虑到用户隐私性等因素，事实上也无法完全获得所有上述信息。因此只能从宏观层面来刻画负荷的全局行为，将那些电力部门无法完全获取的因素表达为随机性。

　　考虑到负荷具有上述特点，或者说正是由于负荷是极度复杂的，促使人们必须用尽可能简化但又不失本质特征的方式来表达负荷。具体而言，将一个地区所有用电设备所消耗有功功率[①]的总和称为这个地区的综合负荷（又称为综合用电负荷）。在本书中若无特殊说明，所提到的负荷往往指的是这种综合负荷。综合负荷体现的是电网（供电部门）与终端用户之间的关系，获得综合负荷不同时空尺度的详细模型，对于提高整个电力系统的规划、运行水平及衍生出的各种为用户提供服务的水平都有重要价值。

　　现代大电力系统的一个显著特征是覆盖地域辽阔，由于能源分布和社会经济发展的不均衡性，往往可以表现出相对明显的电源区域和负荷区域，即终端用户的用电需求通常无法就地得到满足，这就依赖一个电网把发电厂发出的电送到用户处，实现能源的优化配置。站在电网的角度来看，一方面通过向用户供电来建立用户侧供需关系，另一方面通过从电厂购电也建立了电厂侧的供需关系。在电厂侧的供需关系中，供方为发电厂，需方为电网，从这个意义上来说，某个瞬时电网从电厂获取的功率总和被称为（发电厂的）供电负荷。显然供电负荷与综合负荷不等，二者的差异为功率在电网中传输时所产生的有功功率损耗。

　　更进一步，电厂为了能够保证向电网提供所需的供电负荷，必须有充分的电厂内部设备来对发电机组予以辅助。这些设备本身也是需要消耗电功率的，因此发电机组直接发出来的功率并没有全部提供给电网，而是有部分被电厂内部消耗掉（称为厂用电）。人们往往把发电机组实际发出来的总功率称为发电负荷。

　　综合负荷、供电负荷和发电负荷三者的关系如图 5-1 所示。

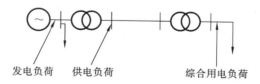

发电负荷　　供电负荷　　　　　综合用电负荷

图 5-1　三种负荷概念的关系

　　再次强调一点，通常所说的负荷指的是"功率"，其物理意义是能量转化或传输的速度，是一个"瞬时"的概念。而后面介绍电力系统经济运行时需要对电能的转换、传输等进行量化计费，显然不能直接使用瞬时值，因此在对电力系统进行经济性分析时最常用的是电量，这是通过电的形式所体现的"能量"，数学上是功率对一段时间进行积分的结果，因此必须指定所考虑的时间段才有意义。

---

　　① 习惯上，若不明确说明，所说的负荷都是有功负荷。无功负荷也有类似的定义方法。

5.2 负荷曲线

由于负荷对应的是瞬时值,一个顺理成章的思维方式是想要了解这个瞬时值随时间而变化的规律,最直观的处理方式就是将其用一条曲线来刻画,曲线的横坐标是时间,纵坐标是瞬时功率,即所谓负荷曲线,如图 5-2 所示。

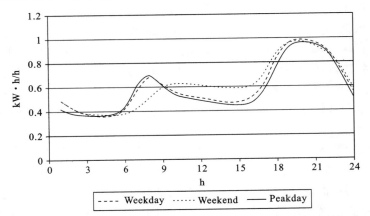

(图片来源:*Smart Grids: Infrastructure, Technology and Solutions*)

图 5-2 负荷曲线

图 5-2 所示的为正常工作日、周末和年负荷方式下的三条负荷曲线,读者可以看到,三者整体规律上具有一致性,但也存在特征性的差异。根据综合负荷的概念,负荷曲线是在指定时间跨度下一个地区大量用电设备的微观用电行为在宏观上涌现出来的结果,虽然具有一定的随机性,但其大趋势受地区经济社会发展程度、作息制度、人们的用电习惯等诸多因素来决定,也存在一定的确定性。

负荷曲线是电力部门把握负荷的重要工具,在电力系统方方面面都有应用,从不同的维度可以对其进行不同分类:① 按功率的性质,可分为有功负荷曲线、无功负荷曲线等,通常不明确说明时指的是有功负荷曲线;② 按时间跨度,可分为日负荷曲线、月负荷曲线、年负荷曲线等;③ 按所刻画综合负荷对应的空间范围,可分为用户负荷曲线、地区负荷曲线、电力系统负荷曲线等;④ 按负荷的表达方式,可分为年最大负荷曲线、年持续负荷曲线等。

精确的负荷曲线对合理安排电力系统运行方式、电网发展建设有序进行等都有重要作用,人们往往更加需要的是未来的负荷曲线,而不是已经发生过的负荷曲线,这就依赖先进的负荷预测方法。按时间尺度来划分,可将负荷预测分为如下几种典型的情况:① 超短期负荷预测,预测的是未来秒级到分钟级的负荷变化,用于对电力系统进行实时控制和调度;② 短期负荷预测,预测的是未来一日到一周的负荷变化,时间刻度为小时,用于安排一日或一周的电网运行方式;③ 中长期负荷预测,常指对未来一年甚至若干年的负荷进行预测,主要用于电力系统的发展规划、政策法规的制定、电力市场的构建等领域,也会用于年度运行方式的制定。

负荷预测的方法原则上分为确定性方法和不确定性方法两大类,前者以时间序列预测方法为代表,后者以各种人工智能领域方法为代表。负荷预测本身就是电力系统理论和应用的重要话题,蕴含着丰富的内容,难以在本书中充分展开,感兴趣的读者可以自行查阅相关资料。

下面对几种常用的负荷曲线做更详细的介绍。

5.2.1 日负荷曲线

顾名思义,日负荷曲线指的是某负荷一天之内随时间而变化所形成的曲线,所刻画的时间段通常从某天 0 时起,至当天 24 时结束。图 5-3 所示的为典型的日负荷曲线。

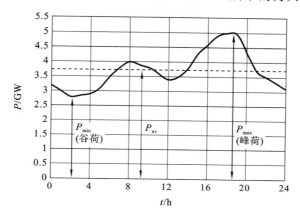

图 5-3 典型的日负荷曲线

从图 5-3 可以看到的最直接的事实是负荷并不恒定,而是在一天之内在一定范围内波动。很容易从物理意义角度证明日负荷曲线的连续性和有界性,且自变量(时间)取的是闭区间,则由微积分知识可知其必有最大值和最小值。通常把一条日负荷曲线的最大值 P_{max}(一天之中负荷的最高水平)称为峰荷,而把其最小值 P_{min}(一天之中负荷的最低水平)称为谷荷,峰荷和谷荷的差异体现了负荷一天之中的变化幅度,称为峰谷差。

进一步仔细观察图 5-3 可以发现,该负荷一天之中出现了多次极大值和极小值,这体现了负荷背后用电行为的本质特征。可对一天之中负荷变化的情况做如下解释。

(1)谷荷发生在深夜和凌晨的时间段,这是因为此时绝大多数居民用电、市政用电、交通运输用电等都处于最低水平,而工业负荷中若不包含比例较大的采用三班制运行的企业,其用电也处于较低水平。

(2)到了清晨,人们渐渐开始一天的日常生活,交通等也已开始运转,故负荷水平逐步攀升,至早晨 8 时左右,工厂负荷均投入运行,交通出现早高峰,政府机关、学校等单位也到达上班、上课时间,用电负荷达到第一次极值。

(3)临近中午,政府机关、学校、二班制的企业等进入午休时间,负荷水平有所下降。

(4)午后进入下午上班时间,除前面已经提到的用电负荷外,大多数商业负荷也渐渐增加,至傍晚时刻,商业负荷、未停工的工业负荷及居民负荷叠加到一起,形成了一天之中的峰荷。

(5)峰荷过后,负荷水平持续下降,直至第二天凌晨再次达到最低值。

需要强调的是,这里的描述只针对特定地区的负荷特征是适用的,并不存在放之四海皆准的通用的特征。例如,在炎热的华南夏季,峰荷中空调负荷占比巨大,很可能是发生在一天之中气温最高的午后而不是傍晚;而在严寒且水电丰富的北美,用电热装置来取暖是非常普遍的,这导致峰荷非常可能发生在取暖需求最强烈的时间段。事实上,尽管看起来这两种情况差异巨大,但仍有明显的共性,即均刻画的是居民生活用电占比较大的情况。对油田等需要持续生产且工业用电占比较大的行业而言,负荷曲线的波动幅度(归一化)将远小于居民用电情况。

由此可见,负荷曲线的波动程度本身就能体现负荷所对应的用电主体的整体特征,有必要通过有效的指标来刻画。常见的用于刻画负荷波动的指标有两个,即负荷率和最小负荷系数。

负荷率的定义为

$$k_{\mathrm{m}} = \frac{P_{\mathrm{av}}}{P_{\mathrm{max}}} \tag{5.1}$$

式中:$P_{\mathrm{av}} = \int_0^{24} P(t)\mathrm{d}t/24$ 为一天之中的平均负荷,即负荷一天所消耗总电能与时间跨度的比值。可以想象,除非一天之中负荷始终保持不变,否则平均负荷一定小于最大负荷[1],即负荷率满足 $0 < k_{\mathrm{m}} \leqslant 1$。

若负荷率 k_{m} 越小,则意味着平均负荷与最大负荷的差别越大。尽管如此,图 5-3 中负荷曲线与坐标轴所围的面积中位于平均负荷之上的部分并不足以将平均负荷值拉得很高,这只有在负荷水平较高的时段持续较短的情况下才可能成立。换言之,若负荷率越小,则意味着负荷曲线波动的速度越快、波动的幅度越大。

最小负荷系数的定义与负荷率类似,即

$$\alpha = \frac{P_{\mathrm{min}}}{P_{\mathrm{max}}} \tag{5.2}$$

读者已经知道 P_{min} 为日负荷曲线最小值,即谷荷。由于这一负荷及之下的部分是无论负荷曲线如何波动都必须被满足的部分,有时又将其称为基荷,即"基础性的负荷",在日常调度运行中往往由难以调节有功出力的发电类型(如核电、丰水期的水电等)来满足。显然最小负荷系数也满足 $0 < \alpha \leqslant 1$[2],也能体现负荷曲线波动的速度和幅度,与负荷率的情况类似,不再展开分析。

图 5-4 所示的为几种典型负荷类型日负荷曲线的对比(图中纵坐标为实际功率与最大负荷的比值,类似于式(5.2)中最小负荷系数的概念),读者从中应可清晰地看出日负荷曲线的形状(包括波动的速度、幅度等因素)与负荷用电行为特征的内在对应关系。

从图 5-4 可得出以下结论。

钢铁工业是传统的耗能企业,其设备一旦运转起来不宜频繁启停,往往采用三班制作息制度,可以看出其日负荷曲线波动幅度非常小,仅在白天时段叠加了与生活、行政管理等相关的用电行为,但这些与生活、行政有关的用电行为与直接钢铁生产相关的大型工业负荷相比占比甚微。

---

[1] 显然,在负荷存在波动的情况下,平均负荷还一定大于最小负荷,当然这一事实对定义负荷曲线的评价指标并无直接作用。

[2] 理论上当最小负荷为 0 时,最小负荷系数也可以等于 0,但这对应的是所有负荷均不运行的不正常状态,不在当前的讨论范围内。

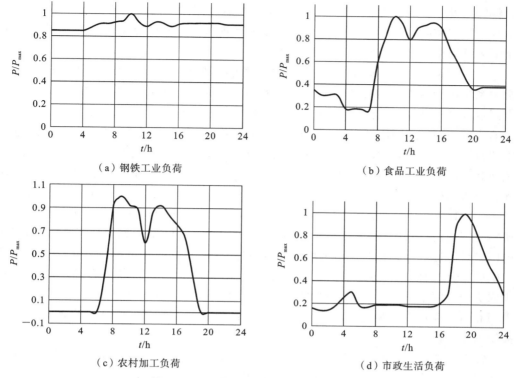

（a）钢铁工业负荷

（b）食品工业负荷

（c）农村加工负荷

（d）市政生活负荷

图 5-4 不同负荷类型日负荷曲线的对比

食品工业是常规的一般性工业,生产活动多安排在白天,可以从其负荷曲线上看出主要在白天消耗电能,昼夜负荷水平有明显差别。

农村加工负荷体现出典型的"日出而作,日落而息"的农业生产状态,几乎所有用电都发生在白天,夜间几乎没有负荷,且在白天之中午休时间出现显著的用电水平下降的情况。

市政生活负荷的用电集中在傍晚至深夜前,这正是人们结束一天工作、回到家中开始日常生活或外出进行社交活动的时间段,城市中的路灯照明等负荷也都发生在这个时间段,其他时间段用电负荷与之相比要小得多。

可见,上述四种负荷曲线的明显差异是由用电负荷本身的特性差异来决定的。在新型电力系统中有可能出现新的用电形态。例如,电动汽车的大量应用会为电力系统带来全新的因素,因为它不仅数量庞大、型号繁多,而且充电负荷接入电网的时间由驾驶员的驾驶习惯等因素来决定,存在明显的随机性,进而与所在地区的交通系统存在耦合关系。不但如此,与传统用电负荷仅在时间上有随机性不同,对电力系统来说,电动汽车是新型的可以移动的负荷,在空间和时间上都存在随机性,这为电力系统实现电力电量平衡带来了额外的难度。

日负荷曲线的时间跨度是一天 24 小时,这与电力调度的某个时间层级重叠,因此其主要用于电力调度之中,体现在以下三个方面。

（1）对发电环节而言,日负荷曲线是调度部门安排所管辖电网范围内发电厂日发电计划的重要依据。具体而言,获得精确预测的日负荷曲线后,就可以合理地安排各发电机组的启停和出力值,避免预留不必要的备用,从而改善全网发电机组的效益。由于电力系统的直接目的就是满足供电,实现全网范围内的功率平衡,因此日负荷曲线的形状特征对发电厂的出力变化起决定性作用。在新能源大规模接入的情况下,发电环节本身也具有较明显的不确定性,一方面需要对新能源发电做精准预测,同时也要与负荷预测的结果相配合来指导电力系统运行。

(2) 对输配电环节而言,日负荷曲线是确定电网自身运行方式的重要依据。所谓电力系统运行方式,指的就是系统中所有电气设备运行的方法和形式的总和。具体到电网,可能包括电网运行的实际拓扑结构(哪些输电线路运行、哪些退出)、变压器分接头的位置、并联无功补偿装置的投切组数等,所有这些都应按照以最小代价满足用电需求的目标来设定,因此某种意义上来说也是由日负荷曲线来决定的。随着高压直流系统和其他电力电子装置(如 SVC、STATCOM 等)不断投入电网中,这些装置控制模式和整定值的确定,也以尽可能优化电网状态来设定,从而也间接由日负荷曲线来确定。

(3) 对用电环节而言,在新型电力系统中,用户将不止被动地接受电力系统为自身所"安排"的运行状态,也可能主动地发挥自身的作用,与电源、电网协同起来,共同实现电网最优的运行状态。在这个过程中,用户主要通过对电网发出的改善状态的信号做出响应,响应的依据一方面取决于自身的特性(提供服务的能力)和经济利益,另一方面也取决于电网中其他负荷可能做出的响应。可以看出,在新的电力系统形态下,电源、电网和负荷存在互动和博弈,而不是简单的"给予-接受"的关系,这往往也通过日负荷曲线的形式体现出来。

需要说明的是,随着储能技术的快速发展及其在电力系统中应用日益广泛,源网荷储各自发挥主观能动性,通过协同作用实现电网乃至全社会效益的最优,已经成为一个重要的趋势,这在电力系统日前调度等领域已经有相当程度的应用了。

5.2.2　年负荷曲线

还有若干种典型的负荷曲线,其时间跨度超过一天,按其时间跨度可被称为月负荷曲线或年负荷曲线。本节以年负荷曲线为例介绍其含义和应用,月负荷曲线或更长时间负荷曲线的情况与此类似。典型的年负荷曲线又可分为年最大负荷曲线和年持续负荷曲线两种。

5.2.2.1　年最大负荷曲线

顾名思义,年最大负荷曲线就是以一年之中每月(或每日)最大负荷为离散点,按照这些离散点实际发生的先后顺序拟合而成的曲线。典型的年最大负荷曲线如图 5-5 所示。

年最大负荷曲线的用途有很多,主要有安排发电机组的检修计划,制定发电机组或发电厂的扩建、新建计划等。

发电机组对电网正常运行的重要性不言而喻,这使得发电机组自身正常运行的重要性也需要得到足够重视。合理安排发电机组的检修是保证其能够正常运行的重要措施。由于发电机组是电力系统中能够提供电能的最主要设备(在储能装置得以应用之前是唯一的设备类型),某些发电机组退出运行来检修必然会削弱全系统提供电功率和电能的能力[①],而机组检修的周期往往又长达数月。为了保证系统运行的可靠性,可借

---

① 电能的能力有时被称为电力电量平衡的能力,其中电力指的是有功功率(power),功率量纲,电量指的是电能,能量量纲。

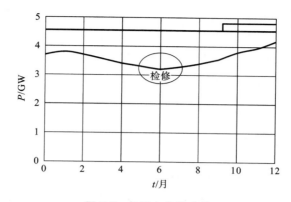

图 5-5　年最大负荷曲线

助年最大负荷曲线找到一年之中发电能力裕度最大的时间段(通常为负荷水平较低的时间段)来安排机组检修,如图 5-5 所示。

传统的机组检修多采用计划检修的方式,即无论发电机组运行状态如何,都按固定的检修周期来安排小修或大修。这种做法的弊端是显而易见的,因为对检修直接有要求的是发电机组的运行状态本身,而不是简单的时间周期。若到达检修周期时机组运行状态尚好,强行安排其进行检修是没有必要的。另一种情况是尽管未到达检修周期,但由于某些客观原因导致机组运行存在较大潜在风险,因此应及时安排检修来消除隐患。由此可见,按照机组运行状态而不是固定周期来安排检修,应该是更为合理的方式。但这依赖于先进的检测技术和数据分析方法,来使运行人员能够准确地判断机组状态,开展所谓"状态检修"。这个话题也涉及诸多科学技术问题,这里不进一步展开。

年最大负荷曲线的另一个主要用途是安排发电厂或发电机组的改建、扩建计划。通常(尤其是在我国)负荷的整体水平总是持续上升的。例如,从图 5-5 可见,年末的负荷水平已高于年初负荷水平,尽管第二年最大负荷曲线仍会有波动,但整体上应比前一年有所提高。这就意味着已有的装机总量所能提供的电力电量平衡能力被持续削弱,必须适时通过改建、扩建来提高此能力。然而发电机组的建设周期长,涉及资金庞大,过早或过晚来实施此建设都难以实现整体的优化。而为了准确地判断发电机组改建、扩建的时机,年最大负荷曲线能够提供有力的手段。

5.2.2.2　年持续负荷曲线

另一种典型的年负荷曲线是年持续负荷曲线。与年最大负荷曲线上点的横坐标(按照发生时间先后顺序来排列)不同的是,年持续负荷曲线上的点是按照负荷水平由高到低来排列的,如图 5-6 所示。

图 5-6 所示的为假设某地区综合负荷只有三种负荷水平时的简化情况,负荷水平的大小顺序为 $P_1 > P_2 > P_3$。不失一般性,以月度为时间刻度进行讨论(图中用的是小时)。假设负荷水平为 P_1 的年持续时间分别为 $t_1^{(1)} \sim t_1^{(12)}$,则显然 P_1 的年持续时间为

$$t_1 = \sum_{i=1}^{12} t_1^{(i)}$$

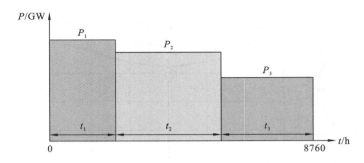

图 5-6 只有三种负荷水平时的年持续负荷曲线

类似地还可定义另两个负荷水平的年持续时间 t_2 和 t_3，进而绘制出图 5-6 中的折线图。

基于图 5-6，可引出一个重要的概念——最大负荷利用小时数，其定义如下：若某负荷始终按照一年之中最大负荷水平来运行，持续 T_{max} 后所消耗的电能，恰与该负荷一年所消耗电能相同，则称 T_{max} 为最大负荷利用小时数，如图 5-7 所示。

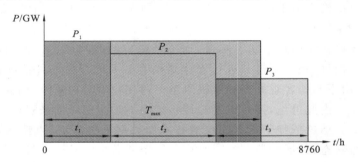

图 5-7 最大负荷利用小时数的含义

图 5-6 所示的简单情况仅为引出概念，实际上无论负荷变化多么剧烈，也是连续变化的，因此事实上有无穷多个负荷水平，进而年持续负荷曲线也不应该是离散的折线，而应该是连续变化的曲线。一条实际的年持续负荷曲线如图 5-8 所示。

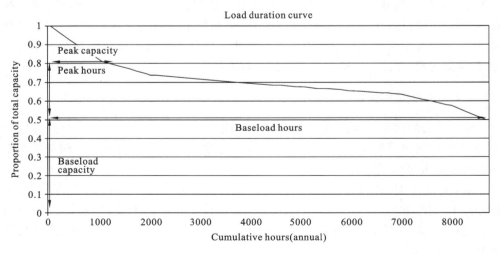

图 5-8 实际的年持续负荷曲线（图片来源：*Smart Grids*：*Infrastructure*，*Technology and Solutions*）

与图 5-8 对应的最大负荷利用小时数也有相应的连续形式：

$$T_{\max} = \frac{\int_0^{8760} P \, \mathrm{d}t}{P_{\max}} \tag{5.3}$$

在图 5-8 中,一年之中负荷水平最低点必在最右端,穿过它的水平线之下的部分意味着一年之中任何时刻均需满足的负荷,故为一年时间尺度上的"基荷"。在基荷以上的区域,最受关注的是负荷水平最高的部分。将年最大负荷数值取为有功功率基准值,则年最大负荷本身标幺值为 1。

在图 5-8 中,将有功负荷达到最大负荷 80% 的部分称为"峰荷",一年之中峰荷持续的时间是电力系统运行人员和规划人员都非常关注的指标。由于电能是现代社会中至关重要的基础保障,应尽可能始终保持电力系统对用户的供电能力。为此就需要按照用户用电水平的最高值(峰荷)来配置基础设施,使得发电机组、变压器、输电线路等在负荷最高水平时也能持续正常运行。然而如果峰荷持续时间过短,就意味着一年之中所有发输配设备只有很少的时间能够充分利用,大部分时间必有相当比例的设备处于闲置或利用不充分的状态,进而意味着设备投资的利用率过低,影响电力企业的经济性,乃至影响全社会的福利水平。

应该说,安全可靠的供电和电力系统投资高效率之间存在天然的互斥性。在传统的电力系统运行模式下,电能生产的发输配用各环节都直接或间接地收到一个"控制中心"的调控,用户的用电行为都是自发的,电厂和电网只能被动地应对负荷的变化,这时这两个相互矛盾的问题难以调和。电力市场机制引入之后,一定程度上可以缓解这个矛盾。例如,通过分时电价的因素引导对生产成本比较敏感的企业将生产活动转到电价较低的时段来开展,从而实现所谓"削峰填谷"的效果,降低最大负荷水平。在已经开始建设的"新型"电力系统中,用户在满足自身用电需求的同时存在更强的主观能动性,可以按照电网发布的需求指令进行更高阶、更灵活的响应,从而使电力系统能够运行在"柔性"的状态。

回到前面所说最大负荷利用小时数的概念,由式(5.3)可知,$T_{\max}$ 越小说明年持续负荷曲线和坐标轴所围的面积与最大负荷的比值越小,进而也就意味着负荷水平较高部分比较窄,也就是上面所说的峰荷持续时间更短的情况。可见,最大负荷利用小时数可以很好地体现一年之中负荷波动的本质特征,因此在电力系统规划建设和运行中常被作为一种对负荷进行客观评价的重要指标。

最大负荷利用小时数在规划中的一个重要应用是估算未来较长时间某地区的负荷总量。由其定义可知,某地区全年总用电量=该地区规划年的最大负荷×届时的最大负荷利用小时数,其中最大负荷可以通过中长期负荷预测来获得,需要确定的就是最大负荷利用小时数。然而由式(5.3)可知,最大负荷利用小时数的定义本身就需要全年总用电量这个数值。如果想要用严格的定义来确定最大负荷利用小时数,则出现了逻辑上的死循环。这意味着我们需要通过其他的途径来获得最大负荷利用小时数,从而打破这个死循环。

事实上,不同类型负荷的最大负荷利用小时数差异很大,这是由负荷本身的特点来决定的。若干种典型的负荷及其最大负荷利用小时数如表 5-1 所示[①]。

---

① 何仰赞,温增银.电力系统分析(下)[M].4 版.武汉:华中科技大学出版社,2020。

表 5-1　典型负荷的最大负荷利用小时数

负荷类型	最大负荷利用小时数/h
户内照明及生活用电	2000～3000
一班制企业用电	1500～2200
二班制企业用电	3000～4500
三班制企业用电	6000～7000
农灌用电	1000～1500

从表 5-1 中可以看出,不同负荷类型的最大负荷利用小时数取值区间基本不重叠,因此人们常通过被估算负荷的类别来估算其最大负荷利用小时数。若所在地区存在多种负荷类型,可采用按负荷占比加权等方式来估算最大负荷利用小时数。

除了综合负荷有最大负荷利用小时数之外,各发电机组也有其相应的发电利用小时数,定义为该机组年发电总量(kW·h)除以其额定容量。显然,发电利用小时数越大,意味着机组对自身发电能力的应用更充分,对发电厂而言往往也就意味着更好的经济效益。然而,从全系统的角度来看,不能只关注发电机组的经济效益,而应更多地从保证全系统拥有足够的维持电力电量平衡能力的角度来考虑问题,这就需要计及多种客观因素。例如,一次能源是否满足降低碳排放的要求、是否处于特定时间段(例如水电机组在丰水期或枯水期)、是否拥有灵活的调节能力、电网是否运行在较高负荷水平等,这是一个非常复杂的工程问题。

最后需要指出的是,在当前的技术水平下,各种新能源发电类型(如风、光等)的发电利用小时数都很低,在它们大量接入电网后,需要有足够的辅助手段来确保电网能够正常运行。这一内容超出了本章的讨论范围,此处不赘述。

5.3　负荷特性和负荷模型

所谓负荷特性,指的是负荷功率(可分为有功功率和无功功率)随电力系统主要运行参数的变化而变化所体现出来的特性。若将这些特性与运行参数的关系用明确的数学表达式来表达,即为所谓负荷模型。工程实际中人们往往聚焦于电力系统的频率和母线(节点)的电压,因此负荷特性常可分为负荷频率特性和负荷电压特性两大类。对其中的一类而言,若仅考虑负荷功率与稳态的频率或电压的关系,称之为负荷频率(电压)静态特性;反之,若不仅考虑负荷功率与稳态的频率或电压的关系,还要考虑频率或电压随时间变化的方式对负荷功率的影响,则称之为负荷频率(电压)动态特性。以上各种情况如图 5-9 所示。

$$
负荷特性
\begin{cases}
负荷动态特性\ P(t)、Q(t)
\begin{cases}
电压特性 \\
频率特性
\end{cases} \\
\qquad P(t)=F\left[U\cdot\left(\dfrac{\partial U}{\partial t}\right)^{(n)}\right] \\
负荷静态特性
\begin{cases}
电压静态特性 \\
P(t)=F(U) \\
频率静态特性
\end{cases}
\end{cases}
$$

图 5-9　各种负荷特性的关系

　　本章更多关注负荷静态特性,负荷动态特性的内容在其他涉及的章节中进行详细介绍。因为负荷静态特性体现的是处于稳态的电力系统中的负荷与运行参数之间的关系,通常为比较接近额定状态的情况,为了对负荷静态特性做更明确的刻画,常做出如下假设。

　　(1)在研究负荷频率静态特性时,假设负荷所连母线电压为所在电压等级额定电压;

　　(2)在研究负荷电压静态特性时,假设全网频率为额定频率(在我国为 50 Hz)。

　　典型的电压静态特性和频率静态特性如图 5-10 所示。从图 5-10 可以读出这些信息:① 无论是有功电压静态特性还是无功电压静态特性,往往都是所连母线电压幅值的增函数,即随着所连母线电压升高,负荷有功功率和无功功率的需求都会增加;② 有功频率静态特性是频率的增函数,即随着频率上升,负荷有功需求增加,但无功频率静态特性是频率的减函数,即随着频率上升,通常负荷对电力系统的无功需求不升反降。

　　有功负荷、无功负荷在电压静态特性和频率静态特性的不同表现,决定了电力系统需要通过调整运行状态来实现负荷变化后的有功、无功功率平衡时将采取不同的策略,这将在第 10 章中进行详细分析。

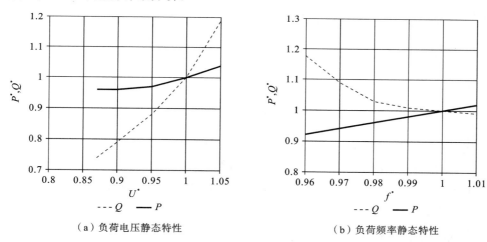

（a）负荷电压静态特性　　　　　　（b）负荷频率静态特性

图 5-10　典型的电压静态特性和频率静态特性

5.3.1　负荷静态特性模型

在本章的最后介绍几种最典型的负荷静态特性模型。

1. ZIP 型负荷

首先是用来表现负荷电压静态特性的 ZIP 模型,其表达式为

$$\begin{cases} P = P_N \left[a_p \left(\dfrac{V}{V_N} \right)^2 + b_p \left(\dfrac{V}{V_N} \right) + c_p \right] \\ Q = Q_N \left[a_q \left(\dfrac{V}{V_N} \right)^2 + b_q \left(\dfrac{V}{V_N} \right) + c_q \right] \end{cases} \tag{5.4}$$

式中:P_N 和 Q_N 分别为额定有功功率和额定无功功率;V_N 为负荷所连母线的额定电压。在式(5.4)中,无论是有功功率还是无功功率,均分别由三部分组成:与母线电压平

方成正比的部分、与母线电压一次方成正比的部分、与母线电压无关的部分(与母线电压零次方成正比的部分)。

对于如图 5-11 所示的恒定阻抗,其所消耗功率为

$$S = \dot{V}\overset{*}{I} = \dot{V}\left(\frac{\dot{V}}{Z}\right)^* = \frac{V^2}{Z^*} \tag{5.5}$$

恰与电压幅值平方成正比,故将式(5.4)等号右侧第一项称为恒阻抗型负荷(Z)。人们日常生活中的白炽灯、电饭锅等用电设备即为恒阻抗型负荷。

对于如图 5-12 所示的恒电流源,其所消耗功率为 $S = \dot{V}\overset{*}{I} = VI \angle(\theta_V - \theta_I)$,恰与电压幅值成正比,故将式(5.4)等号右侧第二项称为恒电流型负荷(I)。

图 5-11　恒定阻抗所消耗的功率　　　图 5-12　恒定电流源所消耗的功率

式(5.4)等号右侧第三项不随电压的变化而变化,将其称为恒功率型负荷(P)。

通过电力电子电路接入电力系统的用电设备,其电流或功率可由电力电子控制回路来控制,可以作为恒电流或恒功率型负荷。

综上所述,式(5.4)所表达的电压静态特性模型常被称为 ZIP 型负荷。由于电压为额定电压时负荷必为额定功率(这是额定功率的定义,须按前面的假设此时频率也为额定频率),故式(5.4)中各系数应满足

$$\begin{cases} a_p + b_p + c_p = 1 \\ a_q + b_q + c_q = 1 \end{cases} \tag{5.6}$$

无论如何,负荷的 ZIP 模型是对实际电力系统负荷的高度简化和近似,但由于其模型简单、使用方便,在用计算机对其处理时节省计算时间和内存空间,故在电力工程实际中有较广泛的应用,尤其是在可获得数据不全或负荷对系统分析影响相对较小的场合更是如此。

2. 负荷静态特性的线性化模型

若所关注的运行参数偏离额定值并不太远,数学上可以通过泰勒级数展开的方式对其进行线性化。交流同步电力系统若处于稳态,全网频率处处相同;反过来说,这又意味着若频率发生变化将对全网产生影响。出于这个考虑,实际运行中的稳态频率往往不能偏离额定频率太远。因此负荷静态特性往往采用线性化的模型,下面以负荷有功频率静态特性为例进行介绍。

事实上,如果要精确地分析,有功频率静态特性也应该表示成类似于式(5.4)的多项式形式。也就是说,完整的有功频率静态特性是与实际运行频率的不同次方成正比的所有分量的总和,其中:① 照明、电弧炉、电阻炉、整流负荷等用电设备所需有功功率与频率无关(与频率零次方成正比);② 负荷的阻力矩等于常数的用电设备如球磨机、切削机床、往复式水泵、压缩机、卷扬机等所需有功功率与频率的一次方成正比;③ 变压器的涡流损耗等与频率的二次方成正比;④ 通风机、净水头阻力不大的循环水泵等用电设备所需有功功率与频率的三次方成正比;⑤ 与频率更高次方成正比情况。因此

负荷有功频率静态特性的精确形式应为

$$P = a_0 P_N + a_1 P_N \left(\frac{f}{f_N}\right) + a_2 P_N \left(\frac{f}{f_N}\right)^2 + a_3 P_N \left(\frac{f}{f_N}\right)^3 + \cdots$$

式中：P_N 为额定有功功率（与前面的定义相同）；f_N 为额定频率。频率为额定频率时，有功功率也应为额定有功功率，故有

$$a_0 + a_1 + a_2 + a_3 + \cdots = 1$$

考虑到实际运行频率只能在额定频率附近取值，将上面的多项式对额定运行点进行泰勒级数展开，并保留至一次项，通常也能有足够的精度，如图 5-13 所示，则有功负荷的频率静态特性变为

$$P = P(f) = P(f_N + \Delta f) = P(f_N) + P'|_{f_N} \Delta f + P''|_{f_N} \Delta f^2 + \cdots \approx P_N + K_D \Delta f$$

$$(5.7)$$

式中：

$$K_D = \frac{P - P_N}{\Delta f} = \frac{\Delta P}{\Delta f} = \tan\beta \qquad (5.8)$$

称为负荷的频率调节效应系数（简称为负荷的频率调节效应），表征的是系统的频率变化了 1 Hz，负荷的有功功率将变化多少（MW）。由于电力系统的频率变化 1 Hz 的情况较为罕见，人们往往使用负荷频率调节效应系数的标幺值形式，即

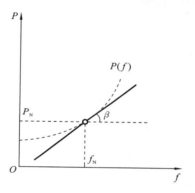

图 5-13 有功负荷频率静态特性的线性化

$$K_{D*} = \frac{K_D}{K_{DN}} = \frac{\Delta P / \Delta f}{P_N / f_N} = \frac{\Delta P_*}{\Delta f_*} \qquad (5.9)$$

式（5.9）表征的是系统的频率变化了额定值的 1%，负荷的有功功率将变化额定值的几个百分点。

通常 K_{D*} 的典型取值为 1～3，这是故障前低周减载和故障时通过切负荷恢复频率的重要依据。无功负荷频率静态特性有类似情况，这里不重复分析了。

类似地，当负荷母线电压在额定值附近时，也可采用线性化的电压静态特性，即将有功负荷和无功负荷的电压静态特性表示为

$$\begin{cases} P = P_N(1 + k_{PV}\Delta V) \\ Q = Q_N(1 + k_{QV}\Delta V) \end{cases} \qquad (5.10)$$

式中：

$$\Delta V = \frac{V - V_N}{V_N}$$

更进一步，若考虑系统频率和负荷母线电压都在额定值附近的情况，还可将式（5.7）和式（5.10）综合起来考虑，依据研究的具体需求而定，此处不赘述。

5.3.2 电力系统分析中三大计算对负荷模型的常见处理方法

1. 潮流计算对负荷模型的常见处理方法

潮流计算分析的是处于稳态的电力系统的情况，显然应该使用静态模型。通常在进行潮流计算时不必考虑频率变化对运行状态的影响，故采用负荷电压静态特性模型，其中最常用的是恒功率模型。随着新能源、电力电子装置在电力系统中应用越来越广泛，还会涉及恒电流模型等新的形式。

2. 短路计算对负荷模型的常见处理方法

短路计算虽然涉及复杂的暂态过程,但往往可在数学上等价为对用次暂态参数所表示的稳态电路的求解(见第 12 章),又可分为两种情况:① 故障点离负荷较近,而负荷主要由感应电机构成,则需将感应电机看作能够提供短路电流的电源,进而将其等价为电势源串联阻抗的戴维南等效电路;② 故障点离负荷较远,往往直接将负荷看作等效的阻抗,甚至有时可以直接忽略此负荷。

至于如何判定故障点离负荷"远"还是"近",需要具体情况具体分析。

3. 稳定性计算对负荷模型的常见处理方法

我们同样需要按故障点离负荷的不同距离来判断。如果故障点离负荷较近,且以感应电机为主,则需要计及感应电机的详细动态模型,或处理成感应电机动态模型与 ZIP 模型的并联;在其他情况下,可以把负荷用恒阻抗来代替。

5.4 习题

(1)试述本章介绍的各种负荷曲线的用途。

(2)风光等新能源大量涌入电力系统后,会带来哪些新的影响?

6

电力系统稳态分析的基本问题

6.1 电力系统稳态的物理本质和数学本质

前面已经多次提到过，电力系统是现代社会重要的支柱性基础设施，与国民经济和人民日常生活密切相关。从这个角度来说，人们自然期望电力系统在绝大多数时间内都处于平稳运行的正常状态。事实上，现代电力系统也的确基本运行在"正常"的状态，处于"不正常"状态的时长所占比例是相当少的[①]。

从系统论的角度来说，所谓正常的电力系统运行状态，指的是电力系统在满足电能按需配置的前提下，其与外部环境交换能量的速度是恒定的。也就是说，发电机注入电力系统中的有功功率和无功功率、用电设备从电力系统中汲取的有功功率和无功功率都是恒定不变的，进而输电线路或变压器中传输的有功功率和无功功率也是恒定不变的，系统中的母线电压幅值也是恒定不变的，任意两个电压相角差固定。

描述电力系统运行的数学模型通常是微分代数方程组（differential-algebraic equations，DAE），即

$$\begin{cases} \dfrac{\mathrm{d}\boldsymbol{x}}{\mathrm{d}t} = f(\boldsymbol{x}, \boldsymbol{y}) \\ 0 = g(\boldsymbol{x}, \boldsymbol{y}) \end{cases} \tag{6.1}$$

式中：$\boldsymbol{x} = \begin{bmatrix} x_1 & \cdots & x_n \end{bmatrix}^{\mathrm{T}}$ 是微分量，如发电机动态模型中的微分量（如功角 δ_i 或角速度 ω_i 等）。不同时间尺度下电力系统元件的数学模型可能有不同的微分量，这里不赘述。微分量的共同特点是不能突变，可以直观地理解为突变意味着导数无穷大，这往往没有现实的物理意义。对应的 $\boldsymbol{y} = \begin{bmatrix} y_1 & \cdots & y_n \end{bmatrix}^{\mathrm{T}}$ 称为代数量。当忽略了变压器绕组或发电机定子绕组的电磁暂态过程时，流经这些绕组的电流就是代数量，电力系统中母线的电压也是代数量。代数量的共同特点是可以突变的（事实上突变是极其短暂的暂态过程的近似）。

若电力系统处于稳态，则无论微分量还是代数量都是恒定的，故

$$\frac{\mathrm{d}\boldsymbol{x}}{\mathrm{d}t}=f(\boldsymbol{x},\boldsymbol{y})=0 \tag{6.2}$$

等价于可以找到某个函数 $h(\ )$ 使得 $\boldsymbol{x}=h(\boldsymbol{y})$ 成立。将其代入原微分代数方程组的代数部分,有

$$g[h(\boldsymbol{y}),\boldsymbol{y}]=F(\boldsymbol{y})=0 \tag{6.3}$$

该式表明处于稳态的电力系统可以用一组代数方程组来表示。当然,按照人们通常的习惯,当函数只有一类自变量时,往往用 x 来表示自变量,因此描述稳态电力系统状态的表达式更常见的形式为

$$F(x)=0 \tag{6.4}$$

进行电力系统稳态分析,首先需要知道这个"稳态"到底是什么样的状态,然后再评价这个稳态对电力系统到底意味着什么。获取电力系统稳态的计算通常就是求解式(6.4),其中最常见的是电力系统潮流计算。后面将会解释,电力系统潮流方程是非线性代数方程组,因此涉及的是非线性代数方程组的求解问题。

需要说明一点,这里把电力系统稳态模型归结为非线性代数方程组是确定性模型,其前提是微分量都恒定,故其导数均为 0。实际上,正常运行的电力系统也总是受到持续不断的扰动。例如,单个用户的用电行为对整个电力系统来说是无法精确预测的,因此用电负荷的数值总是在变化的,且具有随机性。但是由于通常情况下在一段较短的时间内用电负荷的波动幅度总是比较小的,往往可以把波动忽略掉,其他类型的小幅度扰动也可以进行类似处理,就可以得到电力系统的确定性稳态模型。

这种确定性稳态模型对绝大多数电力系统分析的需求都是合适的,但也不排除某些特定的场合需要计及考虑随机的因素,这就涉及对电力系统随机模型的求解,受篇幅所限这里不再深入讨论。

6.2 解析计算和数值计算

我们已经知道电力系统稳态模型式是一个非线性代数方程组,当前需要根据方程组表达式把 x 的值求解出来。实际上我们在初中就学习过非线性代数方程组的求解,例如,下面所示的一元二次方程组:

$$ax^2+bx+c=0 \tag{6.5}$$

式中:$a\neq0$。根据求根公式可以得到

$$x=\frac{-b\pm\sqrt{b^2-4ac}}{2a} \tag{6.6}$$

这里描述的就是典型的数学模型的解析计算方法。也就是说,根据数学模型的数学表达式,推导出待求解变量与若干已知参数量之间的函数关系,再把这些参数量的具体取值代入函数表达式中,就可得到所求解变量的取值。可以认为,利用解析计算进行求解,只要参数值是准确的,理论上所求解的变量的数值也是准确的。例如,如果在式(6.5)中有 $a=1,b=-4,c=3$,则将这几个参数代入式(6.6)中,就很容易求出原方程的解为 $x_1=1,x_2=3$。

然而即使要求解的问题有明确的解析式,也有可能无法直接应用解析法来求解。例如下述超越方程:

$$x = a\sin x \tag{6.7}$$

当 $a \neq 0$ 时,就无法把待求解变量 x 直接用参数 a 的解析式来表示,显然此时就无法用解析法来求解方程。还有另一种情况,就是即使要求解的问题是有解析解的,但这种结果极其复杂,解析求解只有理论上的意义,没有实际应用的价值。当待求解问题规模很大时往往可能出现这种情况。

然而在工程实际中,实际上很多时候并不需要知道待求解变量的具体表达式,而只需要知道变量的具体数值即可。对于这类问题,人们研究发展了一整套问题求解的方法,与"解析"求解的方法相对应,可以将其称为"数值"求解的方法。电力系统分析中最典型的三大计算(潮流计算、短路计算、稳定性计算)都需要基于数值求解的方法来进行。本课程所涉及的数值计算基本都是非线性代数方程组的求解问题,数值计算的基本思路都是首先设定合理的初始值,然后设计一个合理的机制来逐步修正初始值,使其充分逼近待求解的真实值。按照问题表达式的特征和求解的方法可将非线性代数方程组的求解方法分为两大类。

6.2.1　两种迭代类型

6.2.1.1　高斯型迭代问题

以简单的单变量非线性代数方程为例。如果能把待求解问题表示成

$$x = g(x) \tag{6.8}$$

式中:x 是要求解的变量,则可以把式(6.8)变形成等价形式:

$$\begin{cases} y = x \\ y = g(x) \end{cases} \tag{6.9}$$

式(6.9)的解为坐标平面中一、三象限角平分线 $y = x$ 与曲线 $y = g(x)$ 的交点,即图 6-1 中的点 A^*,其横坐标 x^* 即为方程所求的解,习惯上将其称为真实解。

对于一般化的情况,无法直接给出 A^* 处横纵坐标量的解析关系。为此,可以先指定一个尽可能接近真实解的初始值,即图 6-1 中的 $x^{(0)}$。其对应曲线 $y = g(x)$ 上的点为 A_0。利用 $y = x$ 的数值关系,可借助点 A_1' 来找到曲线 $y = g(x)$ 上的下一个点 A_1,其横坐标 $x^{(1)}$ 为通过数值计算方法找到的对初始值的修正解。当式(6.8)满足特定条件时,可以保证 $x^{(1)}$ 比 $x^{(0)}$ 更加接近真实解 x^*。这在数值计算中称为完成了一次"迭代计算"。

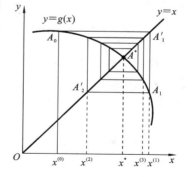

图 6-1　高斯型迭代过程

此时需要判断 $x^{(1)}$ 是否已经足够精确。若确已足够精确,就可以终止计算,否则需要以 $x^{(1)}$ 作为新的初始值,重复上面的步骤,进而得到 $x^{(2)}$。以此类推,可以得到一个数列 $\{x^{(i)}\}$。若该数列满足收敛性

$$x^{(0)} \rightarrow x^{(1)} \rightarrow x^{(2)} \rightarrow \cdots \rightarrow x^* \tag{6.10}$$

则可称此高斯型迭代算法是收敛的,收敛解为 x^*。

仔细观察图 6-1 可以发现,对图中所描述的问题而言,只要初始值 $x^{(0)}$ 没有刚好选

为收敛解 x^*,则每次的迭代都是有误差的,需要经过无穷多次迭代才能真正到达收敛解。在算法的实际应用中,往往只需要得到足够接近真实解的近似解即可满足要求,因此需要算法能够在合适的时机中止计算,问题的关键在于"足够接近真实解"如何表达。

显然,对高斯型迭代问题而言,若当前的迭代解 $x^{(i)}$ 已经足够接近真实解,就意味着式(6.8)已经近似成立,这可以用下式来描述:

$$|x^{(i)} - g(x^{(i)})| < \varepsilon \tag{6.11}$$

式中:ε 为预先指定的非常小的正数(如 10^{-6})。

观察图 6-1 中展示的迭代过程,不难发现当迭代解越接近真实解时,新的迭代过程对已有迭代解的修正幅度越小。从这个角度出发,可以给出判断收敛的第二种依据[①],即前后两次迭代的差异小于预先指定的非常小的正数,即

$$|x^{(i+1)} - x^{(i)}| < \varepsilon \tag{6.12}$$

从算法流程的角度来说,所谓高斯型迭代问题,其主要步骤就是:① 选定初始值 $x^{(0)}$ 作为当前解;② 将当前解代入式(6.8)等号右侧的函数表达式 $g(x)$ 中,计算出新的当前解;③ 利用式(6.11)或式(6.12)判断当前解是否已满足收敛条件,若满足则终止迭代,输出计算结果,否则重复第②~③步。

本书所介绍的用于开式电网潮流计算的前推回代法,以及用于复杂电网潮流计算的牛顿二阶法,本质上都可用于解决高斯型迭代问题。

6.2.1.2 牛顿型迭代问题[②]

另一种极其经典的非线性方程组求解方法为牛顿法。仍以单变量非线性方程的求解为例,若其表达式为

$$f(x) = 0 \tag{6.13}$$

则也可以先指定一个尽可能接近真实解的初始值,记为 $x^{(0)}$。假设方程的真实解为 x^*,$x^{(0)}$ 与 x^* 的差异为 Δx,则可将方程(6.13)等号左侧的非线性函数展开成泰勒级数形式,即

$$f[x^{(0)} + \Delta x] = f[x^{(0)}] + f'[x^{(0)}]\Delta x + \frac{1}{2}f''[x^{(0)}]\Delta x^2 + \cdots = 0 \tag{6.14}$$

既然能够做到令 $x^{(0)}$ "尽可能接近" x^*,应可以假设 Δx 非常小,当 Δx 为无穷小时,Δx^2 乃至更高次幂为高阶无穷小。若仅保留至式(6.14)中 Δx 的一次方项,而忽略其更高次方项,则原方程可近似为

$$f[x^{(0)}] + f'[x^{(0)}]\Delta x = 0 \tag{6.15}$$

显然求解式(6.13)中的 x^* 即等价为求解式(6.14)中的 Δx,而对后者而言,方程表达式为有无穷多项的一元多项式,没有通用的方法求解。然而在近似后的式(6.15)中,可以很容易求解得出

$$\Delta x = -\frac{f[x^{(0)}]}{f'[x^{(0)}]} \tag{6.16}$$

具有明确的解析式,进而可以得到 $x^* = x^{(0)} + \Delta x$。

---

① 事实上如果注意到式(6.8),就可以知道这两种判据其实是等价的。但为了与后文牛顿型迭代的收敛判据进行对比,还是将其表述为两种判据。

② 牛顿法常又称为牛顿-拉夫逊法,本书后文在介绍电力系统潮流计算时往往就采用这种称呼。

然而由于式(6.15)仅为式(6.13)的近似等价,故由式(6.16)得到的对初始值的修正量并不能把初始值直接修正到真实解,可由图 6-2 来体现。

在图 6-2 中,非线性函数 $y=f(x)$ 用粗实线曲线来表示,显然所求非线性方程的解 x^* 即为该曲线与坐标横轴交点的横坐标。式(6.16)等号右侧分式的分子 $f[x^{(0)}]$ 为图 6-2 中初始值 $x^{(0)}$ 处对应的函数值(对应点的纵坐标),分母 $f'[x^{(0)}]$ 为该点处切线斜率。本图中 $f[x^{(0)}]$ 和 $f'[x^{(0)}]$ 均为正数,故由式(6.16)可知对应的 $\Delta x < 0$,从而可知图 6-2 中的 $x^{(1)}$ 即为经前述方式修正后的结果。

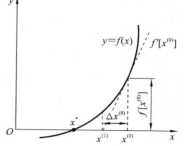

图 6-2 牛顿-拉夫逊法的
第一次迭代

由于原方程的非线性特性($y=f(x)$的图像不是直线),使得单次修正所得结果不可能是方程最终的真实解。然而从图 6-2 也可以看到,经过一次修正所得到的结果 $x^{(1)}$ 确实比初始值 $x^{(0)}$ 更加接近最终的真实解 x^*。这可以促使我们构造一个对当前解进行修正的机制,即当前解作为新的初始值,重复此前保留至泰勒级数一次项(常又称为线性项),进而求解出新的修正量的步骤,从而得到一个与式(6.10)类似的不断逼近真实解的数列,认为经过充分多的迭代后可以收敛至原方程的真实解 x^*。

可以很容易把这里单变量非线性方程的牛顿型迭代推广到多变量的情况,其核心步骤在于逐次线性化,当满足特定的条件时可证明牛顿型迭代具有二阶收敛性。这就意味着对于某个非线性代数方程组,如果用牛顿法进行迭代,其解若能够收敛,则计算过程越接近真实解,逼近真实解的速度就越快。这个性质在大规模非线性代数方程组求解时(如电力系统潮流计算)是有明显优势的。

6.2.2 迭代的初始值和收敛判据

6.2.2.1 迭代的初始值问题

从前面的叙述可以发现,无论是高斯型迭代过程,还是牛顿型迭代过程,都依赖于选择一个合理的初始值 $x^{(0)}$。数学上可以证明,这些算法只有对特定的初始值域才是有效的,实践中往往希望初始值最好能尽可能接近真实解。这就带来了一个困扰:之所以需要用数值计算方法来求解非线性方程组,就是因为起初是不知道解的具体值的。换一句话说,如果最开始就知道解是多少,那么也就没有必要去求解这个方程组了。然而如果并不知道真实解在哪里,怎么才能确保初始值是在真实解附近呢?

如果始终从纯数学的角度来思考问题,那么确实很难解决上述矛盾。幸运的是,通常要求解的非线性方程组往往是对现实世界中问题的刻画。例如,电力系统潮流方程刻画的是处于稳态的电力系统的实际状态,而化学反应的稳态方程刻画的是多种化学物质相互转化达到动态平衡的情况,诸如此类。这就为我们提供了一种通用的设定初始值的方法。举例来说,通过对本课程的学习,大家应该知道,对正常运行的电力系统而言,虽然各节点电压幅值并不相同,但都不应偏离额定值太远。因此,如果把所有节点电压幅值的初始值设为各节点所在电压等级的额定电压(在使用标幺值时设为1.0),

虽然一定不是电力系统稳态的实际情况,但也一定不会偏离实际情况太远。类似地,由于电力系统稳定性的内在约束,同一支路两侧节点电压相角差也不会太大,这就可以让我们合理地假设节点电压相角的初始值为参考节点相位,同样也应该比较接近实际情况。这样我们就有了一种设定潮流计算初始值的方法。

这里讨论的是如何设定合理的初始值的问题。随着学习的不断深入,我们将可能遇到虽然非线性方程组有表达式,但原方程组事实上是无解的;或者虽然原方程组有解,但使用常规的数值方法是无法直接获取这些解的。在这些情况下,就需要有特定的方法来处理。

6.2.2.2 收敛判据

与高斯型迭代的情况类似,牛顿型迭代也需要迭代无穷多次才能收敛到精确解,必须在当前解已经足够精确时才终止迭代,常见的收敛判据有两种。

由于精确解将使式(6.13)等号左侧的函数表达式严格等于 0,故可通过判断当前解使该函数表达式接近 0 的程度来判断是否足够精确,即若

$$|f(x^{(k)})| < \varepsilon \tag{6.17}$$

式中:ε 为预先指定的很小正数(如 $\varepsilon = 10^{-6}$),则可终止计算,此为第一种收敛判据。

通常当前解越接近真实解,单次迭代对当前解的修正幅度越小,也可用来判断是否足够精确,即若

$$|\Delta x^{(k)}| < \varepsilon \tag{6.18}$$

则可终止计算,此为第二种收敛判据。

6.3 电力系统稳态分析的内容

一般而言,所谓电力系统分析,通常包括三大类最主要的分析计算任务,即潮流计算、故障计算和稳定性计算,所有其他的分析计算基本都可以被认为是以这三种基本计算为基础衍生出来的更高阶的应用。其中前两种计算(潮流计算和故障计算)是通常所说的电力系统稳态分析的内容,亦即本书的主体内容。第三种计算在本书中基本不涉及。

所谓潮流计算,指的是对于处于稳态的电力系统,求解这个"稳态"到底是一个什么状态。可定性地认为,既然系统处于稳态,则所关注的物理量(如母线电压、线路传输功率等)均恒定不变,因此整个问题可以用一个与时间无关①的代数方程来描述,而潮流计算就是用适当的方法求解这个代数方程。由于电网有开式网络和复杂网络两大类,相应的潮流计算也分为两大类,前者的经典算法为前推回代法,后者的经典算法为牛顿-拉夫逊法和高斯-赛德尔法。

所谓故障计算,指的是对于原本处于稳态的电力系统,如果发生了短路或断线故

---

① 读者需要正确理解"与时间无关"这个说法。事实上,所谓母线电压恒定,指的是其瞬时值为幅值、角速度和初相角恒定的正弦波,或其相量长度不变、在空间中匀速旋转。这本身就具有"与时间相关"的意味。请读者回顾第 2 章所提出的"开放式系统"的概念,从而可知:电力系统处于稳态,可理解为其与外部环境交换能量的速度恒定。

障,系统的状态将发生何种变化。由于受到扰动破坏了原来的平衡状态,按理说系统必然会经历一个状态量随时间而变化的暂态过程。然而考虑到电力系统中的暂态过程十分短暂,在特定的条件下这个过程可以忽略。更一般的情况是,即使考虑暂态过程,但如果我们只关注某些特殊的物理量(如起始次暂态电流),往往可以用某种等价的稳态电路来求解。这就是为什么把故障计算也归为稳态分析的本质原因。本书所涉及的故障分为简单故障和复杂故障。在各种简单故障中,三相对称短路是最严重的一种,也是最基础的一种。简单不对称故障(包括短路故障和断线故障)均可通过对称分量法分解成三组三相对称电路的叠加,因此我们是以三相对称故障求解方法为基础来开展分析的。复杂故障就是同时发生的多个简单故障。当把电网看成是线性网络时,可以把复杂故障看成是每个简单故障带来结果的叠加,采用多端口网络理论来分析计算。从这个意义来说,复杂故障是最一般的情况,简单故障是多重故障中重数为 1 的特例。更进一步,不对称故障是相对一般的情况,三相对称故障可认为是不对称程度最低的不对称故障①。

在前述三大计算中,潮流计算是另外两种计算的基础,其原因如下。

对于故障计算,由于等价于某种稳态电路的求解,因此可以借鉴潮流计算的方法。尤其是对于复杂故障分析,往往需要利用故障端口空载时的电压值,而这恰好就是发生故障前稳态电路中的电压值,亦即正常运行时潮流解的内容。

对于稳定性计算,可定性地认为研究的是起初处于稳态的电力系统受到扰动后能否有新的稳态运行点的问题,因此了解扰动前系统处于的稳态究竟是什么状态是至关重要的,而这刚好是潮流计算的任务。

应该说,三大计算从数学模型和求解算法来说并没有很特殊的内容,都是通用的理论和数值计算方法在电力系统领域的具体应用。读者在学习时应该始终具有这个意识。当然,如果考虑到电力系统的特殊情况,可以对经典算法做适应性的改进,从而大大提高算法的计算性能。第 8 章中介绍的 PQ 分解法对经典牛顿-拉夫逊法的改进就是一个典型的例子。

此外,由于三大计算都需要带着电网模型进行分析,而大规模电力网络往往是高度稀疏的,因此利用稀疏技术来改善算法性能也是必然的举措,且表现出明显的性能优势。

6.4　习题

(1) 电力系统的稳态与电力系统是典型的非平衡系统,二者之间是否矛盾？为什么？

(2) 为何说潮流计算是电力系统分析的基础？

---

① 读者了解了正序等效定则后,就可以更深刻地理解这句话的含义。

7

电力系统状态的微观分析

7.1 电力系统状态的微观层面表达

广义上电力系统也满足动态系统的条件,即其状态由一组状态变量$[x_1(t) \quad x_2(t) \quad \cdots \quad x_n(t)]^T$来表示,在已知电力系统当前状态和输入激励信号时,状态变量足以用来确定和表示系统未来的行为。在此情况下,整个电力系统的状态由组成这个系统的所有组成部分的状态来决定。换一句话说,如果电力系统中所有设备的状态都确定了,则整个电力系统的状态也就确定了。当然,由于目前在研究的是处于稳态的电力系统,这些状态量的取值不随时间的变化而变化,因此电力系统模型退化为代数方程组。

也就是说,对于处于稳态的电力系统,如果电网自身的拓扑结构、网络元件参数等都已确定,且外部施加给电力系统的运行条件也已经确定,则可以通过求解潮流计算的代数方程组来获取电力系统的稳态。这里运行条件的具体含义在介绍电力系统潮流计算的章节会深入讨论,而在此之前,先要对稳态时组成电力系统的各个网络元件的表现有所讨论,即所谓稳态电力系统状态的微观分析。

本章内容与后面第8章电力系统潮流计算内容之间的关系,有些类似于此前第4章关于电力网络元件数学模型的内容与电力网络本身数学模型内容之间的关系,即微观层面和全局层面之间的关系,这也明确地体现了电力系统的系统性。也就是说,对一门既涉及深刻理论知识又面向工程实际的课程来说,不但要关注研究对象本身,也要关注研究对象实现其功能时的表现。

电力网络元件主要为输电线路和变压器,它们按照实际的需求以一定的拓扑结构连接起来。输电线路和变压器在形成电力网络最常见的数学模型——节点导纳矩阵时,都体现为π形等值电路,而π形等值电路又包含了一条串联支路(两端都为电网中的节点)和两条并联支路(一端为电网中的节点,另一端接地)。在分析电力系统微观层面的状态时,可以从简单的支路来入手。

7.2 简单支路传输功率过程中的电压降落和功率损耗

图7-1所示的为电力网络中最常见的简单支路,由一个电阻和一个电抗串联而得,其阻抗为$R+jX$。

假设这条支路两端的节点分别为节点 1 和节点 2。由于种种原因，两端节点电压分别为 $\dot{V}_1$ 和 $\dot{V}_2$，流过支路的电流为 $\dot{i}$。

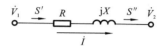

图 7-1　简单支路示意图

7.2.1　支路电压降落

7.2.1.1　支路电压降落的基本公式

支路电压降落指的是支路两端电压的相量差，用 $\Delta\dot{V}$ 来表示。显然由欧姆定律有

$$\Delta\dot{V} = (R + jX)\dot{i} \tag{7.1}$$

假设支路末端电压 $\dot{V}_2$ 已知，将其相位设为参考相位，对应相角为 0，则式（7.1）对应的相量图如图 7-2 所示。

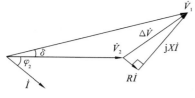

图 7-2　支路电压降落相量图

从图 7-2 可知，当支路末端所获得的功率 S'' 为感性功率时，流过支路的电流 $\dot{i}$ 应滞后末端电压 $\dot{V}_2$ 一个锐角 φ_2。支路电阻上的电压降落应与电流相位相同，而电抗上的电压降落应超前电流相位 90°，故有如图 7-2 所示的总电压降落 $\Delta\dot{V}$。支路末端电压再加上此电压降落，就是支路始端电压 $\dot{V}_1$。

式（7.1）即为电压降落的计算公式，虽然形式简单，但使用起来是存在问题的。主要的原因在于该式需要知道支路电流才能计算电压降落，而支路电流在电力系统分析里往往只是一个中间变量，通常并不直接使用。事实上，在电力系统中应用更为广泛的变量是电压和功率，因此人们希望有一种能够直接利用电压和功率来计算电压降落的方法。

从数学上来说，支路电压降落是一个复数，式（7.1）和图 7-2 意味着把这个复数分解成了两个复数之和，这两个复数分别与支路电流同相位，以及超前支路电流 90°。事实上，要想把一个复数分解成两个复数之和，有无穷多种方法，这里只是其中比较特殊的一种。由于两个电压分量分别对应电阻和电抗上的电压降落，不妨将由电阻电压降落相量 $R\dot{i}$、电抗电压降落相量 $jX\dot{i}$ 和总电压降落相量 $\Delta\dot{V}$ 所形成的直角三角形称为"阻抗电压降落三角形"，形成这个三角形的关键在于以电流作为相位参考来获取直角边。

若尝试以已知电压相量（在图 7-1 中即为支路末端电压）作为相位参考来获取直角边，则有另一种将支路电压降落 $\Delta\dot{V}$ 分解成两个相互垂直的电压相量相叠加的方法，如图 7-3 所示。

在图 7-3 中，由于相量 $\Delta\dot{V}_2$ 与已知电压相量 $\dot{V}_2$ 相位相同，将其称为电压降落的"纵分量"，而相量 $\delta\dot{V}_2$ 垂直于 $\dot{V}_2$，将其称为电压降落的"横分量"[①]，进而，我们可以把由纵分量 $\Delta\dot{V}_2$、横分量 $\delta\dot{V}_2$ 和总电压降落相量 $\Delta\dot{V}$ 所形成的直角三角形称为"纵横分

[①]　读者不要产生这样的误解：图 7-3 中相量 $\Delta\dot{V}_2$ 明明是水平的，为什么偏偏称其为"纵分量"，而相量 $\delta\dot{V}_2$ 明明是垂直的，为什么偏偏称其为"横分量"？实际上，稳态情况下图中所有相量都是以同步转速在空间中同步旋转的，图中所体现的只是某个瞬间的"快照"。因此，我们应该把视角放在已知电压相量 $\dot{V}_2$ 本身，将与其同向的相量称为"纵分量"，将与其相垂直的相量称为"横分量"。

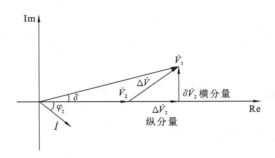

图7-3 已知支路末端电压时电压降落的纵横分量分解

量电压降落三角形"。若能依据已知条件计算出纵横分量,同样也能获得所需的总电压降落。

图7-3中将已知电压相量$\dot{V}_2$的方向取为复平面实轴正向,将超前其90°的方向取为复平面虚轴正向。此时纵分量$\Delta\dot{V}_2$和横分量$\delta\dot{V}_2$即分别为复数$\Delta\dot{V}$的实部和虚部,故有

$$\begin{aligned}
\Delta\dot{V} &= (R+jX)\dot{I} = (R+jX)I\angle-\varphi_2\\
&= (R+jX)I(\cos\varphi_2-\sin\varphi_2)\\
&= (RI\cos\varphi_2+XI\sin\varphi_2)+j(XI\cos\varphi_2-RI\sin\varphi_2)
\end{aligned} \tag{7.2}$$

即

$$\begin{aligned}
\Delta V_2 &= RI\cos\varphi_2+XI\sin\varphi_2\\
\delta V_2 &= XI\cos\varphi_2-RI\sin\varphi_2
\end{aligned} \tag{7.3}$$

式(7.3)中仍然有电流出现,注意到支路末端功率为

$$S''=\dot{V}_2\overset{*}{I}=P''+jQ''=V_2I\cos\varphi_2+jV_2I\sin\varphi_2 \tag{7.4}$$

可知 $I\cos\varphi_2=P''/V_2$,$I\sin\varphi_2=Q''/V_2$,将其代入式(7.3),又有

$$\Delta V_2 = \frac{P''R+Q''X}{V_2} \tag{7.5}$$

$$\delta V_2 = \frac{P''X-Q''R}{V_2}$$

式(7.5)即为直接利用电压和功率来计算电压降落的计算公式。

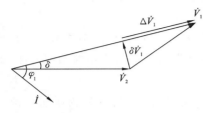

图7-4 已知支路始端电压时电压降落的纵横分量分解

以上讨论针对的是支路末端电压$\dot{V}_2$已知的情况。若已知的是支路始端电压$\dot{V}_1$,可以有类似的分析方法。此时电压降落的纵分量$\Delta\dot{V}_1$定义为与已知电压相量$\dot{V}_1$同向的电压降落分量,横分量$\delta\dot{V}_1$为与$\dot{V}_1$垂直的电压降落分量,对应的相量图如图7-4所示。

类似地可得到利用始端电压$\dot{V}_1$和功率S'计算的纵横分量表达式为

$$\Delta V_1 = \frac{P'R+Q'X}{V_1}$$

$$\delta V_1 = \frac{P'X-Q'R}{V_1} \tag{7.6}$$

对比式(7.5)和式(7.6),可以发现两种计算电压降落纵横分量的公式的共性:以哪个电压作为相位参考,等号右侧就用哪里的功率和电压来计算,所得到的纵横分量分别与该电压同向及垂直。

7.2.1.2 高电压等级电网支路电压降落的讨论

对于较高电压等级电网中的支路,其阻抗参数往往满足 $R \ll X$。若近似认为 $R \approx 0$,则式(7.5)和式(7.6)可简化成式(7.7)所示的统一形式,即

$$\Delta V = \frac{QX}{V}$$

$$\delta V = \frac{PX}{V} \tag{7.7}$$

式(7.7)表明电压降落的纵横分量可以仅考虑发生在电抗上的部分,可以认为:

(1) 之所以会存在电压降落的纵分量,是因为需要通过这条支路传输无功功率;

(2) 之所以会存在电压降落的横分量,是因为需要通过这条支路传输有功功率。

由图 7-5 可见,当角度 δ 比较小时,可以认为纵分量 ΔV 的大小近似等于支路两端电压的幅值差,进而可知支路两端电压相量之所以会产生幅值的变化,主要是由于支路传输了无功功率。结合图 7-1 和式(7.7)可知此时无功功率从电压幅值高的地方向电压幅值低的地方传输。

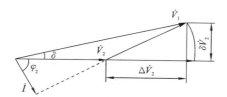

图 7-5 电压降落纵横分量的近似计算

类似地,由图 7-5 可见,角度 δ 的弧度值是该角所夹弧长除以半径,此图中半径即为支路始端电压幅值,当该电压幅值已知时,角度 δ 与弧长一一对应。当 δ 较小时,可近似认为图 7-5 中弧长与电压降落横分量 δV 的长度近似相等。进而可知支路两端电压相量之所以会产生相角的变化,主要是由于支路传输了有功功率。结合图 7-1 和式(7.7)可知此时有功功率从电压相位超前的地方向电压相位滞后的地方传输。

7.2.1.3 电压降落、电压损耗和电压偏移的概念

前面详细分析的是支路传输功率后所产生的电压降落,即支路两端电压的相量差。这里顺便介绍与电压降落概念非常类似、易于混淆的另外两个概念,即电压损耗和电压偏移。

所谓电压损耗,指的是支路传输功率后所产生的电压幅值的变化。通过上一节的分析已经知道,当支路两端电压相角差不大(往往是支路传输功率数量比较正常时),两端电压幅值的变化可近似地由电压降落的纵分量 ΔV 来表示,此处不再赘述。

无论是电压降落,还是电压损耗,都是对两个节点的电压进行比较。与这两个概念不同的是,本节的最后一个概念——电压偏移,并不是对两个节点的电压进行比较,而是对某个实际电压幅值与其所在电压等级额定电压相比较,也就是说,可以定义电压偏

移量为

$$电压偏移(\%) = \frac{V - V_N}{V_N} \times 100\% \tag{7.8}$$

正常运行的电网中,支路都会传输一些功率(或者说流过一些电流),因此支路两端电压幅值总会发生变化,导致电网中各节点电压不尽相同。尽管人们希望让所有节点电压都等于额定电压,但事实上这是不可能的。人们退而求其次,希望节点电压偏离额定电压的程度不要太远,这里引入的电压偏移的概念刚好可以对这一偏离程度进行评价。一般而言,电压等级越高的电网,节点偏离额定电压对整个电网所带来的影响就越大,因此允许节点电压偏移的范围就越小[①];反之,电压等级越低的电网,节点电压发生偏移带来的影响相对小一些,因此允许节点电压偏移的范围也可以适当放宽。

关于允许电压偏移概念的详细应用将在第10章关于电压调整的部分进行介绍。

7.2.1.4 支路电压降落问题的推广

本节此前的讨论均是针对图7-1所示的感性支路,研究的是功率由节点1一侧流入支路、由节点2一侧流出支路的情况,且节点2一侧所获得的功率 S'' 也为正常的感性功率,即实部和虚部均大于0。在本小节中仍将分析图7-1所示的感性支路,且仍分析功率由节点1一侧流入、节点2一侧流出的情况,但对节点2一侧所获得的功率 S'' 进行推广,考虑更加一般的情况。在下面分情况的讨论中,均假设 $P'' > 0$ 且 $Q'' > 0$。

1. $S'' = P'' + jQ''$

此复功率在功率平面的第一象限,故功率因数角 $0° < \varphi_2 < 90°$,亦即支路电流 $\dot{I}$ 滞后支路末端电压 $\dot{V}_2$ 一个锐角,即为此前讨论的最常见情况,其相量图如图7-2所示。由图7-2可见,有功功率由相角超前一侧向相角滞后一侧传输,而无功功率由电压幅值高的一侧向幅值低的一侧传输。

2. $S'' = P'' - jQ''$

此复功率在功率平面的第四象限,故功率因数角 $-90° < \varphi_2 < 0°$,亦即支路电流 $\dot{I}$ 超前支路末端电压 $\dot{V}_2$ 一个锐角。此时的阻抗电压降落三角形如图7-6所示。

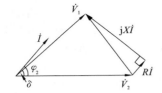

图7-6　复功率在第四象限时的电压降落情况

由图7-6可定性看出,此时支路始端电压 $\dot{V}_1$ 的幅值小于末端电压,同时其相角超前于末端电压。功率传输的实际情况是有功功率从始端传向末端,而无功功率由末端传向始端,仍可得到"有功功率由相角超前一侧向相角滞后一侧传输,而无功功率由电压幅值高的一侧向幅值低的一侧传输"这一结论。

3. $S'' = -P'' - jQ''$

此复功率在功率平面的第三象限,故功率因数角 $-180° < \varphi_2 < -90°$,亦即支路电

---

① 注意这里指的是电压偏移的百分数,而不是绝对值。事实上,500 kV电网中节点电压偏移1%就是5 kV,这已经是10 kV电网中额定电压的50%。显然单纯比较电压偏移的绝对数值没有太大的意义,从某种角度也体现了标幺值的优势。

流$\dot{i}$超前支路末端电压$\dot{V}_2$一个钝角。此时的阻抗电压降落三角形如图 7-7 所示。

由图 7-7 可定性看出,此时支路始端电压$\dot{V}_1$的幅值小于末端电压,同时其相角滞后于末端电压。功率传输的实际情况是有功功率和无功功率均由末端传向始端,仍可得到"有功功率由相角超前一侧向相角滞后一侧传输,而无功功率由电压幅值高的一侧向幅值低的一侧传输"这一结论。

4. $S''=-P''+jQ''$

此复功率在功率平面的第二象限,故功率因数角 $90°<\varphi_2<180°$,亦即支路电流$\dot{i}$滞后支路末端电压$\dot{V}_2$一个钝角。此时的阻抗电压降落三角形如图 7-8 所示。

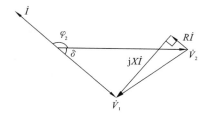

图 7-7　复功率在第三象限时的电压降落情况　　**图 7-8　复功率在第二象限时的电压降落情况**

由图 7-8 可定性看出,此时支路始端电压$\dot{V}_1$的幅值大于末端电压,同时其相角滞后于末端电压。功率传输的实际情况是有功功率由末端传向始端,而无功功率由始端传向末端,仍可得到"有功功率由相角超前一侧向相角滞后一侧传输,而无功功率由电压幅值高的一侧向幅值低的一侧传输"这一结论。

综合前述图 7-2 和图 7-6 至图 7-8 可知,对如图 7-1 所示的支路而言,无论有功功率和无功功率具体的传输方向如何,均满足有功功率由相角超前一侧向相角滞后一侧传输,而无功功率由电压幅值高的一侧向幅值低的一侧传输的规律。需要注意的是,这一结论往往只针对 $R\ll X$ 的情况才成立。

实际上,即使是对满足 $R\ll X$ 的支路,也存在着前述规律不一定成立的特殊情况,可以做下述分析。将四种功率传输的具体情况画到同一张图中,假设负荷性质不断变化,而电流的大小不变(等价于复功率 S'' 的模值不变),则前述四个相量图可合并成如图 7-9 所示的形式。

在图 7-9 中,由于假设电流大小不变,功率因数角从 $0°$ 变化到 $360°$,相当于阻抗电压降落三角形的某个非直角顶点与相量$\dot{V}_2$的末端重合,并令这个三角形相对此顶点旋转 $360°$,则阻抗电压降落三角形的另一个非直角顶点形成一个圆周,而支路始端电压相量$\dot{V}_1$的末端落在此圆周上。对于有功功率由相角超前一侧向相角滞后一侧传输,而无功功率由电压幅值高的一侧向幅值低的一侧传输这一规律,圆周上的多数点都是满足的,但也存在特殊情况。例如,如图 7-10 所示,以电压相量$\dot{V}_2$的起点为圆心,以$\dot{V}_2$的长度为半径作圆,与图 7-9 中圆周的位置关系由图 7-10 可见。对图 7-10 中的$\dot{V}_1$而言,该相量长度显然大于$\dot{V}_2$的长度,即 $V_1>V_2$。但是由于此时电阻上的电压降落超前$\dot{V}_2$一个锐角,意味着支路中电流也超前$\dot{V}_2$一个锐角,即图 7-10 中的情况与图 7-6 中的情况相同。而在图 7-6 对应的情况中,无功功率是由支路末端传向支路始端的,也就是说,对于此特殊情况,无功功率从电压幅值高的一侧传向幅值低的一侧这一规律并不成立。

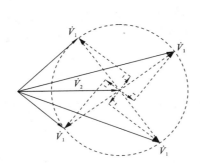

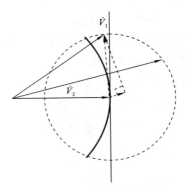

图 7-9   阻抗支路传输功率时两端电压相量关系图   图 7-10   功率传输的特殊情况

当然,图 7-10 对应的是电流超前于电压非常小的角度情况,也就是说负荷非常接近纯电阻性质,且略呈容性。在现实世界中这种负荷并不常见,工程实际中通常不必专门讨论。即使真的遇到了这种情况,基于前面所用的基本物理概念也是可以顺利进行分析的。

7.2.2   支路的功率损耗

支路在通有电流的时候,由于自身存在阻抗,故一定会产生相应的功率损耗,导致图 7-1 中的 $S' \neq S''$。为了准确把握电力系统的运行状态,也需要能够对支路的功率损耗做详细的分析。事实上,本书中所有的复功率计算均采用统一的方式,即用相应的电压相量乘以相应电流相量的共轭,所得复数的实部为所需的有功功率,虚部为所需的无功功率,即

$$S = \dot{V}\overset{*}{I} = P + jQ \tag{7.9}$$

7.2.2.1   串联支路功率损耗

这里的串联支路功率损耗计算也可以采用类似方式,此时所用电压为支路两端电压降落,由欧姆定律可知,其等于支路流过的电流乘以支路阻抗,所用电流即为流过支路的电流,则功率损耗的计算公式为

$$\Delta S = \Delta \dot{V} \cdot \overset{*}{I} = [\dot{I}(R + jX)] \cdot \overset{*}{I} = I^2(R + jX) = \Delta P + j\Delta Q \tag{7.10}$$

故 $\Delta P = I^2 R$,$\Delta Q = I^2 X$。也就是说,支路损耗的有功功率完全是由于支路存在电阻,通常以热能的形式耗散,这就是我们熟悉的焦耳定律的瞬时值形式;类似地,支路损耗的无功功率完全是由于支路存在电抗,损耗的无功功率到底是感性还是容性,取决于支路电抗是感性还是容性。

7.2.2.2   并联支路功率损耗

事实上并联支路功率损耗也是类似的,也可以用支路两端电压降落乘以流过支路的电流的共轭值。但是由于并联支路一端总是接于参考节点,其电位已知(如无特殊说明往往为 0),故并联支路虽然也有两端,但只有一个节点的电压用于确定全网的状态,其功率损耗也可用这个电压来计算,而不是像串联支路那样用流过支路的电流来计算。同时,对于并联支路往往直接给出的是其导纳 $G + jB$。故并联支路功率损耗计算的通式为

$$\Delta S = \Delta \dot{V} \cdot \overset{*}{\dot{I}} = (\dot{V}-0) \cdot [(\dot{V}-0)(G+jB)]^* = V^2(G-jB) = \Delta P + j\Delta Q \quad (7.11)$$

可知 $\Delta P = V^2 G$，$\Delta Q = -V^2 B$，支路损耗的有功功率完全是由于支路存在电导，无功功率完全是由于支路存在电纳，损耗的无功功率到底是感性还是容性，取决于支路电抗是感性还是容性。

7.3 网络元件的电压降落和功率损耗

如前所述，这里考虑的网络元件包括输电线路和变压器，其电压降落和功率损耗的特性可由组成这两种网络元件的 π 形等值电路的各条简单支路来共同确定。

7.3.1 输电线路的电压降落和功率损耗

输电线路的 π 形等值电路，如图 7-11 所示。通常等值电路两侧并联支路的电导数值很小，往往可以忽略，则并联支路可以认为是纯电容支路。

所关心的输电线路两端电压降落即为 $\Delta\dot{V} = \dot{V}_1 - \dot{V}_2$，也就是串联支路两端的电压降落，所采用的分析方法与前面的相同，唯一需要提醒的是计算电压降落所用功率为流入或流出串联支路的功率，而不是流入或流出整个 π 形等值电路的功率。

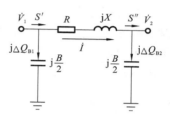

图 7-11　输电线路的等值电路

所关心的输电线路总功率损耗为 π 形等值电路中三条简单支路功率损耗之和，分为一条串联支路和两条并联支路，下面分别讨论。

由式(7.10)可知，串联支路功率损耗为流过支路电流幅值的平方乘以阻抗，又由式(7.9)可知支路电流幅值等于某侧流入支路视在功率除以同侧电压幅值，进而可以有

$$\Delta S_{se} = \Delta P + j\Delta Q = I^2(R+jX) = \frac{S'^2}{V_1^2}(R+jX)$$

$$= \frac{P'^2+Q'^2}{V_1^2}(R+jX) = \frac{P''^2+Q''^2}{V_2^2}(R+jX) \quad (7.12)$$

由式(7.11)可知，图 7-11 中两侧并联支路的功率损耗分别为

$$\Delta S_{sh1} = j\Delta Q_1 = -j\frac{B}{2}V_1^2 \quad (7.13)$$

和

$$\Delta S_{sh2} = j\Delta Q_2 = -j\frac{B}{2}V_2^2 \quad (7.14)$$

式(7.13)和式(7.14)表明，对输电线路而言，π 形等值电路两侧并联支路所消耗的感性无功功率为负值，亦可表达为所消耗的容性无功功率为正值，或采用更常见的表述，即只要两侧电压不等于零，并联支路就会产生感性无功功率。

输电线路总的功率损耗为三条简单支路功率损耗之和，即

$$\Delta S = \Delta S_{se} + \Delta S_{sh1} + \Delta S_{sh2} = \frac{P'^2+Q'^2}{V_1^2}R + j\left(\frac{P'^2+Q'^2}{V_1^2}X - \frac{B}{2}V_1^2 - \frac{B}{2}V_2^2\right)$$

$$= \frac{P''^2+Q''^2}{V_2^2}R + j\left(\frac{P''^2+Q''^2}{V_2^2}X - \frac{B}{2}V_1^2 - \frac{B}{2}V_2^2\right) \quad (7.15)$$

由最基本的物理性质所决定,输电线路在传输功率时,所消耗的有功功率总是大于零的,也就是说流入输电线路的有功功率数值一定大于流出这条线路的数值。然而对无功功率的损耗而言,情况就比较复杂。这表明,由于 π 形等值电路中同时包含感性支路和容性支路,致使整条输电线路上消耗的无功功率数值的正负号与线路具体的运行状态也有密切关系。

具体而言,若输电线路传输的视在功率值较大,则线路上流过的电流也较大,进而可以想见本输电线路附近的输电线路(包括本输电线路)或变压器中的电流也较大,故这些设备上的电压降落也大,导致输电线路(及其附近电力设备)的运行电压较低。从式(7.15)可见,运行电压出现在串联支路无功表达式的分母上,又出现在并联支路无功表达式的分子上,故此时串联支路无功表达式取值相对较大,而并联支路无功表达式取值相对较小。通常的情况下,串联支路无功表达式绝对值会大于并联支路无功表达式总和的绝对值,故输电线路整体上是消耗感性无功功率的,对电压等级较低的输电线路而言,更容易出现这种情况。

与之相对的是输电线路传输视在功率值较小的情况,采用类似的分析方法可知,此时串联支路无功表达式取值相对较小,而并联支路无功表达式取值相对较大。当串联支路无功表达式绝对值小于并联支路无功表达式总和的绝对值时,输电线路整体上是发出感性无功功率的,对电压等级较高的输电线路而言,更容易出现这种情况。

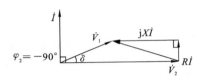

**图 7-12　空载输电线路的
电压降落相量图**

一种极端的情况是输电线路空载,即功率不会从输电线路末端流向电网的其他地方,串联支路中的电流将完全流入末端节点处的并联电容支路。由于纯电容支路中电流超前电压 90°,故若已知输电线路末端电压,则串联支路上的电压降落相量图如图7-12所示,此图实际上是图7-6或图7-7的特例。

从图7-12显然可见,此时输电线路始端电压低于末端电压。可以做如下直观的解释:由于输电线路两端电压均不为 0,故等值电路中两侧的并联支路均发出正的感性无功功率。但由于输电线路是空载的,末端并联支路所发出的感性无功功率只能沿着串联支路向始端传输。结合此前关于功率传输与支路电压降落之间的关系可以知道,无功功率总是由电压高的地方向电压低的地方传输的,这也就意味着末端电压一定是高于始端电压的。实际上,这种现象不一定发生在末端空载这种极端情况,只要从输电线路流出的无功功率小于末端并联支路产生的无功功率,多出的部分就必然从串联支路末端传向始端,即末端电压将高于始端电压。

既然电压偏低还是偏高都是不正常的运行状态,在实际的电力系统运行中,电压偏高的情况也应该尽可能避免。此时局部母线电压偏高的原因是存在感性无功功率过剩,因此最直接的处理方法是在存在过剩无功功率的地方投入并联电感,目的是把过剩的无功功率就地吸收掉,不让其流向电网其他地方,等价于把容性的并联支路"补偿"成感性支路,因此这是一种通过无功功率补偿来调节电力系统中运行电压的措施。这是电力系统中的一种非常典型的调压措施,其细节将在第10章中详细介绍。

7.3.2　变压器的电压降落和功率损耗

为便于介绍物理概念,这里仅讨论双绕组变压器的情况,更多绕组变压器的情况可以很容易被推广。双绕组变压器采用 Γ 形等值电路与理想变压器串联的形式。由于等值电路中的所有阻抗都被归算到变压器的同一侧,同时理想变压器本身是不消耗功率的,因此在本节的分析中将略去理想变压器,如图 7-13 所示。

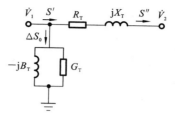

图 7-13 双绕组变压器的等值电路

与输电线路的情况类似,所关心的变压器两端电压降落为 $\Delta \dot{V} = \dot{V}_1 - \dot{V}_2$,即串联支路两端的电压降落,所采用的分析方法与前面相同,唯一需要提醒的是计算电压降落所用功率为流入或流出串联支路的功率,而不是流入或流出整个 Γ 形等值电路的功率。

所关心的变压器总功率损耗为 Γ 形等值电路中两条简单支路功率损耗之和,分为一条串联支路和一条并联支路(这里把并联的电导和电纳看作一个整体来考虑)。串联支路的功率损耗公式与式(7.12)相同,只要注意到电阻和电抗分别用 R_T 和 X_T 表示即可。由式(7.11)可知并联支路的功率损耗公式为

$$\Delta S_0 = \dot{V}_1 \left[(G_T - jB_T) \dot{V}_1 \right]^* = (G_T + jB_T) V_1^2 \tag{7.16}$$

可见由于并联支路也是感性支路,因此其有功功率和无功功率损耗均为正值。

式(7.16)在某些场合可以简化。如果假设变压器在绝大多数时间内都运行在比较合理的状态,则可近似认为并联支路两端电压即为所在电压等级的额定电压。根据第 4 章中的式(4.75)和式(4.76)可知,式(7.16)近似等于空载试验的结果,即

$$\Delta S_0 = \Delta P_0 + j \frac{I_0 \%}{100} S_N \tag{7.17}$$

式中:ΔP_0 为空载有功损耗;$I_0 \%$ 为空载电流百分比;S_N 为变压器的额定容量(视在功率)。这一问题在第 10 章中有更深入的讨论。

7.4 习题

(1)画相量图解释为什么高压输电系统中有功功率往往从相位超前位置向相位滞后位置传输,而无功功率往往从电压高位置向电压低位置传输。

(2)简述可以把交流架空输电线路看成无功电源或无功负荷的原因。

8

电力系统潮流计算的基本方法

8.1 潮流计算的定义和经典模型

8.1.1 潮流计算的定义

在第 7 章中详细分析了电力系统中微观层面功率传输的具体情况,描述的是在功率流过输电线路或变压器后,会对全网节点电压和功率损耗产生哪些影响。对本课程来说,更加重要的是需要从整体上来把握功率传输所确定的电网宏观状态。本章重点讨论的是稳态电力系统的情况,研究的是如何获取稳态电力系统的状态,即潮流计算[①]。所谓潮流计算,指的是对于一个处于稳态的电力系统,如何利用给定的运行条件求解出对应的运行状态。显然,问题的关键首先在于可以给定的稳态运行条件是什么,以及所谓运行状态包含哪些内容。

对处于稳态的电力系统来说,电网的状态可以由电网中所有节点的电压(相量)取值来唯一确定,而我们通常所关心的另外一些物理量,如支路中的电流、传输的功率(往往又称为支路潮流)、支路损耗功率等都可以用节点电压和电网元件参数计算出来,因此除了一些特殊的情况,本章所说潮流计算的最直接目的就是计算出所有节点的电压相量。

8.1.2 潮流计算中的节点注入功率

假设待研究的电网中有 n 个节点(母线),由于要分析的是处于稳态的电力系统,因此潮流计算往往表现为对一组代数方程组的求解。

这组代数方程组的待求解变量是由所有节点电压相量所形成的向量,很容易让我们想到在第 4 章中引入的节点方程

$$\dot{\boldsymbol{I}} = \boldsymbol{Y}\dot{\boldsymbol{V}} \tag{8.1}$$

式中:$\dot{\boldsymbol{I}} = \begin{bmatrix} \dot{I}_1 & \dot{I}_2 & \cdots & \dot{I}_n \end{bmatrix}^{\mathrm{T}}$ 为在所有节点处注入电网中的电流相量所形成的列向量;

---

① 这里所说的潮流,译自英文"power flow"或"load flow",是对电能在电网中进行"流动"的一种形象化的描述。由于稳态电力系统与外部环境交换能量的速度是恒定的,因此电能在电网各支路中传输的速度也是恒定的,即支路中的功率是恒定的。

$\dot{V} = [\dot{V}_1 \quad \dot{V}_2 \quad \cdots \quad \dot{V}_n]^{\mathrm{T}}$ 为所有节点电压相量所形成的向量；Y 为节点导纳矩阵，当电网元件参数和电网拓扑结构不变时，节点导纳矩阵是恒定不变的。显然，此时 $\dot{I}$ 和 $\dot{V}$ 是一一对应的线性关系，若所有节点注入电网中的电流已知，则所有节点的电压是唯一确定的。

然而，在电力系统工程实际中，人们习惯上用来建模的往往不是节点电压和节点电流之间的简单线性关系，而是节点注入功率与节点电压之间的关系。将式(8.1)中的第 i 个方程写成展开式的形式：

$$\dot{I}_i = Y_{i1}\dot{V}_1 + Y_{i2}\dot{V}_2 + \cdots + Y_{in}\dot{V}_n = \sum_{j=1}^{n} Y_{ij}\dot{V}_j \tag{8.2}$$

则又有

$$\dot{I}_i = \frac{\overset{*}{S}_i}{\overset{*}{V}_i} = \frac{P_i - \mathrm{j}Q_i}{\overset{*}{V}_i} = \sum_{j=1}^{n} Y_{ij}\dot{V}_j \tag{8.3}$$

因此

$$S_i = P_i + \mathrm{j}Q_i = \dot{V}_i \sum_{j=1}^{n} \overset{*}{Y}_{ij}\overset{*}{V}_j \tag{8.4}$$

式(8.4)为外部环境由节点 i 向电网注入功率的表达式，从中不难看出节点注入功率和节点电压之间并不是线性关系，因此后面要讨论的潮流方程都是非线性方程组。要想确定节点 i 的状态，需要同时知道节点注入电网复功率 S_i 和节点电压相量 $\dot{V}_i$ 的取值。而如前所述，若所有节点的状态都已知，则全网的状态已知。由于 S_i 和 $\dot{V}_i$ 都是复数，通常有直角坐标和极坐标两种表达式，对应于节点注入复功率有"有功＋无功"或"视在功率＋功率因数角"两种形式：

$$S_i = P_i + \mathrm{j}Q_i = |S_i| \angle \varphi \tag{8.5}$$

对应于节点电压相量有"实部＋虚部"或"幅值＋相角"两种形式：

$$\dot{V}_i = e_i + \mathrm{j}f_i = V_i \angle \theta_i \tag{8.6}$$

相应的节点 i 注入功率表达式为

$$\begin{cases} P_i = e_i \sum_{j=1}^{n} (G_{ij}e_j - B_{ij}f_j) + f_i \sum_{j=1}^{n} (G_{ij}f_j + B_{ij}e_j) \\ Q_i = f_i \sum_{j=1}^{n} (G_{ij}e_j - B_{ij}f_j) - e_i \sum_{j=1}^{n} (G_{ij}f_j + B_{ij}e_j) \end{cases} \tag{8.7}$$

和

$$\begin{cases} P_i = V_i \sum_{j=1}^{n} V_j (G_{ij}\cos\theta_{ij} + B_{ij}\sin\theta_{ij}) \\ Q_i = V_i \sum_{j=1}^{n} V_j (G_{ij}\sin\theta_{ij} - B_{ij}\cos\theta_{ij}) \end{cases} \tag{8.8}$$

式中：$\theta_{ij} = \theta_i - \theta_j$；$G_{ij}$ 和 B_{ij} 分别为节点导纳矩阵元素 Y_{ij} 的实部和虚部。

无论节点注入复功率和节点电压相量采用以上哪种表达方式，都对应着两个实数量，即每个节点需要 4 个实数量才能唯一确定其状态，n 个节点共需确定 $4n$ 个实数量。而式(8.4)是复数方程，等号左右实虚部对应相等可等价于两个实数方程，n 个节点可列写 $2n$ 个方程。可见方程个数小于待确定的变量个数。对通常的非线性方程组来说，其可解的条件是方程和变量个数相等（对牛顿-拉夫逊法而言，这意味着线性化的修正方程和变量个数相等）。显然，要求解的潮流模型不能仅包含由式(8.4)所确定的节点注入功率和节点电压之间的关系，还需要额外的已知条件。

8.1.3 节点在潮流计算中的分类

这里所需的已知条件是使潮流方程和待求解变量个数相等。若能令一些待求解变量已知，这样变量的个数就减少了，同时依据这些变量已知的条件来列写方程，就可以达到方程和变量个数相等的目的。

一个比较直接的思路是，既然每个节点需要确定 4 个实数量，如果令其中 2 个量已知，则每个节点对应的待求解变量是 $4-2=2$ 个，而利用 2 个已知量又可以列写 2 个方程，这样刚好使得每个节点的方程和变量的个数都相同，进而全网的方程和变量的个数也肯定相同。

针对节点已知的条件不同，可以把潮流模型中的节点分成若干种典型的类型。

8.1.3.1 PQ 节点

顾名思义，这种节点已知的是向电网注入的有功功率 P 和无功功率 Q，待求解的变量是节点电压的实部和虚部（或幅值和相角）。

PQ 节点通常是负荷节点。我们在前面已经学到，由于实际用电设备数量众多，因此电力系统中的负荷往往是所谓综合负荷，是一定区域用电设备用电功率的总和，通常指有功功率，但实际上对无功功率来说也是类似的。用电用户是电力系统要服务的对象，其自身在某个时刻要利用多少有功功率和无功功率原则上不应由电力系统来指定，相反地，电力系统在可能的情况下应该尽可能满足用户的用电需求，这就使得在潮流计算时负荷功率是一个已知条件，而不是由潮流解来决定的量。

需要强调的是，本章的潮流方程所用到的节点注入功率基于式(8.4)，而式(8.4)又源自式(8.2)。在式(8.2)中，当使用节点导纳矩阵时，假设的是节点电流注入电网中的方向为正，因此潮流模型中的功率也是注入电网中的方向为正。通常都认为用电设备是从电网中汲取功率的，在此处要注意需要将其理解为向电网中注入负的功率。

在电力系统中还有一类节点是所谓联络节点，通常是电压等级比较高的母线，如 500 kV 母线，一般不会有用电设备直接接于这么高的电压等级，因此这些节点处向电网中注入的功率为 0，显然也是 PQ 节点。

这样看来，PQ 节点应该是电网中数量最多的一类节点。

8.1.3.2 PV 节点

类似地，这种节点已知的是向电网中注入的有功功率 P 和节点电压幅值 V，待求解的变量是向电网中注入的无功功率 Q，以及节点电压相角 θ。若节点电压表示为直角坐标形式，则电压的实部和虚部都是未知量，但这两个量要满足其平方和再开根号是常量的要求。

通常发电机的调速系统可以控制发电机向电力系统中注入的有功功率，当其整定值确定时可以认为向电力系统中注入的有功功率已知。同时发电机的励磁调节系统可以控制发电机机端母线的电压幅值，当其整定值已知时可以认为对应的节点电压幅值已知。显然,此时的发电机节点是 PV 节点。

在传统的电力系统中通常采取集中发电的方式,因此,相对于负荷节点而言,发电机节点的个数要少得多。在潮流模型中这就意味着 PV 节点的数目比 PQ 节点的数目要少得多。随着可再生能源发电、分布式发电等技术不断取得进步,电力系统中的电源不一定要集中在少数几个大型的电源区域之中,而是与负荷相互"渗透",对这样的电力系统进行潮流计算时,PV 节点的数量要比传统情况多得多。当然,由于通常的可再生能源往往具有随机性、间歇性等特点,在很多场合仍然需要研究如何将其聚合起来形成等值发电机后对电力系统的影响,则 PV 节点往往是这些等值发电机。无论如何,掌握了基本的物理意义后,不必拘泥于刻板的定义。

8.1.3.3 节点类型的转化

随着电网运行状态的变化,节点的类型也可能随之转化,其中最常见的情况是 PV 节点转化成 PQ 节点,以及 PQ 节点转化成 PV 节点。

1. PV 节点转化成 PQ 节点

发电机的运行状态由定子电流限制、励磁电流限制、转子导体末端过热限制三个约束来确定,使得其有功功率和无功功率都存在上下限,各个约束在由发电机有功出力和无功出力两个变量所张成的功率平面上的表现如图 8-1 所示。这里尤其强调的是发电机的无功出力也必须在合理范围内取值,即

$$Q_{min} \leqslant Q_{GN} \leqslant Q_{max} \tag{8.9}$$

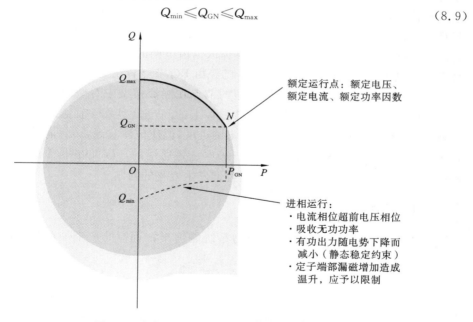

图 8-1 发电机有功出力和无功出力的范围

相对而言,运行中的发电机更容易出现的是其无功出力达到上限的情况,产生的原因是电网侧所需无功功率过多,发电机在维持机端电压恒定的前提下增大其无功出力来迎合这一需求,最终达到无功上限 Q_{max}。此时若发电机继续增大无功出力,将突破设备的运行限制,从而给设备自身造成损害,最终仍然无法持续满足电网的有功和无功需求,甚至造成更为恶劣的后果。因此,在发电机无功出力达到上限后就不再继续增加无

功出力,而是维持在上限 Q_{max},此时发电机无功出力的数值是确定的。与此同时,发电机也就丧失了维持机端母线电压恒定的能力,电压的具体取值由电力系统的实际状态来决定。此时发电机已经由 PV 节点转化成了 PQ 节点。

另一种相对不那么常见的运行状态往往发生在发电机附近局部无功过剩的情况下,利用发电机进相运行[①]的能力来吸收一部分无功功率,从而避免局部电压偏高等不正常的情况。这对发电机而言毕竟是相对不常规的状态,通常发电机能够进相运行吸收无功功率的能力要低于其发出无功功率的能力,也就是说无功下限 Q_{min} 绝对值往往小于无功上限 Q_{max}。无论如何,当发电机吸收的无功功率达到 Q_{min} 时,在潮流计算中该节点也将由 PV 节点转化为 PQ 节点。

2. PQ 节点转化成 PV 节点

负荷节点往往是 PQ 节点。但从第 10 章电力系统调压相关知识可知,实际上对于各个电压等级中的节点电压偏移都有明确的允许范围,即节点 i 的电压幅值应满足

$$V_{imin} \leqslant V_i \leqslant V_{imax} \tag{8.10}$$

各电压等级具体的电压取值范围在第 10 章中介绍,此处不赘述。需要注意的是,若由于电网中特定的因素所决定,某个或某些节点的电压有超出式(8.10)所允许范围的趋势,则应采取必要的措施来避免电压越限的情况发生。例如,如果电网中某个区域的负荷持续增加,使得节点 i 的电压幅值持续降低直至达到 V_{imin},往往会投入一定的并联无功功率补偿。本质上,是通过改变电网提供给节点 i 的无功功率来改变节点 i 的电压幅值。在这种情况下,节点 i 的有功注入没有变化,而电压幅值变为已知(允许的最低电压为 V_{imin}),同时节点无功注入除原来的 PQ 节点注入功率虚部之外,还增加了并联无功补偿所提供的无功功率,其具体取值由电网的稳态(潮流结果)来确定,在潮流计算之前是未知的。因此,此时节点 i 已经由 PQ 节点转化成了 PV 节点。

从后面的潮流模型可见,不同类型的节点在潮流模型中对应的数学表达式是不同的,因此节点类型发生的转化就意味着整体上的潮流模型数学表达式发生了变化。这固然给潮流计算程序的开发带来了一定的难度,但应该注意到,转化前后的潮流模型本质上都是非线性代数方程组,求解的方法本身是通用的。因此在本章介绍求解潮流方程的基本方法时并没有特别关注节点类型发生变化的问题。

8.1.3.4　平衡节点

在本书最开始的时候就提到,电力系统能够正常运行的一个最重要前提条件是全系统的功率能够平衡,即

$$\begin{cases} P_G = P_{LD} + P_{loss} \\ Q_G = Q_{LD} + Q_{loss} \end{cases} \tag{8.11}$$

式中:下角标 G、LD 和 loss 分别对应全网中发电机出力总和、负荷消耗功率总和及电网损耗功率总和。

假设电网中的节点只有 PQ 节点和 PV 节点两大类,则所有节点的有功功率注入都是已知的,即使发生了前述节点类型转化的情况也是如此。从式(8.11)的第一式可

---

　　① 当发电机发出正的有功功率且吸收正的感性无功功率时,功率因数角将小于 0,亦即发电机注入电网电流的相位超前机端电压相位,将这种运行状态称为进相运行。

见,这意味着在潮流计算尚未开始之前,式中的 P_G 和 P_{LD} 就是已知值。然而式(8.11) 右侧的 P_{loss} 就大不相同了,它在数值上等于电网中所有支路损耗的有功功率之和,每条 支路损耗的有功功率由流经本支路的电流来确定,而根据欧姆定律,流经支路的电流与 支路两端电压降落一一对应,进而先需要确定每个节点的电压。潮流计算的目的就是 要先把所有节点的电压求出来,也就是说,在潮流方程尚未求解出来之前,P_{loss} 是不可 能确定的。这就带来了矛盾:式(8.11)等号左侧是已知值,等号右侧是一个已知值加上 一个未知值,其和也是未知值。显然这在逻辑上是有问题的。

仔细分析就可以知道,问题的关键在于我们事先假设所有节点的有功注入都是已 知的。如果放宽此限制,假设至少有一个节点的有功注入是未知的,具体取值由潮流分 布的最终结果来确定,则式(8.11)中的有功平衡方程就是合理的了。选定有功注入未 知节点的目的是使有功平衡方程能够成立,因此通常将其称为平衡节点。

前面已经解释过,在正常运行的电力系统中,负荷的有功需求是确定不变的,原则 上电力系统不应对其进行调整。而发电机的调速系统可以按照电力系统运行的实际状 况来改变其有功输出,使得多数发电机可以接收电网调度的指令来改变其有功输出,显 然我们应该选择发电机节点作为平衡节点。不但如此,被选择作为平衡节点的发电机 应该具有较强的有功出力调节能力,即其有功出力可调节的范围应该相对比较大,同时 响应的速度也应该比较快,才能满足电网运行的实际需求。出于这一考虑,应该选择主 调频电厂作为平衡节点。主调频电厂的定义在第 10 章中有详细介绍。

既然平衡节点一定是发电机,这意味着节点电压幅值可以受发电机组的励磁调节 装置来整定,对稳态电力系统而言是已知值。同时应该看到,节点电压的相角是相对 量,必须预先指定至少一个节点电压相角已知,习惯上也可选择平衡节点作为已知电压 相角的节点。此时在确定平衡节点状态的四个量中,电压幅值和相角已知,或等价地电 压实部和虚部已知,而从节点注入电网中的有功功率和无功功率未知,按照前面节点类 型命名的习惯,又可将这种节点称为 $V\theta$ 节点。

需要注意的是,"平衡节点"和"$V\theta$ 节点"并不总是相同的含义,电网中事实上也可 以指定多个平衡节点或 $V\theta$ 节点。在本章中暂时先认为平衡节点和 $V\theta$ 节点是相同的, 而且是唯一的。

8.1.3.5　特殊的节点类型

前面介绍的几种节点类型都是已知四个变量中的两个,通过潮流计算求取另外的 两个,进而确保潮流模型中方程和待求解变量的个数相同。实际上这句话的逆命题不 一定是成立的,也就是说为了保证方程和变量个数相同,并不一定严格要求每个节点已 知两个变量,求取另外两个变量。

例如,当前电力系统中有载调压变压器的应用越来越广泛,使得可以利用变压器在 运行中改变变比的能力来对电力系统状态施加某种额外的控制。有载调压变压器支路 的示意图如图 8-2 所示,为了简化问题,这里略去了变压器的励磁支路。

假设图 8-2 中节点 2 是 PQ 节点。若此有载调压变压器变比的控制策略是通过选 择合适的变比来使节点 2 电压幅值 V_2 恒定,则对节点 2 而言,决定其状态的四个变量 中,已经有三个变量是已知的(节点注入电网有功功率和无功功率、电压幅值),仅电压 相角未知。按照之前节点类型的命名规则,可以将这里的节点 2 命名为 PQV 节点。当

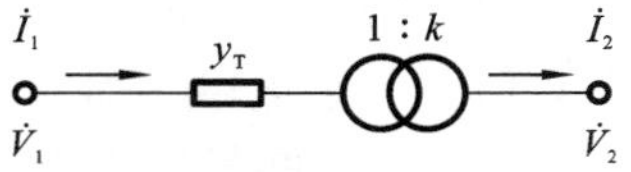

图 8-2 双绕组有载调压变压器的简化支路

然,事实上此时方程的个数并没有比变量的个数多,这是因为虽然节点 2 电压幅值已知,但为实现此效果需要依据电网实际状态来确定变压器变比 k,因此 k 实际上代替电压相角成了待求解变量,变量个数并没有变化,若方程形式也不变,方程和变量的个数仍然是相同的[①]。

随着技术的发展,尤其是现代电力电子技术在电力系统中的推广应用,人们对电网中的潮流分布的控制能力得到显著提高,从而可以根据工程实际的需求来更加灵活地确定节点的运行状态,使得潮流计算中的节点类型变得更加丰富。

8.1.4 潮流模型中的不等式约束条件

电气设备能够正常运行的范围是有限的,所谓潮流模型中的不等式约束条件表征的就是这种运行范围。与常规潮流计算有关的不等式约束条件汇总如下。

1. 节点电压约束

即式(8.10)重写为

$$V_{imin} \leqslant V_i \leqslant V_{imax} \tag{8.12}$$

PV 节点和平衡节点的电压幅值在整定时就应满足式(8.12),PQ 节点的电压幅值需要在潮流计算时予以校验,一旦发生不满足式(8.12)的情况,节点类型就将转化成 PV 节点。

2. 节点注入功率约束

所有节点向电网中注入的功率均应满足

$$\begin{cases} P_{imin} \leqslant P_i \leqslant P_{imax} \\ Q_{imin} \leqslant Q_i \leqslant Q_{imax} \end{cases} \tag{8.13}$$

PQ 节点的有功无功注入、PV 节点的有功注入在潮流建模时就应满足式(8.13),而 PV 节点的无功注入及平衡节点的有功无功注入均由潮流计算结果来确定,在潮流计算时应予以校验,一旦出现越限情况就应采取必要的措施,如让 PV 节点转化成 PQ 节点。

3. 支路两端节点电压相位差约束

在电力系统暂态稳定分析中,如果同一支路两端节点电压相量之间夹角过大,就意味着电网暂态稳定性恶化,极易发生严重事故。因此,往往规定支路两端节点电压相位差在允许的范围之内,即

$$|\theta_i - \theta_j| < |\theta_i - \theta_j|_{max} \tag{8.14}$$

由于除了平衡节点之外所有节点电压的相角在潮流计算之前都是未知的,因此这个约束条件只能在潮流计算后予以校验。对电压相位差越限的处理相对复杂一些,因为只能采取间接的措施,以更加合理地安排全网的运行方式,这通常需要高素质的电力系统运行人员的实际经验。新一代人工智能技术有望在这一领域发挥重要作用。

---

① 含 PQV 节点电网的潮流计算将在本章后面部分介绍。

4. 支路电流约束

所有的电网元件均有其热稳定极限,往往对应允许的最大电流,故最终的潮流分布应满足

$$I_{ij} \leqslant I_{ij\,\mathrm{max}} \tag{8.15}$$

同样地,这一约束也只能在潮流计算之后来校验。节点电压相位差增大往往也对应着支路电流增大,所以本约束与支路两端节点电压相位差约束有很多类似之处,不再赘述。

潮流计算在工程实际中应用时必须充分考虑本节所列的各项约束条件,在一些特殊的情况下还可能考虑额外的约束。但对本章介绍潮流计算的理论基础和基本原理而言,发生约束被突破的情况就意味着潮流方程表达式需要改变,但是潮流计算的方法本身是不需要变化的。因此本章后文中不涉及对不等式约束的处理。

8.2　开式网络潮流计算的前推回代法

开式网络指的是所有负荷与电源之间均只有唯一通路的电网,即第 4 章中所说的无备用网络。当前的配电网在运行时都是"解环"的,即电网拓扑中不存在回路,满足开式网络的条件。因此本节介绍的前推回代法更多是被用于配电网的潮流计算。学习完前推回代法后读者可以发现,其适用范围是可以推广到更加一般的情况的。

数学上开式网络的网络拓扑是树状网络,即不存在回路的连通图。拓扑结构为树状网络的一个充要条件是网络为节点数比支路数多一个的连通图,读者可以利用这一条件来验证本节所介绍的各种拓扑结构都是树状网络。

第 6 章介绍了求解非线性代数方程组的高斯型迭代,这里要介绍的前推回代法就是一种典型的高斯型迭代过程。为了能更好地阐述算法的基本原理,本节采用由简单到复杂的思路展开论述。

8.2.1　单条串联支路潮流计算的前推回代法

首先考虑最简单的开式网络,即如图 8-3 所示的单条串联支路的情况,很容易验证其满足开式网络的定义。

在图 8-3 中,假设节点 1 与恒定电压源相连,故其节点电压恒为 $\dot{V}_1$,节点 2 处流出电网的负荷功率恒为 S_{LD},要求解的是节点 2 的电压相量 $\dot{V}_2$。按照 8.1.3 节对节点的分类方法,本图中的节点 1 为平衡节点,节点 2 为 PQ 节点。

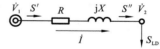

图 8-3　单条串联支路
的潮流分布

由于节点 1 电压已知,显然若想要获得节点 2 电压,只需求出两个节点之间支路上的电压降落。但在第 6 章中所介绍的支路电压降落纵横分量的计算公式中,所用到的已知功率和电压均需对应同一个节点,而此处已知的电压和已知的负荷对应的是两个不同的节点,因此不能直接通过解析的方式获得支路电压降落,而必须采用数值计算中的迭代方法。

从第 6 章所介绍的数值计算思路中可以知道,问题的求解往往依赖于一个合理的初值。假设指定节点 2 电压相量的初始值为 $\dot{V}_2^{(0)}$,显然又知支路末端功率 $S'' = S_{\mathrm{LD}}$,

则基于式(7.12)可知本支路的功率损耗为

$$\Delta S^{(0)} = \frac{P''^2 + Q''^2}{V_2^{(0)2}}(R + jX) \tag{8.16}$$

进而可知支路始端功率为 $S'^{(0)} = S'' + \Delta S^{(0)}$，此时节点 1 处的电压和支路功率均已知。不失一般性，假设节点 1 的电压相位为参考相位，即 $\theta_1 = 0$，可得电压降落纵横分量为

$$\begin{cases} \Delta V_1^{(0)} = \dfrac{P'^{(0)} R + Q'^{(0)} X}{V_1} \\[2mm] \delta V_1^{(0)} = \dfrac{P'^{(0)} X - Q'^{(0)} R}{V_1} \end{cases} \tag{8.17}$$

故 $\dot{V}_2 = \dot{V}_1 - (\Delta V_1^{(0)} + j\delta V_1^{(0)})$。相应的计算流程如图 8-4 所示。

由于式(8.16)中所用的 $V_2^{(0)}$ 仅为初始值，并不是节点 2 电压幅值的精确值，故后面的一系列计算得到的都不是精确结果，进而所得的新节点 2 电压也不是精确结果。然而数学上可以证明，在特定的条件下，基于图 8-4 中流程计算得到的新节点 2 电压必然比初始值 $\dot{V}_2^{(0)}$ 更加接近待求的真实值，从而促使我们可以用图 8-5 所示的迭代过程取代图 8-4 给出的直接计算过程。

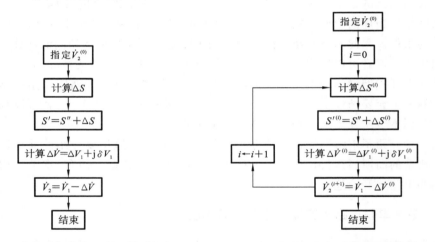

图 8-4　直接求解节点 2 电压的过程　　图 8-5　逐次更新节点 2 电压的迭代过程

图 8-5 中的单次迭代包含了两个主要的步骤，即：① 逆着功率传输方向计算功率损耗的过程；② 顺着功率传输方向计算电压降落的过程。两个步骤分别执行一次后，就实现了对节点 2 电压的一次更新，这也是这种方法被称为"前推回代法"的原因。

只要前次迭代求得的节点 2 电压不是精确解，新求得的节点 2 电压就一定与前次结果不相同，当然它也一定比前次结果更精确，不过仍然不是精确解，所形成的数列将收敛到精确解 $\dot{V}_2^*$：

$$\dot{V}_2^{(0)} \to \dot{V}_2^{(1)} \to \dot{V}_2^{(2)} \to \cdots \to \dot{V}_2^* \tag{8.18}$$

如果要得到完全精确的结果，必须要迭代无穷多次，显然这是不现实的。在工程实际的应用中，只要能够判断出来经过若干次迭代后所得的结果足够精确，就可以终止计算而输出结果。根据第 6 章的内容可知，这里的前推回代法实际上是一种典型的高斯型迭代过程，因此可以利用相应的收敛判据。例如，基于式(6.12)，可以把收敛判据表示为

$$|\dot{V}_2^{(i+1)} - \dot{V}_2^{(i)}| < \varepsilon \tag{8.19}$$

式中：ε 为预先指定的非常小的正数，如 $\varepsilon = 10^{-6}$。这就意味着若前后两次迭代结束后，所得节点 2 相量差的模小于 10^{-6}，因此继续迭代虽然仍会使节点 2 电压变得更精确，但能够带来的修正幅度已经非常小了。虽然表面上看起来似乎有些不严谨，但在工程实际中是完全可以接受的。例如，对常见的 10 kV 中压配电网而言，10^{-6} 标幺值的误差意味着所得电压误差小于 $10 \times 10^3 \times 10^{-6}$ V $= 0.01$ V，已经是非常精确了。

增加收敛判据环节的迭代过程如图 8-6 所示。

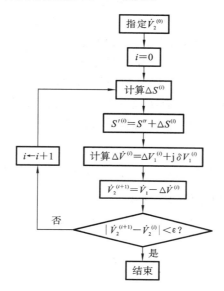

图 8-6 逐次更新节点 2 电压的完整迭代过程

细心的读者可能注意到，在前面的描述中提到，数学上可以证明，只有在满足特定条件的情况下，本次迭代的结果才比上次迭代结果更加接近真实解，通常要求所选择的初始值要尽量接近最终结果。严谨的数学分析不在本书中介绍，基于第 6 章相关内容的讨论，通常的做法是把所有节点电压幅值的初始值设为各节点所在电压等级的额定电压（在使用标幺值时设为 1.0），或设为平衡节点的整定值，而把所有节点电压相角的初始值设为平衡节点的相角，虽然这一定不是电力系统稳态的实际情况，但也一定不会偏离实际情况太远。

在电网中负荷水平不重的情况下，这种初始值选择方式通常都能够确保算法收敛。若负荷水平加重到一定程度，则算法的收敛性将恶化，甚至可能导致客观上不存在收敛解的情况。

虽然本小节仅针对最简单的单条串联支路的情况来介绍前推回代法，但算法的核心思路已经给出，接下来仅需对这种最简单情况逐步推广即可。读者可以看到，无论如何推广，所得到的迭代过程都包含两个关键步骤：① 逆着功率传输方向计算功率损耗的过程；② 顺着功率传输方向计算电压降落的过程。

8.2.2 多条串联支路潮流计算的前推回代法

首先将单条串联支路的潮流计算推广到多条串联支路相串联的情况，如图 8-7 所示。

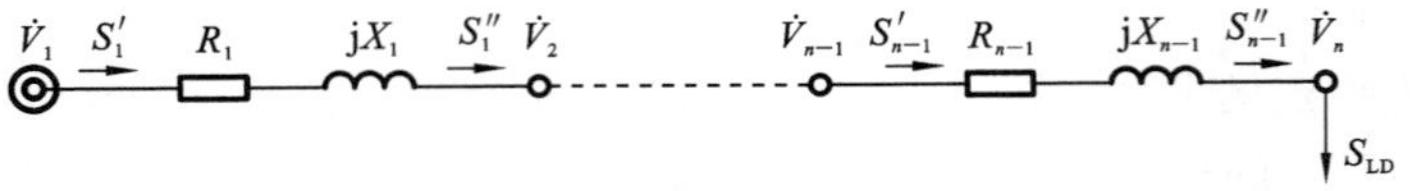

图 8-7　多条串联支路的潮流分布

在图 8-7 中,将图 8-3 中的单条串联支路推广为 $n-1$ 条串联支路的情况,第一条支路的起点为节点 1,其电压已知且恒为 $\dot{V}_1$,节点依次编号,直至最后一条支路的终点为节点 n,节点 n 处流出电网的负荷功率恒为 S_{LD},节点 $2\sim n-1$ 处没有流出电网的负荷功率,要求解的是节点 $2\sim n$ 的电压相量 $\dot{V}_2\sim\dot{V}_n$。按照 8.1.3 节对节点的分类方法,图 8-7 中的节点 1 为平衡节点,节点 $2\sim n$ 为 PQ 节点。

一个简单的做法是直接把图 8-7 中的各条串联支路等价为一条支路,然后再利用 8.2.1 节介绍的方法计算得到 $\dot{V}_n$,最后利用简单的串联分压的原则就可以得到 $\dot{V}_2\sim\dot{V}_{n-1}$。但是这种做法本质上并没有实现对 8.2.1 节内容的推广,因此在本小节中采用如下计算方法来对图 8-6 所示的计算流程进行处理。

1. 设定初始值

指定所有待求解电压初始值 $\dot{V}_2^{(0)}\sim\dot{V}_n^{(0)}$。设定迭代次数为 $i=0$。

2. 逆着功率传输方向计算功率损耗

利用最后一条支路末端电压当前值 $\dot{V}_n^{(i)}$,并注意到该支路末端功率 $S''_{n-1}=S_{LD}$,计算该支路功率损耗为

$$\Delta S_{n-1}^{(i)}=\frac{P''^2+Q''^2}{V_n^{(i)2}}(R_{n-1}+jX_{n-1}) \tag{8.20}$$

进而可以得到该支路始端功率 $S'^{(i)}_{n-1}=S''_{n-1}+\Delta S_{n-1}^{(i)}$。又由于所有支路直接串联,中间没有功率流出,故

$$S''^{(i)}_{n-2}=S'^{(i)}_{n-1} \tag{8.21}$$

仿照式(8.20)的做法可以得到前一条支路功率损耗 $\Delta S_{n-2}^{(i)}$,进而可以得到前一条支路始端功率,以此类推,直至计算出第一条支路的始端功率 $S'^{(i)}_1$。

3. 顺着功率传输方向计算电压降落

现在所有支路的始端功率均已知,可以从已知的支路 1 始端节点开始顺着功率传输方向依次计算各段支路电压降落,进而计算出各段支路末端电压。

首先计算支路 1 的电压降落:

$$\begin{cases} \Delta V_1^{(i+1)}=\dfrac{P'^{(i)}_1 R_1+Q'^{(i)}_1 X_1}{V_1} \\[2mm] \delta V_1^{(i+1)}=\dfrac{P'^{(i)}_1 X_1-Q'^{(i)}_1 R_1}{V_1} \end{cases} \tag{8.22}$$

进而计算得到支路 1 末端电压

$$\dot{V}_2^{(i+1)}=\dot{V}_1^{(i+1)}-[\Delta V_1^{(i+1)}+j\delta V_1^{(i+1)}] \tag{8.23}$$

此时节点 2 电压得到更新,用这个新的电压 $\dot{V}_2^{(i+1)}$ 和之前计算的当前支路 2 始端功率 $S'^{(i)}_2$,利用与式(8.22)类似的公式即可计算出支路 2 的电压降落,进而得到支路 2 末端电压。以此类推,直至节点 n 的电压也得到更新。

但这里需要注意一个细节。在式(8.22)中,计算电压降落用的是支路始端节点电

压和功率,因此所得的电压降落纵横分量均是相对始端电压相位方向的,即图 6-4 中所示情况。同样地,用相同方法计算得到的支路 2 的电压降落纵横分量也应该是相对于该支路始端电压(节点 2 电压)而言的,后面各条支路的电压降落情况均类似。电压降落的相量图如图 8-8 所示。

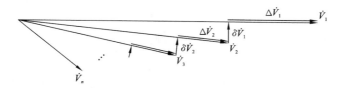

图 8-8　各串联支路上的电压降落

可见,实际计算各支路末端电压的公式应该为

$$\dot{V}_{k+1}^{(i+1)} = \dot{V}_k^{(i+1)} - (\Delta V_k^{(i+1)} + \mathrm{j}\delta V_k^{(i+1)})\mathrm{e}^{\mathrm{j}\theta_k^{(i+1)}} \qquad k=1,\cdots,n-1 \qquad (8.24)$$

式中:$\theta_k^{(i+1)}$ 为节点 k 当前电压相角。

4. 收敛判断

与单条支路情况类似,若当前迭代过程对所求结果的修正幅度很小,就认为算法已经达到了收敛,应停止进一步的计算。但是当前有 $n-1$ 个电压都在被修正,所以式 (8.19) 的收敛判据应该推广为

$$\max |\dot{V}_k^{(i+1)} - \dot{V}_k^{(i)}| < \varepsilon \qquad (8.25)$$

即通过本次迭代,更新幅度最大的节点电压已小于预先指定的很小的正数,则认为收敛条件被满足。若收敛条件未被满足,则令 $i \leftarrow i+1$,重复第 2~4 步骤。

8.2.3　串联支路中间节点有功率流出的情况

再将潮流计算推广到可以考虑前一小节中各串联支路相连接的中间节点处也可以有功率流出的情况(本小节假设流出功率恒定),如图 8-9 所示。

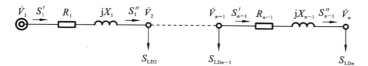

图 8-9　串联支路中间节点有功率流出的情况

与 8.2.2 节中的情况相比,仅计算第 1~n-2 条支路末端功率的情况有变化,其他情况均与 8.2.2 节相同,故不再重复叙述。在图 8-9 中,前段支路的末端功率除包含后段支路的始端功率之外,还应计入从末端节点流出开式网络的功率,即式 (8.21) 应变为

$$S''^{(i)}_{k-1} = S'^{(i)}_k + S_{\mathrm{LD}k-1} \qquad (8.26)$$

8.2.4　含并联支路的情况

由于在潮流模型中输电线路通常都被处理成 π 形等值电路,为考虑这一因素,还需把潮流计算处理成能够考虑并联支路的情况,如图 8-10 所示。

若将图 8-10 中虚线框内包含的实际负荷与前后两条输电线路等效到本地的并联电容支路所产生的无功功率合并到一起,进而形成了所谓"运算负荷",则电路其他部分仍为多条串联支路直接串联的情况,因此可以采用与 8.2.3 节类似的方法进行处理。

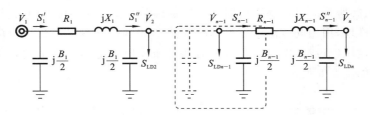

图 8-10   计及并联支路的情况

其区别在于运算负荷中包含了并联电容产生的无功功率,而这是与电容两端电压有关的物理量,所以运算负荷是需要在每次迭代时都要更新的。例如,图 8-10 中节点 $n-1$ 处的运算负荷在第 k 次迭代中就应该是

$$S_{n-1}^{(k)} = S_{LDn-1} - j\left[\frac{1}{2}(B_{n-2}+B_{n-1})\right]V_{n-1}^{(k)2} \tag{8.27}$$

需要注意的是在这种干线式接线方式中,对首尾两个节点运算负荷的处理。节点 1 虽然是平衡节点,但由于也与第一条输电线路的并联支路相连接,因此事实上也是存在运算负荷的。但是由于在前推回代法中计算运算负荷的目的是用来获得前段串联支路的末端功率,所以对第一条支路的运算负荷可以不做处理。节点 n 处的运算负荷与节点 $2\sim n-1$ 处类似,但要注意其后不再有输电线路,因此运算负荷中只需要计及一条输电线路的并联支路即可。

除对运算负荷的处理之外,本节的其余计算方法与 8.2.3 节完全相同,不再赘述。

8.2.5   树状网络的潮流计算

8.2.1 至 8.2.4 节所处理的网络均是节点数比支路数多一个的连通图,基于本节一开始提到的树状拓扑结构的充分必要条件,可知这些网络均是树状网络的特例情况。在本节中将潮流计算推广到最一般的树状拓扑结构,如图 8-11 所示。

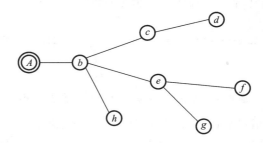

图 8-11   一般树状网络示意图

在图 8-11 中,节点 A 是平衡节点,如可以认为其是由更高电压等级降压至 10 kV 的变压器低压母线处,从图中树状网络向变压器高压侧方向看过去,可以认为变压器背后是一个无穷大系统,无论树状网络的运行状态发生何种变化,都不足以改变节点 A 的电压值。节点 $b\sim h$ 是 PQ 节点,从这些节点处流出数量恒定的复功率,图中出于突出重点的考虑未将这些负荷表现出来。各节点之间的支路是输电线路,同样为了简洁,图中仅表达出了串联支路对不同节点所起的连接作用,并联支路未画出,但读者应知道并联支路是存在的,影响的是各节点处的运算负荷。

图 8-11 中仅有节点 A 是电源,故功率的流向是确定的,必为从节点 A 流向各 PQ

节点,由于该网络是开式网络,故各 PQ 节点从电源节点获取功率的路径是唯一的[1],这为把前面所介绍的前推回代法推广到此处创造了条件。也就是说,现在同样可以提出一种"逆着功率传输方向计算功率损耗、顺着功率传输方向计算电压降落"的迭代算法,确定两个步骤中具体的计算顺序可以被抽象为树状网络的遍历问题。

依据图论中的定义,应该把电源点 A 定义为本树的根节点。同一支路两端的节点按照到根节点的路径的长度不同可确定其父子关系。例如,支路 b-c 两端的节点分别为节点 b 和 c,其中节点 b 是节点 c 的父节点,而节点 c 是节点 b 的子节点。父节点相同的节点称为兄弟节点,如节点 c、e 和 h 即为兄弟节点。没有子节点的节点称为叶子节点,如节点 d、f、g 和 h 均为叶子节点。

对于"逆着功率传输的方向计算功率损耗",问题的关键在于某段支路的末端功率应等于末端节点的计算负荷与其下一级所有支路始端功率之和,故在计算上一级支路末端功率时所有下一级支路始端功率需已知,而下一级支路始端功率又等于该支路末端功率加上本支路的功率损耗。为此,可以采用广度优先的方式来遍历树状拓扑结构,并取此遍历顺序的逆序作为计算功率损耗的顺序。

树状拓扑结构的广度优先遍历,指的是从根节点开始,先访问当前节点的所有子节点,再依据刚刚被访问的顺序用同样的方式分别处理这些子节点,直至网络中所有节点都被访问到为止。按照这种方式,图 8-11 中节点被访问的顺序应该是

$$A \to b \to c \to e \to h \to d \to f \to g \tag{8.28}$$

其逆序是

$$g \to f \to d \to h \to e \to c \to b \to A \tag{8.29}$$

式(8.29)即为计算各支路功率损耗时应遵循的顺序。

具体而言,由于在树状拓扑结构中以某一节点为终点(支路两端节点对中的子节点)的支路是唯一的,因此上述顺序意味着:

计算以节点 g 为终点的支路的功率损耗,由于节点 g 是叶子节点,故输电线路 e-g 的串联支路[2]的末端功率即为节点 g 的运算负荷,故可利用当前节点 g 的电压计算出串联支路上的功率损耗,进而计算出始端功率;

接下来的节点 f、d 和 h 均为叶子节点,可采用与节点 g 相同的方式来处理;

现在进行到节点 e,由于此时其下一级支路(支路 e-f 和 e-g)的始端功率均已通过计算得到,故可得到支路 b-e 的末端功率为节点 e 的运算负荷加上以节点 e 为起点(支路两端节点对中的父节点)的两条支路的始端功率,进而可利用当前节点 e 的电压计算出串联支路上的功率损耗,并计算出始端功率;

接下来的节点 c 和节点 b 的处理与节点 e 类似;

最后的节点 A 没有上一级支路,不需要处理。至此所有支路的始端功率均已获得。

对于"顺着功率传输方向计算电压降落",问题的处理相对简单一些。仅需要按照广度优先遍历的顺序计算电压降落、进而更新各段支路末端节点的电压。例如,对于式

---

[1] 潮流方向固定不变,对电网运行方式的制定、继电保护的整定等工作都有很大好处,这是传统配电网在运行时采用"开环"的重要原因之一。

[2] 在不致引起歧义的情况下,以下将输电线路的串联支路直接称为两个节点间的支路。

(8.28)中给定的顺序意味着：

利用已知的节点 A 的电压和刚刚获得的支路 $A\text{-}b$ 始端功率计算该支路电压降落，进而更新节点 b 的电压；

利用刚刚更新的节点 b 的电压和以节点 b 为起点的三条支路（支路 $b\text{-}c$、$b\text{-}e$、$b\text{-}h$）的始端功率计算相应支路的电压降落，进而更新三条支路末端节点（节点 c、e 和 h）的电压；

类似地，可利用节点 c 处的信息更新节点 d 的电压，利用节点 e 处的信息更新节点 f 和 g 的电压。

至此就完成了一轮对节点 $b\sim h$ 电压的更新，从而完成了一次迭代过程。利用与式(8.25)类似的判据来进行收敛性的判断，直至得到图 8-11 所示树状网络的潮流解。这就是树状网络潮流计算的前推回代法。

8.2.6　解环运行的配电网中含一般化功率注入特性的情况

8.2.5 节给出了树状网络潮流计算的前推回代法，从网络拓扑结构来说，这是前推回代法的最一般形式，但仍可以进一步推广。在前面的内容中，树状网络中除平衡节点外的其他节点均为恒功率型负荷，即节点向电网中注入（或流出）功率的数值是不随节点电压的变化而变化的，这是对实际负荷进行高度简化的情况。若考虑某个节点 i 处的负荷电压静特性为

$$S_{\text{LD}i} = P_{\text{LD}i}(V_i) + jQ_{\text{LD}i}(V_i) \tag{8.30}$$

则在进行式(8.27)所示的运算负荷的计算时，只需把等号右侧第一项恒定的复数值用式(8.30)进行更新即可，算法的其他部分不需要变化。因此，要解决的关键问题是要确定式(8.30)中负荷的电压静特性有哪些具体的表达式，可以直接参考第 5 章的介绍。

此时已经可以考虑配电网中存在分布式电源的情况。例如，各种小型风电、垃圾发电、生物质能发电等会接入配电网，若其表现为 PQ 节点，则可用此前介绍的方法来进行处理即可。但需要注意一个问题，就是前面的内容中所有 PQ 节点的功率都是流出电网的，因此各条支路上所传输的功率方向是确定的，进而全网的整体功率传输态势均为由唯一的根节点传输到其余各个节点。但若配电网中存在分布式电源，情况就会变得更加复杂。例如，考虑如图 8-12 所示的情况。

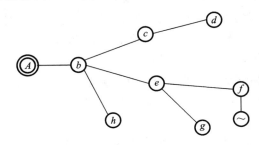

图 8-12　配电网中接入分布式电源的情况

图 8-12 中，在节点 f 处接入了分布式电源，可以直接向电网提供功率。同时节点 f 还有本地负荷，则有可能有两种情况：① 若电源能够提供的功率比本地负荷的数量小，则功率的缺额仍需由电网沿支路 $e\text{-}f$ 传输到节点 f，此时支路 $e\text{-}f$ 中的潮流流向为

由节点 e 传向节点 f,与没有接入分布式电源的传统情况相同;② 若电源提供的功率比本地负荷的数量大,则多余的功率将沿支路 e-f 流向电网其他地方,此时支路 e-f 中的潮流流向为由节点 f 传向节点 e,与没有接入分布式电源的传统情况相反。

事实上,若节点 f 处分布式电源能够提供的功率非常大,甚至超过节点 e、f 和 g 所需功率的总和,以及相关支路上所损耗的功率数值,多余的功率还可进一步沿支路 b-e 流向电网其他地方,此时支路 b-e 中的潮流也将反向。可见,当有分布式电源接入电网后,潮流的整体态势与分布式电源实际的运行状态有关,这将变得非常复杂。此前对前推回代法归纳的关键步骤均是依据"功率传输方向"来提出的,现在不再适用。

然而如果把分布式电源向配电网中注入的功率看成"负的"负荷,只要网络自身仍是没有回路的,则仍然可以直接使用前面介绍的前推回代法。此时仍然需要指定一个根节点,通常为配电网与更高电压等级电网交互的边界(如图 8-11 中的节点 A),确定前推和回代计算顺序的依据不再是利用潮流流向,而是直接按从根节点开始进行广度优先遍历的顺序,其方法与前面介绍基本相同,不再赘述。

最后要指出的是,由于要应对各种随机性和间歇性,各种分布式电源往往需要经过电力电子设备(换流器等)再接入电网,由于电力电子设备具有一定的控制能力,使得从电网侧向分布式电源方向看过去的节点状态更加灵活。例如,除了表现为传统的 PV 节点之外,光伏发电在一些特定的情况下还可以运行在 PI 节点的状态,即节点注入电网的有功功率和电流幅值是确定的。在对含有这些节点的电网进行潮流计算时,只要在每次迭代过程中进行到处理节点运算负荷的步骤时,按照节点特定的控制方式来更新其向电网中注入的功率,再利用式(8.27)计算运算负荷即可。

8.3　复杂电网潮流计算的高斯-赛德尔法

8.2 节所介绍的前推回代法要求电网的拓扑结构是树状的,通常只适用于配电网。由于输电网通常都是有回路的,前推回代法难以应用,只能用更加一般化的方式来对其拓扑结构进行体现,最常见的方式就是利用节点导纳矩阵来描述电网模型。对于需要使用节点导纳矩阵来定义潮流模型并进行相关计算的情况,通常称为复杂电网潮流计算[①]。

在第 5 章中介绍了求解稳态问题的两大类数值计算方法,即高斯型迭代和牛顿型迭代,本节分别用这两种方法来解决复杂电网潮流计算问题,本节首先介绍高斯型迭代的方法——高斯-赛德尔法。

8.3.1　高斯-赛德尔法的具体过程

考虑有 n 个节点的电网,将平衡节点排为最后一个节点,其节点电压恒为 $\dot{V}_{ns}$,假设其他节点均为 PQ 节点。全网节点注入电流与节点电压之间的关系为

$$\dot{\boldsymbol{I}} = \boldsymbol{Y} \dot{\boldsymbol{V}} \tag{8.31}$$

式中:节点 i 的展开式为

---

① 注意:这里所说的"复杂"并不一定意味着电网规模很大,而是与"开式网络""简单闭式网络"等情况相对而言的。

$$\dot{I}_i = \frac{\overset{*}{S}_i}{\overset{*}{V}_i} = Y_{i1}\dot{V}_1 + \cdots + Y_{i,i-1}\dot{V}_{i-1} + Y_{ii}\dot{V}_i + Y_{i,i+1}\dot{V}_{i+1} + \cdots + Y_{i,n-1}\dot{V}_{n-1} + Y_{in}\dot{V}_{ns}$$

$$(8.32)$$

可变形为

$$\dot{V}_i = \frac{1}{Y_{ii}}\left(\frac{\overset{*}{S}_i}{\overset{*}{V}_i} - Y_{i1}\dot{V}_1 - \cdots - Y_{i,i-1}\dot{V}_{i-1} - Y_{i,i+1}\dot{V}_{i+1} - \cdots - Y_{i,n-1}\dot{V}_{n-1} - Y_{in}\dot{V}_{ns}\right)$$

$$(8.33)$$

高斯型迭代的一般思路是把要求解的变量表示成所有变量的函数表达式($x = g(x)$),在给定初始值后,不断地将当前变量代入函数 $g(x)$ 即可得到更新的变量值,直至算法收敛。体现式(8.33)中,则构造迭代形式为

$$\dot{V}_i^{(k+1)} = \frac{1}{Y_{ii}}\left(\frac{\overset{*}{S}_i}{\overset{*}{V}_i^{(k)}} - Y_{i1}\dot{V}_1^{(k)} - \cdots - Y_{i,i-1}\dot{V}_{i-1}^{(k)} - Y_{i,i+1}\dot{V}_{i+1}^{(k)} - \cdots - Y_{i,n-1}\dot{V}_{n-1}^{(k)} - Y_{in}\dot{V}_{ns}\right)$$

$$(8.34)$$

若已经得到第 k 次迭代的所有节点电压,将其代入式(8.34)等号右侧,即可得到节点 i 的第 $k+1$ 次迭代值。所有待求解的电压均可做类似处理,即有向量化的一般形式为

$$\begin{bmatrix} \dot{V}_1^{(k+1)} \\ \vdots \\ \dot{V}_i^{(k+1)} \\ \vdots \\ \dot{V}_{n-1}^{(k+1)} \end{bmatrix} = \begin{bmatrix} \frac{1}{Y_{11}}\left(\frac{\overset{*}{S}_1}{\overset{*}{V}_1^{(k)}} - Y_{11}\dot{V}_1^{(k)} - \cdots - Y_{1,n-1}\dot{V}_{n-1}^{(k)} - Y_{1n}\dot{V}_{ns}\right) \\ \vdots \\ \frac{1}{Y_{ii}}\left(\frac{\overset{*}{S}_i}{\overset{*}{V}_i^{(k)}} - Y_{i1}\dot{V}_1^{(k)} - \cdots - Y_{i,i-1}\dot{V}_{i-1}^{(k)} - Y_{i,i+1}\dot{V}_{i+1}^{(k)} - \cdots - Y_{i,n-1}\dot{V}_{n-1}^{(k)} - Y_{in}\dot{V}_{ns}\right) \\ \vdots \\ \frac{1}{Y_{n-1,n-1}}\left(\frac{\overset{*}{S}_i}{\overset{*}{V}_{n-1}^{(k)}} - Y_{n-1,1}\dot{V}_1^{(k)} - \cdots - Y_{n-1,n-2}\dot{V}_{n-2}^{(k)} - Y_{in}\dot{V}_{ns}\right) \end{bmatrix}$$

$$(8.35)$$

简写为

$$\dot{\boldsymbol{V}}^{(k+1)} = \boldsymbol{G}(\dot{\boldsymbol{V}}^{(k)}) \tag{8.36}$$

式中: $\dot{\boldsymbol{V}}^{(k+1)} = \begin{bmatrix} \dot{V}_1^{(k+1)} & \cdots & \dot{V}_{n-1}^{(k+1)} \end{bmatrix}^{\mathrm{T}}$ 为待求解节点电压所构成的列向量,可见式(8.36)为典型的高斯型迭代形式,当迭代至前后两次的结果差异小于某个预先指定的很小正数时,就认为继续迭代对结果不会有明显修正,潮流计算结束。实际计算时需要预先对电网中的节点进行编号,按照节点编号由小到大的顺序逐个更新节点电压相量值。

上述做法可做进一步改进,基于下述假设:① 如果式(8.36)等号右侧用的变量更准确,则所得到的等号左侧迭代结果更准确;② 在迭代能够收敛的前提下,新的迭代结果总是比此前获得的迭代结果更准确。这就是高斯-赛德尔法的核心思路。出于这两点的考虑,读者应能注意到在式(8.34)中,当计算节点 i 的电压时,节点 $1\sim i-1$ 的电压已经能取得新一次迭代的结果,而在该式中仍取上一次迭代的结果,若能用新的迭代结果来代替,将能改善算法收敛的性能,即应把该式替换为

$$\dot{V}_i^{(k+1)} = \frac{1}{Y_{ii}}\left(\frac{\overset{*}{S}_i}{\overset{*}{V}_i^{(k)}} - Y_{i1}\dot{V}_1^{(k+1)} - \cdots - Y_{i,i-1}\dot{V}_{i-1}^{(k+1)} - Y_{i,i+1}\dot{V}_{i+1}^{(k)} - \cdots - Y_{i,n-1}\dot{V}_{n-1}^{(k)} - Y_{in}\dot{V}_{ns}\right)$$

$$(8.37)$$

注意与式(8.34)不同的是,式(8.37)中 $\dot{V}_1 \sim \dot{V}_{i-1}$ 均使用第 $k+1$ 次迭代中新获得的电压值。

对于存在 PV 节点的情况,要注意节点电压幅值的初始值应设为指定值,并利用式(8.4)计算出此时节点注入电网中的无功功率,作为式(8.37)中括号内第一项功率所使用的值。迭代过程中电压幅值和相角都将发生变化,应按照特定机制修改无功注入,以将电压幅值校正为指定值。不同的机制将派生出不同的数值算法,这里不再展开论述。

8.3.2 高斯-赛德尔法的优缺点

对大规模电网而言,节点导纳矩阵是高度稀疏的。也就是说,与节点 i 存在直接支路相连的节点个数很少,因此式(8.37)中等号右侧括号内事实上只有少数几个节点导纳矩阵元素是不等于零的,这是高斯-赛德尔法的优缺点的共同原因。

缺点:由于单次迭代过程中,式(8.37)等号右侧只有少数几项前次迭代的电压值会对某个节点 i 的电压有修正作用,这导致高斯-赛德尔法整体上的收敛性能不高。这是现代电力系统仿真软件中大量应用牛顿-拉夫逊法而相对较少应用高斯-赛德尔法来进行潮流计算的重要原因。

优点:式(8.37)意味着对某个节点 i 电压的修正只需要利用到与其有直接电气联系的节点的局部信息,不需要全网的信息就能完成计算,这为并行算法的引入创造了非常好的条件。事实上,在现代高性能计算中研究计算任务的并行化问题,很多时候就需要把计算任务及计算资源之间的通信用大规模网络来建模,并基于复杂网络理论所提供的算法来实现。在使用高斯-赛德尔法求解潮流时,电网拓扑和计算任务模型高度相似,这是该算法的一个显著的优势。

工程实践中为了规避基于节点导纳矩阵的高斯-赛德尔法单次迭代收敛性差的问题,也有人提出了基于节点阻抗矩阵的高斯-赛德尔法。由于节点阻抗矩阵是满阵,所有节点电压都会对新一次迭代时某个节点的电压有修正作用,从而可以显著改善收敛性。然而节点阻抗矩阵中的非 0 元素远远多于节点导纳矩阵,这本身就具有局限性,在实际中的效果应具体情况具体分析。

8.4 复杂电网潮流计算的牛顿-拉夫逊法

在电力系统潮流计算中应用得最广泛的是另一大类非线性方程组求解方法——牛顿-拉夫逊法,本节介绍其具体应用。由于在 5.2 节中仅以单变量非线性方程为例介绍了牛顿-拉夫逊法的基本原理,而实际电力系统潮流方程均包含大量变量,因此首先需要介绍如何把单变量问题推广到多变量问题,再介绍潮流模型中具体的非线性代数方程组形式(包括直角坐标和极坐标两种形式),最后给出求解潮流方程的牛顿-拉夫逊法的具体过程。

8.4.1 多变量非线性代数方程组的牛顿-拉夫逊法

1. 方程表达式的推广

本节将单变量非线性方程

$$f(x)=0 \tag{8.38}$$

推广为

$$\begin{cases} f_1(x_1, x_2, \cdots, x_n) = 0 \\ f_2(x_1, x_2, \cdots, x_n) = 0 \\ \qquad\qquad \vdots \\ f_n(x_1, x_2, \cdots, x_n) = 0 \end{cases} \tag{8.39}$$

其矩阵形式为

$$\boldsymbol{F}(\boldsymbol{X}) = 0 \tag{8.40}$$

式中：$\boldsymbol{F}(\ )$ 为等号左侧函数所形成的向量；$\boldsymbol{X} = [x_1 \ x_2 \cdots \ x_n]^{\mathrm{T}}$ 为待求解的变量向量。

2. 初始化

在利用牛顿-拉夫逊法进行单变量非线性方程的求解时,需要首先指定待求解变量的初始值 $x^{(0)}$,其推广到多变量的形式为 $\boldsymbol{X}^{(0)} = [x_1^{(0)} \ x_2^{(0)} \cdots \ x_n^{(0)}]^{\mathrm{T}}$,每个分量的初始值都应将其选为尽可能接近最终的真实值,这需要对非线性方程所对应的现实世界中的对象有所了解。此时可把方程表示为

$$\begin{cases} f_1[x_1^{(0)} + \Delta x_1^{(0)}, x_2^{(0)} + \Delta x_2^{(0)}, \cdots, x_n^{(0)} + \Delta x_n^{(0)}] = 0 \\ f_2[x_1^{(0)} + \Delta x_1^{(0)}, x_2^{(0)} + \Delta x_2^{(0)}, \cdots, x_n^{(0)} + \Delta x_n^{(0)}] = 0 \\ \qquad\qquad\qquad\qquad \vdots \\ f_n[x_1^{(0)} + \Delta x_1^{(0)}, x_2^{(0)} + \Delta x_2^{(0)}, \cdots, x_n^{(0)} + \Delta x_n^{(0)}] = 0 \end{cases} \tag{8.41}$$

亦即把方程表示为

$$\boldsymbol{F}[\boldsymbol{X}^{(0)} + \Delta \boldsymbol{X}^{(0)}] = 0 \tag{8.42}$$

式中：$\Delta \boldsymbol{X}^{(0)} = [\Delta x_1^{(0)}, \Delta x_2^{(0)}, \cdots, \Delta x_n^{(0)}]^{\mathrm{T}}$ 为初始迭代时的预期修正量。

3. 泰勒级数展开

对式(8.41)在第 k 次迭代结果附近展开成泰勒级数,仅保留修正量的一次项,即

$$\begin{cases} f_1(x_1^{(k)}, x_2^{(k)}, \cdots, x_n^{(k)}) + \dfrac{\partial f_1}{\partial x_1}\bigg|_k \Delta x_1^{(k)} + \dfrac{\partial f_1}{\partial x_2}\bigg|_k \Delta x_2^{(k)} + \cdots + \dfrac{\partial f_1}{\partial x_n}\bigg|_k \Delta x_n^{(k)} = 0 \\ f_2(x_1^{(k)}, x_2^{(k)}, \cdots, x_n^{(k)}) + \dfrac{\partial f_2}{\partial x_1}\bigg|_k \Delta x_1^{(k)} + \dfrac{\partial f_2}{\partial x_2}\bigg|_k \Delta x_2^{(k)} + \cdots + \dfrac{\partial f_2}{\partial x_n}\bigg|_k \Delta x_n^{(k)} = 0 \\ \qquad\qquad\qquad\qquad \vdots \\ f_n(x_1^{(k)}, x_2^{(k)}, \cdots, x_n^{(k)}) + \dfrac{\partial f_n}{\partial x_1}\bigg|_k \Delta x_1^{(k)} + \dfrac{\partial f_n}{\partial x_2}\bigg|_k \Delta x_2^{(k)} + \cdots + \dfrac{\partial f_n}{\partial x_n}\bigg|_k \Delta x_n^{(k)} = 0 \end{cases} \tag{8.43}$$

其矩阵形式为

$$\begin{bmatrix} f_1(x_1^{(k)}, x_2^{(k)}, \cdots, x_n^{(k)}) \\ f_2(x_1^{(k)}, x_2^{(k)}, \cdots, x_n^{(k)}) \\ \vdots \\ f_n(x_1^{(k)}, x_2^{(k)}, \cdots, x_n^{(k)}) \end{bmatrix} = - \begin{bmatrix} \dfrac{\partial f_1}{\partial x_1}\bigg|_k & \dfrac{\partial f_1}{\partial x_2}\bigg|_k & \cdots & \dfrac{\partial f_1}{\partial x_n}\bigg|_k \\ \dfrac{\partial f_2}{\partial x_1}\bigg|_k & \dfrac{\partial f_2}{\partial x_2}\bigg|_k & \cdots & \dfrac{\partial f_2}{\partial x_n}\bigg|_k \\ \vdots & \vdots & \vdots & \vdots \\ \dfrac{\partial f_n}{\partial x_1}\bigg|_k & \dfrac{\partial f_n}{\partial x_2}\bigg|_k & \cdots & \dfrac{\partial f_n}{\partial x_n}\bigg|_k \end{bmatrix} \begin{bmatrix} \Delta x_1^{(k)} \\ \Delta x_2^{(k)} \\ \vdots \\ \Delta x_n^{(k)} \end{bmatrix} \tag{8.44}$$

或其紧凑形式为

$$\boldsymbol{F}(\boldsymbol{X}^{(k)}) = -\boldsymbol{J}^{(k)} \Delta \boldsymbol{X}^{(k)} \tag{8.45}$$

式中：

$$J^{(k)} = \begin{bmatrix} \dfrac{\partial f_1}{\partial x_1}\Big|_k & \dfrac{\partial f_1}{\partial x_2}\Big|_k & \cdots & \dfrac{\partial f_1}{\partial x_n}\Big|_k \\[2mm] \dfrac{\partial f_2}{\partial x_1}\Big|_k & \dfrac{\partial f_2}{\partial x_2}\Big|_k & \cdots & \dfrac{\partial f_2}{\partial x_n}\Big|_k \\[2mm] \vdots & \vdots & \vdots & \vdots \\[2mm] \dfrac{\partial f_n}{\partial x_1}\Big|_k & \dfrac{\partial f_n}{\partial x_2}\Big|_k & \cdots & \dfrac{\partial f_n}{\partial x_n}\Big|_k \end{bmatrix} \tag{8.46}$$

称为原方程在第 k 次迭代结果 $\boldsymbol{X}^{(k)}$ 处的雅可比矩阵。

相应地,用式(5.16)求解修正量的过程被推广为对线性方程组的求解,故该方程组通常称为修正方程。

对大型电力系统而言,由于潮流方程基于节点导纳矩阵,而节点导纳矩阵通常是高度稀疏的矩阵,故修正方程也是高度稀疏的,可以利用稀疏技术来进行求解。

4. 收敛判据

单变量收敛判据一可被推广为

$$\max_i \big[\, |\, f_i(x_1^{(k)}, x_2^{(k)}, \cdots, x_n^{(k)}) \,| \, \big] < \varepsilon_1 \tag{8.47}$$

单变量收敛判据二可被推广为

$$\max_i \big[\, |\, \Delta x_i^{(k)} \,| \, \big] < \varepsilon_2 \tag{8.48}$$

式中:ε_1 和 ε_2 均为预先指定的非常小的正数。

除上述推广之外,其余牛顿-拉夫逊法求解非线性代数方程组的总体流程不变,如图 8-13 所示。

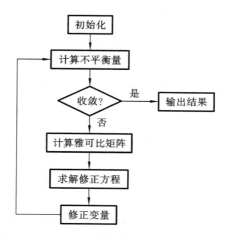

图 8-13　牛顿-拉夫逊法求解非线性代数方程组的通用流程

8.4.2　电力系统潮流方程的具体形式

若使用节点注入功率和节点电压之间的关系来定义电力系统潮流模型,则其表现为非线性代数方程组。本节所介绍的电力系统潮流计算的直接目的是求出所有节点电压,故潮流方程的列写思路为针对不同的节点类型,令其已知量等于用潮流解(即各节点电压)所表达的同一物理量,则可写出相应的等式,即为对应的非线性方程。

由式(8.6)可知,潮流方程待求解变量——节点电压有两种不同的坐标系表达形式,故本节将给出的潮流方程也有两种坐标系的表达式,即直角坐标潮流方程和极坐标潮流方程。

针对三种常见节点类型,假设电网中共有 n 个节点,其中节点 $1\sim m$ 为 PQ 节点,节点 $m+1\sim n-1$ 为 PQ 节点,节点 n 为平衡节点。

8.4.2.1 直角坐标潮流方程

用直角坐标节点电压表示的节点注入功率为式(8.7),列写潮流方程如下。

1. PQ 节点

若节点 i 为 PQ 节点,其注入电网的复功率已知,设为 $S_i^{SP}=P_i^{SP}+jQ_i^{SP}$[①],则可写出相应潮流方程:

$$
\begin{cases}
\Delta P_i = P_i^{SP} - P_i = P_i^{SP} - e_i \sum_{j=1}^{n}(G_{ij}e_j - B_{ij}f_j) - f_i \sum_{j=1}^{n}(G_{ij}f_j + B_{ij}e_j) = 0 \\
\Delta Q_i = Q_i^{SP} - Q_i = Q_i^{SP} - f_i \sum_{j=1}^{n}(G_{ij}e_j - B_{ij}f_j) + f_i \sum_{j=1}^{n}(G_{ij}f_j + B_{ij}e_j) = 0
\end{cases}
$$
$$(8.49)$$

潮流解收敛后等号最左侧的 ΔP_i 和 ΔQ_i 均应等于 0,迭代过程中可依据当前潮流解对应节点注入功率与预先设定节点注入功率之间的差异来判断收敛的程度,通常将这两个量称为不平衡功率,进而将式(8.49)称为功率平衡方程。

从式(8.49)可见,对于每个 PQ 节点均可列出两个潮流方程,共有 $2m$ 个潮流方程。同时所有 PQ 节点的电压幅值和相角均未知,故电压实部和虚部也未知,每个 PQ 节点有两个变量待求解,共有 $2m$ 个待求解变量。

2. PV 节点

若节点 i 为 PV 节点,其注入电网的有功功率已知,设为 P_i^{SP},且母线电压幅值已知,设为 V_i^{SP},则针对已知有功功率可列写与式(8.49)中第一式形式完全相同的方程,同时针对已知电压幅值列写其与待求解的电压虚实部的数量关系,故对应的潮流方程为

$$
\begin{cases}
\Delta P_i = P_i^{SP} - P_i = P_i^{SP} - e_i \sum_{j=1}^{n}(G_{ij}e_j - B_{ij}f_j) - f_i \sum_{j=1}^{n}(G_{ij}f_j + B_{ij}e_j) = 0 \\
\Delta V_i^2 = (V_i^{SP})^2 - V_i^2 = (V_i^{SP})^2 - (e_i^2 + f_i^2) = 0
\end{cases}
$$
$$(8.50)$$

式中:第一式为有功平衡方程;遵循管理亦可将第二式称为电压平衡方程。

从式(8.50)可见,对于每个 PV 节点均可列出两个潮流方程,共有 $2(n-m-1)$ 个潮流方程。同时虽然 PV 节点的电压幅值已知,但相角未知,故电压实部和虚部仍未知,每个 PV 节点也有两个变量待求解,共有 $2(n-m-1)$ 个待求解变量。

3. 平衡节点

节点 n 为平衡节点,其电压幅值和相角均已知,故电压实部和虚部也已知,即该节点不存在待求解变量。同时其节点注入功率在潮流计算之初未知,也无法依据注入功率来列写潮流方程。也就是说,平衡节点没有对应潮流方程和变量。

---

① 此处上角标"SP"为英文 specified 的缩写,即预先设定的值。

综上所述，对直角坐标潮流方程来说，方程和变量的个数均为 $2(n-1)$ 个。

8.4.2.2　极坐标潮流方程

用极坐标节点电压表示的节点注入功率为式(8.8)，列写潮流方程如下。

1. 非平衡节点的有功平衡方程

若节点 i 为非平衡节点，即该节点为 PQ 节点或 PV 节点（暂不考虑其他类型的节点），其共性是注入电网的有功功率已知，设为 P_i^{SP}，则可写出相应潮流方程：

$$\Delta P_i = P_i^{\mathrm{SP}} - P_i = P_i^{\mathrm{SP}} - V_i \sum_{j=1}^{n} V_j (G_{ij}\cos\theta_{ij} + B_{ij}\sin\theta_{ij}) = 0 \qquad (8.51)$$

将式(8.51)称为有功平衡方程。

所有非平衡节点均可列出有功潮流方程，共有 $(n-1)$ 个潮流方程。同时所有非平衡节点的电压相角均未知，共有 $(n-1)$ 个待求电压相角变量。

2. PQ 节点的无功平衡方程

若节点 i 为 PQ 节点，其注入电网的无功功率已知，设为 Q_i^{SP}，则针对已知无功功率可列写相应潮流方程：

$$\Delta Q_i = Q_i^{\mathrm{SP}} - Q_i = Q_i^{\mathrm{SP}} - V_i \sum_{j=1}^{n} V_j (G_{ij}\sin\theta_{ij} - B_{ij}\cos\theta_{ij}) = 0 \qquad (8.52)$$

将式(8.52)称为无功平衡方程。

所有 PQ 节点均可列出无功潮流方程，共有 m 个潮流方程。同时所有 PQ 节点的电压幅值均未知，共有 m 个待求电压幅值变量。

3. 对 PV 节点和平衡节点的考虑

平衡节点电压幅值和相角均已知，该节点不存在待求解变量；PV 节点电压幅值已知，该节点仅存在待求解电压相角变量，不存在电压幅值变量。同时平衡节点注入复功率、PV 节点注入无功功率在潮流计算之初未知，也无法依据这些量来列写潮流方程。

综上所述，对极坐标潮流方程来说，方程和变量的个数均为 $(n-1+m)$ 个。

8.4.2.3　两种坐标系潮流方程的对比

观察两种坐标系潮流方程，可以从方程变量个数和表达式特点两个方面进行对比。

1. 方程变量个数

直角坐标潮流方程和变量分别有 $2(n-1)$ 个，极坐标潮流方程和变量分别有 $(n-1+m)$ 个。容易想到，只要电网中存在 PV 节点，$(n-1)$ 必大于 m。也就是说，直角坐标潮流方程的规模要比极坐标大。

2. 表达式特点

仔细观察两种潮流方程的表达式就可以发现，直角坐标潮流方程中等号左侧除了已知的功率注入或电压幅值常量之外，剩余部分均为待求解变量的二次齐次多项式[①]，只涉及最简单的四则运算。而极坐标潮流方程表达式中存在正弦和余弦三角函数，使得表达式的计算相对复杂。在使用计算机进行计算时，需要利用泰勒级数展开的

---

① 对功率平衡方程而言，节点功率注入的量纲为电压平方乘以导纳；对电压平衡方程而言，依据勾股定理节点电压虚实部平方和等于电压幅值的平方。这两种情况对应的待求解电压虚实部变量均是二次多项式。

方法将三角函数展开成多项式求和的形式,再根据精度的需求截取若干项来计算,因此有:① 通常被保留项肯定超过 3 项,故计算复杂程度超过直角坐标的二次齐次多项式;② 被截去部分带来了误差。从这个角度来看,极坐标潮流方程又是有劣势的。

可见,两种坐标系潮流方程各有优缺点,在当前的商用或开源电力系统仿真软件中两种形式都有应用。8.5.3 节中给出一种结合两种潮流方程优点而尽可能规避缺点的混合坐标系潮流计算方法,可供读者参考。

8.4.3 求解电力系统潮流方程的牛顿-拉夫逊法

从图 8-13 可见,作为非线性代数方程组的电力系统潮流方程,其求解本质上也遵循牛顿-拉夫逊法通用的流程。其中"计算不平衡量"时仅需把当前迭代结果代入式(8.49)～式(8.52)所示的潮流方程表达式等号左侧即可,不再赘述。"求解修正方程"是通用的线性代数方程组求解的过程,这里也不展开讨论。"修正变量"是简单的加减法,收敛判断是简单的大小值比较。可见需要进一步解释的只有"初始化"和"计算雅可比矩阵"两个步骤。

8.4.3.1 初始化

平衡节点的相角是其他节点的相位参考,理论上可以任意取值,为简化计算常取 $0°$。此前曾经讨论过,正常运行的电网中同一支路两端电压相角差不会很大,为确保潮流计算初始值尽可能接近真实值,往往把待求解电压相角也取为 $0°$。同样出于尽量接近真实值的目的,把潮流计算前未知的 PQ 节点电压幅值取为所在电压等级的额定电压(或标幺值下取 1.0)。PV 节点由于电压幅值不变,其电压初始值的幅值直接取整定值。这样,相量图中所有节点电压相量均为水平向右的箭头,故通常把这种设定初始值来启动潮流计算程序的方式称为潮流计算的"平启动"。两种坐标系下平启动电压初始值的设定为

$$\dot{V}_i^{(0)} = V_i^{(0)} \angle 0° = V_i^{(0)} + \mathrm{j}0 \tag{8.53}$$

式中:$V_i^{(0)}$ 按照具体的节点类型来取值。

对于更复杂的情况(如交直流混联系统、含 VSC-FACTS 等)的潮流计算,需要按照所涉及的特殊设备的数学模型来进行专门的初始化。

8.4.3.2 直角坐标潮流方程的雅可比矩阵

直角坐标潮流方程中有三种类型的方程表达式(有功平衡方程、无功平衡方程和电压平衡方程),有两种类型的变量(电压实部、电压虚部),故雅可比矩阵中应该有 $3×2 = 6$ 种元素类型,其中每种类型又分为偏导数所涉及的潮流方程对应节点 i 和待求解电压对应节点 j 相同和不同两种情况。

当 $i \neq j$ 时,有

$$\begin{cases} \dfrac{\partial \Delta P_i}{\partial e_j} = -\dfrac{\partial \Delta Q_i}{\partial f_j} = -(G_{ij}e_i + B_{ij}f_i) \\[2mm] \dfrac{\partial \Delta P_i}{\partial f_j} = -\dfrac{\partial \Delta Q_i}{\partial e_j} = B_{ij}e_i - G_{ij}f_i \\[2mm] \dfrac{\partial \Delta V_i^2}{\partial e_j} = -\dfrac{\partial \Delta V_i^2}{\partial f_j} = 0 \end{cases} \tag{8.54}$$

当 $i=j$ 时,有

$$
\begin{cases}
\dfrac{\partial \Delta P_i}{\partial e_i} = -\sum_{k=1}^{n}(G_{ik}e_k - B_{ik}f_k) - G_{ii}e_i - B_{ii}f_i \\[3mm]
\dfrac{\partial \Delta P_i}{\partial f_i} = -\sum_{k=1}^{n}(G_{ik}f_k - B_{ik}e_k) + B_{ii}e_i - G_{ii}f_i \\[3mm]
\dfrac{\partial \Delta Q_i}{\partial e_i} = \sum_{k=1}^{n}(G_{ik}f_k - B_{ik}e_k) + B_{ii}e_i - G_{ii}f_i \\[3mm]
\dfrac{\partial \Delta Q_i}{\partial f_i} = -\sum_{k=1}^{n}(G_{ik}e_k - B_{ik}f_k) + G_{ii}e_i + B_{ii}f_i \\[3mm]
\dfrac{\partial \Delta V_i^2}{\partial e_i} = -2e_i \\[3mm]
\dfrac{\partial \Delta V_i^2}{\partial f_i} = -2f_i
\end{cases}
\tag{8.55}
$$

观察雅可比矩阵元素表达式可以发现:① 由于直角坐标潮流方程都是节点电压的二次多项式,而雅可比矩阵元素都是潮流方程函数表达式对节点电压求偏导数,故都是节点电压的一次多项式;② 与功率平衡方程对应的雅可比矩阵元素中均用到对应节点导纳矩阵元素值,若该节点导纳矩阵元素为 0,涉及的四个雅可比矩阵元素(两个功率平衡式对两种电压分量求偏导数)也为 0;③与电压平衡方程对应的雅可比矩阵元素仅当 $i=j$ 时不为 0。由于 PV 节点相对较少,故通常可认为雅可比矩阵的稀疏性与节点导纳矩阵的稀疏性大致相同,也可利用稀疏技术来求解,但由于雅可比矩阵不是对称矩阵,其求解过程相对复杂,但仍可大幅提高修正方程求解的计算性能。

8.4.3.3 极坐标潮流方程的雅可比矩阵

极坐标潮流方程中有两种类型的方程表达式(有功平衡方程、无功平衡方程),有两种类型的变量(电压幅值、电压相角),故雅可比矩阵中应该有 $2 \times 2 = 4$ 种元素类型,修正方程可表示为

$$
\begin{bmatrix} \Delta \boldsymbol{P} \\ \Delta \boldsymbol{Q} \end{bmatrix} = -\begin{bmatrix} \boldsymbol{H} & \boldsymbol{N} \\ \boldsymbol{K} & \boldsymbol{L} \end{bmatrix} \begin{bmatrix} \Delta \boldsymbol{\theta} \\ \Delta \boldsymbol{V} \end{bmatrix}
\tag{8.56}
$$

式中:每种类型又分为偏导数所涉及的潮流方程对应节点 i 和待求解电压对应节点 j 相同和不同两种情况。

当 $i \neq j$ 时,有

$$
\begin{cases}
H_{ij} = \dfrac{\partial \Delta P_i}{\partial \theta_j} = -V_i V_j (G_{ij}\sin\theta_{ij} - B_{ij}\cos\theta_{ij}) \\[3mm]
N_{ij} = \dfrac{\partial \Delta P_i}{\partial V_j} = -V_i (G_{ij}\cos\theta_{ij} + B_{ij}\sin\theta_{ij}) \\[3mm]
K_{ij} = \dfrac{\partial \Delta Q_i}{\partial \theta_j} = V_i V_j (G_{ij}\cos\theta_{ij} + B_{ij}\sin\theta_{ij}) \\[3mm]
L_{ij} = \dfrac{\partial \Delta Q_i}{\partial V_j} = -V_i (G_{ij}\sin\theta_{ij} - B_{ij}\cos\theta_{ij})
\end{cases}
\tag{8.57}
$$

当 $i=j$ 时,有

$$\begin{cases} H_{ii} = V_i^2 B_{ii} + Q_i \\ N_{ii} = -V_i G_{ii} - \dfrac{P_i}{V_i} \\ K_{ii} = V_i^2 G_{ii} - P_i \\ L_{ii} = V_i B_{ii} - \dfrac{Q_i}{V_i} \end{cases} \tag{8.58}$$

无论是式(8.57)还是式(8.58),所包含的四种雅可比矩阵元素表达式均比较相似,但两种对相角求偏导数的量与两种对电压求偏导数的量相比,表达式相差了一个电压幅值,这从量纲分析也可解释。如果能令四种元素表达式量纲相同(进而表达式也基本相同),将为后面对常规牛顿-拉夫逊法做改进带来方便。为此可做如下处理(以有功平衡方程对应的修正方程为例):

$$\begin{aligned} -\Delta P_i &= \frac{\partial \Delta P_i}{\partial \theta_1}\Delta\theta_1 + \cdots + \frac{\partial \Delta P_i}{\partial \theta_{n-1}}\Delta\theta_{n-1} + \frac{\partial \Delta P_i}{\partial V_1}\Delta V_1 + \cdots + \frac{\partial \Delta P_i}{\partial V_m}\Delta V_m \\ &= \frac{\partial \Delta P_i}{\partial \theta_1}\Delta\theta_1 + \cdots + \frac{\partial \Delta P_i}{\partial \theta_{n-1}}\Delta\theta_{n-1} + V_1\frac{\partial \Delta P_i}{\partial V_1}\frac{\Delta V_1}{V_1} + \cdots + V_m\frac{\partial \Delta P_i}{\partial V_m}\frac{\Delta V_m}{V_m} \end{aligned} \tag{8.59}$$

式(8.59)最后一个等号表示的是把所有对电压幅值求偏导数所得的结果再乘以对应电压幅值,所得表达式就可与对电压相角求偏导数的结果量纲相同;为了保证原式不变,还应令待求解的电压修正量除以同一个电压幅值。也就是说,现在四种雅可比矩阵元素变为

$$\begin{cases} H_{ij} = \dfrac{\partial \Delta P_i}{\partial \theta_j} \\ N_{ij} = V_j\,\dfrac{\partial \Delta P_i}{\partial V_j} \\ K_{ij} = \dfrac{\partial \Delta Q_i}{\partial \theta_j} \\ L_{ij} = V_j\,\dfrac{\partial \Delta Q_i}{\partial V_j} \end{cases} \tag{8.60}$$

两种修正方程变量分别为 $\Delta\theta_j$ 和 $\Delta V_j/V_j$,修正方程变为

$$\begin{bmatrix} \Delta \boldsymbol{P} \\ \Delta \boldsymbol{Q} \end{bmatrix} = -\begin{bmatrix} \boldsymbol{H} & \boldsymbol{N} \\ \boldsymbol{K} & \boldsymbol{L} \end{bmatrix}\begin{bmatrix} \Delta\boldsymbol{\theta} \\ \boldsymbol{V}_{\mathrm{D}_2}^{-1}\Delta\boldsymbol{V} \end{bmatrix} \tag{8.61}$$

式中:

$$\boldsymbol{V}_{\mathrm{D}_2}^{-1} = \begin{bmatrix} \dfrac{1}{V_1} & & & \\ & \dfrac{1}{V_2} & & \\ & & \ddots & \\ & & & \dfrac{1}{V_m} \end{bmatrix} \tag{8.62}$$

8.5　牛顿-拉夫逊法潮流计算的改进

8.4节中介绍的潮流方程求解的牛顿-拉夫逊法是通用方法的直接应用。如果能

考虑到潮流方程自身的特点,可以对常规方法做一定的改进,以进一步提高潮流计算的性能。本节分别对极坐标系潮流方程计算和直角坐标系潮流方程计算提出相应的改进方法,即 PQ 分解法和二阶潮流法,最后提出一种试图综合两种坐标系潮流方程优点、规避二者缺点的混合坐标系潮流计算方法。

8.5.1　PQ 分解法

仔细分析图 8-13 所示的牛顿-拉夫逊法的通用流程可以发现,整个迭代过程中最耗计算资源的主要有两个,即生成雅可比矩阵和求解修正方程。尤其是对前者而言,以极坐标系潮流方程为例,每次迭代过程都要重新生成大小为 $(n-1+m) \times (n-1+m)$ 的雅可比矩阵,这对动辄有成千上万条母线的现代大电网而言,需要付出巨大的计算量,严重影响了整个计算过程的性能。求解修正方程的计算量本质上也由雅可比矩阵规模来决定。

从式(8.61)可见,修正方程所体现的是节点有功功率和无功功率的微小变化量与节点电压相角和幅值的微小变化量之间的线性关系。在第 6 章中曾经介绍,不同节点之间之所以存在相角差是因为存在有功功率的传输,之所以存在幅值差是因为存在无功功率的传输,这主要是由于在高压输电网中所有支路的电阻 r_{ij} 都远远小于电抗 x_{ij},导致等价的电导 g_{ij} 也远远小于电纳 b_{ij}(的绝对值),从而得到这种近似的数量关系。由于相同的原因,事实上使得所有节点导纳矩阵元素的实部 G_{ij} 也远远小于虚部 B_{ij},从而针对某个节点微小的变化量也有类似的关系。也就是说,修正方程中 N、K 两个非对角线子块中非 0 元素的大小远远小于 H、L 两个对角线子块中非 0 元素的大小,故可做如下近似:

$$\begin{bmatrix} \Delta P \\ \Delta Q \end{bmatrix} = -\begin{bmatrix} H & \\ & L \end{bmatrix}\begin{bmatrix} \Delta \theta \\ V_{D_2}^{-1} \Delta V \end{bmatrix} \tag{8.63}$$

或等价的

$$\begin{cases} \Delta P = -H\Delta\theta \\ \Delta Q = -LV_D^{-1}\Delta V \end{cases} \tag{8.64}$$

式(8.64)意味着已经可以把式(8.61)所示的含 $(n-1+m)$ 个变量的线性方程组近似为分别含 $(n-1)$ 个变量和 m 个变量的两个稍小规模的线性方程组,这已经在一定程度上减小了计算的规模[①]。

由于矩阵子块 H 和 L 中元素表达式的特殊性,还可对两个修正方程做进一步的推导,以得到进一步的简化。以矩阵子块 H 为例进行讨论,矩阵子块 L 的情况类似,不再赘述。

对于 $i \neq j$ 的情况,观察式(8.57)中的 H_{ij} 的表达式,注意到若其不等于零,式(8.57)中用到的 G_{ij} 或 B_{ij} 至少有一个不为 0,即必为节点 i 和 j 之间有支路的情况。由于同一条支路两端节点电压相角不可能很大,此处假设 $\theta_{ij} \approx 0$,则 $\sin\theta_{ij} \approx 0$,$\cos\theta_{ij} \approx 1$。又注意到 $G_{ij} \ll B_{ij}$,故 H_{ij} 表达式中括号内第一项远远小于第二项,从而有近似式:

$$H_{ij} \approx V_i V_j B_{ij} \tag{8.65}$$

---

① 至少已经忽略了两个大小为 $(n-1) \times m$ 的矩阵元素的更新。

对于 $i=j$ 的情况，有 $H_{ii}=V_i^2B_{ii}+Q_i$。考虑节点导纳矩阵元素的物理意义，可知 B_{ii} 数值上等于电网中节点 i 接入单位电压源所有其他节点都接地的情况下，由节点 i 流入电网的电流数值的虚部，如图 8-14 所示。由于这是多数节点都对地短路的情况，图中节点 i 流入电网的电流远大于正常情况下的电流。这将使得 $H_{ii}=V_i^2B_{ii}+Q_i$ 中第一项远大于第二项，从而有近似式，显然其为式(8.65)在 $i=j$ 时的特例：

$$H_{ii}\approx V_i^2B_{ii} \tag{8.66}$$

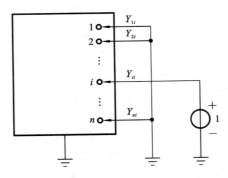

图 8-14　节点导纳矩阵对角元的物理意义

也就是说，式(8.64)中的第一个方程可以写出进一步近似的展开式：

$$
\begin{bmatrix} \Delta P_1 \\ \Delta P_2 \\ \vdots \\ \Delta P_{n-1} \end{bmatrix} = -
\begin{bmatrix}
V_1B_{11}V_1 & V_1B_{12}V_2 & \cdots & V_1B_{1,n-1}V_{n-1} \\
V_2B_{21}V_1 & V_2B_{22}V_2 & \cdots & V_2B_{2,n-1}V_{n-1} \\
\vdots & \vdots & \vdots & \vdots \\
V_{n-1}B_{n-1,1}V_1 & V_{n-1}B_{n-1,2}V_2 & \cdots & V_{n-1}B_{n-1,n-1}V_{n-1}
\end{bmatrix}
\begin{bmatrix} \Delta\theta_1 \\ \Delta\theta_2 \\ \vdots \\ \Delta\theta_{n-1} \end{bmatrix}
\tag{8.67}
$$

等价为

$$
\begin{bmatrix} \Delta P_1 \\ \Delta P_2 \\ \vdots \\ \Delta P_{n-1} \end{bmatrix} = -
\begin{bmatrix}
V_1 & & & \\
& V_2 & & \\
& & \ddots & \\
& & & V_{n-1}
\end{bmatrix}
\begin{bmatrix}
B_{11} & B_{12} & \cdots & B_{1,n-1} \\
B_{21} & B_{22} & \cdots & B_{2,n-1} \\
\vdots & \vdots & \vdots & \vdots \\
B_{n-1,1} & B_{n-1,2} & \cdots & B_{n-1,n-1}
\end{bmatrix} \cdot
$$

$$
\begin{bmatrix}
V_1 & & & \\
& V_2 & & \\
& & \ddots & \\
& & & V_{n-1}
\end{bmatrix}
\begin{bmatrix} \Delta\theta_1 \\ \Delta\theta_2 \\ \vdots \\ \Delta\theta_{n-1} \end{bmatrix}
\tag{8.68}
$$

最终有

$$
\begin{bmatrix} \dfrac{\Delta P_1}{V_1} \\[2mm] \dfrac{\Delta P_2}{V_2} \\[2mm] \vdots \\[2mm] \dfrac{\Delta P_{n-1}}{V_{n-1}} \end{bmatrix} = -
\begin{bmatrix}
B_{11} & B_{12} & \cdots & B_{1,n-1} \\
B_{21} & B_{22} & \cdots & B_{2,n-1} \\
\vdots & \vdots & \vdots & \vdots \\
B_{n-1,1} & B_{n-1,2} & \cdots & B_{n-1,n-1}
\end{bmatrix}
\begin{bmatrix} V_1\Delta\theta_1 \\ V_2\Delta\theta_2 \\ \vdots \\ V_{n-1}\Delta\theta_{n-1} \end{bmatrix}
\tag{8.69}
$$

类似地，式(8.64)中的第二个方程可以写出进一步近似的展开式

$$
\begin{bmatrix} \dfrac{\Delta Q_1}{V_1} \\ \dfrac{\Delta Q_2}{V_2} \\ \vdots \\ \dfrac{\Delta Q_m}{V_m} \end{bmatrix} = - \begin{bmatrix} B_{11} & B_{12} & \cdots & B_{1m} \\ B_{21} & B_{22} & \cdots & B_{2m} \\ \vdots & \vdots & \vdots & \vdots \\ B_{m1} & B_{m2} & \cdots & B_{mm} \end{bmatrix} \begin{bmatrix} \Delta V_1 \\ \Delta V_2 \\ \vdots \\ \Delta V_{n-1} \end{bmatrix} \tag{8.70}
$$

式(8.69)和式(8.70)可表达为紧凑形式,即

$$
\begin{cases} \dfrac{\Delta P}{V} = -B' V_{D1} \Delta \theta \\ \dfrac{\Delta Q}{V} = -B'' \Delta V \end{cases} \tag{8.71}
$$

式中:

$$
V_{D1} = \begin{bmatrix} V_1 & & & \\ & V_2 & & \\ & & \ddots & \\ & & & V_{n-1} \end{bmatrix} \tag{8.72}
$$

式(8.71)涉及的两个系数矩阵 B' 和 B'' 分别为节点导纳矩阵虚部的前 $n-1$ 行和前 $n-1$ 列所形成的方阵,以及前 m 行和前 m 列所形成的方阵。这两个矩阵有如下三个共同的性质:

(1)由于节点导纳矩阵不变,因此这两个矩阵都是常数矩阵,这是进行上述近似所带来的最大好处,无须每次迭代重新计算修正方程系数矩阵,仅需在计算程序初始化的环节取出节点导纳矩阵对应元素数值即可,这显著降低了计算量;

(2)两个矩阵都是对称矩阵,在具体求解过程中诸如因子表分解等计算可减少一半左右计算量;

(3)由于大规模电网的节点导纳矩阵是高度稀疏的矩阵,故这两个矩阵也都是稀疏矩阵,可以应用相应的稀疏技术。

需要说明的一点是,尽管 PQ 分解法对单次迭代过程做了近似,使得单次迭代修正的效果不及常规的牛顿-拉夫逊法,但由于两种方法都使用相同的收敛判据,一旦算法收敛,所得结果的精确性并不受影响。此外,尽管单次迭代修正效果变差,导致收敛所需迭代次数增加,但由于单次迭代的计算速度大大加快,多数情况下 PQ 分解法的确能够改善计算性能。

由于 PQ 分解法做出改进的前提是针对高压输电网中支路电阻远远小于电抗的情况,这一假设对中低压配电网往往是不成立的,因此直接将 PQ 分解法应用于这些电网有可能并不适用,或需要做适应性处理。

在现有的商用电力系统仿真软件中,有时会利用 PQ 分解法迭代若干次,用迭代结果作为质量较好的初始值再切换到常规的牛顿-拉夫逊法,利用后者收敛性能优异的特点来快速得到收敛解。

8.5.2 二阶潮流法

8.5.1 节介绍的 PQ 分解法在改进传统牛顿-拉夫逊法时利用到了极坐标系潮流方

程表达式的特殊性。类似地,如果能利用直角坐标潮流方程表达式的特殊性,同样能提出相应的改进算法。其中最常见的就是二阶潮流法,利用的是直角坐标潮流方程均为待求解变量二次多项式的特点。

式(8.73)是一元二次多项式的通用形式,显然也是非线性的表达式,即

$$y = f(x) = ax^2 + bx + c \tag{8.73}$$

则可将其展开成 $x^{(0)}$ 附近的泰勒级数展开式形式

$$f(x) = f(x^{(0)} + \Delta x) = f(x^{(0)}) + f'(x^{(0)})\Delta x + \frac{f''(x^{(0)})}{2!}(\Delta x)^2 + \frac{f'''(x^{(0)})}{3!}(\Delta x)^3 + \cdots \tag{8.74}$$

式中:

$$\begin{aligned}
&f(x^{(0)}) = a(x^{(0)})^2 + bx^{(0)} + c \\
&f'(x^{(0)}) = 2ax^{(0)} + b \\
&f''(x^{(0)}) = 2a \\
&f'''(x^{(0)}) = 0 = f^{(4)}(x^{(0)}) = \cdots
\end{aligned} \tag{8.75}$$

显然可见,尽管理论上泰勒级数应该包含无穷多项,但由于二次多项式的特殊性,事实上三阶及更高阶导数均为0,故泰勒级数展开式保留到二次项就已经是精确表达式了,不存在近似。直角坐标潮流方程也是待求解变量的二次多项式,只不过变量不是一元而是多元,基本的性质是相同的。如果能把二次项的因素考虑进潮流计算的迭代中,将改善算法的收敛性能。

仔细观察式(8.49)和式(8.50)可以发现,直角坐标潮流方程二次多项式中没有一次项,也就是说除常数项外的表达式是二次齐次多项式。假设方程中共有 n 个变量[①],每个方程均表示为常数项等于某个二次齐次多项式的形式,其中第 i 个方程的通用表达式为

$$\begin{aligned}
y_i^s &= y_i(x_1, x_2, \cdots, x_n) \\
&= [(a_{11})_i x_1 x_1 + (a_{12})_i x_1 x_2 + \cdots + (a_{1n})_i x_1 x_n] \\
&\quad + [(a_{21})_i x_2 x_1 + (a_{22})_i x_2 x_2 + \cdots + (a_{2n})_i x_2 x_n] \\
&\quad + \cdots + [(a_{n1})_i x_n x_1 + (a_{n2})_i x_n x_2 + \cdots + (a_{nn})_i x_n x_n]
\end{aligned} \tag{8.76}$$

n 个方程汇总到一起的矩阵形式为

$$\begin{bmatrix} y_1^s \\ \vdots \\ y_n^s \end{bmatrix} = \begin{bmatrix} (a_{11})_1 & \cdots & (a_{1n})_1 & | & \cdots & | & (a_{n1})_1 & \cdots & (a_{nn})_1 \\ \vdots & \vdots & \vdots & | & \cdots & | & \vdots & \vdots & \vdots \\ (a_{11})_n & \cdots & (a_{1n})_n & | & \cdots & | & (a_{n1})_n & \cdots & (a_{nn})_n \end{bmatrix} \begin{bmatrix} x_1 x_1 \\ \vdots \\ x_1 x_n \\ \vdots \\ x_n x_1 \\ \vdots \\ x_n x_n \end{bmatrix} \tag{8.77}$$

或表示为紧凑形式,即

$$y^s = A \begin{bmatrix} x_1 \boldsymbol{x} \\ \vdots \\ x_n \boldsymbol{x} \end{bmatrix} = \boldsymbol{y}(\boldsymbol{x}) \tag{8.78}$$

---

① 注意:此时的 n 是变量个数,不是电网中节点个数。

式中：$\boldsymbol{x} = [x_1 \quad \cdots \quad x_n]^{\mathrm{T}}$，系数矩阵

$$\boldsymbol{A} = \begin{bmatrix} (a_{11})_1 & \cdots & (a_{1n})_1 & | & \cdots & | & (a_{n1})_1 & \cdots & (a_{nn})_1 \\ \vdots & \vdots & \vdots & | & \cdots & | & \vdots & \vdots & \vdots \\ (a_{11})_n & \cdots & (a_{1n})_n & | & \cdots & | & (a_{n1})_n & \cdots & (a_{nn})_n \end{bmatrix}$$

为常数矩阵。

仿照式(8.74)针对一元二次多项式进行泰勒级数展开的做法，可得式(8.76)泰勒级数展开式的精确形式

$$y_i^s = y_i(\boldsymbol{x}^{(0)}) + \sum_{j=1}^{n} \frac{\partial y_i}{\partial x_j}\bigg|_{x=x^{(0)}} \Delta x_j + \frac{1}{2!}\sum_{j=1}^{n}\sum_{k=1}^{n} \frac{\partial^2 y_i}{\partial x_j \partial x_k}\bigg|_{x=x^{(0)}} \Delta x_j \Delta x_k \quad (8.79)$$

对应的矩阵形式为

$$\boldsymbol{y}^s = \boldsymbol{y}(\boldsymbol{x}^{(0)}) + \boldsymbol{J}\Delta\boldsymbol{x} + \frac{1}{2}\boldsymbol{H}\begin{bmatrix} \Delta x_1 \Delta \boldsymbol{x} \\ \vdots \\ \Delta x_1 \Delta \boldsymbol{x} \end{bmatrix} \quad (8.80)$$

式中：$\boldsymbol{y}^s$ 为每个直角坐标潮流方程表达式中已知值所形成的列向量，显然也是已知值；$\boldsymbol{y}(\boldsymbol{x}^{(0)})$ 为将待求解变量初始值 $\boldsymbol{x}^{(0)}$ 代入式(8.78)等号右侧所得列向量，当初始值已知时仅需简单代入计算即可得到，且所得结果在整个迭代过程中不变；$\boldsymbol{J}$ 为潮流方程在初始值 $\boldsymbol{x}^{(0)}$ 处的雅可比矩阵，注意这虽然对大电网而言是一个庞大的方阵，但是一个常数矩阵，仅需在迭代之初计算一次，后面的迭代中重复使用即可；$\boldsymbol{H}$ 为海森矩阵，包含元素个数为变量的立方，对大电网而言直接计算海森矩阵极其困难。

如果能够求出式(8.80)中的 $\Delta\boldsymbol{x}$，就等价地求出了待求解向量 $\boldsymbol{x}=\boldsymbol{x}^{(0)}+\Delta\boldsymbol{x}$。然而对 $\Delta\boldsymbol{x}$ 而言，式(8.76)仍是一个非线性表达式，仍旧没有用解析的方式来得到 $\Delta\boldsymbol{x}$。尤其是由于海森矩阵的存在，等号右侧第三项的计算相当烦琐，要想让算法有实际应用，就必须能用简单的方法来计算第三项。

注意到式(8.76)等号右侧为待求解变量的二次齐次多项式，即等号右侧任意项的通式为 $x_i x_j$，其中 $i=1,2,\cdots,n,j=1,2,\cdots,n$，则其相对于初始值的微分式为

$$x_i x_j = (x_i^{(0)} + \Delta x_i)(x_j^{(0)} + \Delta x_j) = x_i^{(0)} x_j^{(0)} + (x_i^{(0)}\Delta x_j + x_j^{(0)}\Delta x_i) + \Delta x_i \Delta x_j$$
$$(8.81)$$

故由式(8.78)有

$$\boldsymbol{y}^s = \boldsymbol{A}\begin{bmatrix} x_1^{(0)} x_1^{(0)} \\ \vdots \\ x_i^{(0)} x_j^{(0)} \\ \vdots \\ x_n^{(0)} x_n^{(0)} \end{bmatrix} + \boldsymbol{A}\begin{bmatrix} x_1^{(0)}\Delta x_1 + x_1^{(0)}\Delta x_1 \\ \vdots \\ x_i^{(0)}\Delta x_j + x_j^{(0)}\Delta x_i \\ \vdots \\ x_n^{(0)}\Delta x_n + x_n^{(0)}\Delta x_n \end{bmatrix} + \boldsymbol{A}\begin{bmatrix} \Delta x_1 \Delta x_1 \\ \vdots \\ \Delta x_i \Delta x_j \\ \vdots \\ \Delta x_n \Delta x_n \end{bmatrix} \quad (8.82)$$

对比式(8.78)和式(8.82)，可知

$$\boldsymbol{y}(\boldsymbol{x}^{(0)}) = \boldsymbol{A}\begin{bmatrix} x_1^{(0)} x_1^{(0)} \\ \vdots \\ x_i^{(0)} x_j^{(0)} \\ \vdots \\ x_n^{(0)} x_n^{(0)} \end{bmatrix} \quad (8.83)$$

$$y(\Delta x) = A \begin{bmatrix} \Delta x_1 \Delta x_1 \\ \vdots \\ \Delta x_i \Delta x_j \\ \vdots \\ \Delta x_n \Delta x_n \end{bmatrix} \tag{8.84}$$

又易知

$$J\Delta x = A \begin{bmatrix} x_1^{(0)} \Delta x_1 + x_1^{(0)} \Delta x_1 \\ \vdots \\ x_i^{(0)} \Delta x_j + x_j^{(0)} \Delta x_i \\ \vdots \\ x_n^{(0)} \Delta x_n + x_n^{(0)} \Delta x_n \end{bmatrix} \tag{8.85}$$

由式(8.83)～式(8.85),可以证明

$$\frac{1}{2} H \begin{bmatrix} \Delta x_1 \Delta x \\ \vdots \\ \Delta x_1 \Delta x \end{bmatrix} = y(\Delta x) \tag{8.86}$$

将 Δx 当前值代入式(8.78)等号右侧的函数表达式中即可得到式(8.80)等号右侧第三项的结果,而不必进行烦琐的海森矩阵的计算。此时式(8.80)可变为

$$y^s = y(x^{(0)}) + J\Delta x + y(\Delta x) \tag{8.87}$$

至此完成构造二阶潮流法的迭代过程,将针对待求解的节点电压的迭代过程替换为对初始值的修正量的替换过程,即

$$J\Delta x^{(k+1)} = y^s - y(x^{(0)}) - y(\Delta x^{(k)}) \tag{8.88}$$

式(8.88)其实是标准的线性代数方程组形式。在前面已经讨论,式(8.88)等号左侧的雅可比矩阵 J 是常数矩阵,迭代过程中保持不变。等号右侧是三个列向量相加减的结果,其中前两个列向量为常数向量,仅第三个列向量需要根据当前修正量的迭代结果来重新计算,且仅为简单的函数代入计算。求解该方程组即可得到新的修正量,反复迭代直至收敛即可得到最终的修正量,该修正量用来修正指定的初始值。

由于式(8.88)考虑了泰勒级数二次项的影响,使得级数计算更加精确,算法的收敛性更好。

8.5.3 混合坐标系潮流计算方法

在 8.4.2 节中曾提到,直角坐标和极坐标两种坐标系的潮流方程表达式各有优缺点,如果能够有方法兼具二者的优点,尽可能规避各自的缺点,则可以对常规的牛顿-拉夫逊法潮流计算做出改进。具体来说,新的方法应该能做到:① 潮流方程尽量用多项式来表达;② 潮流方程的个数与极坐标系潮流方程个数相同。

下面针对图 8-13 所示的牛顿-拉夫逊法潮流计算的各个环节来介绍常规的牛顿-拉夫逊法潮流计算是如何加以改进的。

1. 初始化

初始化的处理比较简单,形成节点导纳矩阵与采用何种坐标系无关,仅需给出节点电压初始值的直角坐标形式即可。

2. 计算不平衡量

利用式(8.49)的第一式计算所有非平衡节点的有功不平衡量,利用第二式计算所有 PQ 节点的无功不平衡量。需要注意的是,尽管这里在计算不平衡量的时候采用的是直角坐标形式,但其是针对极坐标潮流方程涉及的不平衡量进行的计算。无论采用什么坐标系的形式,各个不平衡量的计算结果都是实数量而已,因此这里所说的不平衡量计算方法完全可以用于极坐标潮流计算迭代的收敛判断和修正方程求解中。

3. 收敛判断

本质上仍是实数数组排序问题,这与采用什么坐标系形式的潮流模型无关。

4. 计算雅可比矩阵

由于想要让潮流方程个数与极坐标系潮流方程个数相同,因此实际参与计算的仍是极坐标系潮流方程的雅可比矩阵(见式(8.61)),但需要将其用直角坐标的形式来表达。

以 $i \neq j$ 时的 H_{ij} 为例,有

$$
\begin{aligned}
H_{ij} &= \frac{\partial \Delta P_i}{\partial \theta_j} = -V_i V_j (G_{ij} \sin\theta_{ij} - B_{ij} \cos\theta_{ij}) \\
&= -V_i V_j G_{ij} (\sin\theta_i \cos\theta_j - \cos\theta_i \sin\theta_j) \\
&\quad + V_i V_j B_{ij} (\cos\theta_i \cos\theta_j + \sin\theta_i \sin\theta_j)
\end{aligned}
\tag{8.89}
$$

注意到 $e_i = V_i \cos\theta_i$,$f_i = V_i \sin\theta_i$,则有

$$
H_{ij} = -G_{ij} (f_i e_j - e_i f_j) + B_{ij} (e_i e_j + f_i f_j)
\tag{8.90}
$$

式(8.90)即为用直角坐标变量表示的 H_{ij} 计算公式,对其余矩阵子块 **N**、**M** 和 **L** 的处理方式类似。

当 $i = j$ 时,对应的雅可比矩阵元素中仅用到电压幅值,电压相角量未出现,电压幅值可直接用 $V_i = \sqrt{e_i^2 + f_i^2}$ 来计算,不再赘述。

5. 求解修正方程

此时要求解的修正方程为

$$
-\boldsymbol{J}(e^{(k)}, f^{(k)}) \begin{bmatrix} \Delta\boldsymbol{\theta}^{(k)} \\ (\Delta\boldsymbol{V}/\boldsymbol{V})^{(k)} \end{bmatrix} = \begin{bmatrix} \Delta\boldsymbol{P}(e^{(k)}, f^{(k)}) \\ \Delta\boldsymbol{Q}(e^{(k)}, f^{(k)}) \end{bmatrix}
\tag{8.91}
$$

可见尽管方程中系数矩阵(雅可比矩阵)和不平衡量均已可使用当前迭代的直角坐标变量结果来计算,但方程求解的结果仍是极坐标潮流方程的修正量。方程的具体求解方法与通用的线性代数方程组求解方法无异,不需要特殊处理。

6. 修正变量

由于式(8.91)的解是极坐标系潮流方程的修正量,也就是说直接能够修正的是节点电压的幅值和相角。但本方法希望所有的变量都为直角坐标形式,因此需要有方法可以用所得到的修正量来对电压的实部和虚部进行修正。

以如何得到新的电压实部为例:

$$
\begin{aligned}
e_i^{(k+1)} &= V_i^{(k+1)} \cos\theta_i^{(k+1)} = (V_i^{(k)} + \Delta V_i^{(k)}) \cos(\theta_i^{(k)} + \Delta\theta_i^{(k)}) \\
&= V_i^{(k)} [1 + (\Delta V_i/V_i)^{(k)}] (\cos\theta_i^{(k)} \cos\Delta\theta_i^{(k)} - \sin\theta_i^{(k)} \sin\Delta\theta_i^{(k)}) \\
&= [1 + (\Delta V_i/V_i)^{(k)}] (e_i^{(k)} \cos\Delta\theta_i^{(k)} - f_i^{(k)} \sin\Delta\theta_i^{(k)})
\end{aligned}
\tag{8.92}
$$

利用式(8.92)的最后一式即可实现利用极坐标修正方程结果来对节点电压实部进行修正。类似也可以得到对电压虚部进行修正的表达式:

$$f_i^{(k+1)} = [1 + (\Delta V_i / V_i)^{(k)}](f_i^{(k)} \cos\Delta\theta_i^{(k)} + e_i^{(k)} \sin\Delta\theta_i^{(k)}) \tag{8.93}$$

可见对电压实部和虚部的修正不是简单的实数加减法了,变得略为复杂。尤其是从式(8.92)和式(8.93)中可以看到正弦函数和余弦函数的表达式,并没有完全避免对三角函数的使用。当然也仅在修正电压时使用了三角函数,而不是像常规极坐标系潮流计算的牛顿-拉夫逊法那样,几乎所有雅可比矩阵计算都要使用三角函数,从算法整体来看还是规避了大量对三角函数的使用。如果认为由于相角修正量比较小(尤其是到了已经迭代若干次之后),则可以利用如下的近似式来真正避免三角函数的使用:

$$\cos\Delta\theta_i^{(k)} \approx 1 \quad \sin\Delta\theta_i^{(k)} \approx \Delta\theta_i^{(k)} \tag{8.94}$$

当然由于式(8.94)进一步引入了近似,使得单次迭代的修正效果降低,从而增加了收敛的迭代次数。但由于避免了三角函数计算,单次迭代的计算速度增加,通常不至于削弱整体的计算性能,甚至还有可能有所提高。

最后需要说明的是,对 PV 节点来说,其电压幅值保持恒定,故在计算过程中应令 $1 + (\Delta V_i / V_i)^{(k)} = 1$。

8.6 牛顿-拉夫逊法的扩展

前面介绍的潮流计算所用的牛顿-拉夫逊法针对的仅是最经典的电力系统模型,即针对仅包含三种节点类型(PV 节点、PQ 节点、平衡节点)和纯交流三相对称电网的电力系统进行的潮流计算。随着技术的发展,尤其是新能源发电技术和电力电子技术日益广泛的应用,人们对电力系统潮流的控制更加灵活且有力,使得电网中出现了为满足特定运行目标而呈现出的新的节点或支路类型,进而使整体潮流模型发生了变化。对这些潮流进行计算通常仍沿用牛顿-拉夫逊法并做适当扩展,本节介绍其中几种比较典型的情况。

8.6.1 对负荷电压静特性的考虑

在常规潮流计算中,所有的功率都取恒功率模型,即认为节点注入电网中的功率若已知,则其不随所连节点电压幅值的变化而变化,因此在通过令不平衡方程对电压求偏导数来获得相应雅可比矩阵元素时,将不包含与节点注入功率有关的项。

事实上恒功率模型仅是负荷电压静特性的一种特殊形式。常见的负荷电压静特性为第 5 章所介绍的 ZIP 模型,恒功率模型为该模型中恒阻抗分量和恒电流分量均为 0 的特殊情况。还可能有其他的负荷电压静特性形式,可统一写为

$$\begin{cases} P_i^{\text{SP}} = P_i^{\text{SP}}(V_i) \\ Q_i^{\text{SP}} = Q_i^{\text{SP}}(V_i) \end{cases} \tag{8.95}$$

式(8.95)表明,本节所分析的负荷注入功率仅与所在母线电压有关,不考虑其他母线电压的影响。

以极坐标系潮流方程为例,式(8.95)不但改变了潮流方程表达式(8.51)和式(8.52),同时也影响了相应雅可比矩阵元素计算公式。显然只影响 $i=j$ 时功率偏移量对电压幅值求偏导数的情况,例如此时式(8.58)中的 L_{ii} 将变为

$$L_{ii} = \frac{\partial \Delta Q_i}{\partial V_i} = \frac{\mathrm{d}Q_i^{\mathrm{SP}}}{\mathrm{d}V_i} + V_i B_{ii} - \frac{Q_i}{V_i} \tag{8.96}$$

N_{ii} 也有类似变化,$\boldsymbol{H}$、$\boldsymbol{M}$ 两个矩阵子块中的元素保持不变。

在考虑了负荷电压静特性之后,除上述潮流方程表达式和雅可比矩阵中 $\boldsymbol{N}$、$\boldsymbol{L}$ 两个矩阵子块对角元表达式有所变化外,牛顿-拉夫逊法的其他步骤均不变。

8.6.2　含有载调压变压器的电力系统的潮流计算

传统的变压器在投入运行之前需合理地选择变比(分接头位置),一旦投入运行后变比就是确定不变的常数。由于在形成节点导纳矩阵时把双绕组变压器处理成了由三条与变比相关的支路所构成的 π 形等值电路,这也就意味着传统变压器对节点导纳矩阵的影响是确定不变的,从而可以在开始迭代之前形成节点导纳矩阵,不必随时更新。

在现代电力系统中,越来越多地应用了所谓有载调压变压器(under load tap changer,ULTC)。这种变压器在运行中可以根据电网运行状态来实时调节分接头位置,从而为改善整个电网的运行提供额外的手段。如何合理地选择分接头的位置视具体的运行需求和变压器自身的调节能力而定,这对潮流计算而言提出了新的问题。

ULTC 的一种常见的控制目标是控制某个节点电压幅值恒定。例如,有一 ULTC 连接了节点 p 和节点 q(见图 8-15),其中节点 q 是负荷节点,负荷功率为恒功率型且已知,希望通过合理选择 ULTC 的变比

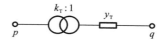

图 8-15　双绕组有载调压变压器

使得无论电网中的运行状态发生何种变化,都能保证节点 q 的电压幅值保持恒定。显然,此时节点 q 的有功注入、无功注入及电压幅值均已知,按照 8.1.3 节所介绍的节点分类命名的惯例,应将节点 q 称为 PQV 节点。

在 8.4.2 节中,每个节点潮流方程列写的原则是令节点状态已知量与由潮流结果(通常为节点电压)计算出来的同一量相等。例如,对 PQ 节点或 PV 节点而言,已知的节点注入有功功率应等于由全网所有节点电压和电网模型计算出来的该节点注入有功功率,事实上即等于由该节点通过电网流向其他节点的有功功率。前面介绍的三种节点类型都是已知 2 个量求另外 2 个量,因此可以列出 2 个方程,确保方程和变量个数相同。而对于这里所说的 PQV 节点,已知的是 3 个量,未知的仅有 1 个量,如何能确保方程和变量的个数相同?

事实上,节点 q 电压幅值 V_q 之所以能够保持恒定,是由动态调节变压器变比 k_{T} 来实现的,因此该变比是由潮流状态的最终结果来确定的。也就是说,该节点虽然增加了一个已知量,但同时也增加了一个未知量,事实上并没有破坏方程和变量个数的关系。显然,此时调节变压器变比 k_{T} 成为新的潮流方程待求解变量了。

潮流方程的表达式本质上并没有发生变化,但由于 k_{T} 成为变量,因此需要把受节点导纳矩阵中与 k_{T} 有关的元素所影响的潮流方程表达式明确地展开表达出来,显然仅涉及节点 p 和节点 q 的功率平衡方程,其复数形式分别为

$$\Delta S_p = S_p^{\mathrm{SP}} - \sum_j \dot{V}_p \overset{*}{V}_j \overset{*}{Y}_{pj} = S_p^{\mathrm{SP}} - \sum_{j \neq p,q} \dot{V}_p \overset{*}{V}_j \overset{*}{Y}_{pj} - V_p^2 \left(\overset{*}{Y}_{pp}' + \frac{y_{\mathrm{T}}}{k_{\mathrm{T}}^2} \right) + \dot{V}_p \overset{*}{V}_q \frac{\overset{*}{y_{\mathrm{T}}}}{k_{\mathrm{T}}} \tag{8.97}$$

$$\Delta S_q = S_q^{\mathrm{SP}} - \sum_j \dot{V}_q \overset{*}{V}_j \overset{*}{Y}_{qj} = S_q^{\mathrm{SP}} - \sum_{j \neq p} \dot{V}_q \overset{*}{V}_j \overset{*}{Y}_{qj} + \dot{V}_q \overset{*}{V}_p \frac{\overset{*}{y_{\mathrm{T}}}}{k_{\mathrm{T}}} \tag{8.98}$$

式中：$\overset{*}{Y}{}'_{pp}$为节点p不包含p、q间支路影响的自导纳的共轭，即除有载调压变压器支路外所有与节点p相连的支路导纳之和。考虑图 8-15 中变压器对应的π形等值电路，可以很容易得到式(8.97)和式(8.98)。

在后面的讨论中，节点电压采用 8.5.3 节所介绍的混合坐标形式。当计算潮流方程对常规变量（电压实部和虚部）求偏导数时，与前文所述经典潮流法无异。区别在于潮流方程对新引入的变压器变比变量求偏导数的情况。采用极坐标潮流方程中对雅可比矩阵N、L子块类似的处理方法，可以得到

$$\frac{\partial \Delta S_p}{\partial k_\mathrm{T}} k_\mathrm{T} = \frac{2V_p^2 \overset{*}{y}_\mathrm{T}}{k_\mathrm{T}^2} - \frac{\dot{V}_p \overset{*}{\dot{V}}_q \overset{*}{y}_\mathrm{T}}{k_\mathrm{T}} = \dot{V}_p \overset{*}{\dot{V}}_q \overset{*}{Y}_{pq} - \frac{2V_p^2 \overset{*}{Y}_{pq}}{k_\mathrm{T}} \tag{8.99}$$

$$\frac{\partial \Delta S_q}{\partial k_\mathrm{T}} k_\mathrm{T} = \dot{V}_q \overset{*}{\dot{V}}_p \overset{*}{Y}_{pq} \tag{8.100}$$

故当V_q给定时，与原来潮流方程修正量$\Delta V/V$相对应的雅可比矩阵元素为

$$\begin{cases} \dfrac{\partial \Delta P_p}{\partial k_\mathrm{T}} k_\mathrm{T} = e_p(e_q G_{pq} - f_q B_{pq}) + f_p(e_q B_{pq} + f_q G_{pq}) - 2(e_p^2 + f_p^2)\dfrac{G_{pq}}{k_\mathrm{T}} \\[3mm] \dfrac{\partial \Delta Q_p}{\partial k_\mathrm{T}} k_\mathrm{T} = f_p(e_q G_{pq} - f_q B_{pq}) - e_p(e_q B_{pq} + f_q G_{pq}) + 2(e_p^2 + f_p^2)\dfrac{B_{pq}}{k_\mathrm{T}} \\[3mm] \dfrac{\partial \Delta P_q}{\partial k_\mathrm{T}} k_\mathrm{T} = e_q(e_p G_{pq} - f_p B_{pq}) + f_q(e_p B_{pq} + f_p G_{pq}) \\[3mm] \dfrac{\partial \Delta Q_q}{\partial k_\mathrm{T}} k_\mathrm{T} = f_q(e_p G_{pq} - f_p B_{pq}) - e_q(e_p B_{pq} + f_p G_{pq}) \end{cases} \tag{8.101}$$

新的潮流方程修正量为$\Delta k_\mathrm{T}/k_\mathrm{T}$。若电网中仅有这一台有载调压变压器，则只需将原混合坐标系潮流方程雅可比矩阵与节点q电压相对应的一列雅可比矩阵元素置 0，再将式(8.101)中的 4 个量填入相应位置即可，该列中其他元素均为 0，雅可比矩阵其他列均不变。

对比式(8.101)和混合坐标系潮流方程雅可比矩阵元素计算公式可以看出：

$$\begin{cases} \dfrac{\partial \Delta P_p}{\partial k_\mathrm{T}} k_\mathrm{T} = -\dfrac{\partial \Delta P_p}{\partial V_q} V_q - 2(e_p^2 + f_p^2)\dfrac{G_{pq}}{k_\mathrm{T}} = -N_{pq} - 2(e_p^2 + f_p^2)\dfrac{G_{pq}}{k_\mathrm{T}} \\[3mm] \dfrac{\partial \Delta Q_p}{\partial k_\mathrm{T}} k_\mathrm{T} = -\dfrac{\partial \Delta Q_p}{\partial V_q} V_q + 2(e_p^2 + f_p^2)\dfrac{G_{pq}}{k_\mathrm{T}} = -L_{pq} + 2(e_p^2 + f_p^2)\dfrac{G_{pq}}{k_\mathrm{T}} \\[3mm] \dfrac{\partial \Delta P_q}{\partial k_\mathrm{T}} k_\mathrm{T} = -\dfrac{\partial \Delta P_q}{\partial V_p} V_p = -N_{qp} \\[3mm] \dfrac{\partial \Delta Q_q}{\partial k_\mathrm{T}} k_\mathrm{T} = -\dfrac{\partial \Delta Q_q}{\partial V_p} V_p = -L_{qp} \end{cases} \tag{8.102}$$

可见各节点功率对变比的偏导数与对电压值的偏导数相似。但由于变比在分母，因而偏导数相差一个负号。同时在变比所在侧节点功率的偏导数还包括与该节点电压平方有关的一项。

若考虑同时存在多台有载调压变压器的情况，这里假设所有有载调压变压器调节变比的控制目标都是令标准变比侧节点电压幅值恒定，则仅需把各受控电压的节点在雅可比矩阵中与$\Delta V/V$对应的一列替换成相应的与$\Delta k_\mathrm{T}/k_\mathrm{T}$对应的一列即可。

以图 8-16 为例进行说明。图中节点 1 为平衡节点，节点 6 为 PV 节点，其余为 PQ 节点。变比k_{23}用来调整节点 3 的电压，k_{45}则用来调整节点 5 的电压，即 3、5 两节点为 PQV 节点。

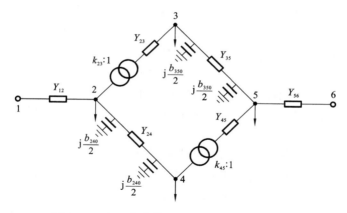

图 8-16 含两台有载调压变压器的六节点网络

导纳矩阵中与变比有关的元素为

$$Y_{22} = y_{12} + y_{24} + j\frac{b_{240}}{2} + y_{23}/k_{23}^2$$

$$Y_{23} = -y_{23}/k_{23}$$

$$Y_{44} = y_{24} + j\frac{b_{240}}{2} + y_{45}/k_{45}^2$$

$$Y_{45} = -y_{45}/k_{45}$$

在每次修正变比后,这些元素应予以修正,其余元素不受变比影响。

利用牛顿法求解时,其修正方程为

$$
\begin{bmatrix} \Delta P_2 \\ \Delta Q_2 \\ \Delta P_3 \\ \Delta Q_3 \\ \Delta P_4 \\ \Delta Q_4 \\ \Delta P_5 \\ \Delta Q_5 \\ \Delta P_6 \end{bmatrix} =
\begin{bmatrix}
H_{22} & N_{22} & H_{23} & C_{23} & H_{24} & N_{24} & 0 & 0 & 0 \\
M_{22} & L_{22} & M_{23} & D_{23} & M_{24} & L_{24} & 0 & 0 & 0 \\
H_{32} & N_{32} & H_{33} & C_{33} & 0 & 0 & H_{35} & * & 0 \\
M_{32} & L_{32} & M_{33} & D_{33} & 0 & 0 & M_{35} & * & 0 \\
H_{42} & N_{42} & 0 & 0 & H_{44} & N_{44} & H_{45} & C_{45} & 0 \\
M_{42} & L_{42} & 0 & 0 & M_{44} & L_{44} & M_{45} & D_{45} & 0 \\
0 & 0 & H_{53} & * & H_{54} & N_{54} & H_{55} & C_{55} & H_{56} \\
0 & 0 & M_{53} & * & M_{54} & L_{54} & M_{55} & D_{55} & M_{56} \\
0 & 0 & 0 & 0 & 0 & 0 & H_{65} & * & H_{66}
\end{bmatrix} \cdot
\begin{bmatrix} \Delta\theta_2 \\ \Delta V_2/V_2 \\ \Delta\theta_3 \\ \Delta k_{23}/k_{23} \\ \Delta\theta_4 \\ \Delta V_4/V_4 \\ \Delta\theta_5 \\ \Delta k_{45}/k_{45} \\ \Delta\theta_6 \end{bmatrix}
$$

$$(8.103)$$

式中:" $*$ "是一符号,表示在变比确定的潮流算法中,即该列对应于 $\Delta V/V$ 时,该元素不为零(为 N 或 L 中对应的元素值);而对变比为独立变量的算法,即该列对应于 $\Delta k_T/k_T$ 时,该元素为零。

C、D 各元素由式(8.101)求得,即

$$
\begin{cases}
C_{23} = -N_{23} - (e_2^2 + f_2^2)G_{23}/k_{23} \\
D_{23} = -L_{23} - (e_2^2 + f_2^2)B_{23}/k_{23} \\
C_{32} = -N_{32} \quad D_{32} = -L_{32} \\
C_{45} = -N_{45} - (e_4^2 + f_4^2)G_{45}/k_{45} \\
D_{45} = -L_{45} - (e_4^2 + f_4^2)B_{45}/k_{45} \\
C_{54} = -N_{54} \quad D_{54} = -L_{54}
\end{cases}
$$

获得修正方程后,即可进行迭代求解,具体过程不展开叙述。

最后需要指出的是,无论变压器的变比是否可以在线调节,都只能在一系列离散的数值中取值,通常有载调压变压器变比可选择的数值多一些。但无论如何,本节所介绍的潮流算法中把变比 k_T 当作连续量来处理,最终所得到的收敛值"几乎"不可能刚好等于某个档位分接头所对应的变比。因此只能选择与收敛值尽量接近的分接头,并予以必要的校验。与此同时,控制某节点电压恒定也只能是理想化的目标,实际的结果往往是控制该电压在允许范围之内。

理论上如果对连续量施加控制使其满足等式约束,必须要有连续化的控制手段。接下来几节介绍的基于现代电力电子技术的柔性交流输电系统(flexible AC transmission system,FACTS)和直流输电系统可以提供这种连续化的手段。

8.6.3 含晶闸管相控电路 FACTS 的电力系统的潮流计算

FACTS 的概念是由美国电力科学研究院(EPRI)的 N. G. Hingorani 博士于 1988 年首先提出的,在 1997 年由 IEEE Power Engineering Society(PES)的 DC 和 FACTS 分委会专门设立的 FACTS 标准术语和定义特别工作组正式对 FACTS 做出了定义:"以电力电子技术和其他静止型控制器为基础,增强可控性并提高功率传输容量的交流输电系统。"

所谓晶闸管相控电路,通常指的是利用晶闸管和其他基本的电路元件构造桥式电路,通过附加的控制手段对晶闸管的导通相位和关断相位进行连续的控制,使得整个电路的伏安特性对其所连接的外部电路的稳态或暂态行为产生影响。以之为基础的 FACTS 主要包括 SVC 和 TCSC,其中 SVC 在电力系统中已取得了比较广泛的应用,TCSC 的应用范围也越来越广泛。这类 FACTS 利用的基于电网换相的半控元件,常被称为第一代 FACTS 装置。

这类 FACTS 如何通过具体的电力电子技术来实现的技术细节将在电力电子相关课程中介绍,本章主要讨论其对电力系统潮流的影响。潮流计算问题是稳态电力系统的分析计算问题,从稳态的角度,晶闸管相控电路 FACTS 一般是通过改变一个周期内电流导通的时段(本质上是被导通部分波形)来改变相关电压、电流的有效值,进而对整个电网潮流产生影响。由于晶闸管相控电路是无源的,在潮流计算时往往可将其等价成一个可变的阻抗(忽略电阻时为可变的电抗)。因此,含晶闸管相控电路 FACTS 电力系统的潮流计算,一个重要的任务是确定为了实现某个特定的潮流控制目标,所关心的 FACTS 的等价电抗到底应该等于多少。至于通过何种手段来让 FACTS 的稳态外部电抗等于这个数值,不在本书的讨论之列。

本节的潮流计算中 FACTS 之外的常规电网部分均采用极坐标系潮流模型。对潮流计算而言,如果把 FACTS 等价电抗当作额外的待求解变量,则也需要相应地增加一个潮流方程,通常利用 FACTS 装置的控制目标来列写这个新增的方程。

8.6.3.1 含 SVC 电力系统的潮流计算

SVC 的主要功能是提供并联无功补偿。SVC 用于提供动态电压支持,调节系统的电压,其典型的电路图如图 8-17 所示。20 世纪 60 年代早期开始 SVC 在国外投入应用,70 年代末期 SVC 开始用于输电电压控制和增强电网的稳定性。对潮流计算而言,

SVC 主要有三种控制模式：① 控制节点 i 电压幅值恒定；② 控制节点 i 注入无功功率恒定；③控制并联电抗恒定。

略去 SVC 可能的有功损耗，设其投入运行后等价的并联电抗为 X_{sh}，以下讨论如何求解三种 SVC 控制模式下的 X_{sh}。对应的潮流计算模型如图 8-18 所示。

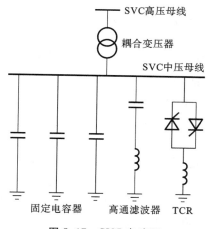

图 8-17 SVC 电路图

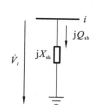

图 8-18 SVC 的潮流计算模型

1. 控制节点 i 电压幅值恒定

设节点 i 要保持的电压幅值为 V_{ish}，原有功平衡方程式仍保持为式(8.51)不变，除节点 i 之外其他节点的无功平衡方程式仍保持为式(8.52)。但由于节点 i 的电压幅值恒定，同时该节点向电网的总无功注入由电网实际运行状态而定，即 PQ 节点原无功注入与实际无功需求的差额将由 SVC 提供的并联无功补偿来满足，因此在列写潮流方程时节点无功注入不定。显然节点 i 变成了 PV 节点。

待潮流收敛后，可用式(8.104)计算出图 8-18 中由节点 i 沿 SVC 支路流出的无功功率，即

$$Q_{ish} = Q_i^{SP} - V_i \sum_{j=1}^{n} V_j (G_{ij}\sin\theta_{ij} - B_{ij}\cos\theta_{ij}) \tag{8.104}$$

式中：Q_i^{SP} 为节点 i 在 SVC 投入之前作为 PQ 节点时原本指定的无功注入值。故 SVC 所需的并联等值电抗为

$$X_{sh} = \frac{V_{ish}^2}{Q_{ish}} \tag{8.105}$$

2. 控制节点 i 注入无功功率恒定

设图 8-18 中由节点 i 沿 SVC 支路流出的无功功率恒为 Q_{ish}。若节点 i 为 PV 节点或平衡节点，由于注入电网中的无功功率在潮流计算之前未知，此时即使额外增加一个已知的无功功率 Q_{ish}，节点向电网中注入无功功率的总和仍未知，对原来的潮流计算没有影响，不在本节的讨论范围。

假设节点 i 为 PQ 节点，此时潮流方程表达式不变，仅节点 i 处的注入无功功率由原来的 Q_i^{SP} 变成了

$$Q_i^{SP'} = Q_i^{SP} - Q_{ish} \tag{8.106}$$

待潮流收敛后,可用节点 i 电压幅值 V_i 计算出 SVC 所需的并联等值电抗

$$X_{sh} = \frac{V_i^2}{Q_{ish}} \tag{8.107}$$

3. 控制并联电抗恒定

此时无须经过潮流计算就已获得图 8-18 中的 X_{sh}。原潮流方程表达式不变,仅须注意需用已知的 SVC 并联等值电抗更新节点导纳矩阵中节点 i 的自导纳即可。这一情况比较简单,不再赘述。

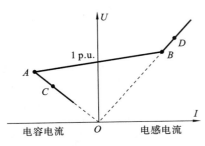

图 8-19 SVC 伏安特性

需要注意 SVC 的等值电抗取值应满足不等式约束,即如图 8-19 所示的 SVC 伏安特性。线段 AB 之间是 SVC 正常运行范围,可通过连续改变晶闸管的触发角来改变电抗电流进而获得可连续变化的等值电抗。当电网电压高于 B 点电压时,切除电容,电抗全部投入运行,伏安特性为电抗性质。当电网电压低于 A 点电压时,电抗退出运行,电容全部投入运行,伏安曲线呈现电容特性。当电网电压超过 C 点或 D 点的电压时,SVC 将退出运行以防止损坏设备。可见,SVC 在电网电压波动超出一定范围时表现出恒阻抗特性,致使 SVC 不能充分发挥其作用。对本节而言,最重要的是 SVC 等值电抗的取值应介于 OA 和 OB 两条射线的斜率。

8.6.3.2 含 TCSC 电力系统的潮流计算

TCSC 是利用 SCR 控制串接在输电线路中的电容器组来调节线路阻抗,从而提高输送能力,控制线路潮流,也有增加系统阻尼抑制振荡的功能。其典型的电路图如图 8-20 所示。

对潮流计算而言,TCSC 主要有两种控制模式:① 控制 TCSC 所传输的有功潮流恒定;② 控制 TCSC 等值电抗恒定。

假设 TCSC 串联于电网中节点 l 和节点 m 之间的输电线路的 l 一端,如图 8-21 所示,此时需增加一个虚拟的节点 p,设所接入 TCSC 的有功损耗可忽略,其等值电抗为 X_{TCSC}。显然节点 p 的注入功率为 0,因此节点 p 也是一个 PQ 节点。

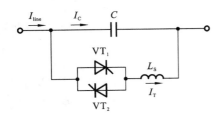

图 8-20 TCSC 电路图

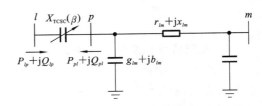

图 8-21 TCSC 的潮流计算模型

分析含图 8-21 中电路的电网潮流可知:电网中除节点 l、p 和 m 外的其他节点的功率平衡与所接入的 TCSC 支路无关,故涉及的潮流方程表达式不变。

节点 m 的功率平衡情况为:由节点 m 注入电网中的功率,应等于由节点 m 流向节

点 p 的功率加上由节点 m 流向电网中其他节点的功率的总和，显然这也与所接入的 TCSC 支路无关。

节点 l 的功率平衡情况为：由节点 l 注入电网中的功率，应等于由节点 l 流向节点 p 的功率加上由节点 l 流向电网中其他节点的功率的总和，其中第一部分与所接入的 TCSC 支路有关。由复功率计算公式可知

$$S_{lp} = \dot{V}_l \overset{*}{\dot{I}}_{lp} = \dot{V}_l \left(\frac{\dot{V}_l - \dot{V}_p}{X_{\text{TCSC}}} \right)^* \tag{8.108}$$

经过整理并按实部和虚部对应相等来展开，可得

$$\begin{cases} P_{lp} = \dfrac{V_l V_p}{X_{\text{TCSC}}} \sin\theta_{lp} \\ Q_{lp} = \dfrac{V_l}{X_{\text{TCSC}}} (V_l - V_p \cos\theta_{lp}) \end{cases} \tag{8.109}$$

节点 l 的潮流方程变为

$$\begin{cases} \Delta P_l = P_l^{\text{SP}} - \dfrac{V_l V_p}{X_{\text{TCSC}}} \sin\theta_{lp} - V_l \sum\limits_{j \in l, j \neq p} V_j (G_{lj} \cos\theta_{lj} + B_{lj} \sin\theta_{lj}) = 0 \\ \Delta Q_l = Q_l^{\text{SP}} - \dfrac{V_l}{X_{\text{TCSC}}} (V_l - V_p \cos\theta_{lp}) - V_l \sum\limits_{j \in l, j \neq p} V_j (G_{lj} \sin\theta_{lj} - B_{lj} \cos\theta_{lj}) = 0 \end{cases}$$

$$\tag{8.110}$$

节点 p 的功率平衡情况为：由节点 p 流向节点 l 的功率加上由节点 p 流向节点 m 的功率等于 0，其中第一部分与所接入的 TCSC 支路有关，同样可由复功率计算公式来计算。如果注意到问题的对称性，将式（8.109）中的下角标 l 和 p 互换位置，亦可得到所需结果，即

$$\begin{cases} P_{pl} = \dfrac{V_p V_l}{X_{\text{TCSC}}} \sin\theta_{pl} = -P_{lp} \\ Q_{pl} = \dfrac{V_p}{X_{\text{TCSC}}} (V_p - V_l \cos\theta_{pl}) \end{cases} \tag{8.111}$$

由于假设 TCSC 支路不损耗有功功率，故式（8.111）第一式显然成立。节点 p 的潮流方程为

$$\begin{cases} \Delta P_p = \dfrac{V_l V_p}{X_{\text{TCSC}}} \sin\theta_{lp} - V_p V_m (G_{pm} \cos\theta_{pm} + B_{pm} \sin\theta_{pm}) = 0 \\ \Delta Q_p = -\dfrac{V_p}{X_{\text{TCSC}}} (V_p - V_l \cos\theta_{pl}) - V_p V_m (G_{pm} \sin\theta_{pm} - B_{pm} \cos\theta_{pm}) = 0 \end{cases} \tag{8.112}$$

在式（8.110）和式（8.112）中增加了一个新的变量 X_{TCSC}，需要按照其控制模式增加一个方程才能求解。

1. 控制 TCSC 所传输的有功潮流恒定

假设由节点 l 传向节点 p 的有功功率恒为 P_c，则新增的代数方程为

$$\Delta P_{lp} = P_c - \frac{V_l V_p}{X_{\text{TCSC}}} \sin\theta_{lp} = 0 \tag{8.113}$$

方程和变量都发生了变化，导致雅可比矩阵也受到影响，需要新增或改变的雅可比矩阵元素分为以下三种情况。

1）原潮流方程对新变量 X_{TCSC} 的偏导数

由前面的分析可知，X_{TCSC} 仅出现在原潮流方程中的式（8.110）和式（8.112），其中

有功平衡方程中可以把式(8.109)中的第一式直接用 P_c 来代替,则只有无功平衡方程对等值电抗变量求偏导数不为0,相当于雅可比矩阵需要增加与新变量相对应的一列,其中涉及与原潮流方程相关行对应的非0元素为

$$\frac{\partial \Delta Q_l}{\partial X_{TCSC}} = \frac{V_l}{X_{TCSC}^2}(V_l - V_p \cos\theta_{lp}) \qquad \frac{\partial \Delta Q_p}{\partial X_{TCSC}} = \frac{V_p}{X_{TCSC}^2}(V_p - V_l \cos\theta_{pl}) \qquad (8.114)$$

2) 新潮流方程对原变量的偏导数

新潮流方程即式(8.113),原变量指的是常规的节点电压幅值和相角变量,显然在式(8.113)中只涉及了节点 l 和节点 p 的电压幅值和相角,相当于雅可比矩阵需要增加于新潮流方程相对应的一行,其中涉及与常规潮流变量相关列的非0元素为

$$\frac{\partial \Delta P_{lp}}{\partial V_l}V_l = \frac{\partial \Delta P_{lp}}{\partial V_p}V_p = -\frac{V_l V_p}{X_{TCSC}}\sin\theta_{lp} \qquad \frac{\partial \Delta P_{lp}}{\partial \theta_l} = -\frac{\partial \Delta P_{lp}}{\partial \theta_p} = -\frac{V_l V_p}{X_{TCSC}}\cos\theta_{lp} \qquad (8.115)$$

3) 新潮流方程对新变量的偏导数

新潮流方程和新变量均只有一个,雅可比矩阵新增行列相交处的新对角元为

$$\frac{\partial \Delta P_{lp}}{\partial X_{lp}} = \frac{V_l V_p}{X_{TCSC}^2}\sin\theta_{lp} \qquad (8.116)$$

除上述三种情况外,修正方程雅可比矩阵的元素与常规潮流的情况相同。基于已有推导结果可以利用常规的牛顿-拉夫逊法(或其改进形式)进行迭代求解。

2. 控制 TCSC 等值电抗恒定

假设 TCSC 等值电抗 X_{TCSC} 恒为已知值,显然其不需要迭代求解,直接用其更新原有的节点导纳矩阵后开展新的潮流计算即可。从图 8-21 可见,需要新增一个节点 p,节点 p 为注入功率为0的 PQ 节点,同时节点导纳矩阵需要新增与节点 p 对应的一行和一列,其中非0元素按照常规分析方法即可得到。相关计算不再赘述。

本节介绍的含 TCSC 电力系统的潮流计算基于对常规牛顿-拉夫逊法做适当改变。读者已经知道,牛顿型的迭代方法对待求解变量的初始值要求比较高,在本节中变量分为常规潮流变量(节点电压幅值和相角)及 TCSC 等值电抗变量 X_{TCSC},前者直接采用常规的平启动的初始化方法即可,后者需要有专门的考虑。

以控制 TCSC 传输有功潮流恒定为例,由式(8.113)可知,潮流收敛后 TCSC 的等值电抗为

$$X_{TCSC} = \frac{V_l V_p}{P_c}\sin\theta_{lp} \qquad (8.117)$$

式(8.117)等号右侧两个电压幅值仍可取标幺值1.0作为初始值。由潮流模型的不等式约束而定,TCSC 支路两端电压相角差 θ_{lp} 不能取太大的初始值,通常为 $10°\sim30°$,可视实际传输功率 P_c 的大小进行适当调整。此时 P_c 又是已知的固定值,因此就可估算出 X_{TCSC} 的初始值。

8.6.4 含 VSC FACTS 的电力系统的潮流计算

VSC 是英文 voltage source converter 的缩写,通常译成"电压源型换流器",以之为基础的 FACTS 装置被称为 VSC FACTS。在技术实现时基于可关断全控型器件 GTO、IGBT、IGCT 等,被认为是第二代和第三代 FACTS 装置。随着全控型电力电子

器件在容量、开断频率和损耗等方面的进一步完善,已经能够达到商用的要求。因此第二代、第三代 FACTS 装置开始在全世界范围内迅速应用起来,典型的类别包括 STATCOM、SSSC、UPFC 等。

1986 年美国 EPRI 与西屋公司率先研制出容量为 1 MV·A 的基于门极可关断晶闸管 GTO 的 STATCOM 样机。在国内,由国家电网公司主持的 20 MVar 和 50 MVar STATCOM 两项科技示范工程分别于 1999 年和 2006 年在河南和上海投运。2011 年东莞也投运了当时世界上容量最大、直挂电压最高、串联级数最多、响应时间最快的 STATCOM,北郊、水乡站点的 STATCOM 也于 2013 年投产。这些设备能够很好地维持中枢母线的电压恒定,达到提高系统稳定的目的。

而作为第三代 FACTS 装置代表的 UPFC,能够很好地抑制功率振荡,调控中枢母线电压,提高电网的稳定性。然而,UPFC 虽然功能强大,但由于其结构较复杂,并且对全控型电力电子器件的容量要求更高,因而其造价也相对较高,并没有得到广泛的应用。世界范围内只有在美国的 AEP 系统中南部的 Inez 和韩国电网两处实现了 UPFC 的商业运行。在国内,南京电网率先建成第一个可开展商业运行的 UPFC 工程,成为世界上第三个 UPFC 商业运营项目。

8.6.4.1   单个换流器支路在潮流模型中的表现

从物理原型的角度来说,由于采用了可关断全控型器件,调制频率更高,谐波更小,对电网施加控制的能力也越强。本节介绍含 VSC FACTS 的潮流计算,重点考虑的是其在稳态运行时的表现,亦即 VSC FACTS 施加控制最终所达到的效果。在这一问题背景下,本节并不涉及 VSC FACTS 的内部细节,而是将每个换流器看作是含源阻抗支路,整个 FACTS 由这些含源阻抗支路和附加元件来构成。在电路分析的语境下,这等价于用其戴维南等效电路来代替换流器,如图 8-22 所示[①]。在潮流计算时假设入端导纳 y_{co} 已知,需要把内部电势 $\dot{V}_{co}$ 计算出来,由于该电势是复数,等价于实数的潮流方程中增加了该电势幅值和相角两个变量。一般而言,若待计算的电网中含有 m 个 VSC 换流器,则将新增 $2m$ 个变量。

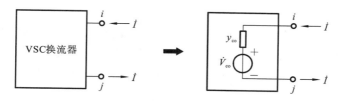

图 8-22   VSC 换流器的戴维南等效电路

由欧姆定律和基尔霍夫电压定律可知,显然图 8-22 中的电流 $\dot{I}$ 为

$$\dot{I} = y_{co}(\dot{V}_i - \dot{V}_j - \dot{V}_{co}) \tag{8.118}$$

又由复数功率计算公式可知,由节点 i 流入换流器的功率为

---

① 图 8-22 中戴维南等效电路中的内部电势和入端导纳的下角标"co"是换流器的英文单词"converter"的前两个字母。

$$S_{coi} = \dot{V}_i \overset{*}{I} = \dot{V}_i \cdot \overset{*}{y}_{co}(\dot{V}_i - \dot{V}_j - \dot{V}_{co})^* = \overset{*}{y}_{co}[V_i^2 - V_i V_j \angle(\theta_i - \theta_j) - V_i V_{co} \angle(\theta_i - \theta_{co})] \tag{8.119}$$

若 $y_{co} = g_{co} + jb_{co}$，则式(8.119)的实部和虚部分别为

$$\begin{cases} P_{coi} = V_i^2 g_{co} - V_i V_j [g_{co}\cos(\theta_i - \theta_j) + b_{co}\sin(\theta_i - \theta_j)] \\ \qquad - V_i V_{co}[g_{co}\cos(\theta_i - \theta_{co}) + b_{co}\sin(\theta_i - \theta_{co})] \\ Q_{coi} = -V_i^2 b_{co} - V_i V_j [g_{co}\sin(\theta_i - \theta_j) - b_{co}\cos(\theta_i - \theta_j)] \\ \qquad - V_i V_{co}[g_{co}\sin(\theta_i - \theta_{co}) - b_{co}\cos(\theta_i - \theta_{co})] \end{cases} \tag{8.120}$$

同理，由节点 j 流出换流器的功率为

$$S_{coj} = \dot{V}_j \overset{*}{I} = \dot{V}_j \cdot \overset{*}{y}_{co}(\dot{V}_i - \dot{V}_j - \dot{V}_{co})^* = \overset{*}{y}_{co}[V_j V_i \angle(\theta_j - \theta_i) - V_j^2 - V_j V_{co} \angle(\theta_j - \theta_{co})] \tag{8.121}$$

其实部和虚部分别为

$$\begin{cases} P_{coj} = -V_j^2 g_{co} + V_j V_i [g_{co}\cos(\theta_j - \theta_i) + b_{co}\sin(\theta_j - \theta_i)] \\ \qquad - V_j V_{co}[g_{co}\cos(\theta_j - \theta_{co}) + b_{co}\sin(\theta_j - \theta_{co})] \\ Q_{coj} = V_j^2 b_{co} + V_j V_i [g_{co}\sin(\theta_j - \theta_i) - b_{co}\cos(\theta_j - \theta_i)] \\ \qquad - V_j V_{co}[g_{co}\sin(\theta_j - \theta_{co}) - b_{co}\cos(\theta_j - \theta_{co})] \end{cases} \tag{8.122}$$

最后，换流器内部电势自身所消耗的功率为

$$S_{co} = \dot{V}_{co} \overset{*}{I} = \dot{V}_{co} \cdot \overset{*}{y}_{co}(\dot{V}_i - \dot{V}_j - \dot{V}_{co})^* = \overset{*}{y}_{co}[V_{co}V_i \angle(\theta_{co} - \theta_i) - V_{co}V_j \angle(\theta_{co} - \theta_j) - V_{co}^2] \tag{8.123}$$

其实部和虚部分别为

$$\begin{cases} P_{co} = -V_{co}^2 g_{co} + V_{co}V_i [g_{co}\cos(\theta_{co} - \theta_i) + b_{co}\sin(\theta_{co} - \theta_i)] \\ \qquad - V_{co}V_j[g_{co}\cos(\theta_{co} - \theta_j) + b_{co}\sin(\theta_{co} - \theta_j)] \\ Q_{co} = V_{co}^2 b_{co} + V_{co}V_i [g_{co}\sin(\theta_{co} - \theta_i) - b_{co}\cos(\theta_{co} - \theta_i)] \\ \qquad - V_{co}V_j[g_{co}\sin(\theta_{co} - \theta_j) - b_{co}\cos(\theta_{co} - \theta_j)] \end{cases} \tag{8.124}$$

有时还需要知道换流器支路的等价阻抗或等价导纳，以等价导纳为例，从换流器外特性来看即等于流过支路电流除以支路两端电压降，即

$$y_{eq} = \frac{\dot{I}}{\dot{V}_i - \dot{V}_j} = \frac{y_{co}(\dot{V}_i - \dot{V}_j - \dot{V}_{co})}{\dot{V}_i - \dot{V}_j} \tag{8.125}$$

不同类型的 VSC FACTS 均由不同的换流器支路拓扑结构及附加电路元件构成，若将换流器支路等价成所连节点的注入功率，则其对原潮流方程的影响主要通过式(8.120)、式(8.122)和式(8.124)来体现。下面介绍几种典型的情况。

8.6.4.2　含 STATCOM 电力系统的潮流计算

在潮流计算中，STATCOM 被看作是直接接地的并联换流器支路。其功能与之前介绍的 SVC 类似，但拥有更强的控制能力，因此也能发挥更强的影响力。STATCOM 的电路原理图如图 8-23 所示(图片来自网络)。将图 8-22 中的一般换流器支路具体应用到 STATCOM 场景，可得到图 8-24 所示的等价电路[①]，这里假设 $y_{sh} = g_{sh} + jb_{sh}$。

将式(8.120)应用到图 8-24 所示的情况，显然此时 $\dot{V}_j = 0$，则有

---

① 图 8-24 中的下角标"sh"是"并联"的英文单词"shunt"的前两个字母。

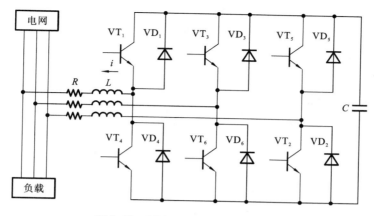

图 8-23 STATCOM 的电路原理图

$$\begin{cases} P_{\text{sh}} = V_i^2 g_{\text{sh}} - V_i V_{\text{sh}} \left[g_{\text{sh}} \cos(\theta_i - \theta_{\text{sh}}) + b_{\text{sh}} \sin(\theta_i - \theta_{\text{sh}}) \right] \\ Q_{\text{sh}} = -V_i^2 b_{\text{sh}} - V_i V_{\text{sh}} \left[g_{\text{sh}} \sin(\theta_i - \theta_{\text{sh}}) - b_{\text{sh}} \cos(\theta_i - \theta_{\text{sh}}) \right] \end{cases}$$
$$(8.126)$$

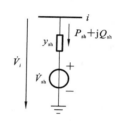

图 8-24 STATCOM 在潮流
计算中的等价电路

对接入图 8-24 所示支路的电网而言,其对潮流模型的影响体现为与没有这条支路的情况相比,节点 i 处新增了一个数值为式(8.126)的流出复功率,故该节点的功率平衡方程表达式有所变化,但此时方程的个数并未增加。尤其应注意到,在这两个功率平衡表达式中增加了 V_{sh} 和 θ_{sh} 这两个变量,故应增加两个额外的等式,以确保方程和变量的个数相同。

首先应考虑到,理想情况下 STATCOM 内部在交换功率时并不消耗有功功率,因此式(8.124)第一式应等于 0,并计及 $\dot{V}_j = 0$,则有

$$P_{\text{co}} = -V_{\text{sh}}^2 g_{\text{sh}} + V_{\text{sh}} V_i \left[g_{\text{sh}} \cos(\theta_{\text{sh}} - \theta_i) + b_{\text{sh}} \sin(\theta_{\text{sh}} - \theta_i) \right] = 0 \qquad (8.127)$$

将其称为 STATCOM 的有功功率约束,是为增加的第一个额外的等式。

事实上,以上对含 STATCOM 潮流计算的讨论均未考虑到 STATCOM 具体的控制目标,也就是说对任何稳态下的 STATCOM 都是适用的。目前变量仍比方程多一个,这一个额外的自由度可用来对某个特定的实数物理量进行控制,使这个物理量等于常数,则可以又引入一个额外的等式,使得方程和变量个数相同,可以用通用的牛顿-拉夫逊法来求解。下面对几种常见的 STATCOM 控制目标及对应的额外等式进行讨论。

1. 控制节点 i 电压幅值恒定

设节点 i 被整定的电压幅值为 V_i^{SP},则有

$$V_i^{\text{SP}} - V_i = 0 \qquad (8.128)$$

需要注意到,式(8.128)中仅出现一个待求解变量,即 V_i,则该方程对应雅可比矩阵中一行内只有一个数值为 -1 的非 0 元素,且该非 0 元素通常不在对角元位置,其他元素均为 0,这往往会为数值计算带来问题。事实上,由于式(8.128)并未涉及新增变量 V_{sh} 和 θ_{sh},可以考虑采用与 8.6.3.1 节中所介绍的利用 SVC 控制所连母线电压幅值恒定相同的处理方法,将节点 i 临时看作是 PV 节点,待潮流收敛后再进行换流器内部的计算,就可以规避上述问题,这里不展开讨论。

2. 控制节点 i 注入无功功率恒定

设节点 i 被整定的注入电网中的无功功率为 Q_{sh}^{SP},则由式(8.126)第二式有

$$Q_{sh}^{SP} - V_i^2 b_{sh} - V_i V_{sh} [g_{sh}\sin(\theta_i - \theta_{sh}) - b_{sh}\cos(\theta_i - \theta_{sh})] = 0 \qquad (8.129)$$

这是该控制模式下引入到潮流模型中的第二个额外的等式。

3. 控制并联电纳恒定

设图 8-21 中换流器支路等价为纯电纳,其数值恒为 b_{sh}^{SP},则由式(8.125),并计及 $\dot{V}_j = 0$,可得

$$b_{sh}^{SP} - \text{Im}\left[\frac{(\dot{V}_i - \dot{V}_{sh})y_{sh}}{\dot{V}_{sh}}\right] = 0 \qquad (8.130)$$

式(8.130)整理可得含变量 V_i、θ_i、V_{sh} 和 θ_{sh} 的等式,即为这种控制模式下引入潮流模型中的第二个额外的等式,具体推导过程略。

4. STATCOM 的其他控制模式

理论上还可以利用 STATCOM 对电网进行更加灵活的控制,例如控制注入电网中的电流幅值恒定(超前或滞后)、直接控制戴维南等效电路内部电势恒定、控制支路无功潮流恒定、控制支路视在功率恒定等。从潮流计算的角度来看,这些控制目标均可用待求解变量表示成等式,因此都可以作为被引入的第二个额外的等式,在此不一一展开讨论。

与所有其他电气设备类似,STATCOM 也只能在一定的允许范围内才能正常工作,即也存在一定的不等式约束,常见的如下。

(1)注入电压约束。

STATCOM 内电势应满足

$$V_{sh}^{min} \leqslant V_{sh} \leqslant V_{sh}^{max} \qquad (8.131)$$

(2)热稳定约束。

流经 STATCOM 的电流应满足

$$I_{sh} = |(\dot{V}_i - \dot{V}_{sh})y_{sh}| \leqslant I_{sh}^{max} \qquad (8.132)$$

8.6.4.3　含 SSSC 电力系统的潮流计算

在潮流计算中,SSSC 被看作是接于节点 i 和节点 j 之间的串联换流器支路。正如基于 VSC 的 STATCOM 的功能类似于基于晶闸管换相电路的 SVC,基于 VSC 的 SSSC 的功能也类似于基于晶闸管换相电路的 TCSC。同样地,SSSC 对潮流的影响力也比 TCSC 的要大。SSSC 的电路原理图如图 8-25 所示(图片来自网络)。将图 8-22 中的一般换流器支路具体应用到 SSSC 场景,可得到图 8-26 所示的等价电路[①]。假设 $y_{se} = g_{se} + jb_{se}$。

将式(8.120)应用到图 8-26 所示的情况,有

$$\begin{cases} P_{ij} = V_i^2 g_{se} - V_i V_j [g_{se}\cos(\theta_i - \theta_j) + b_{se}\sin(\theta_i - \theta_j)] \\ \qquad - V_i V_{se}[g_{se}\cos(\theta_i - \theta_{se}) + b_{se}\sin(\theta_i - \theta_{se})] \\ Q_{ij} = -V_i^2 b_{se} - V_i V_j [g_{se}\sin(\theta_i - \theta_j) - b_{se}\cos(\theta_i - \theta_j)] \\ \qquad - V_i V_{se}[g_{se}\sin(\theta_i - \theta_{se}) - b_{se}\cos(\theta_i - \theta_{se})] \end{cases} \qquad (8.133)$$

---

① 图 8-25 中的下角标"se"是"串联"的英文单词"serial"的前两个字母。

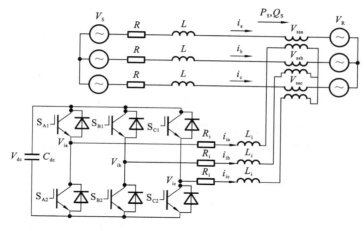

图 8-25　SSSC 的电路原理图

同理,将式(8.122)应用到图 8-26 所示的情况,并注意到图 8-26 中的 $P_{ji}+jQ_{ji}$ 与式(8.122)所定义的功率方向相反,有

$$\begin{cases} P_{ij} = V_j^2 g_{se} - V_j V_i \big[g_{se} \cos(\theta_j - \theta_i) + b_{se} \sin(\theta_j - \theta_i) \big] \\ \qquad + V_j V_{se} \big[g_{se} \cos(\theta_j - \theta_{se}) + b_{se} \sin(\theta_j - \theta_{se}) \big] \\ Q_{ij} = -V_j^2 b_{se} - V_j V_i \big[g_{se} \sin(\theta_j - \theta_i) - b_{se} \cos(\theta_j - \theta_i) \big] \\ \qquad + V_j V_{se} \big[g_{se} \sin(\theta_j - \theta_{se}) - b_{se} \cos(\theta_j - \theta_{se}) \big] \end{cases} \tag{8.134}$$

对接入图 8-26 所示支路的电网而言,其对潮流模型的影响体现为与没有这条支路的情况相比,节点 i 新增了一个数值为式(8.133)的流向节点 j 的复功率,同时节点 j 新增了一个数值为式(8.134)的流向节点 i 的复功率,故 i、j 两个节点的功率平衡方程表达式有所变化,但此时方程的个数并未增加。尤其应注意到,在这四个功率平衡表达式中增加了 V_{se} 和 θ_{se} 这两个变量,故应增加两个额外的等式,以确保方程和变量的个数相同。

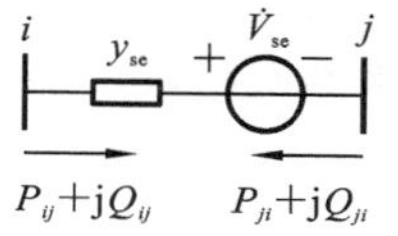

图 8-26　SSSC 在潮流计算
中的等价电路

与 STATCOM 的情况类似,理想情况下假设 SSSC 内部在交换功率时并不消耗有功功率,因此式(8.124)第一式应等于 0,则有

$$P_{co} = -V_{se}^2 g_{se} + V_{se} V_i \big[g_{se} \cos(\theta_{se} - \theta_i) + b_{se} \sin(\theta_{se} - \theta_i) \big] \\ - V_{se} V_j \big[g_{se} \cos(\theta_{se} - \theta_j) + b_{se} \sin(\theta_{se} - \theta_j) \big] = 0 \tag{8.135}$$

将其称为 SSSC 的有功功率约束,是增加的第一个额外的等式。

剩余的一个额外的自由度可用于设定 SSSC 的控制目标,从而使方程和变量个数相同,牛顿-拉夫逊法能够得以应用。常见的 SSSC 的控制目标如下。

1. 控制节点 j 流向节点 i 的有功潮流恒定

设被整定的有功功率为 P_{ji}^{SP},则由式(8.134)第一式有

$$P_{ji}^{SP} - V_j^2 g_{se} + V_j V_i \big[g_{se} \cos(\theta_j - \theta_i) + b_{se} \sin(\theta_j - \theta_i) \big] \\ - V_j V_{se} \big[g_{se} \cos(\theta_j - \theta_{se}) + b_{se} \sin(\theta_j - \theta_{se}) \big] = 0 \tag{8.136}$$

2. 控制节点 j 流向节点 i 的无功潮流恒定

设被整定的无功功率为 Q_{ji}^{SP},则由式(8.134)第二式有

$$Q_{ji}^{SP} + V_j^2 b_{se} + V_j V_i \left[g_{se} \sin(\theta_j - \theta_i) - b_{se} \cos(\theta_j - \theta_i) \right]$$
$$- V_j V_{se} \left[g_{se} \sin(\theta_j - \theta_{se}) - b_{se} \cos(\theta_j - \theta_{se}) \right] = 0 \tag{8.137}$$

3. 控制节点 j 或节点 i 的电压幅值恒定

这种控制模式下,可以类似地将节点 i 或节点 j 临时看作是 PV 节点,待潮流收敛后再进行换流器内部的计算,以规避可能遇到的问题,在此不展开讨论。

4. 控制所接入换流器支路外部看到的等价电抗恒定

设图 8-26 中换流器支路等价为纯电纳,其数值恒为 b_{se}^{SP},则由式(8.125)可得

$$b_{se}^{SP} - \mathrm{Im} \left[\frac{(\dot{V}_i - \dot{V}_j - \dot{V}_{se}) y_{se}}{\dot{V}_{se}} \right] = 0 \tag{8.138}$$

式(8.138)整理可得含变量 V_i、θ_i、V_{se} 和 θ_{se} 的等式,具体推导过程暂略。

SSSC 也应满足与 STATCOM 类似的不等式约束,如应满足热稳定约束

$$I_{se} = \left| (\dot{V}_i - \dot{V}_j - \dot{V}_{se}) y_{se} \right| \leqslant I_{se}^{max} \tag{8.139}$$

其他类似不等式约束暂略。

8.6.4.4 含 UPFC 电力系统的潮流计算

UPFC(unified power flow controller)即统一潮流控制器,顾名思义,它具有强大的对电网潮流进行控制的能力。UPFC 由串联和并联两个 VSC 换流器构成,通过一个公用的直流连接进行耦合,其工作原理图如图 8-27 所示(图片来自网络)。

从潮流计算的角度,UPFC 的两个换流器可分别直接处理成图 8-24 和图 8-26 所示的换流器支路,故 UPFC 在潮流计算中的等价电路如图 8-28 所示。

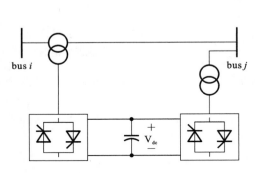

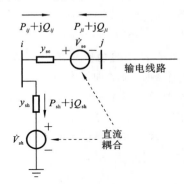

图 8-27　UPFC 工作原理图　　　　图 8-28　UPFC 在潮流计算中的等价电路

从图 8-28 可见,UPFC 的并联换流器支路及串联换流器支路分别与 STATCOM 和 SSSC 的换流器支路形式完全相同,差别仅在于二者通过直流连接实现了耦合。因此若假设并联和串联两条支路的导纳 y_{sh} 和 y_{se} 与此前的定义一致,则二支路的存在对节点功率平衡的影响可直接沿用式(8.126)、式(8.133)和式(8.134)。

引入这些公式并没有增加潮流方程的个数,但增加了待求解变量的个数,当前增加了 4 个新的变量,即 V_{sh}、θ_{sh}、V_{se} 和 θ_{se},需要新增 4 个方程来与之匹配。

首先应考虑直流连接在实现功率耦合时的等式约束,即图 8-28 中功率在从一个换流器经由直流连接进入另一个换流器时,在直流连接上不产生功率损耗,其表达式为

$$\mathrm{Re}(\dot{V}_{sh} \overset{*}{I}_{sh}) - \mathrm{Re}(\dot{V}_{se} \overset{*}{I}_{se}) = 0 \tag{8.140}$$

应用式(8.124),整理可得

$$\{-V_{sh}^2 g_{sh} + V_{sh}V_i[g_{sh}\cos(\theta_{sh}-\theta_i)+b_{sh}\sin(\theta_{sh}-\theta_i)]\}$$

$$-\left\{\begin{array}{l}-V_{se}^2 g_{se}+V_{se}V_i[g_{se}\cos(\theta_{se}-\theta_i)+b_{se}\sin(\theta_{se}-\theta_i)]\\-V_{se}V_j[g_{se}\cos(\theta_{se}-\theta_j)+b_{se}\sin(\theta_{se}-\theta_j)]\end{array}\right\}=0 \qquad (8.141)$$

式(8.141)为 UPFC 在任何稳态下都应满足的等式,待新增的另外三个方程与 UPFC 的具体控制模式有关。

UPFC 最常见的控制模式为:① 节点 i 电压幅值恒定;② 节点 j 流向节点 i 的有功潮流和无功潮流均受控。这种控制模式下需新增的等式约束分别为式(8.128)、式(8.136)和式(8.137)。由此可以看出,在这种最常见的控制模式下,UPFC 的功能可以被认为是一台 STATCOM 和一台 SSSC 的组合。

至此,4 个新增的方程均已列出,利用常规的牛顿-拉夫逊法即可进行求解。对 UPFC 的运行状态进行调整,使两个换流器戴维南等效电路内部电势取值为潮流解对应变量,即可同时达到对节点电压和线路潮流的控制目标。可见 UPFC 可直接对所连输电线路流过的潮流施加影响,表现出强大的潮流控制能力,这也是其被称为统一潮流控制器的主要原因。

下面对其他两种典型的情况进行讨论,通常均应满足式(8.128),剩余的两个自由度可用于进一步的控制目标,下面的论述中仅列出进一步的控制目标。

(1) 节点 j 流向节点 i 的有功潮流受控,二节点电压幅值不变(仅移相)。

新增两个方程式,一个为式(8.136),另一个为

$$V_i - V_j = 0 \qquad (8.142)$$

(2) 一般电压注入。

此种控制模式下,控制串联换流器支路内部电势恒定,新增的方程式为

$$\left\{\begin{array}{l}V_{se}=V_{se}^{SP}\\\theta_{se}=\theta_{se}^{SP}\end{array}\right. \qquad (8.143)$$

尚有其他一些不常见的控制模式,对应的潮流计算思路相同,在此不一一展开讨论。

8.6.5　交直流混联电网的潮流计算

在电力工业诞生之初,曾发生过激烈的发展路线之争,争议的焦点是电力系统的运行到底应采用交流电还是直流电,最终的结果是因交流电具有易于变压、更适合远距离大容量输电等优势而胜出,使得最初的主流电力系统均为交流电力系统,其影响一直持续到现在。然而,自 20 世纪中叶以来,电力电子技术的飞速发展,使得直流输电技术的优越性逐渐显现。尽管仍被称为"直流"输电,但依赖的是利用电力电子装置对交流电进行整流和逆变,这与 19 世纪爱迪生年代的直流输电有本质区别,是科学技术发展否定之否定、螺旋式上升的典范。有研究表明,当输电距离超过 1500 km,现代直流输电相对于交流输电就有较大优势,主要体现在以下几个方面。

首先,直流输电只有正负极两根导线,而三相交流输电至少需要每相一根导线,若采用大地、海水等形成回路,则理论上只需要一根导线,因此直流输电的线路造价低。

其次,电能在输电线路中以直流形式传输,没有因电磁场效应所带来的无功功率损耗,形成导体有功损耗的电流只用于传输有功功率,致使运行中电能的损耗较小。

最后,在远距离大容量输电时,采用直流输电所需的线路走廊较窄,降低了征地费用,减少了电力系统对周边环境的影响。

可见直流输电在很多情况下都有明显优势。然而现代直流输电技术发展成熟之时,世界范围内交流电力系统已经建成多年,只能基于客观的历史条件发展交直流混联输电技术,而不是完全抛弃交流系统来建设全新的直流系统,后者在技术上和经济上都是不现实的。这就是本节需要研究交直流混联电网潮流计算的本质原因。

目前常见的直流输电技术包含常规直流输电和柔性直流输电两大类,在我国最新建设的乌东德电站送广东广西特高压多端混合直流示范工程[①]中采用了混合直流输电方案,即送端的云南昆北换流站采用特高压常规直流技术,而受端的广西柳北换流站、广东龙门换流站均采用特高压柔性直流输电技术。应该说柔性直流输电技术日趋成熟,在电力系统中各个电压等级的应用也越来越广泛,本节重点介绍含柔性直流输电的电力系统的潮流计算。

与交流电网相比,传统的直流输电系统有一个劣势:难以像交流电网那样形成灵活的网络结构,故多数常规直流输电均采用点对点的双端直流输电形式。即使是迄今我国已经建设的多个特高压直流输电工程,基本上也都是采用点对点的形式。虽然也有所谓多端直流技术,但由于技术复杂,建设施工难度大,在世界范围内应用很少。

随着技术的进步,尤其是基于 VSC 的柔性直流输电技术不断成熟,使得多端柔性直流输电逐渐开始在工程实际中得以应用。VSC 换流站都会明确地指定送端和受端。其中送端换流站通常接近电源中心,承担的是把大规模电能传输到直流网络上的任务;受端换流站通常接近负荷中心,承担的是把经由直流网络从远方传输而来的大规模电能再传给受端交流电网的任务,最后由受端电网以合理的方式对电能进行消纳;有时还需设置调节端,通过接入具有调节能力的电源来使直流输电系统的运行更加灵活。例如,世界首个多端柔性直流电网工程——张北柔性直流电网试验示范工程于 2020 年 7 月组网成功,共有张北、康保、丰宁和北京四座换流站,额定电压为 ±500 kV,其中张北、康保两座换流站作为送端接入大规模清洁能源,丰宁站作为调节端接入电网并连接抽水蓄能,北京站作为受端接入首都负荷中心[②]。

由于上述原因,本节将不再介绍含双端柔性直流输电的电力系统的潮流计算,而是直接介绍含多端柔性直流输电的电力系统的潮流计算。读者如果具有足够的算法思维能力,应该有能力把双端柔性直流输电的情况看作是任意多端柔性直流输电通用情况的特例,故在此不再赘述。

对于有 m 个 VSC 换流站的 m 端柔性直流输电系统,设其直流侧为任意拓扑结构[③],如图 8-29 所示。

在潮流计算时,图 8-29 中每个换流站均可用图 8-24 所示的一条并联换流器支路来表示,则有如图 8-30 所示的潮流计算等价电路。

---

① 因三端分别为云南昆北换流站、广西柳北换流站和广东龙门换流站,又常被简称为"昆柳龙直流工程"。

② 前述昆柳龙直流工程也是类似的:昆北换流站是送端,接入云南大规模清洁能源(水电、风电等);柳北换流站、龙门换流站是受端,接入广西和广东的负荷中心。区别在于:① 昆柳龙直流工程不是纯粹的柔性直流输电,而是所谓"混合直流",因为昆北换流站采用的是常规直流技术;② 昆柳龙直流工程未设置调节端,但龙门换流站与广州抽水蓄能电站和惠州抽水蓄能电站的电气距离都很近,一定程度上也能起到调节端的作用。

③ 由于事实上端数并不会很多,所以直流侧往往接成简单的星形拓扑结构,这里考虑通用情况。

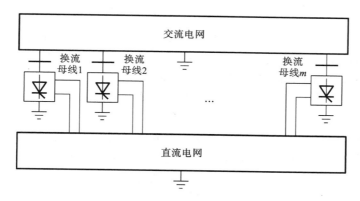

图 8-29 m 端柔性直流输电系统

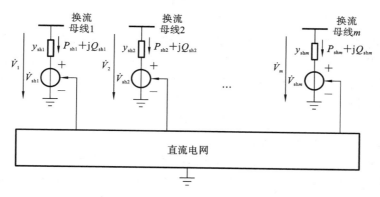

图 8-30 m 端柔性直流输电系统的潮流计算等价电路

图 8-30 中 $1\sim m$ 换流母线均为交流母线,沿所连换流器支路流出的功率与式 (8.126)类似,加上节点编号后公式为

$$\begin{cases} P_{shi}=V_i^2 g_{shi}-V_i V_{shi}\big[g_{shi}\cos(\theta_i-\theta_{shi})+b_{shi}\sin(\theta_i-\theta_{shi})\big] \\ Q_{shi}=-V_i^2 b_{shi}-V_i V_{shi}\big[g_{shi}\sin(\theta_i-\theta_{shi})-b_{shi}\cos(\theta_i-\theta_{shi})\big] \end{cases} i=1,\cdots,m$$

(8.144)

式(8.144)影响了各换流母线功率平衡的表达式,但并没有因此而增加方程个数。式中对于每条换流器支路都新增了 V_{shi}、θ_{shi} 两个变量,一共增加了 $2m$ 个变量,需要新增 $2m$ 个方程来保证方程和变量个数相同。

图 8-30 中无论直流电网的拓扑结构和支路参数如何,总能利用基尔霍夫电流定律和欧姆定律列出节点电流与节点电压线性关系的方程,其待求解变量为直流电网中的节点电压。直流网络模型的方程和变量个数一定相同,且其模型较简单,这里不展开讨论。

需要引入一个新的等式约束,即各换流站流入直流电网的有功功率总和应与直流电网的网损相平衡,即

$$\sum_{i=1}^{m} P_{coi} + P_{loss} = 0$$

(8.145)

式中:P_{loss} 为直流电网的网损,可基于直流电网方程结果算出。仿照式(8.127)的思路,可有

$$P_{coi} = -V_{shi}^2 g_{shi} + V_{shi}V_i\left[g_{shi}\cos(\theta_{shi}-\theta_i) + b_{shi}\sin(\theta_{shi}-\theta_i)\right] = 0 \quad (8.146)$$

尚有 $2m-1$ 个等式约束需要给出,下面部分借鉴纯交流电网潮流计算的思维方式。

对于受端换流站,通常认为其运行状态类似于交流电网潮流模型中的 PQ 节点,即假设沿换流器支路流至换流母线的复功率为指定值:

$$\begin{cases} P_{shi}^{SP} - P_{shi} = 0 \\ Q_{shi}^{SP} - Q_{shi} = 0 \end{cases} \quad (8.147)$$

P_{shi}^{SP}、Q_{shi}^{SP} 由式(8.147)给出,则每个受端换流站可增加 2 个等式约束。

对于送端换流站,通常认为其运行状态类似于交流电网潮流模型中的 PV 节点,即假设沿换流器支路流至换流母线的有功功率为指定值,同时换流母线的电压也为指定值:

$$\begin{cases} P_{shi}^{SP} - P_{shi} = 0 \\ V_{shi}^{SP} - V_{shi} = 0 \end{cases} \quad (8.148)$$

对 P_{shi}^{SP} 的处理与式(8.147)类似,则这些送端换流站也可增加 2 个等式约束。

由于潮流计算完成之前,直流电网的网损是未知的,因此需要一个起平衡节点作用的换流母线,该换流支路流至换流母线的有功功率和无功功率均不能预先指定,此时指定该母线电压恒定:

$$V_{shi}^{SP} - V_{shi} = 0 \quad (8.149)$$

故该换流站可增加 1 个等式约束。

综合考虑式(8.147)～式(8.149),所需的 $2m-1$ 个等式约束也已给出。除图 8-30 中涉及的换流母线和直流电网中的节点外,所有其他交流节点的功率平衡方程及相关潮流变量均为常规形式。现在含柔性直流的电力系统潮流模型已形成,为方程和变量个数相同的非线性方程组,可沿用通用的牛顿-拉夫逊法来求解,具体的求解过程不再给出,感兴趣的读者可以自行推导。

8.7 直流潮流

在本章的最后一节介绍直流潮流。请读者不要把本节介绍的"直流潮流"与前面介绍的"含直流输电的电力系统潮流计算"相混淆。"含直流输电的电力系统潮流计算"中的"直流"是真正的直流输电系统,也就是说,直流线路上流过的电流确实是直流电流,是利用现代的电力电子装置把交流电流经过整流得到的。而本节介绍的"直流潮流"所研究的仍是纯交流电网,只是在某些特殊的情况下,从数学表达式来看把交流潮流模型用直流潮流模型来近似。

在交流潮流模型的极坐标形式中,潮流方程式是非线性代数方程组,列写方程组的依据是潮流收敛后所有节点的有功和无功偏移量均应为 0,待求解的变量(除平衡节点外)为节点电压相角和 PQ 节点电压幅值。由于表达式是非线性形式,一般需要通过数值计算算法进行迭代,致使获得最终潮流解的速度相对较慢。

在电力系统运行的有些场合,很多情况下仅通过有功潮流的分布就可以基本准确地体现出全网运行的态势,因此关于无功平衡的计算可想办法忽略;尤其是在电网运行得较正常时,节点电压幅值都离所在电压等级的额定电压不远,故往往可假设电压幅值均为额定电压(或标幺值下均取 1.0),即节点电压相量的计算简化成了对节点电压相角的计算。显然这将不可避免地带来误差,之所以仍做这样简化,是因为有时对潮流计算的需求并不是要求得到绝对精确的解[①],仅需知道大致态势即可,但对计算的速度要求很高(如在线安全分析等)。在这种情况下,人们提出了直流潮流的思路。

由于只关心有功潮流的分布,而电网元件等值电路(变压器或输电线路的 π 形等值电路)的并联支路阻抗(或导纳)的实部往往远远小于虚部,则可认为是否考虑并联支路仅影响无功功率的分布,在本节仅分析有功潮流时将忽略所有电网元件等值电路中的并联支路,所考虑的连接节点 i 和节点 j 的串联支路如图 8-31 所示。

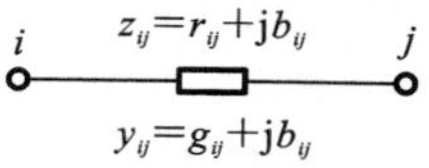

图 8-31 串联支路

根据欧姆定律,沿该支路由节点 i 传输到节点 j 的有功功率应该为

$$P_{ij} = \text{Re}\{\dot{V}_i[(\dot{V}_i - \dot{V}_j)(g_{ij} + jb_{ij})]^*\} = (V_i^2 - V_i V_j \cos\theta_{ij})g_{ij} - V_i V_j \sin\theta_{ij} b_{ij}$$

$$(8.150)$$

若假设 $V_i \approx V_j \approx 1$,代入式(8.150),则有

$$P_{ij} = (1 - \cos\theta_{ij})g_{ij} - \sin\theta_{ij} b_{ij} \tag{8.151}$$

同样是由于电网运行在正常状态,同一支路两端电压相角差不会很大,假设 $\theta_{ij} \approx 0$,则有

$$\begin{cases} \sin\theta_{ij} \approx \theta_{ij} \\ \cos\theta_{ij} \approx 1 \end{cases} \tag{8.152}$$

则式(8.151)可进一步近似为

$$P_{ij} \approx -(\theta_i - \theta_j)b_{ij} \tag{8.153}$$

因 $y_{ij} = 1/z_{ij}$,当假设 $r_{ij} \approx 0$ 时,有

$$y_{ij} = g_{ij} + jb_{ij} \approx \frac{1}{jx_{ij}} = -j\frac{1}{x_{ij}} \tag{8.154}$$

即 $g_{ij} \approx 0, b_{ij} \approx -1/x_{ij}$,代入式(8.153),可得

$$P_{ij} \approx \frac{\theta_i - \theta_j}{x_{ij}} \tag{8.155}$$

式(8.155)表明,经过前述简化后,最终得到的有功潮流分布与直流电路中电流分布有类似的模型,这也是为何把这种简化的潮流计算成为"直流"潮流的根本原因。直流潮流模型与直流电路的类比如表 8-1 所示。

表 8-1 直流潮流与直流电路的类比

直流电路	$I_{ij} = \dfrac{V_i - V_j}{r_{ij}}$	I_{ij}	V_i	r_{ij}	直流电路的其他定律 (KCL、KVL…)	$\boldsymbol{I} = \boldsymbol{YV}$
直流潮流	$P_{ij} = \dfrac{\theta_i - \theta_j}{x_{ij}}$	P_{ij}	θ_i	x_{ij}	与直流电路类似的其他定律	$\boldsymbol{P} = \boldsymbol{B\theta}$

最后讨论的直流潮流全网的表达式为

$$\boldsymbol{P} = \boldsymbol{B\theta} \tag{8.156}$$

由于相角是相对量,需要一个参考相位才能定义,故需要假设某个节点的相位是已知

[①] 事实上即使使用常规数值方法(如牛顿-拉夫逊法)也无法获得精确解,其理由在前面的章节中已经介绍。但这些数值在算法理论上可以任意接近最终的真实解,与本节所说的近似有本质区别。

的,这类似于常规牛顿-拉夫逊法潮流计算中平衡节点的作用。不失一般性,可将平衡节点设为最后一个节点,则式(8.156)中 $\boldsymbol{P}=\begin{bmatrix} P_1 & P_2 & \cdots & P_{n-1} \end{bmatrix}^T$ 为由除平衡节点外所有节点注入电网有功功率所形成的列向量[①],$\boldsymbol{\theta}=\begin{bmatrix} \theta_1 & \theta_2 & \cdots & \theta_{n-1} \end{bmatrix}^T$ 为相应节点的电压相角所形成的列向量,由式(8.155)可知:$\boldsymbol{B}$ 为原电网所有支路均忽略电阻和对地并联支路后所得的新节点导纳矩阵的虚部。

　　显然式(8.156)的系数矩阵是一个对称的稀疏矩阵,其稀疏性与原来的节点导纳矩阵完全相同,可利用第 9 章所介绍的稀疏计算技术来求解。由于式(8.156)是线性代数方程组,不需迭代即可得到结果,因此可以大大加快求解的速度,而且不存在潮流计算不收敛的问题。

　　当然,由于直流潮流是经过比较大幅度的简化所得到的近似结果,对潮流计算结果精确程度要求比较高的场合是不适用的。

8.8　习题

　　(1) 简述潮流模型中节点类型可以发生转化的原因和条件。

　　(2) 平衡节点在建立潮流模型中的作用有哪些?

　　(3) 与经典牛顿-拉夫逊法或其改进形式相比,直流潮流的优缺点有哪些?

　　(4) 开式网络如图 8-11 所示,各支路阻抗和节点负荷功率如下:

$Z_{Ab}=(0.54+j0.65)\Omega$　　　　$Z_{bc}=(0.62+j0.5)\Omega$　　　　$Z_{cd}=(0.6+j0.35)\Omega$

$Z_{be}=(0.72+j0.75)\Omega$　　　　$Z_{ef}=(1.0+j0.55)\Omega$　　　　$Z_{eg}=(0.65+j0.35)\Omega$

$Z_{bh}=(0.9+j0.5)\Omega$　　　$S_b=(0.6+j0.45)kV\cdot A$　　$S_c=(0.4+j0.3)kV\cdot A$

$S_d=(0.4+j0.28)kV\cdot A$　　$S_e=(0.6+j0.4)kV\cdot A$　　$S_f=(0.4+j0.3)kV\cdot A$

$S_g=(0.5+j0.35)kV\cdot A$　　$S_h=(0.5+j0.4)kV\cdot A$

　　设供电点 A 的电压为 10.5 kV,电压允许误差为 1 V。试做潮流计算,计算过程中对是否忽略电压降落横分量的情况进行比较。

　　(5) 图 8-32 所示的为一多端直流系统,各线路电阻和节点功率标幺值标于图中。节点 4 为平衡节点,$V_4=1.0$。请用牛顿-拉夫逊法进行潮流计算,收敛精度为 10^{-4}。

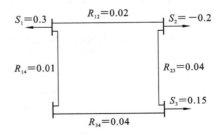

图 8-32　习题(5)图

9

稀疏技术在电力系统
计算中的应用

9.1 网络方程求解的高斯消去法

9.1.1 高斯消去和因子表分解

读者在电路理论相关课程中应已学到,若所研究电路为线性电路,即电路完全由线性元件、独立电源和线性受控源[1]构成,则该电路节点电压向量与节点注入电流向量之间呈线性关系,可用网络方程来描述,即式(8.1)所示的节点导纳矩阵形式(也可用节点阻抗矩阵形式,但本章会讨论用节点导纳在稀疏计算时更有优势,因此更常用)。通常已知节点注入电流来求节点电压,故为线性代数方程组的求解问题。第8章所介绍的潮流计算多以牛顿-拉夫逊法为基础,都有求解修正方程的环节,修正方程也是线性代数方程组,也涉及线性代数方程组求解问题。

式(8.1)的展开式为

$$
\begin{bmatrix}
Y_{11} & Y_{12} & \cdots & Y_{1n} \\
Y_{21} & Y_{22} & \cdots & Y_{2n} \\
\vdots & \vdots & & \vdots \\
Y_{n1} & Y_{n2} & \cdots & Y_{nn}
\end{bmatrix}
\begin{bmatrix}
\dot{V}_1 \\
\dot{V}_2 \\
\vdots \\
\dot{V}_n
\end{bmatrix}
=
\begin{bmatrix}
\dot{I}_1 \\
\dot{I}_2 \\
\vdots \\
\dot{I}_n
\end{bmatrix}
\tag{9.1}
$$

本书中的高斯消去法均采用按列消去的方法,即对每个方程采取两个步骤,一是规格化,二是消去。

先以对第一个方程进行操作为例。其规格化操作为第一个方程等号左右分别除以节点导纳矩阵第一行的对角元 Y_{11}[2],可得

---

[1] 本书未直接讨论电路中含受控源情况。

[2] 由节点导纳矩阵基本概念可知,对角元(又称为自导纳)是对应节点相邻的所有支路导纳之和。可以证明其必不为 0,故可作为除数。读者可以自己思考其原因。对于通用的线性代数方程组的求解算法,对角元是否为 0 是需要进行讨论的,常需要通过矩阵变换将同一行中绝对值最大的元素变换到对角元位置,即实现所谓"主对角元占优",以确保数值计算的有效性。

$$\begin{bmatrix} 1 & \dfrac{Y_{12}}{Y_{11}} & \cdots & \dfrac{Y_{1n}}{Y_{11}} \\ Y_{21} & Y_{22} & \cdots & Y_{2n} \\ \vdots & \vdots & & \vdots \\ Y_{n1} & Y_{n2} & \cdots & Y_{nn} \end{bmatrix} \begin{bmatrix} \dot{V}_1 \\ \dot{V}_2 \\ \vdots \\ \dot{V}_n \end{bmatrix} = \begin{bmatrix} \dfrac{\dot{I}_1}{Y_{11}} \\ \dot{I}_2 \\ \vdots \\ \dot{I}_n \end{bmatrix} \tag{9.2}$$

接下来执行消去操作。例如用现在的第一行对第二行进行消去,则需将第一行所有元素乘以第二行第一个元素的相反数,再叠加到第二行上,此时第二行元素(用上角标加撇表示)变为

$$\begin{cases} Y'_{21} = Y_{21} - Y_{21} \times 1 = 0 \\ Y'_{22} = Y_{22} - Y_{21} \times \dfrac{Y_{12}}{Y_{11}} \\ \quad \vdots \\ Y'_{2j} = Y_{2j} - Y_{21} \times \dfrac{Y_{1j}}{Y_{11}} \\ \quad \vdots \\ Y'_{2n} = Y_{2n} - Y_{21} \times \dfrac{Y_{1n}}{Y_{11}} \end{cases} \tag{9.3}$$

等号右侧对应节点 2 注入电流变为

$$\dot{I}'_2 = \dot{I}_2 - Y_{21} \dfrac{\dot{I}_1}{Y_{11}} \tag{9.4}$$

可见第二行第一个元素变成了 0,而其右侧的各个元素及等号右侧的电流元素都有所变化。以此类推,可以把第一行下方的所有行的第一个元素变成 0,各行第一个元素右侧各个元素及等号右侧的电流元素均做对应变化,则有

$$\left[\begin{array}{c:ccc} 1 & \dfrac{Y_{12}}{Y_{11}} & \cdots & \dfrac{Y_{1n}}{Y_{11}} \\ \hdashline 0 & Y_{22} - Y_{21}\dfrac{Y_{12}}{Y_{11}} & \cdots & Y_{2n} - Y_{21}\dfrac{Y_{1n}}{Y_{11}} \\ \vdots & \vdots & & \vdots \\ 0 & Y_{n2} - Y_{n1}\dfrac{Y_{12}}{Y_{11}} & \cdots & Y_{nn} - Y_{n1}\dfrac{Y_{1n}}{Y_{11}} \end{array} \right] \begin{bmatrix} \dot{V}_1 \\ \dot{V}_2 \\ \vdots \\ \dot{V}_n \end{bmatrix} = \left[\begin{array}{c} \dfrac{\dot{I}_1}{Y_{11}} \\ \hdashline \dot{I}_2 - Y_{21}\dfrac{\dot{I}_1}{Y_{11}} \\ \vdots \\ \dot{I}_n - Y_{n1}\dfrac{\dot{I}_1}{Y_{11}} \end{array} \right] \tag{9.5}$$

式(9.2)和式(9.5)表示的都是线性代数方程组的初等行变换,并不影响原方程组的解。其中式(9.2)对应的初等行变换等价于在原方程组等号两侧同时左乘初等矩阵

$$\boldsymbol{D}_1^{-1} = \begin{bmatrix} \dfrac{1}{Y_{11}} & & & & \\ & 1 & & & \\ & & 1 & & \\ & & & \ddots & \\ & & & & 1 \end{bmatrix}$$

而式(9.5)对应的初等行变换等价于在原方程组等号两侧同时左乘初等矩阵

$$L_1^{-1} = \begin{bmatrix} 1 & 0 & 0 & \cdots & 0 \\ -Y_{21} & 1 & 0 & \cdots & 0 \\ -Y_{31} & 0 & 1 & \cdots & 0 \\ & & & \vdots & \\ -Y_{n1} & 0 & 0 & \cdots & 1 \end{bmatrix}$$

即式(7.1)变为

$$L_1^{-1} D_1^{-1} YV = L_1^{-1} D_1^{-1} I \tag{9.6}$$

式(9.5)可表示为

$$\begin{bmatrix} 1 & Y_{12}^{(1)} & \cdots & Y_{1n}^{(1)} \\ 0 & Y_{22}^{(1)} & \cdots & Y_{2n}^{(1)} \\ \vdots & \vdots & & \vdots \\ 0 & Y_{n2}^{(1)} & \cdots & Y_{nn}^{(1)} \end{bmatrix} \begin{bmatrix} \dot{V}_1 \\ \dot{V}_2 \\ \vdots \\ \dot{V}_n \end{bmatrix} = \begin{bmatrix} \dot{I}_1^{(1)} \\ \dot{I}_2^{(1)} \\ \vdots \\ \dot{I}_n^{(1)} \end{bmatrix} \tag{9.7}$$

注意到式(9.7)左下角子块为 0 列向量,则有

$$\begin{bmatrix} Y_{22}^{(1)} & \cdots & Y_{2n}^{(1)} \\ \vdots & & \vdots \\ Y_{n2}^{(1)} & \cdots & Y_{nn}^{(1)} \end{bmatrix} \begin{bmatrix} \dot{V}_2 \\ \vdots \\ \dot{V}_n \end{bmatrix} = \begin{bmatrix} \dot{I}_2^{(1)} \\ \vdots \\ \dot{I}_n^{(1)} \end{bmatrix} \tag{9.8}$$

且可以保证式(9.7)与式(9.8)的 $\dot{V}_2 \sim \dot{V}_n$ 同解。这意味着式(9.8)对应于一个经过了网络变换的新电路,新电路中消去了节点 1,节点 2~n 保持不变,电网的拓扑结构、支路参数和节点注入电流有所变化,但被保留各节点的电压保持不变。这一事实与电路中的星网变换相对应。

将式(9.7)表示为

$$Y^{(1)} V = I^{(1)} \tag{9.9}$$

类似地可对式(9.8)中的第一行(事实上是原方程的第二行)做规格化和消去计算,等价于使式(9.7)变成[1]

$$\begin{bmatrix} 1 & Y_{12}^{(1)} & Y_{13}^{(1)} & \cdots & Y_{1n}^{(1)} \\ 0 & 1 & Y_{23}^{(2)} & \cdots & Y_{2n}^{(2)} \\ 0 & 0 & Y_{33}^{(2)} & \cdots & Y_{3n}^{(2)} \\ 0 & 0 & \vdots & & \vdots \\ 0 & 0 & Y_{n3}^{(2)} & \cdots & Y_{nn}^{(2)} \end{bmatrix} \begin{bmatrix} \dot{V}_1 \\ \dot{V}_2 \\ \dot{V}_3 \\ \vdots \\ \dot{V}_n \end{bmatrix} = \begin{bmatrix} \dot{I}_1^{(1)} \\ \dot{I}_2^{(2)} \\ \dot{I}_3^{(2)} \\ \vdots \\ \dot{I}_n^{(2)} \end{bmatrix} \tag{9.10}$$

或表示为

$$Y^{(2)} V = I^{(2)} \tag{9.11}$$

此时式(9.6)变为

$$L_2^{-1} D_2^{-1} L_1^{-1} D_1^{-1} YV = L_2^{-1} D_2^{-1} L_1^{-1} D_1^{-1} I \tag{9.12}$$

式中:

---

① 注意式中各量的上下角标。

$$\boldsymbol{D}_2^{-1} = \begin{bmatrix} 1 & & & & \\ & \dfrac{1}{Y_{22}^{(1)}} & & & \\ & & 1 & & \\ & & & \ddots & \\ & & & & 1 \end{bmatrix} \qquad \boldsymbol{L}_2^{-1} = \begin{bmatrix} 1 & 0 & 0 & \cdots & 0 \\ 0 & 1 & 0 & \cdots & 0 \\ 0 & -Y_{32}^{(1)} & 1 & \cdots & 0 \\ \vdots & \vdots & \vdots & & \vdots \\ 0 & -Y_{n2}^{(1)} & 0 & \cdots & 1 \end{bmatrix}$$

以上过程等价为电路中通过星网变换消去节点 2,节点 $3 \sim n$ 保持不变,电网的拓扑结构、支路参数和节点注入电流有所变化,但被保留各节点的电压保持不变。

依此顺序进行星网变换,直至只剩下最后一个节点 n,所经历的过程可表示为

$$\boldsymbol{D}_n^{-1}\boldsymbol{L}_{n-1}^{-1}\boldsymbol{D}_{n-1}^{-1}\cdots\boldsymbol{L}_1^{-1}\boldsymbol{D}_1^{-1}\boldsymbol{YV} = \boldsymbol{D}_n^{-1}\boldsymbol{L}_{n-1}^{-1}\boldsymbol{D}_{n-1}^{-1}\cdots\boldsymbol{L}_1^{-1}\boldsymbol{D}_1^{-1}\boldsymbol{I} \tag{9.13}$$

注意:式(9.13)意味着除最后第 n 个方程外,前 $n-1$ 个方程均分别经历了规格化和消去两个步骤,而第 n 个方程仅通过规格化步骤将对角元变为 1,由于没有后面的方程,因此也不存在消去的过程。整个过程中方程组的解保持不变,在电路中意味着各个步骤中被保留节点的电压与网络变换之前相同。式(9.13)可简写为

$$\boldsymbol{Y}^{(n)}\boldsymbol{V} = \boldsymbol{I}^{(n)} \tag{9.14}$$

式中:

$$\boldsymbol{Y}^{(n)} = \begin{bmatrix} 1 & Y_{12}^{(1)} & Y_{13}^{(1)} & \cdots & Y_{1n}^{(1)} \\ & 1 & Y_{23}^{(2)} & \cdots & Y_{2n}^{(2)} \\ & & 1 & \cdots & Y_{3n}^{(3)} \\ & & & \ddots & \vdots \\ & & & & 1 \end{bmatrix} \qquad \boldsymbol{I}^{(n)} = \begin{bmatrix} \dot{I}_1^{(1)} \\ \dot{I}_2^{(2)} \\ \dot{I}_3^{(3)} \\ \vdots \\ \dot{I}_n^{(n)} \end{bmatrix}$$

此时最后一个方程为

$$\dot{V}_n = \dot{I}_n^{(n)}$$

可见最后一个变量 $\dot{V}_n$ 已解出,将其代入倒数第二个方程:

$$\dot{V}_{n-1} + Y_{n-1,n}^{(n-1)}\dot{V}_n = \dot{I}_{n-1}^{(n-1)}$$

可以解出倒数第二个变量 $\dot{V}_{n-1}$。再将最后两个变量代入倒数第三个方程,可以解出倒数第三个变量 $\dot{V}_{n-2}$……以此类推,直至将 $\dot{V}_2 \sim \dot{V}_n$ 代入第一个方程中,可以解出第一个变量 $\dot{V}_1$。至此,整个方程组的解已经全部解出,此即为经典的高斯消去法在电力网络方程求解中的应用。

这里介绍的高斯消去法直观、有效,但要想要求解大规模线性方程组,尤其是对本章重点讨论的稀疏方程组的情况,还需要从另一个角度对其进行解释。我们接下来讨论这个问题。

显然可以看出,式(9.14)中的系数矩阵 $\boldsymbol{Y}^{(n)}$ 的形式比较特殊:对角元全为 1,对角元以下的元素全为 0,对角元以上有非 0 元素,这样的矩阵可称为单位上三角矩阵,一般往往又用符号 $\boldsymbol{U}$ 来表示[①]。也就是说,原始的方阵(如本节中的电力网络节点导纳矩阵 $\boldsymbol{Y}$)经过标准的高斯消去过程后,可以化为单位上三角矩阵,这个高斯消去过程可以用原矩阵左乘一系列初等矩阵来表示。式(9.13)又可表示为

$$\boldsymbol{UV} = \boldsymbol{D}_n^{-1}\boldsymbol{L}_{n-1}^{-1}\boldsymbol{D}_{n-1}^{-1}\cdots\boldsymbol{L}_1^{-1}\boldsymbol{D}_1^{-1}\boldsymbol{I} \tag{9.15}$$

观察式(9.13),由 $\boldsymbol{D}_n^{-1}$ 的表达式可知其逆矩阵为

---

① U 表示英文"upper triangular matrix"。

$$D_n = \begin{bmatrix} 1 & & & & \\ & 1 & & & \\ & & 1 & & \\ & & & \ddots & \\ & & & & Y_{nn}^{(n-1)} \end{bmatrix}$$

在式(9.15)等号左右同时左乘这个矩阵,该式可变为

$$D_n UV = L_{n-1}^{-1} D_{n-1}^{-1} \cdots L_1^{-1} D_1^{-1} I \tag{9.16}$$

类似地,易知

$$L_{n-1} = \begin{bmatrix} 1 & & & & \\ & 1 & & & \\ \vdots & & 1 & & \\ \vdots & \vdots & & \ddots & \\ 0 & 0 & 0 & Y_{n,n-1}^{(n-2)} & 1 \end{bmatrix}$$

在式(9.16)等号左右同时左乘 L_{n-1},该式可变为

$$L_{n-1} D_n UV = D_{n-1}^{-1} \cdots L_1^{-1} D_1^{-1} I \tag{9.17}$$

以此类推,在式(9.17)中依次交替左乘对角阵 D_i 和单位下三角阵 L_i,其中

$$D_i = \begin{bmatrix} 1 & & & & \\ & \ddots & & & \\ & & Y_{i,i}^{(i-1)} & & \\ & & & \ddots & \\ & & & & 1 \end{bmatrix} \qquad L_i = \begin{bmatrix} 1 & & & & & & \\ 0 & 1 & & & & & \\ & 0 & \ddots & & & & \\ & & \ddots & 1 & & & \\ & & & Y_{i+1,i}^{(i-1)} & 1 & & \\ \vdots & \vdots & & 0 & \ddots & \\ \vdots & \vdots & & \vdots & & \ddots & \\ 0 & 0 & & Y_{n,i}^{(i-1)} & 0 & & 0 & 1 \end{bmatrix}$$

最终可得

$$D_1 L_1 \cdots D_{n-1} L_{n-1} D_n UV = I \tag{9.18}$$

或表示为

$$\overline{L} UV = I \tag{9.19}$$

前面已经知道矩阵 U 是单位上三角矩阵,很容易验证 $\overline{L}$ 是下三角矩阵(只有对角元和对角元之下的元素可能不为 0,对角元之上的元素全为 0),也就是说,一个方阵经过高斯消去过程后可以分解成一个下三角矩阵和一个单位上三角矩阵的乘积,对本节来说就是

$$Y = \overline{L} U \tag{9.20}$$

称为矩阵的三角分解。

若进一步令 $\overline{L} = LD$,其中

$$D = \begin{bmatrix} Y_{11} & & & \\ & Y_{22}^{(1)} & & \\ & & \ddots & \\ & & & Y_{nn}^{(n-1)} \end{bmatrix}$$

则式(9.20)又变为

$$Y = LDU \tag{9.21}$$

数学上可以证明 L 是单位下三角矩阵[①],证明过程此处从略。特别地,对于对称矩阵,这里讨论的节点导纳矩阵,必有

$$L = U^T \tag{9.22}$$

式(9.21)将一个方阵分解成两个三角阵和一个对角阵的乘积,这个分解的过程常称为三角分解。在计算机编程中,若以满阵形式存储,则一个方阵其实是内存中的一个二维数组。例如,有某矩阵

$$A = \begin{bmatrix} a_{11} & \cdots & \cdots & a_{1n} \\ \vdots & \ddots & \ddots & \vdots \\ \vdots & \ddots & \ddots & \vdots \\ a_{n1} & \cdots & \cdots & a_{nn} \end{bmatrix}$$

其三角分解的结果分别为

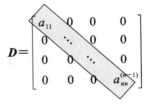
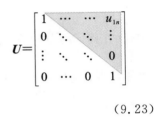

$$L = \begin{bmatrix} 1 & 0 & \cdots & 0 \\ & 1 & \ddots & \vdots \\ \vdots & \ddots & 1 & 0 \\ l_{n1} & \cdots & \cdots & 1 \end{bmatrix} \quad D = \begin{bmatrix} a_{11} & 0 & 0 & 0 \\ 0 & \ddots & 0 & 0 \\ 0 & 0 & \ddots & 0 \\ 0 & 0 & 0 & a_{nn}^{(n-1)} \end{bmatrix} \quad U = \begin{bmatrix} 1 & \cdots & \cdots & u_{1n} \\ 0 & \ddots & \ddots & \vdots \\ \vdots & \ddots & \ddots & \\ 0 & \cdots & 0 & 1 \end{bmatrix}$$

$$\tag{9.23}$$

则对分解结果的存储可做如下考虑:

(1) 对于单位下三角矩阵 L,由于已知其上三角元素必为 0,对角元必为 1,均不需存储,编程时如需使用这些元素直接赋值即可,故只需存储式(9.23)中阴影所覆盖的严格下三角[②]部分;

(2) 对于单位上三角矩阵 U,与对 L 的考虑类似,只需存储式(9.23)中阴影所覆盖的严格上三角部分;

(3) 对于对角阵 D,由于已知其所有非对角元均为 0,均不需存储,故只需存储阴影所覆盖的所有对角元数值。

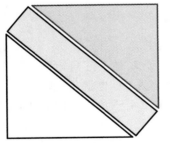

图 9-1 因子表结果存储的示意图

综上所述,三角分解的结果恰好可填充原矩阵在内存中所开辟的空间,如图 9-1 所示。常将图 9-1 的内容称为原矩阵的因子表,故三角分解也称为因子表分解。

由式(9.19)和式(9.21)可知,因子表分解的结果可直接由高斯消去过程得到,是对线性代数方程组进行求解的基础。尤其需要指出,对于对称的矩阵,其因子表中上下三角部分互为转置,可以只存储其中的一个,整个所占用的存储空间可节省约一半左右。

9.1.2 线性方程组求解的具体过程

设有线性方程组表示为式(9.1),将其表达为更通用的形式

---

① L 表示英文"lower triangular matrix"。
② 严格下三角矩阵中只有对角元之下部分可能有非 0 元素,对角元和对角元之上部分均为 0。

$$Ax = b \tag{9.24}$$

假设系数矩阵 $A \in R^{n \times n}$ 的因子表分解结果已知，为

$$A = LDU$$

则式(9.24)变为

$$LDUx = b \tag{9.25}$$

根据定义可知，矩阵 L、D 和 U 均为与 A 同样大小的 $n \times n$ 阶矩阵，解向量 x 和独立向量 b 均为 $n \times 1$ 阶列向量。

令

$$Ux = y \tag{9.26}$$

易知 y 也为 $n \times 1$ 阶列向量，式(9.26)变为

$$LDy = b \tag{9.27}$$

再令

$$Dy = z \tag{9.28}$$

则 z 也为 $n \times 1$ 阶列向量，式(9.28)变为

$$Lz = b \tag{9.29}$$

至此，对式(9.24)的求解被分解为三步：首先求解式(9.29)得到列向量 z，称为前代计算；再求解式(9.28)得到列向量 y，称为规格化计算；最后求解式(9.26)得到原方程所需的解向量 x，称为回代计算。

形式上来看，前述过程将方程组的求解分解成三个同样规模方程组的求解，似乎使整个过程更加烦琐。但若注意到式(9.29)、式(9.28)和式(9.26)三个方程中系数矩阵的特殊性，就可知道现在的求解方法是可以简化计算的，尤其是在应用稀疏技术进行处理时更有优势。

9.1.2.1　前代计算：求解 $Lz = b$

式(9.29)的展开形式为

$$
\begin{bmatrix} 1 & & & \\ l_{21} & 1 & & \\ \vdots & & \ddots & \\ l_{n1} & \cdots & l_{n,n-1} & 1 \end{bmatrix}
\begin{bmatrix} z_1 \\ z_2 \\ \vdots \\ z_n \end{bmatrix} =
\begin{bmatrix} b_1 \\ b_2 \\ \vdots \\ b_n \end{bmatrix}
\tag{9.30}
$$

可变形为

$$
\left[\begin{bmatrix} 0 & & & \\ l_{21} & 0 & & \\ \vdots & & \ddots & \\ l_{n1} & \cdots & l_{n,n-1} & 0 \end{bmatrix} + \begin{bmatrix} 1 & & & \\ & 1 & & \\ & & \ddots & \\ & & & 1 \end{bmatrix} \right]
\begin{bmatrix} z_1 \\ z_2 \\ \vdots \\ z_n \end{bmatrix} =
\begin{bmatrix} b_1 \\ b_2 \\ \vdots \\ b_n \end{bmatrix}
\tag{9.31}
$$

即作为系数矩阵的单位下三角矩阵等于一个严格下三角矩阵和一个单位矩阵之和，则式(9.31)等价于

$$
\begin{bmatrix} z_1 \\ z_2 \\ \vdots \\ z_n \end{bmatrix} =
\begin{bmatrix} b_1 \\ b_2 \\ \vdots \\ b_n \end{bmatrix} -
\begin{bmatrix} 0 & & & \\ l_{21} & 0 & & \\ \vdots & & \ddots & \\ l_{n1} & \cdots & l_{n,n-1} & 0 \end{bmatrix}
\begin{bmatrix} z_1 \\ z_2 \\ \vdots \\ z_n \end{bmatrix}
\tag{9.32}
$$

若将式(9.32)中严格下三角矩阵的每一列看作一个广义的"元素",由线性代数知识可知该式又可进一步变形为

$$
\begin{bmatrix} z_1 \\ z_2 \\ \vdots \\ z_n \end{bmatrix} = \begin{bmatrix} b_1 \\ b_2 \\ \vdots \\ b_n \end{bmatrix} - \begin{bmatrix} 0 & & & \\ l_{21} & 0 & & \\ \vdots & & \ddots & \\ l_{n1} & \cdots & l_{n,n-1} & 0 \end{bmatrix} \begin{bmatrix} z_1 \\ z_2 \\ \vdots \\ z_n \end{bmatrix} = \begin{bmatrix} b_1 \\ b_2 \\ \vdots \\ b_n \end{bmatrix} - \begin{bmatrix} 0 \\ l_{21} \\ \vdots \\ l_{n1} \end{bmatrix} z_1 - \cdots - \begin{bmatrix} 0 \\ \vdots \\ 0 \\ l_{n,n-1} \end{bmatrix} z_{n-1}
$$

$$(9.33)$$

显然可得

$$
\begin{cases}
z_1 = b_1 \\
z_2 = b_2 - l_{21} z_1 \\
\quad\vdots \\
z_i = b_i - \sum\limits_{j=1}^{i-1} l_{ij} z_j \\
\quad\vdots \\
z_n = b_n - \sum\limits_{j=1}^{n-1} l_{nj} z_j
\end{cases}
\qquad (9.34)
$$

由式(9.34)可见,前代方程组的第一个变量 z_1 可直接得到,即为独立矢量中的第一个分量 b_1。将其代入第二个式子,即可得到 z_2;将 z_1 和 z_2 代入第三个式子,即可得到 z_3……以此类推,直到把前 $n-1$ 个变量代入最后一个式子,得到 z_n。

很容易发现这个步骤的特点为:① 按照变量编号顺序从小到大计算;② 某个变量只会影响到编号比其大的变量。基于这两个特点,把当前步骤的计算称为"前代计算"。

9.1.2.2 规格化计算:求解 $Dy = z$

式(9.28)的展开形式为

$$
\begin{bmatrix} d_{11} & & \\ & \ddots & \\ & & d_{nn} \end{bmatrix} \begin{bmatrix} y_1 \\ \vdots \\ y_n \end{bmatrix} = \begin{bmatrix} z_1 \\ \vdots \\ z_n \end{bmatrix}
\qquad (9.35)
$$

由于此方程的系数矩阵为对角阵,故每个解分量即为等号右侧分量与相应对角元的比值,即

$$
y_i = \frac{z_i}{d_{ii}} \quad i = 1, \cdots, n
\qquad (9.36)
$$

把当前步骤的计算称为"规格化计算"。

9.1.2.3 回代计算:求解 $Ux = y$

式(9.26)的展开形式为

$$
\begin{bmatrix} 1 & u_{12} & \cdots & u_{1n} \\ & 1 & \vdots & \vdots \\ & & \ddots & u_{n-1,n} \\ & & & 1 \end{bmatrix} \begin{bmatrix} x_1 \\ x_2 \\ \vdots \\ x_n \end{bmatrix} = \begin{bmatrix} y_1 \\ y_2 \\ \vdots \\ y_n \end{bmatrix}
\qquad (9.37)
$$

仔细观察式(9.37),可以发现其与式(9.30)有诸多类似之处,回代计算的分析过程与前

代计算是对偶的,这里不展开讨论,最终可得

$$
\begin{cases}
x_n = y_n \\
x_{n-1} = y_{n-1} - u_{n-1,n} x_n \\
\quad \vdots \\
x_i = y_i - \sum_{j=i+1}^{n} u_{ij} x_j \\
\quad \vdots \\
x_1 = y_1 - \sum_{j=2}^{n} u_{1j} x_j
\end{cases}
\tag{9.38}
$$

由式(9.38)可见,回代方程组的最后一个变量 x_n 可直接得到,即为规格化计算的最后一个解 y_n。将其代入倒数第二个式子,即可得到 x_{n-1};将 x_n 和 x_{n-1} 代入第三个式子,即可得到 x_{n-2}······以此类推,直到把后 $n-1$ 个变量代入第一个式子,得到 x_1。

很容易发现这个步骤的特点为:① 按照变量编号顺序从大到小计算;② 某个变量只会影响到编号比其小的变量。基于这两个特点,把当前步骤的计算称为"回代计算"。

至此三个步骤已完成,最终得到了所求的原方程组的解。电力系统分析计算中往往涉及线性代数方程组的求解,基本遵循了上述三个步骤。但对大规模的电力系统而言,还需结合自身的特点,在求解方程组时尽可能规避对 0 元素的计算,即应用所谓"稀疏技术",这是本章的核心内容。

9.2　稀疏矩阵的概念

在 20 世纪中叶以前,由于计算机应用尚不普及,严重限制了人们开展电力系统分析计算的规模。而随着计算机及相应的计算技术在电力系统中成功应用,人们能够分析规模越来越大的电力系统。在这个过程中人们逐渐认识到,我们所研究的电网及用来描述电网的节点导纳矩阵其实是稀疏的,而且稀疏的程度随着网络规模的增大越来越明显,这是我们能够分析超大规模电力系统的一个非常重要的客观条件。

所谓稀疏矩阵,就是非 0 元素个数占元素总数比例非常小的矩阵。在这样的矩阵中,非 0 元素"稀疏"地分布在矩阵所占据的空间,如果随机读取矩阵中的元素,将有很大的概率遇到 0 元素,而"几乎不会"遇到非 0 元素。然而这只是形象化的说法,到底比例小到什么程度才可以称为"非常小",是需要给出明确量化定义的。为此,引入稀疏度的概念,即对于一个 $m \times n$ 的矩阵,其中含有 τ 个非 0 元素,则其稀疏度为

$$
\rho = \frac{\tau}{m \times n} \times 100\%
\tag{9.39}
$$

一般认为,稀疏度远小于 1 的矩阵即可称为稀疏矩阵。按照惯例可以粗略地认为若稀疏度 $\rho < 10\%$,则矩阵为稀疏矩阵[①]。更进一步,对式(9.24)所示的线性代数方程组,若所涉及的矩阵为稀疏矩阵,则可将该方程组称为稀疏线性方程组。

显然,稀疏矩阵最显著的特点是含有大量的 0。注意到线性方程组的求解本质上

---

① 显然这表示稀疏矩阵的规模不能太小。例如,如果考虑一个 2×2 的方阵,哪怕只有一个元素不等于 0,其稀疏度也为 $\rho = 1/(2 \times 2) \times 100\% = 25\%$,不能算作是稀疏矩阵。

只涉及四则运算,而与 0 有关的四则运算都是非常特殊的:

① 任何数加减 0 都等于原数,故若能提前判断出被加减的数是 0,就可以不做这次计算,直接取原数即可;

② 0 乘以任何数,或除以任何一个不等于 0 的数,结果仍然是 0,因此通过对 0 做乘除计算可以将原本的非 0 元素变为 0,此后再做与它有关的加减计算时又可以满足前一点性质。

可见,在求解方程组时遇到 0 元素可以简化计算。若能对稀疏方程组中的大量 0 元素都做简化计算,即实现所谓"排 0"计算,显然可以显著提高计算速度,这是稀疏计算的核心任务。

9.3 节点导纳矩阵的稀疏性及其稀疏存储

9.3.1 节点导纳矩阵的稀疏性

用来描述大规模电网的节点导纳矩阵是典型的稀疏矩阵[①],下面来定性讨论这个问题。

假设有一个含 1000 条母线的电网,每条母线平均与 10 条母线相联络。显然,该节点导纳矩阵含有 $1000 \times 1000 = 10^6$ 个元素。

节点导纳矩阵为方阵,故其元素可分为对角元和非对角元两大类。

(1) 对角元即行号和列号相同的元素,又称为自导纳,其值等于与对应节点相连的所有支路导纳之和。若其为 0,又分为两种情况:① 与该节点相连的所有支路导纳均为 0,事实上这意味着该节点与电网其他部分不联络,等价于该节点并不是电网中的节点,显然不成立;② 与该节点相连的支路存在不为 0 的导纳,但其总和为 0,故对支路导纳实部和虚部均存在正负值,对负实部导纳而言,意味着该支路是有源支路,不合理;对虚部导纳而言,意味着各支路感性和容性的效果刚好相互抵消,等价于发生了谐振,也不合理。综上可见,通常我们可确定节点导纳矩阵的对角元均不为 0,则现在有 1000 个非 0 对角元。

(2) 非对角元即行号与列号不相同的元素,又称为互导纳,其值等于行号和列号对应的节点之间支路导纳的相反数。显然只有这两个节点之间实际存在支路(两条母线之间有联络)时,该非对角元才不为 0。对本例而言,每条母线平均与 10 条母线联络,则非对角线非 0 元素共有 $10 \times 1000 = 10000$ 个。

综上所述,该节点导纳矩阵的稀疏度为

$$\rho = \frac{1000 + 10000}{1000 \times 1000} \times 100\% = 1.1\%$$

可见,节点导纳矩阵中仅有约 1%的非 0 元素,近 99%的元素均为 0,其是一个高度稀疏的矩阵。事实上,这已经是经过了乐观估计的结果。在电网中很少有母线与 10 条母线存在联络,反倒是存在大量节点仅与一两个节点有联络。例如,单元接线的发电机机端母线仅与所连升压变压器的高压母线有联络,末端负荷节点往往也仅与少数节点相连,

---

① 因此在图论中将这种类型的网络也可称为"稀疏网络"。

因此实际的稀疏度可能更大。

对电网而言,网络规模越大,节点导纳矩阵的元素个数越多,但非 0 元素所占比例就越小,因此其稀疏度越大。事实上,对一个有 n 条母线的电网而言,若仍假设每条母线平均与 10 条母线相联络,则其稀疏度为

$$\rho = \frac{n + 10n}{n \times n} \times 100\% = \frac{11}{n}\%$$

(9.40)

可见稀疏度与节点个数成反比。问题的关键在于每条母线平均联络的母线条数并没有显著变化。例如,即使是有上万个节点的电网,与之前相比规模增大了 10 倍,但单个母线与其他母线的联络也不会增大 10 倍而达到 100 条母线。这是电力网络的最本质的拓扑特征,事实上其是由电力系统实现功能的方式来决定的,其蕴含着深刻的含义,读者可以自行思考,这里不展开讨论。

9.3.2 节点导纳矩阵的稀疏存储

如前所述,在求解线性方程组的时候,对系数矩阵中的 0 元素的计算可以有大量简化,算法尽可能不对 0 进行操作,因此也就没有必要对其进行存储。显然,如果可以仅存储非 0 元素,所需的存储空间要大幅削减,即所谓稀疏存储。这不仅能显著降低算法对计算机内存的需求,同时也使检索矩阵元素的速度得到大大提高,进而实现方程组求解算法计算性能的大幅度提升。需要注意的一点是,在进行稀疏存储的时候,不能仅仅存储非 0 元素的数值,还应存储每个非 0 元素在原矩阵中的位置,总之以存储后信息不损失、能完全恢复到原满阵形式为原则。

基于上述原则,有三种常见的稀疏存储方式,分别为散居存储、按行(或按列)存储、三角检索存储。注意对我们关心的节点导纳矩阵而言,由于它是一个对称矩阵,因此上下三角部分仅需存储一种即可,通常均选择存储上三角部分。下面以图 9-2 所示的含 6 个节点的电网讨论这三种对其节点导纳矩阵进行稀疏存储的方法。

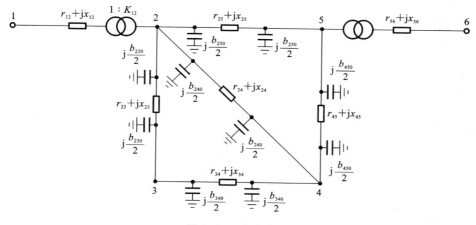

图 9-2　6 节点电网

该电网的节点导纳矩阵为 6×6 阶,每个元素均为复数,需要有实部和虚部两个实数来确定。为了讨论方便,这里暂时忽略实数与整数在程序变量字节数上的差别,简单地将 1 个实数/整数占用的字节定义为 1 个存储空间,则该节点导纳矩阵共需 $6 \times 6 \times 2 = 72$ 个存储空间。该节点导纳矩阵为

$$Y = \begin{bmatrix} Y_{11} & Y_{12} & 0 & 0 & 0 & 0 \\ Y_{21} & Y_{22} & Y_{23} & Y_{24} & Y_{25} & 0 \\ 0 & Y_{32} & Y_{33} & Y_{34} & 0 & 0 \\ 0 & Y_{42} & Y_{43} & Y_{44} & Y_{45} & 0 \\ 0 & Y_{52} & 0 & Y_{54} & Y_{55} & Y_{56} \\ 0 & 0 & 0 & 0 & Y_{65} & Y_{66} \end{bmatrix} \tag{9.41}$$

9.3.2.1 散居存储

前面已经讨论过,节点导纳矩阵的所有对角元均不为 0,定义一维数组 DY 来存储这些元素。若电网中有 n 个节点,则有

$$DY = \begin{bmatrix} Y_{11} & Y_{12} & \cdots & Y_{nn} \end{bmatrix}$$

显然 DY 需要占用 $2n$ 个存储空间。

若只存储上三角部分的非 0 元素,则易知这些非 0 元素的个数即为电网中支路的条数。分别定义一维数组 LY、IY 和 JY 以用来存储上三角部分非 0 元素的数值、所在行号和所在列号,即

$$LY = \begin{bmatrix} \cdots & Y_{ij} & \cdots \end{bmatrix}$$
$$IY = \begin{bmatrix} \cdots & i & \cdots \end{bmatrix}$$
$$JY = \begin{bmatrix} \cdots & j & \cdots \end{bmatrix}$$

式(9.41)的散居存储格式结果为

$$DY = \begin{bmatrix} Y_{11} & Y_{22} & Y_{33} & Y_{44} & Y_{55} & Y_{66} \end{bmatrix}$$
$$LY = \begin{bmatrix} Y_{12} & Y_{23} & Y_{24} & Y_{25} & Y_{34} & Y_{45} & Y_{56} \end{bmatrix}$$
$$IY = \begin{bmatrix} 1 & 2 & 2 & 2 & 3 & 4 & 5 \end{bmatrix}$$
$$JY = \begin{bmatrix} 2 & 3 & 4 & 5 & 4 & 5 & 6 \end{bmatrix}$$

假设电网中有 l 条支路,则上述三个数组所占用的存储空间分别为 $2l$、l 和 l。故采用散居存储方式,一共需要 $2n+4l$ 个存储空间。对图 9-2 所示的电网而言,有 6 个节点和 7 条支路,则其散居存储方式须 $2 \times 6 + 4 \times 7 = 40$ 个存储空间。本例采用散居存储方式,所需存储空间为原来满阵方式的 $40/72 \times 100\% \approx 55.6\%$,并没有很明显的优势,这是什么原因呢?

显然,这是因为我们所讨论的网络规模过小,稀疏存储的优势难以体现出来。由计算可知原网络的稀疏度亦为 $\rho = (6 + 7 \times 2)/(6 \times 6) \approx 55.6\%$,显然不满足稀疏矩阵的条件。若将本方法用于前述有 1000 个节点、5000 条支路的网络,则其节点导纳矩阵满阵存储格式需 $1000 \times 1000 \times 2 = 2000000$ 个存储空间,散居存储格式所需存储空间为 $2 \times 1000 + 4 \times 5000 = 22000$ 个存储空间,占满阵形式所需量的 1.1%,可见节省空间的幅度还是相当大的。

细心的读者会发现,散居存储方式所需空间占满阵形式所需空间的比例即为原矩阵的稀疏度,可简短证明如下:对有 n 个节点、l 条支路的电网而言,散居存储方式所需存储空间为 $2n+4l$,占满阵形式所需比例为 $(2n+4l)/(2n^2) = (n+2l)/n^2$;而节点导纳矩阵有 n 个对角元、$2l$ 个非对角元不等于 0,故其稀疏度也为 $(n+2l)/n^2$。

最后解释这种稀疏存储方式命名的原因。由于本存储方式对非对角线非 0 元素存储的顺序没有严格的要求,只要确保数值、行号、列号三者对应,就可以很容易地恢复成

原来满阵存储的形式,这是将其称为"散居"存储的原因。

散居存储方式的检索和修改都比较灵活。例如,若需查找节点导纳矩阵中第 2 行第 5 列元素,只需找到数组 **IY** 中值为 2 的元素,看数组 **JY** 对应位置中哪个元素的值为 5,再去数组 **LY** 中读出对应的值即可。若 **JY** 中无法找到所需列号,就意味着原矩阵中该元素的值并未存储,进而就意味着其值为 0。

由于高斯消去等原因,若在上三角部分出现了新的非 0 元素,仅需在三个数组末尾均扩展一个元素的位置,将新非 0 元素数值存入 **LY** 的新位置,将其行列号分别存入 **IY** 和 **JY** 的新位置中即可。

9.3.2.2 按行(列)存储

以按行存储为例进行介绍,按列存储的情况与其类似,读者可以很容易推广理解。在按行存储方式中,数组 **DY**、**LY**、**JY** 的含义与散居存储情况相同,区别在于对 **LY** 中元素的顺序有一定的要求,即必须按照原矩阵中行的顺序由上至下存储,对于同一行的元素又需按照由左至右的顺序存储。设上三角部分各行的非 0 元素个数分别为 $m_1, m_2, \cdots$,则有

$$LY = \begin{bmatrix} Y_{1,j_1} & \cdots & Y_{1,j_{m_1}} & Y_{1,j_2} & \cdots & Y_{1,j_{m_2}} & \cdots \end{bmatrix}$$
$$JY = \begin{bmatrix} j_1 & \cdots & j_{m_1} & j_2 & \cdots & j_{m_2} & \cdots \end{bmatrix}$$

此时不需要数组 **IY**,而由下面的数组 **IS** 代替:

$$IS = \begin{bmatrix} 1 & m_1+1 & m_1+m_2+1 & \cdots & \sum_{k=1}^{i-1} m_k+1 & \cdots \end{bmatrix}$$

可见 **IS** 中存储的是上三角部分各行第一个非 0 元素在 **LY** 中的位置。尽管第 n 行没有非对角元,但为了编程的方便,也可以定义 $IS(n) = l+1$,以保证用 **IS** 中后一个元素减去前一个元素的结果作为对应行的非 0 元素个数。显然此时 **IS** 中有 n 个元素,而前面散居存储的 **IY** 中有 l 个元素,通常 $n < l$,即这种按行存储的方式可以比散居存储方式更节省存储空间。实际上,此时的存储空间应为 $2n+2l+l+n = 3n+3l$ 个。

式(9.41)的按行存储结果为

$$DY = \begin{bmatrix} Y_{11} & Y_{22} & Y_{33} & Y_{44} & Y_{55} & Y_{66} \end{bmatrix}$$
$$LY = \begin{bmatrix} Y_{12} & Y_{23} & Y_{24} & Y_{25} & Y_{34} & Y_{45} & Y_{56} \end{bmatrix}$$
$$IS = \begin{bmatrix} 1 & 2 & 5 & 6 & 7 & 8 \end{bmatrix}$$
$$JY = \begin{bmatrix} 2 & 3 & 4 & 5 & 4 & 5 & 6 \end{bmatrix}$$

需要验证按行存储方式的有效性,即是否可以正确地读取原矩阵中的数据,或针对原矩阵中新增非 0 元素的情况正确地修改存储结果。仍以式(9.41)中矩阵的情况为例。

先看读取原矩阵中第 2 行第 5 列元素的情况。由于已知要读取的是第 2 行元素,故必为 **LY** 中第 $m_1+1 \sim m_1+m_2+1$ 个元素,在本例中为 **LY** 中第 2~4 个元素。又可知在 **JY** 的第 2~4 个元素中,第 4 个元素的数值为 5(待读取数据的列号),故所需数值为 **LY** 的第 4 个元素。可见读取数据的操作比散居存储要复杂一些。

再看新增非 0 元素的情况,以原矩阵中第 2 行第 6 列元素由 0 变为非 0 为例。显然该元素相关信息不能直接插入各数组的末尾,而应该插入数组中的合适位置,首先要做的就是要找到这个合适的位置。已知要插入的非 0 数据在第 2 行,将原 **JY** 数组中第

2~4 个元素读取出来,分别为 3、4 和 5,待插入的为第 6 列元素,简单判断可知其列号应该在 **JY** 第 4 个元素之后,因此其数值也应放入 **LY** 第 4 个元素之后。

此后即为计算机编程中对数组的常规操作。例如,可将 **LY** 和 **JY** 扩展一个元素的位置,将两个数组的第 5~7 个元素分别后移一个位置,再将新非 0 元素数值和列号分别存入 **LY** 和 **JY** 的第 5 个位置。最后再将 **IS** 中第 3~6 个元素的数值分别加 1,即完成了新增非 0 元素对按行存储结果的修改。

可见,在按行存储中对已有存储结果所做的修改要比散居存储复杂得多,这是进一步削减占用空间所必须付出的代价。

事实上,虽然按行存储的确比散居存储更能节省空间,但所节省的空间是非常有限的。以前面的 1000 个节点、5000 条支路的网络为例,按行存储所需占用 3×(1000+5000)=18000 个空间,比散居存储减少了(22000-18000)/22000×100%=18.2%,貌似占用空间减少了不少,但实际上相对于原矩阵而言仅减少了(22000-18000)/2000000×100%=0.2%。而为了获得这区区 0.2% 的削减效果,存取数据的程序要复杂得多,通常是得不偿失的。因此,在常规的稀疏计算中往往采用散居存储的方式综合性能更加优越。

以上详述了按行存储方式的具体操作,按列存储方式与其极为类似,不再赘述。

9.3.2.3 三角检索存储

三角检索存储特指对如图 9-1 所示的矩阵因子表分解结果进行存储的情况。

通常对角元均不为 0,无法进一步削减存储空间,只能逐个依序存储。

上三角部分采用散居存储或按行存储,对应的严格上三角矩阵对角元及下三角部分均为 0,不必存储。

下三角部分采用散居存储或按列存储,类似地,对应的严格下三角矩阵对角元及上三角部分不必存储。

对称矩阵仅需存储上三角部分和下三角部分中的一个即可。

9.4　因子表分解的稀疏计算

在 9.1.1 节中对矩阵因子表分解的详细过程进行了介绍,读者已经知道所谓因子表分解的过程就是高斯消去的过程[①]。本节介绍与因子表分解相关的稀疏计算,事实上就是提出一种在高斯消去时尽量仅需对非 0 元素进行处理、避免对 0 元素进行处理的计算过程,即所谓"排 0"计算。高斯消去针对每一行分别进行规格化和消去两个步骤,排 0 计算需要针对这两个步骤来进行。

9.4.1　对称矩阵的网络模型

我们熟知的节点导纳矩阵是电力网络所对应的数学模型,即用矩阵来表达一个已知的网络。从某种意义上来说,反过来表达也是可行的。也就是说,可以用网络来表达

---

① 本书仅介绍对称矩阵因子表分解的稀疏计算,此时所得单位上三角矩阵和单位下三角矩阵互为转置,情况相对简单。不对称矩阵的因子表分解可查阅相关数值计算资料。

一个已知的对称矩阵。

例如，对图 9-3 所示的对称矩阵而言，用"＊"表示非 0 元素，假设采用与节点导纳矩阵类似的思路，认为矩阵的行数对应网络节点个数，非对角线非 0 元素对应行列节点之间存在边，则可以建立图 9-4 所示的网络模型。显然网络中节点对之间没有边的情况即为相应元素为 0 的情况。

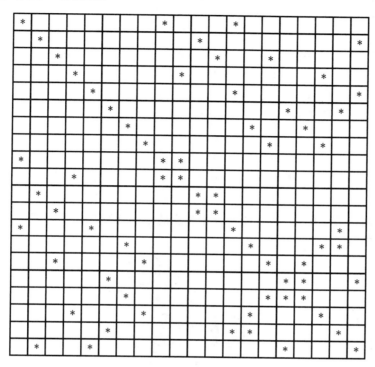

图 9-3 20 阶对称矩阵

图 9-4 仅体现了原矩阵中非 0 元素的位置，若想让其能够体现原矩阵的所有信息，还应对非 0 元素的数值进行表达。图中每条边对应原矩阵上三角部分的一个非 0 元素，起止点分别为原矩阵的行号和列号（该边称为互边），用这个非 0 元素的数值对该边进行赋权即可体现所有非对角元的信息。所有对角元均不为 0，可以认为图 9-4 中尚存在并未画出来的起止点均为同一节点的边（该边称为自边），其权值为对应对角元的值，因此原图事实上是赋权图。

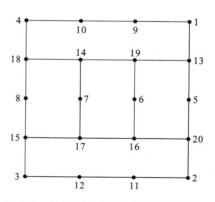

图 9-4 20 阶对称矩阵对应的网络模型

如果想让图 9-4 仅体现对角线部分和上三角部分，则可为每一条互边规定方向：由编号较小节点指向编号较大节点，即只对应原矩阵中行号小于列号的元素，即上三角部分元素。

9.4.2 网络图上的高斯消去过程

一个比较直接的思路是若能把所有高斯消去的操作仅限在图 9-4 所示的网络中进

行,则可确保仅对原矩阵的非 0 元素进行了计算,因为原矩阵的 0 元素在网络中根本就不存在对应边,也就谈不上对其进行操作。

考虑在某个规模较大的矩阵中使用高斯消去法已进行到第 p 行的情况,假设该行中对角元右侧仅有第 j、k、l 三列元素不为 0,当然由于矩阵的对称性,对角元下方第 j、k、l 三行元素也不为 0,且分别与其对称位置元素相等,见式(9.42)。此时第 p 个对角元之前的所有对角元下方的元素都已经被处理成 0。

$$
\begin{bmatrix}
& \vdots & & \vdots & & \vdots & & \vdots & \\
\cdots & a_{pp} & \cdots & a_{pj} & \cdots & a_{pk} & \cdots & a_{pl} & \cdots \\
& \vdots & & \vdots & & \vdots & & \vdots & \\
\cdots & a_{jp} & \cdots & a_{jj} & \cdots & a_{jk} & \cdots & 0 & \cdots \\
& \vdots & & \vdots & & \vdots & & \vdots & \\
\cdots & a_{kp} & \cdots & a_{kj} & \cdots & a_{kk} & \cdots & a_{kl} & \cdots \\
& \vdots & & \vdots & & \vdots & & \vdots & \\
\cdots & a_{lp} & \cdots & 0 & \cdots & a_{lk} & \cdots & a_{ll} & \cdots \\
& \vdots & & \vdots & & \vdots & & \vdots & \\
\end{bmatrix}
\tag{9.42}
$$

在相应网络模型中,显然与第 p 行相关联的子图如图 9-5 所示,图中各支路权值即为式(9.42)中对应的非 0 元素值。

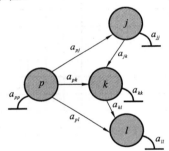

图 9-5 与节点 p 相关联的子图

先来看规格化计算,即用某一行对角元去除各非 0 非对角元,见式(9.43)。

$$
\begin{bmatrix}
& \vdots & & \vdots & & \vdots & & \vdots & \\
\cdots & a'_{pp}=1 & \cdots & a'_{pj}=\dfrac{a_{pj}}{a_{pp}} & \cdots & a'_{pk}=\dfrac{a_{pk}}{a_{pp}} & \cdots & a'_{pl}=\dfrac{a_{pl}}{a_{pp}} & \cdots \\
& \vdots & & \vdots & & \vdots & & \vdots & \\
\cdots & a_{jp} & \cdots & a_{jj} & \cdots & a_{jk} & \cdots & 0 & \cdots \\
& \vdots & & \vdots & & \vdots & & \vdots & \\
\cdots & a_{kp} & \cdots & a_{kj} & \cdots & a_{kk} & \cdots & a_{kl} & \cdots \\
& \vdots & & \vdots & & \vdots & & \vdots & \\
\cdots & a_{lp} & \cdots & 0 & \cdots & a_{lk} & \cdots & a_{ll} & \cdots \\
& \vdots & & \vdots & & \vdots & & \vdots & \\
\end{bmatrix}
\tag{9.43}
$$

尽管在第 p 行中 a_{pp} 右侧的所有元素都应除以 a_{pp},但事实上只有式(9.43)中所示的三个元素不为 0,需要做除法计算,其余元素均为 0,无论是否做除法计算,结果仍为 0,故在算法中可略去这些计算。此时第 p 行非 0 元素发生了变化,故将其用上角标"′"

来与原来的值相区别。此时第 p 列元素中对角元下方的非 0 元素数值与其对称位置元素数值之间的关系为

$$a_{jp} = a'_{pj} \cdot a_{pp} \qquad a_{kp} = a'_{pk} \cdot a_{pp} \qquad a_{lp} = a'_{pl} \cdot a_{pp} \tag{9.44}$$

以上计算在图 9-5 中的操作对应为用所有三条以节点 p 为起点的互边的权值去除以节点 p 自边的权值,并用来代替原互边的权值。

再来看消去计算,目的是用已经变为 1 的对角元将其正下方的所有非 0 元素消去为 0。对于前面的情况,由于第 p 个对角元正下方除了式(9.43)中所示的三个元素之外均为 0,对这些 0 元素均不需做相应的消去计算,涉及消去计算的仅有 j、k、l 三行。

具体的消去过程是:第 p 行所有元素乘以对角元下方某个非 0 元素的相反数,再叠加到该行上,这样那个非 0 元素就变成了 0 元素,而其右侧的某些元素可能会发生变化。由于第 p 行对角元右侧也仅有三个非 0 元素,显然被消去行也仅有这三个非 0 元素正下方的元素会受到影响,即只有被消去行与第 p 行非对角线非 0 元素所在列的交点元素才会受到消去计算的影响,如图 9-6 所示。

以上计算在图 9-5 中的操作为任选两条以节点 p 为起点的边,将这两条边终点之间那条边的权值做相应修改。以节点 j 和 k 之间那条边为例,其新权值应修改为

$$a'_{jk} = a_{jk} - (a'_{pj} a_{pp}) a'_{pk} = a_{jk} - a'_{pj} a'_{pk} a_{pp} \tag{9.45}$$

也就是说,新的权值应该等于原权值减去以节点 p 为起点的两条边的权值与节点 p 自边权值乘积的差,这就是原矩阵中对应元素消去计算后所得的值。

值得注意的是,在图 9-5 中节点 j 和节点 l 之间并不存在边,亦即在做本次消去之前原矩阵中 $a_{jl}=0$,经过类似式(9.45)的计算为

$$a'_{jl} = a_{jl} - (a'_{pj} a_{pp}) a'_{pl} = 0 - a'_{pj} a'_{pl} a_{pp} \tag{9.46}$$

也就是说,经过高斯消去计算,可能使矩阵中原来的 0 元素变为非 0 元素。本例中的情况反映到网络模型中即为在节点 j 和 l 之间新增了一条边,如图 9-7 所示。

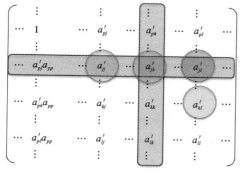

图 9-6 受到消去计算影响的元素示意图

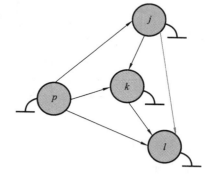

图 9-7 高斯消去新增非 0 元素的情况

可见,在对某个节点做了高斯消去计算后,以该节点为起点的所有边的终点集合中任意两个节点之间都将有一条边。若某两个节点之间本来就已经有边,则该边权值将发生如式(9.45)所示的变化;若两个节点之间原本没有边,则将新增一条边,其权值用式(9.46)来计算。

对于图 9-3 所示的矩阵,因子表分解结束后其网络模型拓扑结构将如图 9-8 所示,图中虚线表示的是高斯消去过程产生的新增边。相应的新增非 0 元素用符号"×"示于图 9-9。

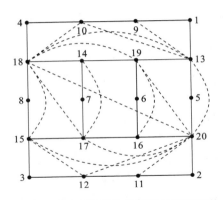

图 9-8 图 9-3 因子表分解后的网络拓扑

图 9-9 因子表分解后非 0 元素的分布情况

由于高斯消去过程将矩阵原来的 0 元素变为非 0 元素,导致因子表分解后矩阵的稀疏度下降,一定程度上削弱了稀疏计算的效果。当然通常新增非 0 元素的个数有限,不至于对整个方程组求解算法的计算性能带来严重影响。本章最后一节中会探讨如何对网络中节点进行优化编号,以尽可能减少新增非 0 元素个数。

需要指出的是,高斯消去过程不仅对非对角元有影响,对对角元同样有影响。例如,在图 9-6 中所示的用第 p 行对第 j 行所做的消去操作中,不仅位于第 j 行第 k、l 两列的非对角元受到了第 p 行相同列非 0 元素的影响,第 j 行的对角元也会受到第 p 行第 j 列非 0 元素的影响。事实上,之所以需要用第 p 行去消去第 j 行,正是由于第 p 行对角元正下方第 j 行元素不等于 0,而由于矩阵对称,这又意味着第 p 行对角元右侧第 j 列元素一定不等于 0,因此消去过程中被消去行的对角元一定是会发生变化的。

若想在网络模型中有所体现,可以认为图 9-5 中由节点 p 发出了两条重合的边,终点都是节点 j,因此节点 j 的自边权值同样有类似的计算:

$$a'_{jj} = a_{jj} - (a'_{pj}a_{pp})a'_{pj} = a_{jj} - a'_{pj}a'_{pj}a_{pp} \tag{9.47}$$

以上详细叙述了对网络中某个节点进行高斯消去计算的过程,所有节点都经过了高斯消去的操作后,原矩阵中的元素就变成了最终所需的因子表,对应的网络模型也变成了所谓的"赋权有向因子图"。

读者可以自行思考,为什么通过本节所介绍的高斯消去过程,所得的变化后矩阵仍是对称矩阵。

9.5 方程求解过程中的稀疏计算

9.1.2 节中介绍了线性代数方程组求解的具体数值计算方法,分为前代计算、规格化计算和回代计算三个步骤。本节介绍如何在对应的赋权有向因子图上进行这三个步骤,理由和前一节相同:如果所有计算都在网络中存在的节点和边上来进行,就意味着只对非 0 元素做了计算,即所谓"排 0"计算,也就是我们所需要的稀疏计算。

迄今为止,赋权有向因子图的所有边(包括自边)都已经赋权,权值分别为因子表分解结果中的上三角矩阵非 0 元素数值和对角元数值。在方程求解的过程中,除了涉及因子表(等价于用到原系数矩阵 A),还需要涉及等号右侧的独立向量 b[①],并需要处理等号左侧的解向量 x。独立向量 b 和解向量 x 的长度即为节点个数,可以认为其每个分量就对应一个节点,因此起初独立向量每个分量的数值可以认为是对网络模型中相应节点加权。求解过程中有前代、规格化和回代三个步骤,可以理解为在网络上对节点权值进行适当处理,最终使节点权值等于方程组的解的过程。

9.5.1 赋权有向因子图上的前代计算

为叙述方便,将式(9.33)重写于此,即

$$\begin{bmatrix} z_1 \\ z_2 \\ \vdots \\ z_n \end{bmatrix} = \begin{bmatrix} b_1 \\ b_2 \\ \vdots \\ b_n \end{bmatrix} - \begin{bmatrix} 0 & & & \\ l_{21} & 0 & & \\ \vdots & & \ddots & \\ l_{n1} & \cdots & l_{n,n-1} & \end{bmatrix} \begin{bmatrix} z_1 \\ z_2 \\ \vdots \\ z_n \end{bmatrix} = \begin{bmatrix} b_1 \\ b_2 \\ \vdots \\ b_n \end{bmatrix} - \begin{bmatrix} 0 \\ l_{21} \\ \vdots \\ l_{n1} \end{bmatrix} z_1 - \cdots - \begin{bmatrix} 0 \\ \vdots \\ 0 \\ l_{n,n-1} \end{bmatrix} z_{n-1}$$

$$\tag{9.48}$$

由式(9.48)可见 $z_1 = b_1$,即前代方程第一个变量 z_1 的解就是当前节点的权值 b_1。进一步,由式(9.48)最后一个等号右侧表达式可知,z_1 仅可能影响本方程中编号比 1 大的变量的取值,而且仅当 $l_{i1} \neq 0$ $(i=2,\cdots,n)$ 时这种影响才会实际发生。注意我们此时仅考虑原方程组系数矩阵对称的情况,故因子表结果中 $L = U^{\mathrm{T}}$,则 $l_{i1} \neq 0$ 等价于 $u_{1i} \neq 0$。对类似于图 9-8 所示的赋权有向因子图而言,意味着只有在图中节点 1 与节点 i 之间存在一条边时,该边的起点(节点 1)将会对终点(节点 i)的权值产生影响,进一步由式(9.48)可知,这种影响表现为使节点 i 的权值 z_i 减少了该边权值 u_{1i} 与节点 1 权值 z_1 的乘积的值。

---

① 因该向量元素值与待求解无关,或理解为"独立于待求解而存在",故将其称为独立向量。

推广到一般情况,在赋权有向因子图上进行前代计算,意味着按照图中节点编号由小到大的顺序重复执行下述步骤:

(1) 获取以当前节点 i 为起点的所有边的终点集合 $S_i^{(\text{end})}$;

(2) 枚举 $S_i^{(\text{end})}$ 中的每一个节点 j,令其权值变化为 $z_j \leftarrow z_j - u_{ij} z_i$。

执行完上述步骤后,此时赋权有向因子图中所有节点的权值就是前代方程的解。显然在上述步骤中只对赋权有向因子图中存在边的情况执行了计算,因此实现了排 0 计算。

9.5.2 赋权有向因子图上的规格化计算

同样为叙述方便,将式(9.48)重写于此,即

$$y_i = \frac{z_i}{d_{ii}} \quad i = 1, \cdots, n \tag{9.49}$$

可见规格化计算比较简单,在赋权有向因子图上只需将每个节点的权值 z_i 除以该节点自边的权值 d_{ii} 后,作为节点新的权值 y_i 即可。

9.5.3 赋权有向因子图上的回代计算

回代计算与前代计算存在诸多类似之处,这里略去详细的分析过程,直接给出具体的操作。在赋权有向因子图上进行回代计算,意味着按照图中节点编号由大到小的顺序重复执行下述步骤:

(1) 获取以当前节点 i 为终点的所有边的起点集合 $S_i^{(\text{start})}$;

(2) 枚举 $S_i^{(\text{start})}$ 中的每一个节点 j,令其权值变化为 $z_j \leftarrow z_j - u_{ij} z_i$。

执行完上述步骤后,此时赋权有向因子图中所有节点的权值就是回代方程的解,也就是原方程的解。显然在上述步骤中只对赋权有向因子图中存在边的情况执行了计算,因此实现了排 0 计算。

9.6 稀疏向量求解

在 9.4、9.5 两节中,主要介绍的是如何利用线性方程组 $Ax = b$ 的系数矩阵 A 的稀疏性来提高求解算法的性能,核心技术是如何排除对矩阵中 0 元素的操作,只执行必不可少的计算。具体而言,前代和回代两个步骤中只针对赋权有向因子图中存在边的情况执行对应的计算,规格化步骤中由于每个节点的自边均不为 0,因此不存在可以简化的计算。

然而现在毕竟只利用到了方程组的系数矩阵,而构成方程组还有另外两个要素,即独立向量 b 和解向量 x。由于这两个列向量本质上是 $n \times 1$ 的矩阵,因此也存在是稀疏矩阵的可能性。例如,在一个有上万个节点的电力网络中,若只有数十个节点存在注入电流,则方程的独立向量的稀疏度也仅有不到 1%,显然也满足稀疏矩阵的定义。事实上,如果利用到独立向量和解向量的稀疏性,可以对方程组求解的计算做进一步的简化。

需要解释的一点是,容易理解方程组独立向量是稀疏向量,只需向量长度足够长且向量中非 0 元素足够少即可。为什么说解向量也可以是稀疏向量呢?若说解向量是稀疏向量,岂非意味着解向量中有大量的 0?而既然解向量需要通过方程组求解的方法来得到,在方程解已知之前为何可以断言存在大量而确定的数值 0 呢?事实上,这里所

说的解向量是稀疏向量的含义与通常稀疏矩阵的含义略有不同,并非指的是向量中有大量的 0,而是说我们仅关心向量中的一小部分分量,在此情况下是可以进一步减少计算任务量的。例如,对于一个大规模的现代电力网络,若仅关心其中少数几个节点的节点电压,利用稀疏向量的方法也可以尽可能减少计算量。

　　具体而言:当方程组独立向量稀疏时,可显著减少前代计算的计算量;而当方程组解向量稀疏时,可显著减少回代计算的计算量。接下来对这个结论做详细的解释。

9.6.1　前代因子表路径的确定

　　由式(9.48)可以知道,在前代的过程中,某节点的权值只会对赋权有向因子图中以其为起点的边的终点权值产生直接影响。以图 9-8 为例,节点 3 的权值仅会对节点 12 和节点 15 的权值有影响。同时因子表分解结束后节点 12 和节点 15 之间也必出现直接相连的边,故节点 15 的权值也会受到节点 12 权值的影响。这样就出现了一条(局部)路径:3→12→15→……可称为节点 3 的前代因子表路径。推广到某节点发出多于 2 条边的情况,所有这些边的终点都将在该节点的前代因子表路径上[①]。

　　由上述叙述还可看出,要寻找某节点的前代因子表路径,只需找到该节点发出边中编号最小的节点,再以这个最小编号节点为起点重复此操作,可以证明最终一定会终止于图中编号最大的节点。以图 9-9 中第 3 个变量为例,在计算机编程时,事实上是执行了图 9-10 所示的操作。

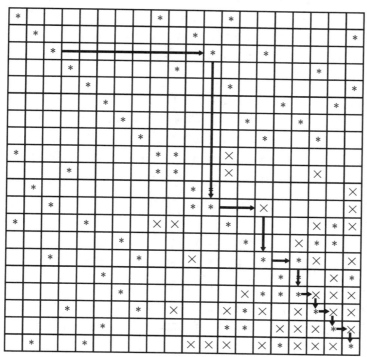

图 9-10　前代因子表路径搜索的过程

---

　　① 注意:这不意味着这些终点在起点前代因子表路径上是连续出现的。例如,图 9-8 中节点 15 发出边的终点为 17、18、20,但其前代因子表路径为 15→17→18→19→20,其中节点 19 在因子图中并不直接与节点 15 相连。

所有节点的前代因子表路径的并集称为全网的前代因子表路径,图 9-8 的前代因子表路径[①]如图 9-11 所示。

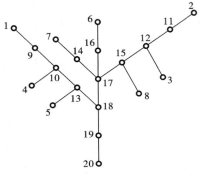

图 9-11　全网络前代因子表路径

在形成诸如图 9-11 所示的全网络前代因子表路径时,也可以考虑一些具体的编程技巧。考虑到任何节点的前代因子表路径都是唯一的,故该路径上以任何节点为起点、去除路径上原起点到此节点路径的剩余部分就是新起点的前代因子表路径。例如,图 9-11 中节点 2 的前代因子表路径为 2→11→12→15→17→18→19→20,则节点 15 的前代因子表路径即为 15→17→18→19→20。

更进一步,在搜索某节点的前代因子表路径时,每当路径上新增了一个节点,就判断该节点是否已被包含到已有节点的路径中。若已被包含,则剩余的路径与已有节点路径的对应部分重合,本节点的搜索过程结束。这种做法可以进一步减少形成全网络前代因子表路径的计算量。

若在前代过程中发现某节点此时的权值 z_i 为 0,则无论以该节点为起点的边有多少条,都不会有其他节点权值受到它的影响。因此,仅有方程独立向量中非 0 分量所对应节点的前代因子表路径所涉及的节点才会参与前代计算。例如,若图 9-3 所对应线性方程组的独立向量中仅有第 2、4 两个分量不为 0,则由图 9-11 可知在前代计算中仅需依次对节点集合 {2,4,10,11,12,13,15,17,18,19,20} 中的节点进行前代计算即可,没有在该集合中的节点 1、3、5、6、7、8、9、14、16 都不需要进行前代计算。这显著削减了前代计算步骤的计算量。

最后还需指出的是,对参与前代计算的节点集合中的每个节点而言,只有当集合中前代因子表路径经过本节点的所有节点的前代计算都已结束,才可以开始本节点的前代计算。例如,在节点集合 {2,4,10,11,12,13,15,17,18,19,20} 中,节点 10 的前代计算必须待节点 4 的前代计算结束后才能进行。原因也很简单:节点 10 的权值会受到节点 4 前代计算的影响。类似地,节点 18 的前代计算必须待节点 2、4、10、11、12、13、15、17 的前代计算均结束后才能进行,因为这些节点的前代计算过程对节点 18 的权值都会带来直接或间接的影响。

从另一个角度来说,若某节点不在另一个节点的前代因子表路径上,即使其编号比另一个节点的编号还大,其前代计算过程也可以比另一个编号较小的节点的前代计算还早。例如,图 9-11 中由于节点 15 并不在节点 4 或节点 10 的前代因子表路径上,因此节点 15 的前代计算对节点 4 或节点 10 的权值并无影响,故可以比后两个节点进行更早前代计算。这意味着可以采用合理的方式把计算任务分配到不同的计算资源中来并行处理,为线性代数方程组求解的高性能计算方法奠定了基础。

---

① 图 9-11 所示的为一树状拓扑结构,这可以严格证明。首先,显然全网络前代因子表路径将把所有节点都连成一个共同的连通图;其次,由于每个节点在形成其路径过程中仅选择以其为起点的所有边中终点编号最小的一条边,这意味着节点和边的个数是相同的,唯一一个特例是最大编号节点,没有以它为起点的边,因此图中拓扑结构中节点数一定比支路数多 1。这两个条件同时满足,是网络为树状拓扑结构的充分必要条件。

9.6.2　回代因子表路径的确定

与前代计算相对应的是,在回代的过程中,某节点的权值只会对赋权有向因子图中以其为终点的边的起点权值产生直接影响。以图 9-8 为例,节点 10 的权值仅会对节点 9 和 4 的权值有直接影响[①]。事实上这等价于:在图 9-11 中,到编号最大的节点 20 的路径中有三条路径经过节点 10,即经过节点 4、9 和 1 的路径都经过节点 10,其中节点 4 和 9 是直接与节点 10 相邻的节点。从这个意义上来说,节点 1 的回代计算也会受到节点 10 的间接影响。

显然,要分析哪些回代计算对某个变量 x_i 有影响,就需要看节点 i 到根节点(编号最大的节点,如图 9-11 中的节点 20)的路径上有哪些节点,这些节点的回代计算会对节点 i 的权值有影响,也就是对变量 x_i 有影响。因此前面所说的“前代因子表路径”在这里又可被称为“回代因子表路径”。不妨将其统称为“因子表路径”,或直接简称为节点的“道路”,把所有节点道路的并集称为“道路树”。

进一步可以断言,回代计算只需要在待求解所对应的节点的道路并集所涉及的节点集合中进行。例如,若仅想求解图 9-3 所对应线性方程组中的第 2 个和第 4 个变量(x_2 和 x_4),则只有节点集合 $\{2,4,10,11,12,13,15,17,18,19,20\}$ 中的节点才需要进行回代计算,同样可以大幅度减少回代计算的计算量。

最后,与前代计算的操作相对应,对参与回代计算的节点集合中的每个节点而言,只有当集合中自身的因子表路径上所有后继节点的回代计算都已结束,才可以开始本节点的回代计算。例如,在图 9-3 的例子中,节点 4 的回代计算必须待节点 10、13、18、19、20 的回代计算结束后才能进行。原因也很简单:节点 4 的权值会受到节点 10 回代计算的影响,而节点 10 的回代计算会受到节点 13 的影响,以此类推,后面节点的回代计算都会间接地对节点 4 的权值产生间接影响。

同样,若某节点不在另一个节点的因子表路径上,即使其编号比另一个节点的编号还小,其回代计算过程也可以比另一个编号较小的节点的回代计算还早。例如,图 9-11 中由于节点 15 并不在节点 10 的因子表路径上,因此节点 15 的回代计算对节点 10 的权值并无影响,故节点 10 的回代计算可以比节点 15 的回代计算还要早。这同样意味着可以采用合理的方式把计算任务分配到不同的计算资源中来并行处理,为线性代数方程组求解的高性能计算方法奠定了基础。

9.6.3　稀疏向量求解应用实例

利用稀疏向量方法求解电力网络状态的应用有很多。例如,对现代大电网而言,往往是由多个次一级电网互联而成。在很多情况下,人们往往只关注电网中某一部分的详细状态,而并不需要知道全网的状态,此时可以认为待求解的解向量是稀疏的,利用前面介绍的稀疏向量技术可以显著削减回代计算时的计算量。

又如,前面曾经提到过,在电力系统分析计算时往往喜欢使用节点导纳矩阵来建立数学模型,而不采用节点阻抗矩阵,原因是前者对大电网而言具有高度稀疏性,可以利

---

① 虽然与节点 10 相连的边还有 10-13 和 10-18 两条,但对侧节点的编号都大于 10,回代计算时不会影响到这两个节点。

用稀疏技术来提高计算的性能,而后者是所有元素都不等于 0 的满阵。但这并不意味着节点阻抗矩阵在电力系统计算中一无是处,事实上在电力系统故障分析中往往需要利用节点阻抗矩阵特定元素来进行故障电流的计算(详见相关章节)。

由节点阻抗矩阵的定义可知,若需要使用其中某个元素 Z_{ij},仅需对已知的节点导纳矩阵求逆,并读出此逆矩阵的第 i 行第 j 列元素即可。但这在工程实际中并不可行,因为现代大电网的节点导纳矩阵可能是成千上万阶,对其求逆往往不具备实用价值。如果注意到节点阻抗矩阵元素的物理意义,即所求元素值为在节点 i 接入单位电流源、所有其他节点均对地开路时节点 j 的电压,则该电压值即为式(9.1)中解的一部分。显然,此时等号右侧的独立向量仅第 i 个分量为 1 所有其他分量均为 0 的稀疏向量,即

$$\dot{\boldsymbol{i}} = \begin{bmatrix} 0 & \cdots & 0 & 1 & 0 & \cdots & 0 \end{bmatrix}^{\mathrm{T}}_i$$

而待求解向量中仅第 j 个分量 $\dot{V}_j$ 有意义。这就意味着当给定电力网络的节点导纳矩阵 $\boldsymbol{Y}$ 已知时,为了求出节点阻抗矩阵元素 Z_{ij},仅涉及节点 i 因子表路径上节点的前代计算和节点 j 因子表路径上节点的回代计算,这显然可以大幅度减少计算量[①]。

9.7 节点优化编号问题

在本章的最后讨论节点优化编号问题。从前面的内容可以看出,在大规模电网中之所以可以利用稀疏技术来加快算法的计算,是因为其拓扑结构具有高度稀疏性,而且电网规模越大,稀疏的程度越高。

然而需要注意到,我们在算法中利用的本质上并不是原节点导纳矩阵的稀疏性,而是其因子表分解结果的稀疏性。读者可以在 9.4 节中看到,在高斯消去过程中会在因子表中产生新的非 0 元素,使得因子表的稀疏性总是略逊于节点导纳矩阵的稀疏性。一般而言,这种因高斯消去导致稀疏性"恶化"的情况无法完全避免,这促使我们思考一个问题:如何能够在因子表分解时尽可能少产生新的非 0 元素?显然这将直接影响到整个线性方程组求解算法的性能。

通过 9.4 节关于高斯消去具体过程的介绍,读者已经知道该过程是按照一个预先指定的节点编号顺序来逐个开展的,9.5 节中的前代、规格化、回代等计算也与一个确定的节点编号顺序相对应。节点导纳矩阵的非 0 元素只与节点之间的连接关系有关,显然,无论最初的节点编号顺序如何,影响的都只是节点导纳矩阵行和列的顺序,但不会影响非 0 元素的个数,进而也不会影响节点导纳矩阵的稀疏性。

一般认为,所谓优化问题,就是在满足约束的可行解空间内搜索出可使某个性能函数最优的解。只有对那些有不同方案可以选择的情况,才存在所谓优化问题。对当前面对的问题而言,优化问题的诸多要素可简述如下。

可行解空间:对每个节点赋予一个正整数作为其编号,所有节点编号的组合为一个方案,所有的方案构成可行解空间。

约束条件:节点编号只能在 1～N 之间取值,其中 N 是网络中的节点个数,节点编号不重复、不遗漏。

---

① 有研究表明,电力网络也具有典型的"小世界网络"特性。通俗地说,任意两个节点间的路径都不会很长,这使得此处的稀疏向量法应用具有独特的优势。

性能函数:定义为按指定节点编号方案进行因子表分解,新增非 0 元素个数尽可能少。

我们只研究节点个数有限的网络,因此可能的组合数也是有限的,理论上可以通过对每种方案进行穷举的方式来选择最优解。然而对大规模电力网络而言,可行解的个数是一个极其庞大的数字,穷举法不具备实际的可行性[①]。

为此,人们采用了一些启发式的方法来进行节点优化编号,其中最为典型的就是由 Tinney 提出的三种节点优化编号的方法,即静态优化编号法、半动态优化编号法和动态优化编号法。

以图 9-12 为例,说明不同节点编号方案对新增非 0 元素个数的影响,图 9-12(a)所示的为待编号网络的拓扑结构,图 9-12(b)所示的为其节点导纳矩阵结构(主要为非 0 元素位置,具体取值并不重要)。

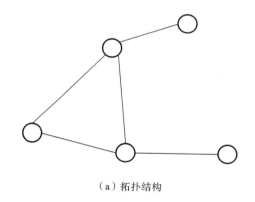

（a）拓扑结构　　　　　　　　　（b）节点导纳矩阵结构

图 9-12　5 节点网络

首先看第一种节点编号顺序,如图 9-13(a)所示,图 9-13(b)为其节点导纳矩阵结构。

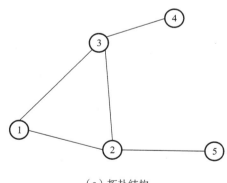

（a）拓扑结构　　　　　　　　　（b）节点导纳矩阵结构

图 9-13　第一种节点编号顺序

图 9-13 因子表分解结果如图 9-14 所示,可知最终的因子表中上三角新增了两个非 0 元素,对应于图 9-14 中新增的两条虚线。

---

① 假设按节点编号由小到大排序(事实上任何可行的顺序都是等价的)。起初可以被排为 1 号的节点共有 N 个;确定了 1 号节点后,2 号节点只能在剩余的 $N-1$ 个节点中选择;以此类推,直至最后的 N 号节点只有唯一的选择。显然总共的选择数为 $N!$。

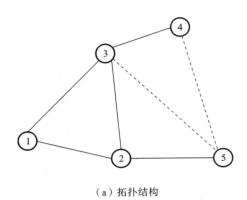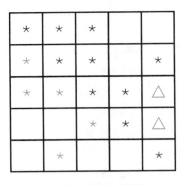

（a）拓扑结构　　　　　　　　　　　　（b）节点导纳矩阵结构

图 9-14　第一种节点编号顺序的因子表分解结果

再看第二种节点编号顺序,如图 9-15(a)所示,图 9-15(b)所示的为其节点导纳矩阵结构(事实上是图 9-13 中节点导纳矩阵行列对应变换后的结果,故非 0 元素个数并不变,其他情况类似,此处不再赘述)。

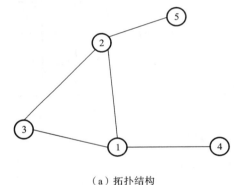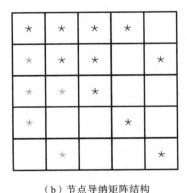

（a）拓扑结构　　　　　　　　　　　　（b）节点导纳矩阵结构

图 9-15　第二种节点编号顺序

图 9-15 因子表分解结果如图 9-16 所示,可知最终的因子表中上三角新增了四个非 0 元素,对应于图 9-16 中新增的两条虚线。上三角中仅有一个 0 元素,几乎成为满阵,亦即因子图几乎成为完全图[①]。

最后再看第三种节点编号顺序,如图 9-17(a)所示,图 9-17(b)所示的为其节点导纳矩阵结构。

图 9-17 因子表分解后,最终的因子表中上三角未新增非 0 元素,显然这是所有情况中最优的一种结果。

可见,仅仅是对网络中的节点进行合理的编号,就可以使因子表分解后新增的非 0 元素个数显著减少。不太可能写出新增非 0 元素与节点编号方案之间的函数表达式,因此也难以用解析的极值条件来得到最优编号方案,只能借助"启发式"的思路。这就促使我们对上面三种情况进行更深入的分析。

仔细分析可以发现,之所以会出现新增非 0 元素的情况,是由于高斯消去过程中在

---

① 图论中完全图指的是任意两个节点之间都存在边的图。

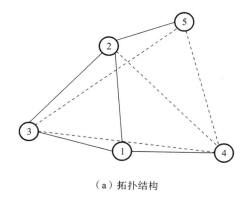

（a）拓扑结构

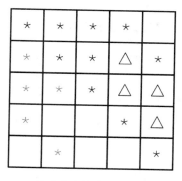

（b）节点导纳矩阵结构

图 9-16　第二种节点编号顺序的因子表分解结果

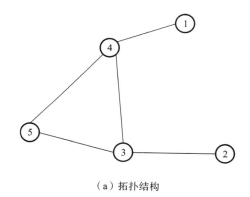

（a）拓扑结构

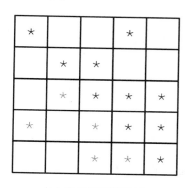

（b）节点导纳矩阵结构

图 9-17　第三种节点编号顺序

把上面某行乘以一个非 0 元素后叠加到下面某行时，上面这行的一个非 0 元素与下面这行的一个 0 元素做了加法，从而使上面行非 0 元素正下方的一个 0 元素变成非 0 元素。例如，在图 9-14 中，当用第 2 行往第 3 行上叠加时，由于第 2 行第 5 列元素不等于 0，造成第 3 行第 5 列原来的 0 元素也变成了非 0 元素，从而产生一个新的非 0 元素。

　　进而自然可以想到，如果越靠上方的非 0 元素越少，则由这些 0 元素的影响产生新的非 0 元素的可能性也越小，主要体现在两方面：① 靠上方各行 0 元素多，它们叠加到下面各行事实上不产生影响；② 靠上方各行非 0 元素少，将其叠加到下面各行时，遇到原本就是非 0 元素的可能性更大，此时下面行原来的非 0 元素变成了另一个值，但没有由 0 元素变成非 0 元素，也就不影响因子表的稀疏度了。

　　回到矩阵对应的网络结构来思考问题，某一行非 0 元素的个数是这一行所对应节点的连边数量加 1[①]，进而可知：所谓"靠上方各行 0 元素多"，等价于"把连边数量少的节点[②]尽可能排在前面"，这就为节点优化编号的启发式方法提供了依据。例如，图 9-17 所示的为节点编号最优的情况，就是按照这种思路来编号的。而图 9-15 反其道而行之，得到的是最不利的情况。

　　下面介绍 Tinney 给出的三种节点优化编号的具体做法。

---

① 连边数量是这一行非对角线非 0 元素的个数，还要加上一个必不为 0 的对角元。
② 对无向图来说，节点的连边数又称为节点的度（degree）。

9.7.1　静态优化编号法

静态优化编号法即严格按照初始情况下节点度由小到大的顺序来进行编号。

以图 9-18 为例，用静态优化编号法得到的编号结果如图 9-18(a)所示。易知因子表分解后上三角部分将新增两个非 0 元素，对应于图 9-18(b)中两条虚线的边。

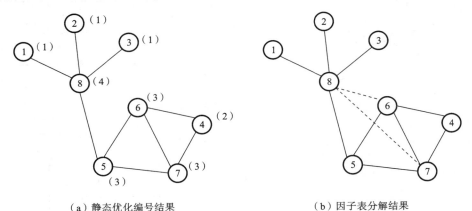

（a）静态优化编号结果　　　　　　　（b）因子表分解结果

图 9-18　静态优化编号法示例

可以看出对本例来说，采用静态优化编号法能够得到比较理想的结果。

9.7.2　半动态优化编号法

静态优化编号法直接按照节点度的顺序编号，但并未考虑到高斯消去过程的实际特点。事实上，在高斯消去过程中，当小节点编号的某一行被处理过时，后面所有的消去计算都与该行无关。反映到图上，这意味着某个节点被编好号后，与其相连的边就不应再对剩余的编号过程产生影响了，因此应针对该节点做虚拟消去[①]后，及时将该边从网络中删除，再继续进行编号。这就是所谓半动态优化编号法。

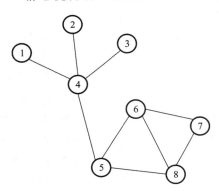

图 9-19　半动态优化编号法示例

仍以图 9-18(a)为例，采用半动态优化编号法最终得到的结果如图 9-19 所示。可以验证此种编号方案对应的因子表分解结果中并没有新增非 0 元素，从而证明半动态优化编号法原则上应该优于静态优化编号法。

9.7.3　动态优化编号法

半动态优化编号法不一定能达到理论上的最优。例如，对于图 9-20 所示的例子，尽管图 9-20(a)中节点 i 的度比图 9-20(b)中节点 j 的度要小，按照静态优化编号法和

---

① 所谓虚拟消去就是令与该节点相邻的所有节点之间成为完全子图，即令任两节点间有连边，若某两节点间原本无边则增加之。注意这里只是虚拟消去，并未进行真正的数值计算，因此需要付出的计算量并不大。

半动态优化编号法,都会将节点 i 排在节点 j 的前面。但显然可见图 9-20(a)中对节点 i 做消去将产生一条新的边,而图 9-20(b)中对节点 j 做消去不会产生新的边,因此事实上将节点 j 排在前面更为合理。

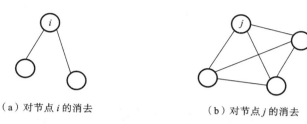

（a）对节点 i 的消去   （b）对节点 j 的消去

图 9-20   节点编号效果的进一步分析

之所以出现这种情况,是因为前两种编号方法并没有以更直接的新增非 0 元素个数作为优化目标,而仅通过节点的度进行间接的判断。为此可提出动态优化编号法:每次编号时,都选择当前尚未编号的所有节点中新增非 0 元素个数最少的一个作为下一个编号节点,若存在多个节点对应的新增非 0 元素个数都是最少的,则任选其中的一个作为下一个编号节点。显然这可以保证所得结果更优于前两种优化编号方法。

然而这种方法的弊端也很明显,每次编号都需要对剩余节点做枚举,每个枚举对象都需要做虚拟消去,显然其计算量远大于前两种方法。

一般而言,对优化效果和计算性能做综合考虑,通常选择半动态优化编号的方式来进行电力系统分析计算所涉及的节点优化编号。

9.8   习题

（1）本章介绍的几种稀疏存储方法中,就占用空间和实现难度两个方面进行对比。

（2）因子表分解后,所得结果的稀疏度不如原矩阵的原因是什么?

（3）设图 9-21 所示的网络对应某个线性代数方程组的系数矩阵(设其对称):① 求出其因子图的结构(关键是判断出新增了哪些边);② 给出对应的道路树。

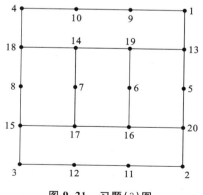

图 9-21   习题(3)图

电力系统的功率平衡和频率电压调整

10.1 电力系统功率平衡问题概述

本书一再强调,电力系统最本质的功能是实现电能在多个时空尺度上的优化配置。由于电力系统处于稳态,这意味着自身与外部环境交换能量的速度恒定,必然要求发电机注入电力系统的有功功率(将大自然中直接存在的一次能源转化成电能的速率)及用电设备从电力系统中获得的有功功率(将电能转化为用户所需的光能、热能、化学能、机械能等其他形式的速率)恒定。

在本书最开始的时候就提到,电力系统的一个最显著的特点(也可以说是缺点)就是电能不能大量存储,亦即发电机所发出的电能必须瞬间被利用掉,否则电力系统就失去有功功率平衡,无法正常运行。为了应对这一问题,给电力工业带来了无穷的挑战。

传统电力系统的理念是"源随荷动",因为电力系统存在的意义就是为了满足用户的用电需求,因此原则上应该尽可能地不对用户的用电行为提出调整的要求,更应尽可能避免在紧急情况下中断对用户的电能供应。然而从第 5 章的内容可知,电力系统中的负荷是海量用户主观用电行为所产生的群体效果,在无法精准把握每一用电设备用电行为的情况下,只能认为综合的负荷具有相当的随机性,进而要求发电机的有功出力要尽量跟随综合负荷整体的变化而及时地调整,这就对电力系统在发电环节的灵活高效调度方面提出了相当高的要求。考虑到由于电源和负荷空间上不可能在同一位置,必须通过电网来传输电能,必然会产生有功功率损耗,且此损耗与源荷不匹配的具体情况有关,因此损耗也具有随机性,这将使得电力系统有功平衡[①]问题变得更为复杂[②]。

---

① 有功平衡习惯上又称为"电力平衡"问题,原因在于英文"power"同时具有"功率"和"力量"两种含义。与其并列的还有所谓"电量平衡"问题,即以电能形式呈现的能量在全系统的平衡问题。显然前者是能量转换或传输速度问题,相关知识主要在本章介绍;后者是能量本身的问题,相关知识主要在第 11 章介绍。

② 在第 8 章介绍的电力系统潮流计算中,经典模型中认为电网中只有三种节点,其中两种(PQ 节点和 PV 节点)的有功功率是确定的,网损将由唯一的平衡节点来平衡。对运行方式可能变化较剧烈的电力系统来说,网损波动的幅度可能超出平衡节点发电机有功出力调整的范围,因此需要对平衡节点的定义进行松弛,最简单的方式是设定多个平衡节点,本章所介绍的频率调整往往需要改变多个发电机的有功出力,体现在潮流计算中就表现为多个发电机节点配合起来实现有功功率平衡,而不仅依赖唯一的平衡节点。

现代大电网往往是为了应对大空间尺度上电源和负荷分布不均衡的局面①,一方面涉及需要调整的因素更多,同时能够用于功率平衡的手段也更多。

在新型电力系统中,电源出力不再仅被动地追随负荷功率的变化而调整,而是呈现出源荷互动甚至源网荷储协同的局面。

所谓源荷互动,指的是不但发电机会主动地根据负荷变化来调整出力,负荷也可能为了满足全系统有功功率平衡的需求而主动地调整自己的用电行为,使得电力系统的运行状态更加灵活高效。通常电力部门无法直接指令用户的用电,往往通过经济或政策的手段来实现。事实上传统电力系统中也存在初步的源荷互动的情况,最典型的例子是通过峰谷电价的方式引导对成本支出较敏感的企业将主要的生产任务调整到电价相对较低的时段,从而达到降低峰荷、提高谷荷的效果,即所谓通过"削峰填谷"的方式减小负荷峰谷差,改善电网运行的状态,提高设备利用率,延缓重大设备投资的需求。但是这些往往只能体现在相对较慢的暂态过程中(分钟级乃至更长),对比较短暂的需求难以满足。在新型电力系统中,通过设置合理的市场机制,使得用户具备一定通过参与"需求侧响应"来改善全系统运行水平、从而自身也收获一定经济利益的主观意愿,可能涉及多个时间尺度,同样需要利用大量用户参与所呈现出的群体效应来实现目的。

在更高阶的电力系统形态中,源荷互动的形式将升级为源网荷储协同的形式,彼时除了电源和负荷之间可以通过互动来改善运行,电网本身及应用越来越广泛的储能装置也将参与进来,使得电力系统能够运行在远超当前水平的状态下,为将来的社会经济发展提供强有力的能源支撑。

无功功率从其存在形态、发挥作用的原理等都与有功功率有明显的区别,读者可定性地认为无功功率是为了让电力系统中电能的转换及传输能够正常进行所必须的电场能和磁场能相互转化过程中涉及的功率,将其称为"无功功率",这是因为这部分功率无法被用户直接利用,但它对电力系统正常运行所起的作用是无法替代的。

与有功功率的情况类似的是,电力系统中的无功功率也存在如何让全系统无功功率瞬间平衡的问题,这将在下一节中详细分析。

无论电力系统发展到多么高的水平,通过有功功率和无功功率的平衡来确保电网运行正常这一需求都是存在的,而且实现这一需求的基本理念也不会发生本质性的变化。最核心的一点在于需要利用第7章中介绍的电力系统稳态运行时的微观机制所起的决定性作用,主要是利用有功功率传输与电网中节点电压相角差之间的紧密耦合,以及无功功率传输与电网中节点电压幅值差之间的紧密耦合,将有功平衡和无功平衡当成两个近似解耦的问题来分别解决。

需要读者注意的是,稳态运行的交流同步电网全网有统一的频率,因此粗略地可认为电力系统有功功率平衡问题是一个全局的问题,需要全网所有角色共同配合才能实现。而电力系统中存在多个电压等级,电网本身的运行采用的是分层分区的机制,从某种意义上来说电力系统的无功功率平衡问题是局部的问题,当然在特定的情况下也可能需要采用局部＋全局共同解决的方式。

---

① 如过去相当长时间至现在乃至未来一段时间内,我国发电资源和负荷呈现出所谓"逆向分布"的局面,即能源密集区域往往集中在西部,经济发达的用电负荷密集区域集中在东部。

10.2 电力系统的有功功率平衡和无功功率平衡

10.2.1 电力系统的有功功率平衡

既然电能不能大量存储,理想的情况下,运行中的电力系统应该满足:

$$P_G - P_D = P_G - (P_{LD\Sigma} + P_{s\Sigma} + P_{loss}) = 0 \tag{10.1}$$

式中:P_G 为电力系统中所有发电机实时发出的有功功率的总和;P_D 为当前电力系统所有需要消耗的有功功率的总和,分为三部分,① 所有综合负荷有功功率的总和 $P_{LD\Sigma}$,② 所有发电厂的厂用电负荷总和 $P_{s\Sigma}$,③ 电网的有功功率损耗 P_{loss}。

为了确保运行中电力系统能够满足式(10.1),显然在某一瞬时不能把发电机所有能够发电的能力用尽,而是要留有一定的裕度。也就是说,应使电网中所有发电机的额定有功出力满足:

$$P_{GN} - P_D = P_{res} > 0 \tag{10.2}$$

式中:P_{res} 称为全系统的有功功率备用,有时又被称为有功备用容量(不特别说明时通常备用容量即特指有功备用容量)。

如何合理地确定备用容量,是能够体现出电网运行水平的重要问题。如果备用容量取得过小,将使电网在一些紧急的情况下(常为负荷水平很高的时候)面临过大的安全稳定风险,甚至在负荷突增时可能由于无法满足有功功率平衡需求而带来大范围停电事故。如果备用容量取得过大,虽然电网运行可能遇到的威胁大大减小,但使得一些发电机原本能够直接用来满足用户用电需求的发电能力并没有被利用起来,既削弱了服务用户的能力,也损害了发电厂的经济利益。为此,需要对备用容量做更进一步的分析,并提出明确的备用方案。

按备用容量所起的不同作用,可将其划分为负荷备用、事故备用、检修备用和国民经济备用等类型。

负荷备用的示意图如图 10-1 所示。图中横线为全网此时投入运行的总发电容量,曲线为有功负荷曲线,则将总发电容量横线与有功负荷曲线上最高点(峰荷)的差异称为负荷备用。电力系统中留有负荷备用,是为了满足一日之内计划外的负荷增加,并适应系统中的短时负荷波动(尤其是较剧烈的向上波动)。综合考虑安全和经济等因素,一般负荷备用的选择范围为最大负荷的 2%～5%。

事故备用与检修费用的含义有类似之处,都是为了保证系统中发电机组无法正常运行的情况下维持有功功率平衡的能力。以事故备用为例,是为了保证有些发电机组因发生偶然性事故后退出运行,电力系统仍具有向所有用户持续供电的能力,其示意图如图 10-2 所示。

具体而言,电力系统留有事故备用是为了保证有发电机组偶然性事故退出运行时可以连续供电,通常为最大负荷的 5%～10%。为了让事故备用能够应对系统中任意电源退出运行,所留的事故备用应不小于运行中最大一个电源的容量。注意这里所说的电源概念是广义的,例如,对西电东送的受端电网而言,西电东送通道也是电源。

检修备用与事故备用的情况类似,只是其时间尺度延长到一年或几年,用年最大负荷曲线来分析,一般应将检修备用安排在年最大负荷最低点附近的时间段。

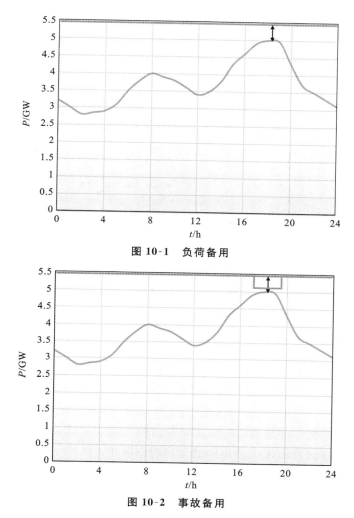

图 10-1　负荷备用

图 10-2　事故备用

　　所谓国民经济备用,指的是为了满足工农业生产的超计划增长对电力的需求,全网的发电能力应留有足够的裕度,如图 10-3 所示。对处于高速发展上升期的国家和地区(如我国)而言,留有充足的国民经济备用具有重要的现实意义。对如欧美等发达国家而言,其国民经济增速已趋于饱和,虽然仍然需要必要的国民经济备用,但所占比例可能明显小于我国。

　　以上各种备用分类的依据是备用在电网运行中所起的作用。按备用的存在形式,又可将其划分为旋转备用(又称为热备用)和冷备用两大类。

　　所谓热备用,指的是所有处于运行状态的发电机组最大可能出力之和与最大负荷之差,又称为旋转备用。显然,当系统处于正常运行状态且运行在最大负荷水平下时,若忽略网损占比,所有发电机有功出力之和近似等于最大负荷。若此时发生快速的随机事件,如局部负荷激增,或个别发电机组故障跳闸,仍能正常运行的发电机组的出力裕度可以被迅速释放出来以弥补短暂的有功功率缺额,从而避免因有功功率无法平衡所导致的严重事故。可以看出,热备用是用来应对需要快速响应的随机事件,故常用于负荷备用或事故备用。

　　与之相对的冷备用指的是处于停机状态但可随时待命启动的发电设备可能发出的

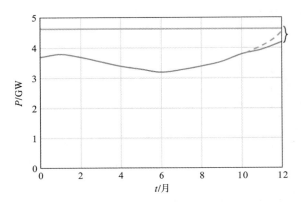

图 10-3 国民经济备用

最大有功功率。显然冷备用投入使用所需时间更长,但因其不依托发电机组的运行,因此也不会真正消耗一次能源,综合考虑多方面的因素,系统中留有充足的冷备用是必要且合理的。同样由冷备用的特点所决定,常将其用于检修备用、国民经济备用或相对而言不需非常快速地响应的部分事故备用。

10.2.2 电力系统的无功功率平衡

在没有特殊说明的情况下,本书中通常所说的无功功率指的都是感性无功功率。与有功功率的情况类似,运行中的电力系统应满足式(10.3)所示的无功功率平衡条件:

$$Q_G = Q_{LD\Sigma} + Q_{loss} \tag{10.3}$$

式中:Q_G 为电力系统中所有无功电源实时发出的无功功率的总和;$Q_{LD\Sigma}$ 为所有无功负荷消耗的无功功率的总和;Q_{loss} 为电网的无功功率损耗。

为了确保运行中电力系统能够满足式(10.3),同样需要留有一定的无功裕度,即

$$Q_{GC} - Q_{LD} - Q_{loss} = Q_{res} > 0 \tag{10.4}$$

式中:Q_{LD} 为全系统总的无功负荷;Q_{loss} 为全系统总的无功网损,与有功情况均类似;Q_{res} 为全系统的无功功率备用;在式(10.4)中,Q_{GC} 为全系统所有无功电源能够发出的无功功率的总和,其又可分为两部分,即

$$Q_{GC} = Q_{G\Sigma} + Q_{C\Sigma} \tag{10.5}$$

式中:$Q_{G\Sigma}$ 为发电机发出无功能力的总和;$Q_{C\Sigma}$ 为系统中所有无功补偿装置发出无功能力的总和。一方面,发电机既是传统电网中唯一一种能够提供有功功率(将其他形式一次能源转化成电能)的设备[1],而且也是能够提供无功功率的最重要的设备。另一方面,与能够提供有功功率设备非常单一的情况不同的是,即使是在传统电力系统中,也有多种多样的设备能够提供无功功率,包括但不限于同步调相机、静电电容器组及基于现代电力电子技术的 SVC 和 STATCOM 等[2]。

接下来需要分析无功功率平衡与有功功率平衡呈现出的一个典型的区别。事实上,从空间分布的角度来说,二者本质上是一致的,都是多个空间尺度上功率平衡展现

---

[1] 新型电力系统中还有各种储能装置,但目前占比很小。

[2] 一个比较特殊的情况是:高电压等级低负荷水平电力系统中,高压输电线路自身消耗感性无功可能小于其充电电容能够发出的感性无功,在特定的语言环境下甚至可以将这种输电线路也称为"无功电源"。

出的全局效果。然而在传统电力系统中,有功功率平衡直接对应的是电能的优化配置,由于能源禀赋和负荷水平在空间上的不均衡性,故有功功率平衡往往需要在全局空间尺度上来完成,即需要通过远距离大容量输电来实现有功功率平衡,从而派生出诸如我国"西电东送"这样的重大能源战略。与之相对密切的电力系统运行参数是频率,也就因此成为全局的量,稳态交流电力系统中理论上应有统一的频率。当然,随着各种输配电技术(如直流输电等)和能量转化技术(如新能源发电/分布式发电)等日益成熟和广泛应用,未来的有功功率平衡及与之对应的电网结构也将呈献出越来越复杂、越来越丰富的形态。

与有功功率平衡不同的是,无功功率平衡的影响主要表现为电网中电压幅值的变化,而电压显然是一个局部的运行参数(毕竟电网中存在不同电压等级,同一电压等级也可能存在于电网中相距很远的地方),因此无功功率从一开始就体现为对局部电力系统运行状态的影响。正因为无功功率的传输是引起电力系统中电压幅值变化的主要原因,运行中的电力系统应尽可能避免通过电网元件大量地传送无功功率。即使在电力系统中确实存在明显的无功富余区域和无功不足区域,通常也不会通过让大量的无功功率从无功富余区域传输到无功不足区域的方式来实现无功功率平衡(见图 10-4),这显然与有功功率平衡的实现方式存在明显的区别。

图 10-4　避免大容量无功功率的远距离传输

对于如图 10-4 所示的电力系统中存在的局部无功功率不平衡的情况,其解决原则是应尽可能就近地实现无功功率平衡。为此,无功富余区域可考虑投入并联感性补偿来吸收过剩的感性无功,而无功不足区域则应考虑投入并联容性补偿来产生额外的感性无功,其示意图如图 10-5 所示。

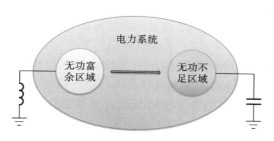

图 10-5　无功功率尽量就地平衡

10.3　参与有功功率平衡的各个角色

如式(10.1)所示,电力系统有功功率平衡由有功电源(本书仅考虑发电机)和有功负荷共同完成①,本节即对它们从有功功率与频率的关系做更进一步的讨论。

10.3.1 负荷的有功功率-频率特性

图 10-6 所示的为一条典型的电力系统有功负荷曲线。对其数据进行分解,可得到三种典型的有功负荷分量,如图 10-7 所示。

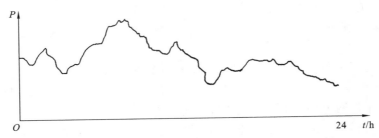

图 10-6 典型的负荷曲线(数据来源:中国电力资料网)

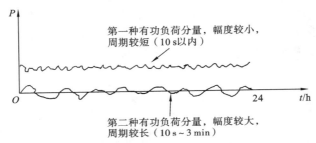

（a）第一种和第二种有功负荷分量

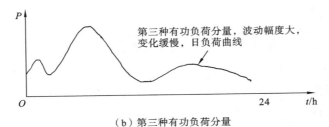

（b）第三种有功负荷分量

图 10-7 有功负荷曲线分解为三种典型的有功负荷分量

图 10-7 中的三种有功负荷分量均有非常明显的特征,进而有比较确定的技术手段来应对。

第一种有功负荷分量波动的幅度较小,波动的周期也较短(通常为 10 s 以内),这是由电力系统外部环境所面对的无穷无尽的(背景)随机扰动所带来影响在负荷曲线上的体现。由于其始终存在,故电力系统对其应有持续的应对措施。同时由于其波动速度较快,超出人力能够反应的速度,只能通过自动化的控制方式来解决②,目前最典型的手段就是通过在发电机组加装调速器来解决,所涉及的电力系统频率调整称为频率的一次调整,或称为"一次调频"。

---

① 有功网损与电源和负荷的不匹配程度及电网本身有关,可以认为是电源和负荷出力的函数,由于占比较小,这里不深入分析,在工程实际中需要考虑。

② 读者可回顾 2.4.1 节关于电力系统中的时间尺度的讨论。

第二种有功负荷分量波动的幅度比第一种分量的大，波动的周期相对也较长（通常为 10 s～3 min），产生波动的原因往往是较大的用电设备（如电炉、轧钢机、电动机车等）投入或退出运行、调整工作负载等所致。尽管其波动周期比第一种有功负荷分量要长，但仍足够迅速，难以完全依赖人力来处理，目前也是通过在发电机组加装调频器（又称为同步器）并与前面所说的调速器相互配合的方式解决，故也是自动化的控制方式，所涉及的电力系统频率调整称为频率的二次调整，或称为"二次调频"。

第一、二两种有功负荷分量波动对电力系统所带来的影响目前都依靠发电机组加装附加的装置来应对。在当前的电力系统格局中，发电相对而言是集中式的，因此这两种调频的措施也是集中式的。由于分布式发电技术越来越广泛的应用，也将为电力系统的调频控制带来分布式的形式。随着电力系统源网荷储相互协同的机制越来越深入，还可考虑通过市场手段调动用户主动参与调频的积极性、利用大量用户调频性能的聚合效果来提供辅助的调频手段。分布式发电、用户需求侧响应都涉及海量主体，难以完全依赖当前集中式的电力调度控制体系，需要构建全新的体系。

图 10-6 中的有功负荷曲线滤去第一、二两种分量后剩余的就是第三种有功负荷分量，其实就是第 5 章中所介绍的（日）负荷曲线。可以明显看出，这第三种分量波动的幅度远大于前两种分量，为有功平衡和频率调整带来了难度。但是与此同时，第三种分量波动的速度也要慢得多，通常以小时（h）为单位。在这种时间尺度下，是可以通过"人工"的手段来解决问题的，即可以通过调度而不是控制的手段，以计划＋执行的方式来实现对第三种负荷分量的平衡，主要是指合理地安排电力系统中受调度发电机组在指定时间段内的发电计划（有功出力随时间而变化的曲线），亦即将全系统的有功负荷第三种分量在所有受调度的发电机组范围内进行合理地分配。习惯上将通过这种方式实现系统有功功率平衡伴随表现出的频率调整效果称为频率的三次调整，或称为"三次调频"。

注意现在正在讨论的是稳态电力系统的频率调整问题，因此需要掌握准确的负荷有功功率-频率静态特性（简称为功频静特性）。在 5.3 节已经详细讨论，尽管详细的负荷功频静特性需要用一个关于系统稳态频率的多项式来表示，但由于与频率密切相关的电力系统有功平衡状况体现在全系统的大空间尺度下，这意味着频率一旦发生变化会对全网所有元件的运行都有影响，进而要求频率的偏移幅度很小（相对于对电压偏移的幅度而言），通常仅为额定频率的 $\pm 0.1\%$～$\pm 0.4\%$，或有名值表示为 ± 0.05～± 0.2 Hz。故在 5.3 节中将负荷功频静特性在额定频率 50 Hz 附近线性化，使得该特性在功频坐标平面中呈现为一条直线（见图 5-13），其斜率 K_D 称为负荷的频率调节效应系数（简称为负荷的频率调节效应），这是本章在讨论调频问题时最重要的一个负荷参数。

10.3.2　发电机的有功功率-频率特性

参与电力系统有功功率平衡和频率调整的另一个关键的角色是发电机，同样需要把握其准确的功频静特性。这里需要想清楚一个有功功率和频率的因果关系。对负荷而言，通常关注的是系统频率变化后其有功需求有何变化，此时频率变化是"因"，有功变化是"果"。而对发电机而言，需要解决的问题是在系统向发电机"索取"的有功功率变化之后，发电机自身如何通过主动的控制手段来做出对应的出力调整，此时有功出力变化是"因"，由于调速器作用导致转子转速变化，最终体现为全系统频率变化是"果"。

　　当然,这里所说的因果关系只是一种表达问题的方式,不必过于拘泥。例如,尽管我们说关注的是负荷有功功率如何随系统频率变化而变化,但并不意味着频率的变化与负荷的变化无关。更加严格地说,有功平衡情况与频率变化二者是互为因果的。

　　遵循这样的思路,就可以分析发电机组有功出力被调整的机理。发电机组有功出力的调整是通过原动机上附加的调速机构来实现的,这里仅举最简单的机械液压式调速机构为例,其示意图如图 10-8 所示。

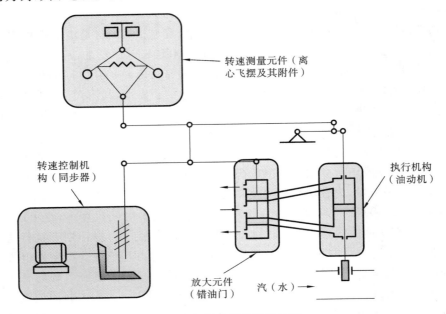

图 10-8　发电机的调速机构

　　实现电力系统的有功功率平衡和频率调整,就要通过机械、电气等手段建立起发电机组有功出力与系统频率之间的联系,为此至少应有办法使发电机能够获得系统频率的信息,即需要测量系统频率的装置。由于系统频率与同步机转速一一对应,使得调速机构中首先需要测量转子转速的元件,即图 10-8 中的离心飞摆及其附件。发电机感知了转子转速的变化后,应将这种信号以合理的方式进行放大,并通过恰当的机构来具体执行调整出力的操作。承担放大功能的是图 10-8 中的错油门,而承担调整出力功能的是图 10-8 中的油动机。对汽轮机组而言,调整发电机输入电力系统的有功功率,是通过调整原动机施加到转子上的转矩来实现的,而后者又是通过调整单位时间内通过气门的具有特定温度的水蒸气来实现的。对水轮机而言,与之对应的是调整单位时间内通过水门的具有特定压强的水来实现的。因此,在本章中所谓调整发电机的有功出力,直接就表现为调整气门或水门的开度。以上机构使发电机具有参与一次调频的能力。

　　对一些调整能力较强的发电机来说,还可能在调速机构中包含直接对转子转速进行控制的机构,即图 10-8 中的同步器。后文分析表明,它可使发电机的气门(或水门)获得一个额外的增量,与调速器其他机构一起使发电机具有参与二次调频的能力。

　　举例来说明。分析问题的前提是系统起初处于稳态,故对所有发电机而言转子转速都是恒定的,这又意味着原动机施加到转子上的转矩(使转子有加速旋转倾向)与因向电力系统输出有功功率而在转子上产生的电磁转矩(使转子有减速旋转倾向)是平衡的。此时错油门的两个活塞刚好将通向油动机的上下两个孔堵住,油动机活塞上下的压力也是平衡的。

若电力系统向发电机发出了增加有功出力的需求,这意味着若不增加此出力,转子上原动机转矩将小于电磁转矩,从而转子将减速旋转。这种减速的信号将使转速测量元件中的离心飞摆旋转摆开的角度减小,从而使转速测量元件上各点整体上下降,如图10-9所示。

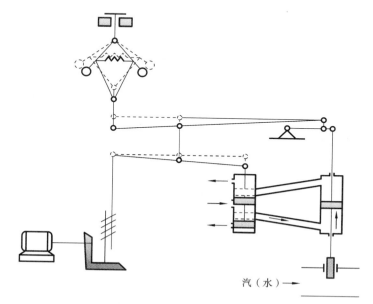

图 10-9　调速机构感知到系统频率下降后的表现

图10-9中虚线对应发电机感知到系统频率下降前的状态,实线为其初步做出响应后的效果。首先看到的是由于各种机械联动的作用,使得错油门中的两个活塞下降。由于压力油从错油门中部注入,这意味着下面的孔被打开,而上面的孔仍被上面的活塞挡住而无法使压力油通过。这导致执行机构(油动机)中的活塞下侧的压强大于上侧的压强,从而使活塞获得一个向上的压力,推动其向上移动,最终实现增大气门(水门)开度的效果,如图10-10所示。

注意在图10-10中,油动机动作后,由于机械传动机构的作用,使得错油门的两个活塞能够回归原来的位置将上下两个孔堵住,整个调速系统重新达到平衡。但从整体的角度来看,不难发现只要发电机感受到系统频率发生了变化,调速器的输出(气门或水门的开度)就必然发生变化,亦即当前的调速只能做到有差调节。

下面对发电机的调速器功频静态特性做一些定量的描述。再次强调,本章分析的是电力系统与频率有关的稳态特性,因此并不详细分析调整过程中伴随的暂态响应,而直接分析全系统重新达到新的稳态后的情况[①]。可以看出,对发电机来说,若电力系统对其有功出力的需求增加,将导致转子减速,因此显然有功出力与频率之间呈减函数关

---

① 这里隐含着系统一定可以重新达到新的稳态的假设。事实上对于特殊的运行状态,或幅度较大的扰动,有可能导致系统无法重新达到新的稳态。但这种情况自然不能单纯用本章的知识来分析,而需要借助稳定性分析的理论,此处不再赘述。

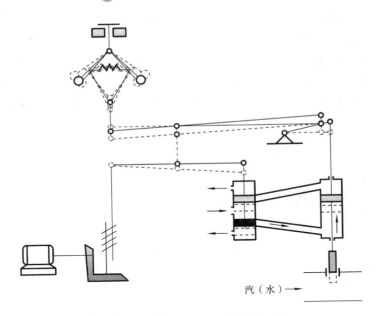

图 10-10　油动机动作重新达到平衡

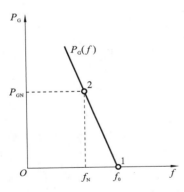

**图 10-11　发电机调速器的
功频静态特性**

系。同时由于考虑到频率的变化幅度很小,可以用线性化的模型来表达,如图 10-11 所示。

在图 10-11 中,线性化的功频特性上有两个特殊的点,其中点 1 对应有功出力为 0,即发电机处于空载运行状态,相应的稳态频率为 f_0,点 2 对应有功出力为额定值 P_{GN},相应的稳态频率自然为额定频率 f_N。可见这两个点可由发电机自身的参数来决定,是完全确定的,因此也就确定了调速器的线性化的功频静态特性(解析几何中直线方程的"两点式"形式)。数学上一条直线被确定,等价于其斜率和直线上任意点(如图 10-11 中频率坐标轴上的截距)已确定。若考虑到本节开始所提到的"因果关系",并习惯上将"原因"定义为横坐标,而将"结果"定义为纵坐标[1],则图中线性化模型的斜率为

$$\delta = -\frac{f_2 - f_1}{P_2 - P_1} = -\frac{\Delta f}{\Delta P_G} \tag{10.6}$$

称为发电机组的静态调差系数(有名值),其单位为 Hz/MW,表示若发电机有功出力变化了 1 MW,系统频率将变化多少 Hz[2]。显然容易得到其对应的标幺值形式:

$$\delta_* = \frac{\delta}{\delta_N} = \frac{-\Delta f/\Delta P_G}{f_N/P_{GN}} = -\frac{\Delta f_*}{\Delta P_{G*}} \tag{10.7}$$

其表示若发电机有功出力变化了 1%(相对于发电机自身额定有功出力),系统频率将变化几个百分比。

---

① 这里将横纵坐标对调,完全是为了后面方便与负荷功频静特性画到同一个坐标系中。

② 式(10.6)的负号纯粹是为了符合工程人员使用正数参数的习惯。

　　不同类型发电机组静态调差系数标幺值有典型值取值范围,如汽轮机组静态调差系数常为 0.04～0.06,水轮机组静态调差系数常为 0.02～0.04。这是相对独立于机组容量的取值,且取值范围几乎不重叠,可以用来评价机组的调频特性。

　　后文介绍的电力系统功频特性由全系统达到有功功率平衡的状态来决定,是负荷功频特性和发电机组功频特性共同作用的结果。因此为了对其进行详细的量化分析,常需要将双方的功频特性画到同一个坐标平面中,并需要为发电机组定义与负荷的频率调节效应系数 K_D 相对应的、具有相同量纲的参数,称为单位调节功率,即

$$K_G = \frac{1}{\delta} = -\frac{\Delta P_G}{\Delta f} \tag{10.8}$$

其单位为 MW/Hz,表示若系统频率变化了 1 Hz,对应于发电机组需要改变多少 MW 的有功出力。由于频率变化 1 Hz 在电力系统中是非常严重的事件,往往用单位调节功率的标幺值来量化更容易操作:

$$K_{G*} = \frac{1}{\delta_*} = -\frac{\Delta P_{G*}}{\Delta f_*} \tag{10.9}$$

表示若系统频率变化了 1‰,对应于发电机组的有功出力需要变化几个百分点。显然有与机组静态调差系数相对应的单位调节功率典型值:对于汽轮机,其值通常为 25～16.7;对于水轮机,其值通常为 50～25。

10.3.3　电力系统的有功功率-频率特性

　　了解了负荷和发电机组的功频特性后,就可以开始分析整个电力系统的功频特性。显然由于全系统源荷在空间上不匹配,全系统的有功平衡事实上需要通过电网来实现,而电网自身也需要消耗一定的有功功率,这使得电力系统的功频特性变得极其复杂。然而对现代化的具有较高运行水平的电网而言,其有功功率损耗占比非常小,在本书中将其忽略,仅分析相应的简化情况。

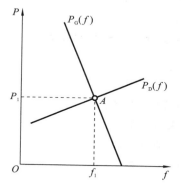

图 10-12　负荷变化前有功功率
平衡对应的运行点

　　图 10-12 所示的为负荷变化前电力系统的运行状态,其中 $P_D(f)$ 为负荷的功频特性,$P_G(f)$ 为发电机组的功频特性。由于忽略网损,稳态时发电机组有功出力应该等于负荷所需有功功率,对应的是两条直线唯一的交点 A,即确定了发电机组有功出力(亦即负荷所需有功功率)P_1,以及相应的系统稳态运行频率 f_1。

　　已经说过负荷始终由电力系统外部因素的影响而持续波动,这里分析图 10-7(a)中第一种负荷分量的情况,即幅度小、持续时间短的波动。在频率 f_1 下系统负荷需要上升 ΔP_{D0}。由第 5 章的分析可知,综合负荷功频特性的斜率由全网不同负荷类型的占比组合来确定,对微小的波动而言不会发生显著变化,即当前可认为 K_D 不变,故负荷需求上升对应着负荷功频特性直线向上平移 ΔP_{D0},如图 10-13 所示。

　　从图 10-13 可见,若系统运行频率不变,则发电机有功出力不变,这显然破坏了有功功率的平衡。但由于此时电网向发电机"索取"的有功功率增加了,由 10.3.2 节中的分析可知,转子将减速运动,发电机的调速器将做出响应,最终达到增加发电机有功出

力的效果,同时伴随着系统运行频率的降低(再次强调这是一个暂态过程,本章仅分析暂态过程结束后重新回到稳态时的结果)。而负荷的功频特性又决定了若系统频率下降,负荷实际需要的有功功率也会随之下降。这样看来,运行点 A 对应的有功负荷变化需求 ΔP_{D0} 将由发电机和负荷双方功频特性的共同作用来得以满足,使得系统重新达到新的稳态,即平移后负荷功频特性 $P'_D(f)$ 与不变的发电机功频特性 $P_G(f)$ 的新交点 B。

交点 B 处对应的系统频率为 $f_2 < f_1$,即频率变化值 $\Delta f < 0$,这带来了两个效果。一是发电机有功出力将增加 $\Delta P_G = -K_G \Delta f$,二是负荷实际需要的有功功率将减少 $\Delta P_D = K_D \Delta f$,二者之和即为频率变化前有功负荷需求的增加量 ΔP_{D0},如图 10-14 所示。这意味着

$$\Delta P_{D0} = \Delta P_G - \Delta P_D = -(K_G + K_D)\Delta f = -K\Delta f \tag{10.10}$$

式中:将 K 定义为电力系统的功率-频率静特性系数,常称为电力系统的单位调节功率,即

$$K = K_G + K_D = -\frac{\Delta P_{D0}}{\Delta f} \tag{10.11}$$

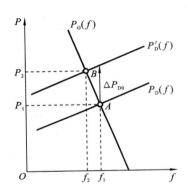

图 10-13 负荷需求变化导致新的有功功率平衡

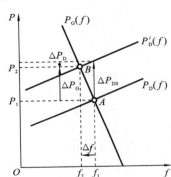

图 10-14 负荷功频特性和发电机功频特性共同确定电力系统功频特性

由式(10.11)可知,整个电力系统的功频特性是由负荷功频特性和发电机功频特性(即电能的供需双方功频特性)共同确定的。一般而言,K 的值越大,意味着为了满足相同负荷变化需求所带来的频率波动就越小。通常发电机组的功频特性斜率都比负荷功频特性的斜率大很多,所以正常运行的电力系统中全系统的有功平衡主要由发电机组一方来主导[①]。

接下来定义电力系统有功功率-频率静态特性的标幺值,从某种意义上来说,这种标幺值更能体现一些物理本质[②]。此前定义发电机和负荷双方的频率调节效应相应参数时分别取各自的额定有功功率作为有功功率因素的基准值,而式(10.11)中同时存在双方有功功率的因素,但不可能选择两个不同的有功基准值。考虑到评价电力系统实

---

① 这里仍是传统同步电机特性主导电力系统运行的观点。目前有观点认为,未来的新型电力系统将以新能源为主体,发输配用各环节都有大量的电力电子化的因素在起作用,很多与电能平衡和有功功率平衡有关的问题是通过电力电子装置的控制能力来实现的,因此未来的电力系统的有功平衡不一定仍由发电机一方来主导,更应该是所有电力系统参与者共同作用来实现的。目前的电力系统已呈现出上述现象的萌芽状态,但距离能起"主导作用"的状态还相距甚远,请读者拭目以待。

② 这与标幺值的缺点之一"没有量纲,物理意义不明确"并不矛盾。

现有功平衡的能力需要通过能否满足负荷功率需求来体现,本书选择使用 P_{DN} 来确定电力系统功频特性的基准值,即

$$K_{\mathrm{N}} = \frac{P_{\mathrm{DN}}}{f_{\mathrm{N}}} \tag{10.12}$$

式(10.11)可变形为

$$K = K_{\mathrm{G}} + K_{\mathrm{D}} = K_{\mathrm{G}*}\frac{P_{\mathrm{GN}}}{f_{\mathrm{N}}} + K_{\mathrm{D}*}\frac{P_{\mathrm{DN}}}{f_{\mathrm{N}}} = -\frac{\Delta P_{\mathrm{D0}}}{\Delta f} = -\frac{\Delta P_{\mathrm{D0}*} \times P_{\mathrm{DN}}}{\Delta f_* \times f_{\mathrm{N}}}$$

等式两侧同时除以式(10.12)对应侧数值,则有

$$K_* = K_{\mathrm{G}*}\frac{P_{\mathrm{GN}}}{P_{\mathrm{DN}}} + K_{\mathrm{D}*} = k_{\mathrm{r}}K_{\mathrm{G}*} + K_{\mathrm{D}*} = -\frac{\Delta P_{\mathrm{D0}*}}{\Delta f_*} \tag{10.13}$$

式中:$K_{\mathrm{G}*}$ 和 $K_{\mathrm{D}*}$ 分别按照式(10.13)和式(5.8)来定义。与式(10.11)中的有名值表达式相比,标幺值表达式形式上的差异在于增加了一个备用系数 $k_{\mathrm{r}} = P_{\mathrm{GN}}/P_{\mathrm{DN}}$。若电力系统具有充分的满足负荷有功功率需求的能力,则应使 $P_{\mathrm{GN}} > P_{\mathrm{DN}}$,即 $k_{\mathrm{r}} > 1$,表示部分发电机出力的能力没有直接用于发电,而是留作针对不确定的负荷增加情况的备用,即10.2.1 节中讨论的各种情况。

前面的讨论均假设 $k_{\mathrm{r}} > 1$。事实上,若起初的有功功率平衡状态已经用尽发电机出力的全部能力,则即使负荷需求增加,发电机也无法通过调速器的调整增加其有功出力,即 $K_{\mathrm{G}*} = 0$。代入式(10.13)则有 $K_* = K_{\mathrm{D}*}$,即此时新的有功功率平衡只能指望负荷自身的特性来实现,如图 10-15 所示。

图 10-15 所示的为两种针对负荷需求增加的频率变化情况。第一种情况,假设起初系统处于点 A' 处的稳态运行状态,此时发电机尚未满载,具有参与频率调整的能力,在负荷需求增加了 ΔP_{D0} 后,由发电机和负荷的功频特性共同作用,最终系统达到新的平衡点 B'。第二种情况,假设起初系统处于点 A,虽然有功功率仍然能够平衡,但发电机有功出力已经达到其额定值,无法继续增加出力,坐标平面上意味着无论频率怎么变化,发电机有功出力都不变化,因此发电机功频特性在点 A 的左侧应该是水平的线段(因为频率不可能小于 0,故该线段至坐标纵轴截止)。若此时负荷需求有同样的增量 ΔP_{D0},则负荷功频特性的直线向上平移了相应距离后,与发电机功频特性的交点只能在点 B 处。由于负荷自身对频率的调节能力远小于发电机对频率的调节能力,从图 10-15 可以看出,第二种情况下负荷增加所带来的频率变化比第一种情况下的频率变化要大得多。这也是电力系统中在各种运行状态下都应尽量留有充足的发电备用的直观解释。

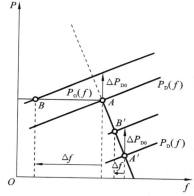

图 10-15 发电机满载时仅靠负荷功频特性调频的情况

最后需要说明的是,在本小节所讨论的各种情况下,无论是发电机的功频特性还是负荷的功频特性都不是垂直的直线。也就是说,只要纵坐标有变化,横坐标就一定有变化[①]。这意味着只要负荷需求有变化,就一定会导致系统运行频率发生变化,这种实现有功功率

[①] 极端的情况是若负荷变化前的稳态运行点已经落在发电机出力达到额定值的水平线段部分,则即使负荷需求变化并未导致纵坐标变化,同样也会导致横坐标变化,这种横坐标变化甚至更为显著。

平衡的频率调节方式称为有差调节。

10.4 频率的一次调整和二次调整

10.4.1 频率的一次调整

10.3.3 节中所介绍的在负荷需求变化后,发电机和负荷的功频特性共同发挥作用,在新的运行点处重新达到功率平衡,伴随着频率发生了变化,事实上就是电力系统频率一次调整的基本原理。此前没有阐明的是,10.3.3 节仅讨论了单台发电机满足综合负荷有功功率需求的情况,应将其推广到任意 n 台具有调频能力的发电机共同满足负荷的情况。

由于负荷变化带来的暂态过程发生前后的稳态频率都是全网取相同的值,因此对每台发电机而言其频率变化量也都是相同的,设为 Δf。假设上述具有调频能力的发电机中第 i 台的单位调节功率为 K_{Gi},则其有功出力变化了 $-K_{Gi}\Delta f$,进而所有发电机有功出力变化的总量为

$$\Delta P_G = \sum_{i=1}^{n}(-K_{Gi}\Delta f) = -K_G\Delta f \tag{10.14}$$

式中:

$$K_G = \sum_{i=1}^{n}K_{Gi} \tag{10.15}$$

可以看出在电力系统频率一次调整中,系统整体的频率调整效果是所有能够参与一次调频的发电机组共同发挥作用的结果,或者说可以理解为 n 台参与调频的发电机的调速效果可被看成是一台等值机组的调速效果,该等值机组的单位调节功率为所有实际调频机组单位调节功率之和。从另一个角度来说,对于一个确定的负荷变化量,能够参与频率调整的发电机组越多,各参与频率调整的发电机的单位调节功率越大,造成的最终频率波动就越小。

式(10.15)为有名值形式,亦可定义其对应的标幺值形式,其中单台发电机组单位调节功率的标幺值已在式(10.9)中定义。这里需要确定上述等值机组的额定有功功率,即

$$P_{GN} = \sum_{i=1}^{n}P_{GNi} \quad i = 1,\cdots,n$$

则易知系统的(或等值机组的)单位调节功率标幺值为

$$K_{G*} = \frac{\sum_{i=1}^{n}(K_{Gi*}P_{GNi})}{P_{GN}} \tag{10.16}$$

其为所有参与调频的发电机组的单位调节功率标幺值的加权平均值,权值为各台发电机组的额定有功功率。

相应地也可定义等值机组的等值调差系数标幺值为

$$\delta_* = \frac{1}{K_{G*}} = \frac{P_{GN}}{\sum_{i=1}^{n}K_{Gi*}P_{GNi}} = \frac{P_{GN}}{\sum_{i=1}^{n}\frac{P_{GNi}}{\delta_{i*}}} \tag{10.17}$$

在多台发电机组共同参与一次调频的情况下,若有个别发电机组的有功出力已经达到上限,则虽然全系统尚未完全失去调频能力,但不可避免地受到一定削弱。体现在式(10.15)或式(10.16)中意味着相应的 K_{Gi} 或 K_{Gi*} 变成0(参考图10-15),从而使等值机组的单位调节功率(无论是有名值还是标幺值)数值变小,进而对相同的负荷变化在全系统最终造成的频率波动有所增大。显然,对于稳态频率变化了相同数值的情况,单位调节功率大(或调差系数小)的发电机组承担的有功出力增量也较大。

下面通过具体的例子[①]来进一步增强读者对电力系统频率一次调整的理解。

案例 1 假设某电力系统运行于额定频率 50 Hz 稳态:一半机组的发电容量已完全利用;在另外一半机组中,又有一半(全部的 25%)为火电厂,有 10% 的备用容量,其单位调节功率为 16.6;最后剩余的 25% 为水电厂,有 20% 的备用容量,其单位调节功率为 25;全系统有功负荷的频率调节效应系数为 $K_{D*} = 1.5$[②]。请问,若负荷功率增加了 5%,系统达到新的稳态后的频率应该为多少?

首先应该看到,上述所有已知条件都是以标幺值形式给出的。既然负荷变化量已知,只需知道全系统的单位调节功率即可计算出频率变化量。又由式(10.13)可知,目前尚未明确的参数仅有负荷变化之前的备用系数。由于负荷在变化前系统的有功功率是平衡的,在忽略网损的情况下,此时发电机的有功出力和负荷需求是平衡的。假设全系统发电机组的总额定有功功率为1,则根据上述已知条件可知系统的负荷有功功率为

$$P_D = 0.5 + 0.25 \times (1-0.1) + 0.25 \times (1-0.2) = 0.925$$

容易算出此时的备用系数为 $k_r = 1/0.925 = 1.081$。此备用系数意味着发电机组留有的一次调频能力可以应对负荷有功需求上升 8.1% 所带来的变化,故本例中全部有功负荷增量均可在有发电机一次调频的参与下得到满足。

令全系统发电机组的总额定有功功率为1,事实上这意味着当前取系统发电侧的额定有功功率作为有功功率的基准值,故由式(10.16)可知此时一次调频等值发电机组的单位调节功率为

$$K_{G*} = \frac{0.5 \times 0 + 0.25 \times 16.6 + 0.25 \times 25}{1} = 10.4$$

进而可依据式(10.13)计算出系统的单位调节功率为

$$K_* = k_r K_{G*} + K_{D*} = 1.081 \times 10.4 + 1.5 = 12.742$$

系统负荷增加了 5%,频率将变化

$$\Delta f_* = -\frac{\Delta P_*}{K_*} = -\frac{0.05}{12.742} = -3.924 \times 10^{-3}$$

故频率调整暂态过程结束后,系统重新获得的稳态频率为

$$f = 50 \times (1 - 3.924 \times 10^{-3}) \text{ Hz} = 49.804 \text{ Hz}$$

案例 2 在案例 1 同一个电力系统中,由于负荷增加,除水电机组尚有 10% 的备用容量之外,所有发电机组均已满发。请问,若负荷功率继续增加 5%,系统达到新的稳态后的频率应该为多少?

---

① 何仰赞,温增银. 电力系统分析(下)[M]. 4 版. 武汉:华中科技大学,2016.

② 从这些数据中读者应该能够看出下述信息:在常规发电形式中,水电厂的调频能力要优于火电厂,所有水火电厂的调频能力都远高于负荷。

基于同样的思路可计算出此时系统负荷有功功率为

$$P_D = 0.5 + 0.25 + 0.25 \times (1 - 0.1) = 0.975$$

相应备用系数为 $k_r = 1/0.975 = 1.026$。此备用系数意味着发电机组留有的一次调频能力可以应对负荷有功需求上升 2.6% 所带来的变化,即本例中有功负荷增量 5% 中有 2.6% 可在有发电机一次调频的参与下得到满足,剩余的 2.4% 仅能依赖负荷自身对频率变化的响应能力来得到满足。

容易想到的是此时频率总体的变化也将分为上述两个部分来分析。仍需先计算出此时全系统的单位调节功率。由式(10.16),此时系统所有发电机组的单位调节功率为

$$K_{G*} = \frac{0.5 \times 0 + 0.25 \times 0 + 0.25 \times 25}{1} = 6.25$$

则全系统的单位调节功率为

$$K_* = k_r K_{G*} + K_{D*} = 1.026 \times 6.25 + 1.5 = 7.913$$

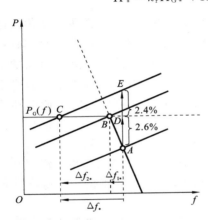

图 10-16 备用容量不足以满足负荷增量时的一次调频

此时系统进行一次调频的示意图如图 10-16 所示。从图 10-16 可以看出,发电机能够参与调频和不能参与调频相对应的两部分频率变化分别为 Δf_{1*} 和 Δf_{2*},需要对其分别进行分析。

Δf_{1*} 对应的是发电机和负荷同时参与有功平衡的情况,此时发电机增加的有功出力为原负荷的 2.6%。最终达到的效果(对应图 10-16 中的 B 点)为频率下降了 Δf_{1*},则负荷实际需要增加的量也相应减少,设减少了 x,则有

$$\frac{2.6\%}{K_{G*}} = \frac{x}{K_{D*}}$$

故

$$x = 2.6\% \times \frac{K_{D*}}{K_{G*}} = 2.6\% \times \frac{1.5}{6.25} = 0.624\%$$

即仅能靠负荷自身频率响应来调整的负荷增量为 $2.4\% - 0.624\% = 1.776\%$。

至此可计算出

$$\Delta f_{1*} = -\frac{2.6\%}{K_{G*}} = -\frac{0.026}{6.25} = -0.00416$$

$$\Delta f_{2*} = -\frac{1.776\%}{K_{D*}} = -\frac{0.0176}{1.5} = -0.01173$$

则频率共下降了 $0.00416 + 0.01173 = 0.01589$。频率调整暂态过程结束后,系统重新获得的稳态频率为

$$f = 50 \times (1 - 0.01589) \text{ Hz} = 49.206 \text{ Hz}$$

事实上,利用图 10-16 中平面几何的等价性,可以使上述计算变简单。根据前面的分析可以发现,无论分几次来计算频率的总变化,总可以知道初始条件下负荷变化的 5% 中一定仅有 2.6% 是由发电机增加有功出力来平衡的。换句话说,剩余 2.4% 的负荷必然是仅靠负荷自身的频率响应特性来满足的,所带来的频率变化无论分几次来计算,其结果应该都是相同的。在图 10-16 中,这意味着在直角三角形 CDE 中,一条直角边 DE 等于 2.4% 时,另一条直角边 CD 的长度是多少,显然有

$$\Delta f_* = |CD| = \frac{2.4\%}{K_{D*}} = 0.016$$

与前面分两次计算的结果相同[①]。

再次强调,本小节所介绍的电力系统频率一次调整是为了应对图 10-7 中所示的变化幅度小、波动周期短的第一种负荷分量的变化,是一种有差调节。由于一次调频能够实现的关键是发电机组能够改变其有功出力,如果与第 8 章中所介绍的电力系统潮流计算数学模型联系起来,将得到进一步的信息。事实上,在前面的潮流模型中,常规节点一共有三个类型,即 PQ 节点、PV 节点和平衡节点,其中前两种类型的节点向电网注入的有功功率是确定的,只有平衡节点能够依据电网中网损的实际数值调整其有功出力,通常只指定一个平衡节点。然而行文至此读者应该可以看到,至少所有能够参与一次调频的发电机组也具有调整有功出力的能力,而它们调整有功出力的目的也是实现有功功率的平衡,因此广义上也可将它们看成"平衡节点"。显然多个发电机组必然比仅靠一台发电机更容易实现有功平衡,亦即前者对应的运行方式更灵活、全系统的调节能力也更大。事实上,在一些常见的电力系统仿真软件(如 DigSILENT)中就为使用者提供了"指定单个平衡节点"和"指定若干参与一次调频的节点同时作为平衡节点"两种选项。

由于本节所介绍的各种原因,电力系统频率一次调整所能起到的作用相对有限。为了应对更严重的负荷波动情况,还需借助进一步的技术手段。

10.4.2　频率的二次调整

如果在图 10-8 中与左下角的同步器直接相连的机械机构保持不动作,则负荷的波动必然导致调速器输出的转速变化,即只能实现误差调节,这就是 10.4.1 节中所介绍的频率的一次调整的情况。假如在合适的时机令同步器动作,使得与其相连的机械机构部分能够上下移动,则意味着可作用于执行机构——油动机的活塞的输出有了一个额外的行程,进而意味着对发电机组而言,在频率尚未变化的时候发电机即已能够做出一定的有功出力调整,由于此时并未调整调速器中形成一次调频特性部分,因此发电机功频特性的斜率不变,此即为频率的二次调整。

在图 10-17 中,这意味着当系统负荷变化了 ΔP_{D0} 后(负荷功频特性由图中 $P_D(f)$ 平移至 $P'_D(f)$),发电机组由于二次调频的作用产生了

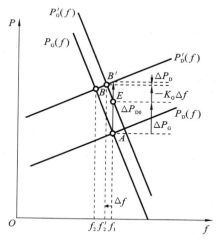

图 10-17　频率的二次调整

一个此前不存在的"额外"变化量 ΔP_G,这个变化量并不导致频率发生变化,致使需要进行有差调节的一次调频部分减小,进而减小了频率变化量。此时与式(10.10)相对应

[①]　两种计算方法在几何上是等价的,因此必然结果相同。目前看到的小数点后第四位开始的差异是计算过程中的误差导致的。

的频率变化可做如下计算:

$$\Delta P_{D0} - \Delta P_G = -(K_G + K_D)\Delta f = -K\Delta f \tag{10.18}$$

显然当所有具有二次调频能力的发电机组所拥有的有功出力裕度总和大于负荷变化量时,调整发电机的有功出力可使 $\Delta P_G = \Delta P_{D0}$,因此能够在系统频率不发生变化的情况下使有功功率重新获得平衡,即能够实现所谓"无差"调节。

考虑到技术能力和经济性等因素,并不是所有具备调频能力的发电厂都能够进行二次调频。将能够进行二次调频(当然也能参与一次调频)的发电厂称为主调频电厂,即同时装备了调速器和调频器(同步器)的电厂;而将仅能进行一次调频的发电厂称为辅助调频电厂,仅装备了调速器。二者的共性在于都是依赖发电机组自身功频特性与负荷功频特性共同作用来实现新的有功功率平衡,应对的都是周期较短、波动幅度较小的负荷变化。由于负荷波动迅速,难以有人力的因素介入,只能靠预先整定好策略和参数的自动控制装置来实现。对于某个具体的运行工况,显然还要求参与调频的发电机组未达到满载。剩余的电厂只能按照调度部门预先给定的有功出力曲线来发电,可称为非调频电厂。

关于主调频电厂的选择,是一个能充分体现复杂工业领域特点的工程问题,需要综合考虑多方面的因素才能得到合理的方案。通常主调频电厂应满足的条件有:① 具有足够的调整容量和调整范围;② 具有与负荷变化速度相适应的调整速度;③ 参与调频时符合安全及经济的原则;④ 其他需要考虑的因素,如对区域间联络线功率波动和中枢点电压波动的影响等。

具体而言,需要综合地从技术和经济两方面来进行统筹考虑,这里针对两种最主要的传统发电形式——水力发电和火力发电来对比分析。

单纯从技术的角度来看:水电机组的出力调整范围相对较宽,可达额定容量的 50% 以上;而且其出力调整的速度也相当快,典型情况下往往仅需一分钟左右就可由空载状态增加出力至满载。而火电机组受到最小技术负荷的限制,其出力调整的范围相对较小;而且其出力调整的速度也相对较慢,往往每分钟仅能上升额定容量的 2% ~ 5%,因此要想实现从空载到满载的状态过渡,可能需要数十分钟的时间。综上所述,如果纯粹从技术的角度来考虑,显然水电机组更适宜承担主调频电厂的角色。

然而电力系统的复杂性就在于不能只突出一方面的因素,因为多方面因素是相互影响的。在当前所分析的问题中,如果将经济性的因素引入进来,情况将大不相同。既然要考虑水电机组,就必然要考虑其依赖的一次能源——来水情况的季节性波动。事实上,从水文周期的角度可将一年粗略地划分为丰水期和枯水期两大类型,这对水电机组的行为有决定性影响。在枯水期,很多水电机组无法发挥满发电的能力,但其调节能力没有丧失,如果让这些机组主要去发挥调节的作用,应该能够更加充分地体现其价值,此时对负荷需求的缺额将主要由火电机组来满足。而在丰水期,如果在水电机组自身具备多发电能力的前提下人为地限制其出力,就意味着有一部分原本可以被利用的水力资源在没有被转化为电能的情况下白白废弃,即俗称的"弃水",这是水利电力工作者应该尽可能避免的情况。此时水电机组往往被安排为尽可能满发,自然其优秀的调节能力在丰水期应予以限制,而由火电机组承担主要的调节任务。即使是用于调节的火电机组,也应综合考虑技术经济等多方面因素来慎重选择。在第 2 章中首先提到的电力系统年度运行方式问题,就包含了这里所提到的对水文丰枯水期等因素的考虑。

10.4.3 新能源对电力系统有功平衡和频率调整的影响

由前面的论述可见,电力系统有功平衡和频率调整问题表面上看是个典型的运行问题,但对其应对的方案需要对诸如能源禀赋、负荷特征、经济因素等进行综合考虑。随着电力系统逐步向以新能源为主体的新型电力系统过渡,这个特征将更加明显。事实上,新能源大比例接入电力系统所带来的影响是极其深刻的,这里仅对与有功平衡和频率调整有关的问题进行简单论述。目前最典型的新能源是风力发电和光伏发电,此外还有诸如潮汐发电、生物质能发电等多种多样的形式。从其对电力系统可能产生的影响来看,它们的共性在于具有不确定性(随机性、间歇性等),而且往往需要通过电力电子化[①]的界面接入电力系统。

如前所述,有功平衡和调频主要是为了应对负荷天然所具有的随机波动性,但在传统的电力系统中,发电往往采用集中化的形式,而且具有高度的可控性,所以电力系统运行人员还是具有充分的掌控能力的。但随着新能源所占比例显著增加,致使电源侧也具有无法忽略且无法完全掌控的不确定性,如何实现此时的有功平衡,从而确保交流电网的频率有合理的取值,就成为一个非常具有挑战性的问题。雪上加霜的是,新能源既有有沿用传统的集中式开发的形式(如我国张北、酒泉、克拉玛依等地的大规模陆上风电基地,江苏、广东等地的大规模海上风电基地,青海的大规模光伏发电基地等),也有遍地开花的分布式开发形式(如整县分布式光伏、千乡万村驭风行动等),后者意味着电源侧的参与主体数量也将成数量级地增加,如果沿用传统的针对每个发电机组进行集中调控的电力系统运行调度模式,将成为一个不可能实现的任务。这就要求从最基础的电力系统运行调度理念加以更新。

通过10.3.2节的介绍可以知道,发电机组参与有功平衡和频率调整的能力很大程度上源自对同步发电机转子机械运动状态的控制能力,通过对具有一定转动惯量的、做旋转运动的刚体的控制来体现。然而现代的新能源往往通过先进的电力电子界面(主要为换流器)接入交流电网,尽管从电网角度来看新能源仍应表现出一定的同步能力,以获取合理的电力系统稳态,但此时新能源所表现出的同步能力并不是直接通过能量转换环节本身的惯性运动来实现的[②],而是通过电力电子装置强大的控制能力所得到的"控制主导"的同步效果。因此一般认为电力电子化的新能源大规模接入电力系统后将显著削弱全系统的频率调整能力[③],这是新型电力系统必须面对的一个重要技术挑战。

最后,更加严重的是,一些不受控的新能源发电形式与电力系统对其提供电能的需求是矛盾的。最典型的例子是风力发电。在多数地区通常深夜的风速较高,故风电出力能力也较大;反之,白天风速相对较低,对应的风电出力能力也相对较小。然而典型的日负荷曲线(见图5-3)中峰荷往往不会发生在深夜,反倒是谷荷基本都发生在深夜,

---

① 这其实涉及很复杂的理论和工程问题,在此处不讨论电力电子化的细节,从其最宏观和抽象的层面来论述。

② 事实上,典型的风电机组往往是异步电机,光伏发电甚至连电机的环节都不存在,更谈不上"转子的机械运动"。

③ 多个新能源通过电网耦合起来,所呈现的整体效果与电网的具体形态有密切关系,囿于篇幅所限这里暂不展开。

这意味着风电具有所谓"反调峰"的特性,对电力系统电力电量平衡叠加了新的困扰。

要解决上述问题,一方面固然要靠提高源荷两侧对能量转化的掌控能力,另一方面也应借助新型电网建设运行技术和储能技术。在电网侧,在传统电网中恰当地引入基于现代电力电子技术的直流输电因素[①],可以显著提高对电网中传输电能的掌控能力。在传统电网中比较稀缺的储能侧,近年也有显著发展,可以在各个时间尺度发挥电力电量平衡的能力,从而实现延长功率不平衡曲线波动时间尺度的效果[②]。

10.5 互联系统有功功率平衡和频率调整

10.5.1 互联系统有功功率平衡和频率调整的一般问题

前面关于电力系统有功平衡和频率调整的讨论主要仍限制在同一个交流电网(亦称为"同步电网")范围之内。对现代大电网而言,由于涉及宏大的空间尺度,可用于发电的一次能源的分布往往是不均衡的,需要通过一定距离、一定容量的电能输送来实现全系统的能源合理配置。因此需要将前面对同步电网内的有功平衡和频率调整推广到多个电网互联的情况。

有一个原则需要先指出:10.2.2 节中论述了无功功率应该尽量就地平衡的原因,事实上从经济成本、全社会福利代价等因素考虑,对有功功率也应尽量就地平衡。例如,我国当前大力推广"海上风电""整县分布式光伏""千乡万村驭风行动"等集中式+分布式新能源,可使我国用电密集的东部地区有功功率(或电能)自平衡能力大大增强,也就大大削弱了对西电东送的依赖,在进一步发展超特高电压等级的远距离大容量输电时必须慎重考虑这些因素。

在电力系统中,通过协调多个发电机组的二次调频功能来灵活实现全系统的有功功率平衡,常被称为自动发电控制(automatic generation control,AGC),通常在电力调度部门的能量管理系统(energy management system,EMS)中需配备相应功能模块。其功能可分为以下三个层次:

(1) 在正常稳态运行工况下,维持同步电网运行频率在允许范围内,其实就是10.4.2 节中所介绍的情况;

(2) 控制同步电网间的联络断面(可理解为指定的输电线路集合)上的交换功率为协议规定的数值;

(3) 在满足安全约束前提下,在多个发电机组间开展以减少一次能源消耗为目标的经济调度控制(economic dispatch control,EDC),新形势下也可能强调以减少碳排放为目标,或综合考虑多种目标,其基本模型将在第 11 章中介绍。

在上述(2)、(3)两个层次中,本质上都要求具有对特定输电线路上所传输有功功率进行控制的能力。在现代电力系统中,这又可分为纯交流互联、纯直流互联和交直流混联三种情况。

---

① 这不仅包含常规的高电压等级的直流输电,在配电网甚至微网中也有必要引入直流输电,此外各种FACTS 装置一定程度上也可以被解释为"直流因素"。

② 读者可回顾第 2 章中关于电力系统中时间尺度的讨论。

先来讨论纯交流互联的情况。显然通过交流输电线路将两个同步电网互联，事实上就构成了一个更大的同步电网。对相关有功平衡和频率调整问题进一步由简单到复杂地分析。

首先讨论两个同步电网之间由一条交流输电线路连接的情况。假设交流系统 A 和 B 通过一条交流输电线路互联。考虑如下场景：两个系统中的有功负荷分别需要增加 ΔP_{DA} 和 ΔP_{DB}，两个系统用于进行一次调频的单位调节功率分别为 K_A 和 K_B，二次调频可做出的发电机有功出力增量分别为 ΔP_{GA} 和 ΔP_{GB}。经过相应的频率调整后，在联络线上产生了 ΔP_{AB} 的有功传输变化，如图 10-18 所示。

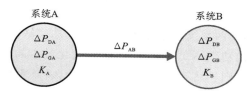

图 10-18   同步电网通过交流线路互联后的功率交换情况

显然可见，对系统 A 而言，需要由发电机出力变化来满足的有功功率增加了 ΔP_{AB}，因此可将其等价地看作是系统 A 的负荷增量。类似地，对系统 B 而言，需要由发电机出力变化来满足的有功功率减少了 ΔP_{AB}，因此可将其等价地看作是系统 B 的二次调频出力增量。故可列出

$$\begin{cases} (\Delta P_{DA} + \Delta P_{AB}) - \Delta P_{GA} = -K_A \Delta f_A \\ \Delta P_{DB} - (\Delta P_{AB} + \Delta P_{GB}) = -K_B \Delta f_B \end{cases} \tag{10.19}$$

该式中有三个变量：ΔP_{AB}、Δf_A 和 Δf_B。由于两个系统互联后已形成一个更大的交流系统，在其重新恢复稳态后全系统有统一的运行频率，两个系统各自的运行频率自然也相同。若假设两个系统在负荷功率变化前的运行频率也相同（如均运行在额定稳态），则可知 $\Delta f_A = \Delta f_B = \Delta f$，将其代入式（10.19）可消去一个变量，此时方程和变量个数相同，可解得

$$\Delta f = -\frac{(\Delta P_{DA} + \Delta P_{DB}) - (\Delta P_{GA} + \Delta P_{GB})}{K_A + K_B} = -\frac{\Delta P_D - \Delta P_G}{K} \tag{10.20}$$

$$\Delta P_{AB} = \frac{K_A(\Delta P_{DB} - \Delta P_{GB}) - K_B(\Delta P_{DA} - \Delta P_{GA})}{K_A + K_B} = \frac{\dfrac{\Delta P_{DB} - \Delta P_{GB}}{K_B} - \dfrac{\Delta P_{DA} - \Delta P_{GA}}{K_A}}{\dfrac{1}{K_A} + \dfrac{1}{K_B}}$$

$$\tag{10.21}$$

将式（10.20）与式（10.10）对比可见，此时有功和频率的变化本质上就是将 A、B 两个交流系统合并成一个更大的交流系统，其中全系统有功负荷需求的总增量为 $\Delta P_{DA} + \Delta P_{DB}$，二次调频能够提供的有功出力总增量为 $\Delta P_{GA} + \Delta P_{GB}$，系统的单位调节功率为 $K_A + K_B$。这与此前介绍单一交流电网中二次调频的情况完全相同。若全系统的负荷增量与全系统发电功率的二次调整增量相同，即可实现频率的无差调节。可以看出，互联系统无差调节的要求比孤立系统时要弱，因为前者是一种更加一般的情况，而两个系统未互联事实上是互联系统中始终强制令互联线路上交换功率 $\Delta P_{AB} = 0$ 的特殊情况，显然前者的可行解域更大，也就更容易实现。

10.5.2　联络线传输有功功率变化量的具体实现方式

联络线上所传输有功功率的变化量 ΔP_{AB} 在这个更大的交流系统内部消纳，不直接体现对频率变化的影响（见式（10.20））。有的时候还需要从另一个角度来考虑此问题。通常两个相对独立的电网之间往往会逐月或逐年签订输运电能的协议，因此在特定的情况下往往需要对联络线上所传输的有功功率的具体取值加以约定。例如，对这里的A、B 二同步电网而言，若当前联络线传输有功功率 P_{AB} 已知（由稳态潮流来确定），有功功率控制目标 P'_{AB} 也已确定，则联络线功率变化量 $\Delta P_{AB} = P'_{AB} - P_{AB}$ 也就确定了，需要有具体的技术手段来实现这一变化。

从式（10.21）看到，若两系统都进行二次调频，且功率缺额与各自单位调节功率成比例，则联络线上的交换功率不变，这是交换功率变化最小的情况。一个特例是：若两个系统都没有功率缺额，则显然频率不变。另一方面，若某系统不进行二次调频，则该系统的负荷增量完全由联络线功率变化来满足，这是交换功率变化最大情况。实际情况均介于上述两种情况之间。

首先需要确定能够对控制目标产生影响的因素，再来考虑如何对这些因素进行调整来促成控制目标的实现。在同一个交流电力系统中，任何运行状态量（如节点注入有功无功、母线电压、变压器变比、无功补偿等）的变化都会对全系统的潮流分布产生影响，当然也就会对想要进行控制的联络线传输有功功率产生影响。然而在具体实现时应尽可能简化问题，而且不同物理量之间相互影响的程度也有差别，因此本节将所考虑的对联络线传输功率存在影响的因素限制在有功功率的范畴之内。从系统的潮流模型可以看出，涉及的有功功率有节点注入（含负荷节点的负注入）有功功率和支路传输有功功率两部分。

先来考虑节点注入有功功率对联络线传输有功功率的影响，需要考虑的是可以调整（或者说受控）的节点注入有功功率。一般来说，只有发电机的有功出力具备条件[①]，假设所有有功出力可调的发电机节点构成节点集合 G。

对于所有支路的电阻都远远小于电抗的交流电网，有功相角关系、无功电压关系是相对解耦的。当前我们重点关注的是有功潮流在电网中的分布问题，第 8 章中介绍的直流潮流已经能够在相当程度上体现出有功潮流的分布特征，本节重点借助直流潮流模型来探讨对联络线传输的有功功率进行控制，将直流潮流表达式重写为

$$\boldsymbol{P} = \boldsymbol{B\theta} \tag{10.22}$$

式中：$\boldsymbol{P} = \begin{bmatrix} P_1 & P_2 & \cdots & P_{n-1} \end{bmatrix}^{\mathrm{T}}$ 为由除平衡节点外所有节点注入电网有功功率所形成的列向量；$\theta = \begin{bmatrix} \theta_1 & \theta_2 & \cdots & \theta_{n-1} \end{bmatrix}^{\mathrm{T}}$ 为相应节点的电压相角所形成的列向量；$\boldsymbol{B}$ 为原电网所有支路均忽略电阻和对地并联电容后所得的新节点导纳矩阵的虚部。

可将式（10.22）等价写为

$$\boldsymbol{\theta} = \boldsymbol{XP} \tag{10.23}$$

---

① 传统电力系统中负荷需求不受电力系统控制，只能靠发电机被动应对负荷需求变化，即所谓"源随荷动"。新型电力系统中可以通过市场手段调动负荷主动参与系统调节，其有功注入在一定程度上也受控，即所谓"源荷互动"，这里暂不讨论这种情况。

显然 $X = B^{-1}$。若节点 i 的有功注入变化了 ΔP_{Gi}[①]，而其他节点有功注入不变，则电压相角列向量将变为

$$\tilde{\theta} = X(P + e_i \Delta P_{Gi}) = \theta + X_i \Delta P_{Gi} \tag{10.24}$$

式中：$e_i = [0 \ \cdots \ \underset{i}{1} \ \cdots \ 0]^T$，则易知 X_i 是 X 的第 i 个列向量。根据第 4 章电力网络建模所介绍的知识，令 M_l 为第 l 条支路的关联矢量，则此时该支路上的有功潮流变成

$$P_l^{(i)} = \frac{M_l^T \tilde{\theta}}{x_l} = \frac{M_l^T \theta}{x_l} + \frac{M_l^T X_i \Delta P_{Gi}}{x_l} = P_l + \frac{X_{l-i}}{x_l} \Delta P_{Gi} \tag{10.25}$$

式中：$X_{l-i} = M_l^T X_i$，其含义是节点 i 与支路 l 之间某种影响的效果，具有阻抗的量纲；x_l 为第 l 条支路的电抗，则可将式(10.25)中所体现的受节点 i 有功注入影响所造成的第 l 条支路中有功潮流的变化写成

$$P_l^{(i)} = P_l + \Delta P_l^{(i)} \tag{10.26}$$

式中：$\Delta P_l^{(i)} = G_{l-i} \Delta P_{Gi}$，其中

$$G_{l-i} = \frac{X_{l-i}}{x_l} \tag{10.27}$$

称为发电机输出功率转移分布因子，体现发电机节点 i 的有功功率改变了一定值后，支路 l 的有功潮流变化量，仔细分析可以发现它完全由电网的拓扑结构和支路参数来决定，与电力系统具体运行状态无关。

若支路 l 为图 10-18 中联络同步电网 A 和 B 的联络线，可知节点集合 G 中所有发电机有功出力调整在支路 l 上产生的目标有功潮流变化值应满足

$$\Delta P_{AB} = \sum_{i \in G} G_{l-i} \Delta P_{Gi} \tag{10.28}$$

亦即可通过选择合适的 ΔP_{Gi} 值组合来获得期望的联络线有功潮流调整量。式(10.28)只有一个等式约束条件，待确定的量却有多个(集合 G 元素个数大于 1 时)，显然有无穷多种组合能够实现目的。

问题求解存在多种选择的情况，事实上可以通过定义某个目标使其最优来得到优化解，从而使所提问题称为优化问题，该目标称为优化目标。至于选择什么作为优化目标通常需要综合考虑多方面的因素。这里考虑相对简单的情况：使所有发电机组出力调整总量最小，可以理解为实现调整目标所需付出的代价最小。应该看到，发电机组出力增加和减少都是调整，因此不能对多个发电机组出力调整量直接加和，而应采用所谓"最小二乘"的形式，即

$$\min \frac{1}{2} \sum_{i \in G} \Delta P_{Gi}^2 = \min \frac{1}{2} \Delta P_G^T \Delta P_G \tag{10.29}$$

式中：$\Delta P_G = [\Delta P_{G1} \ \cdots \ \Delta P_{Gr}]^T$，$r$ 为集合 G 中元素个数。

利用式(10.28)和式(10.29)构造拉格朗日函数

$$L = \frac{1}{2} \Delta P_G^T \Delta P_G + \lambda \left(\Delta P_{AB} - \sum_{i \in G} G_{l-i} \Delta P_{Gi} \right) \tag{10.30}$$

其极值条件为

$$\frac{\partial L}{\partial \Delta P_{Gi}} = \Delta P_{Gi} - \lambda G_{l-i} = 0 \quad i \in G$$

---

① 这里下角标里有"G"，是因为本节我们只考虑对发电机节点有功注入进行调整。

$$\frac{\partial L}{\partial \lambda} = \Delta P_{AB} - \sum_{i \in G} G_{l-i} \Delta P_{Gi} = 0$$

极值条件共 $r+1$ 个且为线性表达式,变量也为 $r+1$ 个,联立即可得出所需发电机组出力调整方案。当然,工程实际中还需要考虑诸如发电机出力限值等不等式约束,属于优化模型的细节问题,此处不再赘述。

可进一步推广上述对单条联络线路有功潮流进行控制的分析方法,即实现对由若干条联络线路构成的功率传输"断面"的有功潮流总和进行控制。由于能源禀赋和用电负荷在现代大电力系统中存在地理分布差异,使得大型电力系统往往自发形成若干区域互联的格局。不同区域在电能生产中所扮演的角色存在差异,一般可分为送端电网(电能净输出)和受端电网(电能净输入)两类。考虑到经济利益、历史沿革等因素,不同区域间通过交换功率实现电能优化配置往往需要由经济的、技术的协议来约定,使得对区域之间功率传输断面传输功率进行有效控制成为有现实意义的问题。

设构成功率传输断面的交流输电线路集合为 L,则式(10.28)可推广为

$$\Delta P_{AB} = \sum_{j \in L} \sum_{i \in G} G_{j-i} \Delta P_{Gi} \tag{10.31}$$

与式(10.30)对应的拉格朗日函数为

$$L = \frac{1}{2} \Delta \boldsymbol{P}_G^T \Delta \boldsymbol{P}_G + \lambda \left(\Delta P_{AB} - \sum_{j \in L} \sum_{i \in G} G_{j-i} \Delta P_{Gi} \right) \tag{10.32}$$

相应极值条件为

$$\frac{\partial L}{\partial \Delta P_{Gi}} = \Delta P_{Gi} - \lambda \sum_{j \in L} G_{j-i} = 0 \quad i \in G$$

$$\frac{\partial L}{\partial \lambda} = \Delta P_{AB} - \sum_{j \in L} \sum_{i \in G} G_{j-i} \Delta P_{Gi} = 0$$

与前面只通过一条联络线传输功率的情况相比,功率传输断面控制极值条件的方程和变量个数均未变化,仍是待求解变量的线性方程组,可直接解得最优发电机组有功出力调整方案。

若同步电网间通过一条直流输电线路相连,在稳态分析中往往假设可利用直流输电定功率控制的能力,直接将所传输功率整定为所需值 P'_{AB} 即可。由于 A、B 两个同步电网此时事实上并未形成一个更大的同步电网,因此物理上没有理由要求二者的稳态频率相同,亦即不存在互联系统频率调整的问题。

若同步电网间通过多条直流输电线路相连,尽管仍可指定各线路传输的有功功率,使其总和等于所需值 P'_{AB},但该值在各条线路间如何分配也是有选择的[①],如何确定需要根据电网运行的实际情况具体分析,此处不再赘述。

更复杂的是两个同步电网之间通过交直流输电混联运行的情况,即功率传输断面同时包括交直流输电线路。对稳态分析而言仍相对简单,可分两个层面的问题加以考虑:① 断面传输功率 P'_{AB} 扣除直流传输部分 $P_{AB}^{(DC)}$,剩余部分 $P_{AB}^{(AC)}$ 如何在断面中的交流线路集合中分配,这与前面通过多条交流输电线路互联时的问题相同;② 如何确定 $P_{AB}^{(DC)}$,以及如何将其在多条直流线路中分配,这里不展开详细论述。如果需要考虑交直流混联系统中的暂态现象,则由于交流系统和直流系统内部存在复杂的物理现象,它

---

① 数学上也是因为自由度个数大于约束个数。

们之间又存在复杂的相互影响,使得分析起来相当困难。

最复杂的情况是多于两个同步电网通过交直流混联,若将每个同步电网抽象成一个节点,则同步电网互联又构成一个更高层面的网络。在复杂网络理论中,这是典型的网络之网(network of networks),由于多个同步电网之间存在相互影响,因此这是相依网络(interdependent networks)的最一般形式。在这方面也有一定的理论成果,但远未达到成熟,相关内容待发展成熟后可在本书未来版本中加以补充。

10.6　参与无功功率平衡的各个角色

电力系统的无功功率平衡问题已在 10.2.2 节中讨论,本节对参与无功功率平衡的无功负荷、无功损耗和无功电源做进一步深入的分析。

10.6.1　电力系统的无功负荷和无功损耗

10.6.1.1　无功负荷

与有功负荷的情况类似,电力系统无功负荷的主要组成部分也是感应电动机,其稳态运行的示意图如图 10-19 所示。

易知当感应电动机端加有电压、绕组中通有电流时,整个电动机所消耗的无功功率是励磁支路等效电抗 X_{m} 和绕组漏抗 X_σ 上所消耗无功功率的总和,即

$$Q_{\mathrm{M}} = Q_{\mathrm{m}} + Q_\sigma \qquad (10.33)$$

显然 X_{m} 上的无功消耗为

$$Q_{\mathrm{m}} = \frac{V^2}{X_{\mathrm{m}}}$$

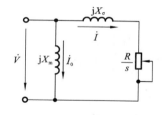

图 10-19　感应电动机稳态运行示意图

与机端电压幅值平方成正比,故该函数为机端电压幅值的增函数。X_σ 上的无功损耗为

$$Q_\sigma = I^2 X_\sigma$$

与绕组中电流的平方成正比。

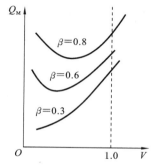

图 10-20　感应电动机无功消耗与机端电压关系

当负载功率不变时,若机端电压下降,将导致转差 s 增大,进而导致绕组中的电流增大,这样看来,漏抗无功消耗是机端电压幅值的减函数。综合来看,无论机端电压怎么变化,总有一部分无功消耗增加,另一部分无功消耗减少,所得到的感应电动机消耗的总无功功率不是机端电压的简单单调函数,如图 10-20 所示。

从图 10-20 可见,电压过低或过高,无功负荷都可能偏大,对某一个负载水平的电动机来说,存在一个无功负荷最小的临界电压。还可以看出,随着受载系数 β(电动机实际负荷与额定负荷的比值)的增大,

临界电压将逐步升高,所对应的最小无功负荷值也相应升高。一个合理的电机设计,应使带额定负载的电机处于额定电压时对应的无功负荷最小[①]。

10.6.1.2 无功损耗

无功损耗与无功负荷类似,也是电力系统中某些设备所消耗的无功功率。前者指用电设备所消耗的无功功率,后者指电网设备所消耗的无功功率,故还需分变压器和输电线路两种情况来讨论。

1. 变压器的无功损耗

变压器等值电路如图 4-23 所示,易知其所消耗的无功功率也将分为励磁支路和绕组支路分别消耗的无功功率,这与上面讨论的感应电动机的情况类似:

$$Q_{Trans} = \Delta Q_0 + \Delta Q_T = V^2 B_T + \left(\frac{S}{V}\right)^2 X_T \tag{10.34}$$

相应地,励磁损耗是电压的增函数,当变压器传输视在功率不变时漏抗损耗是电压的减函数,因此也有与图 10-20 相近的无功电压特性。

在相对理想的运行工况下,或对精度要求不高的情况下,可认为变压器运行电压即为额定电压,因此在计算其无功损耗时满足 4.2.2 节中所介绍的空载试验和短路试验的条件,可将该无功损耗表示为

$$Q_{Trans} = \Delta Q_0 + \Delta Q_T \approx \frac{I_0\%}{100} S_N + \frac{V_S\% S^2}{100 S_N} \left(\frac{V_N}{V}\right)^2 = \frac{I_0\%}{100} S_N + \frac{V_S\% V_N^2}{100 S_N} \left(\frac{S}{V}\right)^2 \tag{10.35}$$

可以看出,此时励磁损耗近似为常数,漏抗损耗与变压器实际运行状态有关,主要由负载率和运行电压来确定。亦可容易写出式(10.35)中无功损耗的标幺值形式:

$$Q_{Trans*} = \frac{Q_{Trans}}{S_N} \approx \frac{I_0\%}{100} + \frac{V_S\% V_N^2}{100 S_N^2} \left(\frac{S}{V}\right)^2 = \frac{I_0\%}{100} + \frac{V_S\%}{100} \left(\frac{S_*}{V_*}\right)^2 \tag{10.36}$$

需要注意的是,当变压器运行在额定满载状态下时,式(10.36)直接等于 $(I_0\% + V_S\%)/100$,其值往往是一个不小的数字。这意味着在这种情况下变压器的无功损耗很大,而额定满载状态下变压器的运行性能最高,又是一个优先的运行状态,为了避免在电能传输过程中产生过大的无功损耗,可行的解决方案一方面是设计更优秀的、具有更小空载电流和短路电压的变压器,另一方面是尽可能降低电能从生产到使用所有环节的变压次数。可以看出,虽然此前强调无功平衡问题与有功平衡问题不同,这是一个局部平衡的问题,但在很多场合也需要从全系统的角度进行全局考虑。

2. 输电线路的无功损耗

考虑输电线路的 π 形等值电路形式,如图 7-11 所示,其无功损耗为式(7.15)的虚部,重写为

$$Q_{Line} = \frac{P^2 + Q^2}{V_2^2} X - \frac{B}{2} V_1^2 - \frac{B}{2} V_2^2 \tag{10.37}$$

式中:P 和 Q 分别为输电线路传输的有功功率和无功功率;V_1 和 V_2 为输电线路两端母

---

① 注意这里指的是额定负载情况下的无功消耗最小,而不是所有情况下的无功消耗最小。事实上,对于根本不接入电网的电动机,机端电压、绕组电流都为 0,此时无功消耗也为 0,这才是所有情况下无功消耗最小的情况,但这没有讨论的意义。

线的电压幅值。由式(10.37)可见,输电线路所消耗的感性无功功率既可能取正值,也可能取负值。在 7.3.1 节中已给出结论:① 对于高电压等级的轻载输电线路,串联支路消耗无功功率可能小于并联支路产生的无功功率,输电线路整体上产生无功功率,即出现无功功率过剩,往往伴随着局部电压偏高;② 对于低电压等级的重载输电线路,串联支路消耗无功功率可能大于并联支路产生的无功功率,输电线路整体上消耗无功功率,往往伴随着局部电压偏低;③ 对于其他情况,需要具体分析来确定无功消耗和电压偏移情况。

10.6.2　电力系统的无功电源

电力系统有功电源的组成相对简单,目前基本都是各类发电机。近年来各种储能装置(包括可以进行 V2G 的电动汽车)也得到很大发展,但目前在电网中的实际应用还不多,未来储能可能发挥非常重要的作用。相对而言,无功电源的情况就要复杂得多,其中既有常规的发电机,又有各种无功补偿装置,甚至运行电压高、充电无功功率大的输电线路在对电力系统倒送无功功率时也可以当作是无功电源。深入讨论如下。

10.6.2.1　发电机

对电力系统无功功率平衡来说,发电机也是最重要的一种电源,下面对其无功电源特性进行简要分析,其简化的等值电路如图 10-21 所示,图中 $\dot{V}_t$ 和 $\dot{I}_t$ 分别为发电机机端母线电压和注入电网中的电流,x_s 为同步电抗,$\dot{E}_q$ 为空载电势。

发电机运行在额定满载条件下时,其无功功率为

$$Q_{GN} = S_{GN}\sin\varphi_N = P_{GN}\tan\varphi_N \tag{10.38}$$

在一般运行条件下,相关电压、电流相量之间存在如图 10-22 所示的关系,图中 δ 为发电机空载电势(可理解为从机端向发电机内部看过去看到的同步电抗后电势)超前机端电压的角度,φ 为功率因数角,i_{fd} 为励磁绕组中通有的励磁电流,x_{ad} 为对应励磁绕组中磁场与定子绕组相交链的部分,可参见第 3 章中的定义。

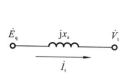

图 10-21　发电机的简化等值电路

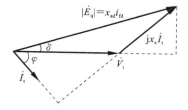

图 10-22　运行中发电机相关电压、电流相量关系

由图 10-22 易知

$$x_{ad} i_{fd} \sin\delta = x_s I_t \cos\varphi$$

故

$$I_t \cos\varphi = \frac{x_{ad}}{x_s} i_{fd} \sin\delta$$

则发电机向电网中注入的有功功率为

$$P = V_t I_t \cos\varphi = \frac{x_{ad}}{x_s} V_t i_{fd} \sin\delta \tag{10.39}$$

类似地有

$$x_{ad} i_{fd} \cos\delta = V_t + x_s I_t \sin\varphi$$

故

$$I_t \sin\varphi = \frac{x_{ad}}{x_s} i_{fd} \cos\delta - \frac{V_t}{x_s}$$

则发电机向电网中注入的无功功率为

$$Q = V_t I_t \sin\varphi = \frac{x_{ad}}{x_s} V_t i_{fd} \cos\delta - \frac{V_t^2}{x_s} \tag{10.40}$$

针对式(10.39)和式(10.40),利用关系式$\sin^2\delta + \cos^2\delta = 1$消去角度$\delta$,有

$$P^2 + \left(Q + \frac{V_t^2}{x_s}\right)^2 = \left(\frac{x_{ad}}{x_s} V_t i_{fd}\right)^2 \tag{10.41}$$

式(10.41)在以 P、Q 分别为横纵坐标所张成的功率平面中为圆的表达式,其圆心为$(0, -V_t^2/x_s)$,半径为$(x_{ad}/x_s)V_t i_{fd}$。考虑到励磁绕组避免过热等条件应有如下约束:$i_{fd} \leqslant i_{fd\,max}$,故由式(10.41)可确定在功率平面中发电机出力运行点可能的取值范围受励磁电流限制为如图 10-23 所示的圆内部(含边界)。

除了励磁绕组中电流有过热限制,定子侧绕组也应有类似的过热限制,其约束为 $I_t \leqslant I_{t\,max}$。由于发电机复功率出力与机端电压、电流关系为

$$S = P + jQ = \dot{V}_t \overset{*}{I}_t = V_t I_t (\cos\varphi + j\sin\varphi) \tag{10.42}$$

显然此式也是功率平面中的圆,其圆心为坐标原点,半径为机端电压与电流的乘积,即发电机向电网提供的视在功率,则由式(10.42)可确定在功率平面中发电机出力运行点可能的取值范围受定子电流限制为如图 10-24 所示的圆内部(含边界)。

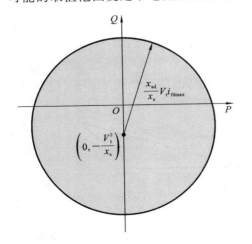

图 10-23　发电机出力的励磁电流限制

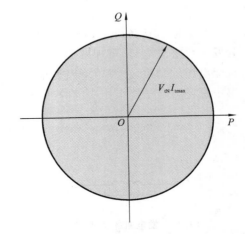

图 10-24　发电机出力的定子电流限制

此外,一般认为在电力系统中运行的发电机只能向电网提供有功功率,至多运行在空载状态使得其向电网提供的有功功率为 0,但不应从电网中获取有功功率(否则就不称其为发电机,而是电动机了),即有发电机的有功出力约束 $P \geqslant 0$,对应的是功率平面中的右半平面(含坐标纵轴),如图 10-25 所示。

综合考虑上述三种约束,则发电机实际能够输出的功率应在图 10-23~图 10-26 阴影部分的重叠区域取值,如图 10-26 所示。还需考虑到发电机有功出力本身也应有一个额定值 P_{GN}(本章前半部分频率调整问题中多数情况下都是使用额定有功功率而

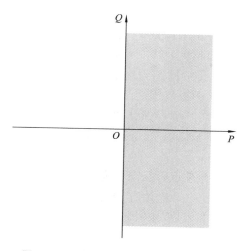

图 10-25 发电机出力的有功出力限制

不是额定视在功率),即为图 10-23 和图 10-24 二圆在第一象限的交点 N 的横坐标,此限值对应的是图 10-26 中右侧垂直的实线。顺便一提,交点 N 就是发电机的额定运行点,对应着额定有功无功出力、额定电压、额定电流和额定功率因数角,原则上应使发电机尽量运行在此点附近,以确保发电机运行的效率最高。当然在实际运行时还需要考虑电力系统具体状态的要求,此处不再赘述。

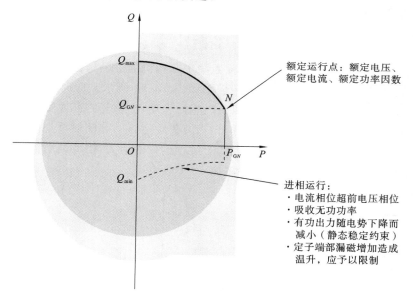

图 10-26 发电机的合理运行点

由图 10-26 可见,发电机无功出力的最大值 Q_{max} 对应的就是阴影重叠部分的最高点(励磁电流约束圆的最高点)。但发电机无功出力的最小值 Q_{min} 并不对应阴影重叠部分的最低点(定子电流约束圆的最低点),而是需要考虑额外的约束。事实上,当发电机无功出力小于 0 时,其运行点位于功率平面的第四象限(含坐标纵轴)。由于功率平面中的点与坐标横轴的夹角就是功率因数角,即机端电压相量超前发电机向电网中注入电流相量的角度[①],则第四象限中运行点对应的发电机状态意味着机端电压相量滞后于注入电流相量一个锐角(有功出力为 0 时滞后一个直角,即运行点在坐标纵轴下半部分的情况,亦即后文讨论的调相机的情况),故往往将这种运行状态称为发电机的"进相运行"[②]。在电工学中这往往又被描述为发电机向电力系统提供了容性电流和容性无功功率,等价于发电机从电网中吸收感性无功功率。受发电机静态稳定约束的限制[③],其有功出力将随电势的下降而减小;与此同时,由于运行时定子端部漏磁增加,导致相应温升比常规情况更剧烈,应予以限制。综合上述考虑,一般应考虑类似图 10-26 第四象限中弯曲虚线的限制。

至此可明确刻画发电机合理运行状态应为图 10-26 中各虚实线包围而成的封闭区域。显然该区域是有界的,因此无论是有功功率还是无功功率都有明确的上下限[④]。当然发电机都有一定的过载能力,故短时超出该区域范围运行通常尚可接受[⑤],实际的运行状态应由全电力系统(包括发电机自身)的具体情况来决定。

10.6.2.2 同步调相机

可以把同步调相机看成空载的同步发电机,因此其基本的运行理念与前面对同步发电机运行的情况相同,可定性地认为二者的区别在于同步调相机将发电机有功出力 $P \geqslant 0$ 的约束进一步收紧为 $P = 0$,数学上等价为 $\cos\varphi = 0$。由于功率因数角就是机端电压超前于注入电流的角度,这意味着机端电压、电流相量是垂直的,其又分为机端电压超前 90° 和滞后 90° 两种情况。

将调相机用其次暂态参数来表示,则机端电压超前电流 90° 的相量图如图 10-27 所示(亦即后文图 12-11)。此时调相机的出力仅包含感性无功功率,其内部次暂态电势高于机端电压,运行在无功电源状态,称为同步调相机的过励运行。

调相机机端电压滞后电流 90° 的相量图如图 10-28 所示。此时调相机的出力仅包含容性无功功率,等价于从电力系统中获取感性无功功率,其内部次暂态电势低于机端电压,运行在无功负荷状态,称为同步调相机的欠励运行。与前面常规同步发电机的情况类似,同步调相机欠励运行的能力也弱于过励运行的能力,因此其所能吸收的最大感性无功功率通常仅为发出感性无功功率的 50%～60%。

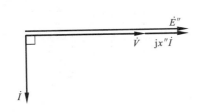

图 10-27 同步调相机过励运行的相量图

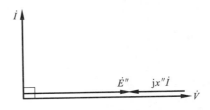

图 10-28 同步调相机欠励运行的相量图

---

① 读者可回忆 7.2.1.4 节中的讨论。
② 与之对应的常规的电压相量超前电流相量合理角度的运行状态称为发电机的"迟相运行"。
③ 未在本书中介绍,读者可参考相关专业资料。
④ 读者可回忆第 8 章潮流模型中相应的不等式约束。
⑤ 有功出力不小于 0 这个限制例外。

由此可见,同步调相机的无功出力可覆盖发出感性无功和吸收感性无功的较大范围。由于同步调相机也是一种发电机,其运行状态是通过对励磁等装置进行连续调节来实现的,因此所获得的状态也是可以连续变化的,这是它与后文所讲的静电电容器组所具有的一个明显的优势。然而也正因为本质上是发电机,导致设备造价相对较高,施工等投资额都较大;而且由于依赖定子和转子之间电磁感应来实现功能,不可避免地会产生相对较大的有功功率损耗(有功出力为 0 仅为理想状态);此外由于状态调整的一些环节依赖定子、转子之间的相对机械运动,使得调相机的响应速度相对较慢,这是其与后文介绍的静电电容器组和各种电力电子装置相比的一个明显的劣势。

10.6.2.3 静电电容器组

静电电容器组是传统电力系统中应用最广泛的无功功率补偿装置,如图 10-29 所示。

图 10-29 静电电容器组

从纯理论分析的角度,可以将静电电容器简单地看成对地并联纯电纳支路,如图 10-30 所示。

易知图 10-30 电纳支路所消耗的复功率为

$$S = \dot{V} \overset{*}{I} = \dot{V} (jB_C \dot{V})^* = -jB_C V^2$$

即静电电容器可向电力系统提供感性无功功率,数值为 $B_C V^2$,显然可以用于电力系统中的无功电源。

图 10-30 静电电容器的
等效电路

静电电容器的优点是投资费用小,运行时的有功损耗小,维护方便。这些优势使得它成为传统电网中应用最为广泛的无功补偿装置。然而从上面的复功率计算公式中可看到静电电容器所具备的几个典型的缺点。

(1)静电电容器只能向电力系统中提供感性无功功率,且只要投入运行(所联母线电压不为 0)就一定会提供感性无功功率;当系统无功功率过剩时,至多只能将电容器退出运行以避免其提供感性无功功率,而不能像前面所介绍的调相机那样从系统中吸收过剩的无功功率。

(2)静电电容器能够提供的无功功率与其所联母线电压平方成正比,这意味着当系统中电压偏低时,亦即最需要无功功率,它能够提供的无功功率反而是最少的;反之,若系统中局部无功功率过剩导致电压偏高,此时它能够提供的无功功率反而更多,这种矛盾使得静电电容器用于无功补偿的效果受到很大限制。

为尽可能弥补这些缺陷,工程实际中常在同一地点装设多组静电电容器,形成静电电容器组,投入运行的组数由电力系统实际的无功平衡状况来决定,以改善其灵活性。这固然解决了一部分问题,但由于分组投切只能实现不连续调节,仍然存在很大局限。

10.6.2.4 静止无功补偿器和静止同步补偿器

基于现代电力电子技术的无功功率补偿装置可以在很大程度上克服传统的静电电容器组在无功补偿时的缺点。这里以基于经典晶闸管相控电路的静止无功补偿器(static var compensator,SVC)为例进行简要讨论[①],基于电压源换流器(voltage source converter,VSC)的静止无功补偿器(static synchronous compensator,STATCOM)情况类似。

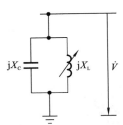

图 10-31 SVC 的等效电路

从电力系统的角度来看,SVC 可被看作是如图 10-31 所示的等效电路,为一个固定大小的纯容抗与一个可调的纯感抗的并联。

SVC 的外部等效电抗为

$$X_{SVC} = X_C \parallel X_L = \frac{X_C X_L}{X_C + X_L} \tag{10.43}$$

式中:X_C 为固定值;X_L 的取值受晶闸管相控电路中晶闸管导通角来确定,因此是一个可以连续调节的量,从而使由式(10.43)所决定的 X_{SVC} 也是一个连续调节的量,这与静电电容器组只能分组投切、离散调节相比显然是一个优势。

更加重要的是,可以通过控制晶闸管导通角来控制图 10-31 中纯电抗支路接入电路(通有电流)的时间段,进而影响一个交变周期之内的等效电抗 X_L 取值。从式(10.43)可以看出,由于两条并联支路性质不同,分子必为负数,全式符号由分母符号来决定。易知:

$$\begin{cases} |X_L| < |X_C| & X_{SVC} > 0 \quad 感性 \\ |X_L| > |X_C| & X_{SVC} < 0 \quad 容性 \end{cases} \tag{10.44}$$

式(10.44)意味着 SVC 既可运行在容性状态下,以类似于静电电容器组的方式向电网提供感性无功功率,也可运行在感性状态下,当局部感性无功功率过剩时将其吸收。显然 SVC 的运行范围远大于传统的静电电容器组,这是一个更大的优势。

对电力系统稳态分析来说,可将 SVC 看作是一个受控电抗,往往需要针对某个控制目标(如所联母线电压恒定)计算出可变电抗的取值。至于如何获得指定数值的可变电抗,则涉及具体的电力电子理论方法,这里不展开讨论。

除 SVC 之外,尚有其他的 FACTS 装置也有类似的功能。最典型的是 STATCOM。与 SVC 相同之处在于其也是接入电网的单个母线,因此以单点形式对电力系统进行并联无功功率补偿,进而影响电网运行状态。不同之处在于 STATCOM 采用电

[①] 侧重讨论装置在电力系统中的表现,装置实现功能的电力电子技术细节不在此处赘述,读者可参考相关电力电子书籍。

压源换流器技术(voltage source converter,VSC)来实现功能,控制能力和效果更好。

　　对电力系统稳态分析来说,可将 STATCOM 看成一个入端阻抗恒定的戴维南等效电路,其控制目标与 SVC 类似,但通过稳态分析要得到的是戴维南等效电路的内部电势。同样地,如何获得指定数值的内部电势是具体的电力电子理论分析问题,此处不再赘述。

　　对基于 VSC 的 FACTS 装置来说,可以认为 STATCOM 是最简单的一种,因为它只包含一个换流器,而且只与电网中的一条母线有关联。事实上,一些更复杂的 FACTS 装置能够实现更强大的功能,其中往往也包含无功补偿和电压控制的功能。例如,统一潮流控制器(unified power flow controller,UPFC)由两个 VSC 换流器及若干附属设备构成,两个换流器一个为串联(连接电网中两条母线),一个为并联(一端连接电网中母线,另一端接地),该并联换流器可实现 STACOM 所能提供的所有无功补偿功能。尚有更复杂的 FACTS 装置有类似情况,不再深入讨论。

10.7　允许电压偏移和中枢点电压管理

　　在 7.2.1.3 节中已经引入了电压偏移的概念,即电网中某处电压与该处所述电压等级额定电压的差异,常用百分数来表示(见式(7.8))。在本书最开始提到额定电压概念时已经指出,对单个设备来说,显然都是运行在额定电压下的性能最好,但即使是处于同一电压等级下的设备,也不可能处处电压相同,因此涉及各种设备额定电压的配合问题①。当时所给的原则是:对于每个电压等级的电网,一般要求功率流入的(广义)用电设备额定电压即为电网额定电压,功率流出的(广义)电源额定电压应适当高于电网额定电压。即使是在这种情况下,也不能保证所有设备都运行在额定电压下,因为电网自身拓扑结构的复杂性、运行条件和状态的多样性都难以满足条件。工程实际中的处理方法是允许同一电压等级下各设备偏离额定电压,但不应该偏离得太远,为此设定了各电压等级下允许电压偏移的范围。

　　之所以需要设定允许电压偏移的范围,是因为电压高于或低于额定电压都会为设备自身乃至全系统带来不良影响甚至危害。具体而言,当电网中局部电压降低时,往往意味着全网各节点电压差异变大;电路中基本的欧姆定律决定了一些支路中的电流也要增大,因此电网中的功率损耗和电能损耗也要相应增大。反之,若电网中局部感性无功过剩,导致局部电压过高,则会给运行于过电压下的电气设备带来巨大压力,可能带来电气设备绝缘损坏、超高压电网中电晕损耗增加等危害。理论上来说,无论电压过高还是过低,总归都是偏离正常运行状态过远,当其逼近甚至到达稳定域边界时,可能导致电力系统稳定性恶化甚至失去稳定性,进而引起极其严重的大范围停电事故。这种电压稳定性问题在高电压等级的输电网中更为常见,近年来也在配电网中的相关研究有报道。

　　出于上述原因,人们为各电压等级电力系统规定了明确的允许电压偏移范围。例如,对于 35 kV 及以上电压等级电网,要求正负偏移绝对值之和小于电网额定电压的 10%,当最大、最小偏移量同号时,应以绝对值最大的数值为准;对于 10 kV 及以下电

---

　　①　读者可回顾 1.1.2 节的内容。

网,又分为三相设备和单相设备两种情况,要求三相设备允许偏移额定电压的±7%,单相设备允许偏移额定电压的-10%～+7%。随着技术和电网运行水平的提高,这个允许偏移范围可能会变化,但基本的原则短时间内不会变化:① 难以要求所有设备都运行在额定电压下;② 电压等级越高,电压一旦发生偏移造成的影响范围也越大,因此允许偏移的范围也就越小。

现已明确电网中所有节点电压均应在允许偏移范围之内。由于目前电力系统还是集中发电、分布用电的形态,因此负荷节点的个数远多于电源节点的个数,且分散在电网所覆盖区域的各个角落。若为实现全网电压偏移的要求而对所有这些负荷节点的电压进行调整和控制,显然基于传统电网的技术和运营模式既不现实,也没有必要。

目前的做法是选择电网中的若干"关键"节点,对其电压进行调整和控制,通常就能使所有负荷节点电压偏移在允许范围之内。这样的关键节点通常称为中枢点,相应的电压调整亦称为中枢点电压调整。分析可知,中枢点应满足几个要求:① 其电压改变能有效地改变若干负荷节点电压;② 具备较强的电压调整能力。出于这样的考虑,通常选择区域性水火电厂的高压母线、枢纽变电站的二次母线和有大量地方负荷的发电机端母线等作为中枢点。

利用中枢点进行电压控制存在两面性。一方面,仅控制一个节点的电压就可以实现对若干负荷节点电压的有效控制,技术上具有优势;另一方面,确定中枢点的电压控制目标时需要兼顾所有其"下辖"负荷节点的电压偏移要求,有时存在技术难度,甚至难以解决。试以下述简单案例来说明。

考虑由中枢点 O 调整负荷节点 A 和 B 处电压的情况,如图 10-32 所示,其中二负荷节点电压的允许偏移范围为额定电压的±5%。

假设二负荷节点均有两个负荷水平,持续时间均为 8 h(一天的 1/3)的整数倍,如图 10-33 所示。由第 7 章可知,负荷水平越高,支路的电压降落就越大,因此可得如图 10-34 所示的支路电压降落曲线。

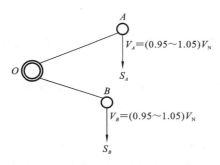

图 10-32　中枢点电压调整的简单案例

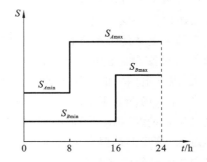

图 10-33　负荷节点的日负荷曲线

基于支路 OA 电压降落的结果,为使负荷节点 A 的电压全天都在允许范围之内,要求中枢点 O 的电压必须在图 10-35 中所示的区域范围内取值。类似地,基于支路 OB 电压降落的结果,为使负荷节点 B 的电压在全天都在允许范围之内,要求中枢点 O 的电压必须在图 10-36 中所示的区域范围内取值。由于中枢点 O 的电压取值必须同时满足两个负荷节点的电压偏移要求,显然只能在上述两个范围的交集部分来进行电压取值,如图 10-37 所示。

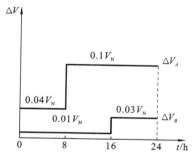

图 10-34 支路电压降落曲线

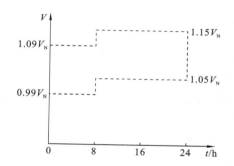

图 10-35 负荷 A 所要求的中枢点电压取值范围

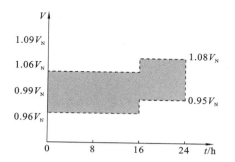

图 10-36 负荷 B 所要求的中枢点电压取值范围

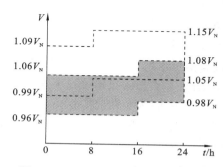

图 10-37 中枢点电压实际取值范围

由图 10-37 可见,尽管两个负荷节点的允许偏移范围总幅度达到额定电压的 10%,但中枢点的电压允许偏移范围事实上大幅度缩小,三个时段分别为:0~8 时, $0.07V_N$;8~16 时, $0.01V_N$;16~24 时, $0.03V_N$,其中最严苛的时间段中枢点电压的波动范围仅为额定电压的 1%。这里仅要求中枢点对两个负荷节点电压进行控制,可以想见,在实际电网中如果始终严格遵循原则,严重时甚至难以找到合适的中枢点电压取值范围。

出于上述考虑,实际电力系统中对中枢点电压调整的要求适当放松,一般要求:中枢点最低电压为其所控制范围内负荷最重时电压最低的负荷节点所允许电压的下限加上此时中枢点到该负荷节点的电压损耗[1],最高电压为其所控制范围内负荷最轻时电压最高的负荷节点所允许电压的上限加上此时中枢点到该负荷节点的电压损耗。这样设定中枢点电压取值范围后,基本上能够满足各负荷节点的电压要求。若所选择中枢点是发电机母线,则除了上述考虑之外,还应考虑发电厂用电设备和发电机自身的最高允许电压,以及为保持电力系统稳定性所需满足的最低允许电压。

综合上述论述,可以提出确定中枢点电压允许变化范围的大致流程为:① 弄清由中枢点调压的各负荷节点负荷的变化规律和电压允许的范围;② 计算各负荷节点对中枢点电压要求;③ 各负荷节点对中枢点电压要求的公共区域即为中枢点电压允许变化范围,换言之,只要中枢点电压在这一范围内,即可以满足各点的调压要求。若按照这个原则无法保证所有负荷节点电压始终满足允许偏移范围,则需要采取必要的专门

---

[1] 注意此时用到了第 7 章中介绍到的电压损耗概念,狭义指支路两端电压幅值差,这里指的是中枢点到负荷节点路径上各支路电压损耗之和。

措施。

在电力系统日常运行中,基于上述理念可提出三种最常见的中枢点调压方式,即逆调压、顺调压和常调压(又称为恒调压)。三种调压方式按照调压要求与不采取任何措施导致电压自发变化趋势之间的关系来区分。若电网局部区域负荷加重,则由电网其他区域输送至该局部区域的有功功率和无功功率都相对较多,进而会伴随着沿途各支路电压损耗相对较大,从而使中枢点和负荷节点电压有下降趋势。反之,若电网局部区域负荷相对较轻,则中枢点和负荷节点电压有上升趋势。三种调压方式的具体要求简介如下。

逆调压:大负荷时中枢点电压自发下降,此时要求采取措施使之反而上升,若要求此时中枢点电压比额定电压高 5%,则计及电压损耗因素可使负荷节点电压尽量接近额定值。小负荷时适当降低中枢点电压,若要求其即为额定电压,则负荷节点电压不致上升过多。对于供电距离较长、负荷波动较大或负荷对电压质量要求较高的各种情况,需要采用逆调压的方式。显然这种调压方式要求中枢点电压变化趋势与其自发趋势相反,需要有更强的技术手段来支持,实现难度相对较大。

顺调压:大负荷时中枢点电压自发下降,此时允许其适当下降,但不应下降过多,如要求其电压不能低于额定电压的 1.025 倍(要保证比额定电压高 2.5%)。小负荷时中枢点电压自发上升,此时允许其适当上升,但不应上升过多,如要求其电压不能高于额定电压的 1.075 倍(确保不能比额定电压高 7.5%)。显然顺调压实现起来相对容易,但由于其过多地依赖节点电压自发变化的特性,通常仅适用于供电距离近、负荷变化不大的情况。

常调压:这种调压方式介于上述两种方式之间,无论负荷如何波动,要求中枢点电压应保持大约恒定的数值,通常应为额定电压的 1.02~1.05 倍。

应该指出,上述中枢点电压调整的概念和做法基于传统电力系统的运行理念和技术手段。在未来以新能源为主体的电力系统中,情况将发生变化,主要体现在下述方面:① 利用对中枢点电压进行控制来影响其所带负荷节点电压,隐含的一个含义是负荷节点通常不具备主动调整自身电压的能力,而随着分布式的新能源在电网中的渗透率越来越高,使得负荷节点(或至少离负荷很近的新能源节点)也具备了主动调整电压的能力,全网电压分布格局都将发生本质变化;② 在传统电力系统信息架构体系下,能够被直采直控的设备数量有限,被迫采取利用中枢点电压调整来"牵引"全网电压在合理范围内的方式,而新型电力系统必然伴随采用了先进 IT 技术、通信技术和物联网技术的新的信息架构体系,赋予参与电网运行的源网荷储各主体协同作用,可以预见利用中枢点进行电压调整的重要性将显著降低。

10.8 中枢点电压调整的通用数学模型

目前典型的调整电压的措施包括直接调整励磁输出来改变发电机机端电压、改变变压器分接头位置、投入串联和并联无功补偿装置等。根据第 7 章中对电力系统所做的微观分析可知,影响节点电压变化的一个主要因素是全网无功功率分布的合理性,可以说改善全网无功功率分布是解决电压偏移的根本手段。因此本节以调整电网中节点无功注入值和调整作为 PV 节点的发电机机端母线电压为例来给出中枢点电压调整的基本框架,其他调压措施也可以表述成合适的形式以纳入此框架,这里不再赘述。

假设电网中某 PQ 节点 i 的电压控制目标为 V_i^{SP},当前其电压为 V_i,则应想办法在此节点处产生一个电压变化量,即

$$\Delta V_i = V_i^{\mathrm{SP}} - V_i \tag{10.45}$$

设 D 为除了节点 i 之外的所有 PQ 节点集合,G 是 PV 节点集合,由介绍 PQ 分解法的 8.5.1 节中式(8.70),并考虑节点电压均近似为额定电压(标幺值近似为 1)的情况,则有

$$-\begin{bmatrix} B_{DD} & B_{Di} & B_{DG} \\ B_{iD} & B_{ii} & B_{iG} \\ B_{GD} & B_{Gi} & B_{GG} \end{bmatrix} \begin{bmatrix} \Delta V_D \\ \Delta V_i \\ \Delta V_G \end{bmatrix} = \begin{bmatrix} \Delta Q_D \\ \Delta Q_i \\ \Delta Q_G \end{bmatrix} \tag{10.46}$$

式中:B 为节点导纳矩阵虚部的相应部分。将式(10.46)第一式中 ΔV_D 代入第二式将其消去,整理可得

$$\Delta V_i = (B_{iD} B_{DD}^{-1} B_{Di} - B_{ii})^{-1} [B_{iD} B_{DD}^{-1} \Delta Q_D + \Delta Q_i - (B_{iD} B_{DD}^{-1} B_{DG} - B_{iG}) \Delta V_G] \tag{10.47}$$

式(10.47)虽然看起来较烦琐,但仔细观察可知,与节点导纳矩阵虚部有关的量均为确定值,可以用于调整以获取所需 ΔV_i 值的变量仅有 ΔQ_D、ΔQ_i 和 ΔV_G。其中:ΔQ_D 和 ΔQ_i 为 PQ 节点处投入无功补偿的变化量,个数恰为 PQ 节点个数;ΔV_G 为 PV 节点处机端母线电压整定值的变化量,个数恰为 PV 节点个数;故可以变化的量的总数为电网中节点个数减去 1(剔除平衡节点)。显然,式(10.47)中变量个数大于等式约束个数,允许有无穷多个组合可以满足目标条件,也可以仿照 10.5.2 节所介绍的方法构造并求解最小二乘优化模型,将其推广到同时考虑对多个节点电压进行控制的情况,这里不重复讨论。

10.9　频率调整和电压调整的关系

本章此前分别介绍了有功平衡和频率调整的内在联系,以及无功平衡和电压调整的内在联系。在现代电力系统中,尤其是经济繁荣地区的电力系统中,频率和电压出现问题往往是由所在区域有功功率和无功功率不足而引起的。若两种情况同时发生,则需要考虑将采取的两种技术措施的逻辑关系,方能制定合理的解决方案。

图 5-10 分别给出了典型的负荷电压静态特性和负荷频率静态特性。从图 5-10 可以看出,通常有功负荷和无功负荷都是电压的增函数,同时有功负荷还是频率的增函数,但无功负荷往往是频率的减函数。这一差异决定了同时进行频率调整和电压调整时需要有专门的考虑。

假设区域有功功率、无功功率均不足,若先解决无功功率平衡问题,则原本偏低的电压将上升,从而使负荷有功功率需求随之上升。这意味着原已出现的有功功率不足情况进一步加剧,增加了实现有功功率平衡的难度,不利于调整频率。反之,若先解决有功功率平衡问题,则原本偏低的频率将上升,从而使负荷的无功功率需求随之下降。这意味着原已出现的无功不足情况得到一定程度缓解,有利于调整电压。综上所述,当区域有功功率、无功功率均不足时,应先解决有功平衡问题,后解决无功平衡问题。

事实上,上述做法已经隐含了一个默认的前提,即有功平衡和无功平衡可以分别予

以考虑。通过第 7 章的分析可知,高压输电系统中各支路电阻往往远远小于电抗,导致有功平衡与频率变化强相关、与电压变化弱相关,无功平衡与电压变化强相关、与频率变化弱相关,这是有功平衡和无功平衡可以分别考虑的客观条件。

进一步分析可知,对同一个同步电网而言,稳态时全网有统一的频率,因此进行频率调整事实上涉及整个系统,同时也意味着有功电源的不同分布对频率调整影响相对较小(注意并不是不影响)。而电压的情况很不相同,基于输电容量和距离的不同需求,电网中存在不同的电压等级,同时从前面的专业知识可知,无功平衡和电压调整可以分区解决,这也意味着无功电源的分布对电压调整的影响相对较大。

10.10　习题

(1) 某电力系统有 4 台额定功率为 100 MW 的发电机,每台发电机调速器的调差系数为 $\delta = 4\%$,额定频率 $f_N = 50$ Hz,系统总负荷为 $P_D = 320$ MW,负荷的频率调节效应系数为 $K_D = 10$ MW/Hz。在额定频率运行时,若系统增加负荷 60 MW,试计算下列情况系统频率的变化值:① 4 台机组原来平均承担负荷;② 原来 3 台机组满载,1 台带 20 MW 负荷。说明两种情况频率变化不同的原因。

(2) 系统的额定频率为 50 Hz,总装机容量为 2000 MW,调差系数 $\delta = 5\%$,总负荷 $P_D = 1600$ MW,$K_D = 50$ MW/Hz,在额定频率下运行时增加负荷 430 MW,计算下列两种情况的频率变化,并说明原因。① 所有发电机仅参加一次调频;② 所有发电机参加二次调频。

11

电力系统的经济运行

11.1 电力系统经济运行的基本概念

对电力系统而言,存在三个必须满足、逐步递进的要求:① 应能确保安全可靠地运行,即尽可能保持能够对用户正常供电的能力;② 在确保可以正常供电的前提下,应尽可能提高对用户供电的质量,主要包括电压幅值、频率和谐波等指标;③ 若将电能的生产、输送、分配和消费看作是经济行为,则参与电力系统的各方还要追求自身的经济效益最优。

电力系统已经是现代社会最重要的能源基础设施,在社会上发挥的价值远超出仅用经济效益来评估的价值,应将经济效益最优泛化为电力系统所产生的社会福利效益最大化问题,当然在建立合适的数学模型后,两个优化问题的数学本质是一致的。在我国明确提出"双碳"目标的背景下,对电力工业所产生的碳排放效果进行的优化也成为优化模型的重要组成部分。与此同时,我国目前的能源政策是恢复电能的商品属性,让市场在全社会能源配置中起决定性作用,这就要求构建科学高效的能源电力市场体系,一方面升级传统的电力调度控制体系以通过集中化手段维持电力系统正常运行的基本面,另一方面通过市场所提供的政策和机制来引领参与电力系统运行的各主体(尤其是用户侧、分布式发电和储能等小而多的分散主体)发挥主观能动性,基于各主体微观层面相互作用来改善电力系统整体运行水平的群体效果。

上述即为电力系统经济运行的主要内容,可以看出是通过源网荷储各方共同参与来实现的。本章力图刻画新形势下现代电力系统中经济运行的概貌,首先对电网侧、发电侧和负荷侧分别进行阐述,最后定性地讨论所有各方共同作用可能取得的效果,使读者建立起电力系统经济运行的基本概念。

11.2 电网侧的经济运行问题

11.2.1 网损和网损率

若仅从追求经济效益的角度来看,电网侧的经济效益可以从下面的简单关系式来体现:

$$供电量－电力网损耗电量＝用户用电量 \tag{11.1}$$

首先应该看到的是,式(11.1)中涉及的物理量均为电量,即以电的形式所表现的能量。这与此前各章节中多数用功率来分析很不相同,因为功率是一个瞬时的概念,而能量是可能时刻变化的功率在特定时间段内累积的效果。要定量地分析与经济性相关的问题,通常只能通过分析能量而不是功率,因此也必须明确所分析的具体时间段才有实际意义[①]。

式(11.1)中供电量为图5-1中介绍的供电负荷在指定时间段内向电网中提供的总电能,即该时间段内系统中所有发电厂的总发电量与厂用电量之差;用户用电量为同一图中综合用电负荷在同一时间段内从电网获取的总电能,亦即负荷曲线对时间的定积分。电能在电网中传输时必然伴随着能量损耗,主要发生于送电、变电和配电等环节。从电网的角度来看,自然期望传输过程中的能量损耗所占比例越低越好,这个比例越低,就说明电网从电厂购买的电能可以尽可能多地出售给用户,或为了满足用户特定数量的用能需求,可以尽可能少地从电厂购电。为此专门定义网损率为

$$电力网损率＝\frac{电力网损耗电量}{供电量}×100\% \tag{11.2}$$

网损率是衡量供电企业管理水平的一项重要的综合性经济技术指标,如广州电网2017年的网损率约为3‰,在国内处于领先位置。

11.2.2　网损的评估方法

先用图11-1所示的简单供电网做分析,图中电源与负荷节点之间通过一条简单的纯电阻支路 R 相连[②],向一个有功功率为 P、功率因数为 $\cos\varphi$ 的负荷供电。

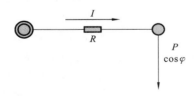

考虑从时刻0开始、持续时长为 T 的时间段内电阻上所消耗的功率,其精确的计算式应为

$$\Delta A_{\mathrm{L}} = \int_0^T \Delta P_{\mathrm{L}} \mathrm{d}t = \int_0^T I(t)^2 R \mathrm{d}t \tag{11.3}$$

式(11.3)即为焦耳定律的具体应用,可利用视在功率与电压、电流的关系来表达电流瞬时值,即

图 11-1　简单供电网

$$I(t) = \frac{S(t)}{V} = \frac{P(t)}{V\cos\varphi} \tag{11.4}$$

将式(11.4)代入式(11.3)则有

$$\Delta A_{\mathrm{L}} = \int_0^T \left[\frac{P(t)}{V\cos\varphi}\right]^2 R \mathrm{d}t \tag{11.5}$$

式中:$P(t)$对应第5章中所介绍的负荷曲线。

需要做网损估算的场合很多,电网规划就是比较典型的一种情况。当然,在电网规划的场景下,只能对目标年的负荷水平做简略的估算,而难以给出明确的负荷曲线。同时,给出每一时刻的精确功率因数也是难以实现的任务。这说明尽管式(11.5)是网损计算的精确公式,但工程实际中仍无法得到精确的网损估算结果。既然如此,还不如寻

找一种在不明显损害精度的前提下相对简化的计算方法,下面介绍的最大负荷损耗时间法就是一例。

假设电网全年运行较正常,线路电压 V 均在额定值附近,波动较小,则在网损估算时可认为其近似不变。假设线路输送功率始终保持为最大负荷功率 S_{max},若在 τ 小时内所产生的能量损耗恰好等于线路全年实际的电能损耗,则将 τ 称为最大负荷损耗时间,其数学关系式为

$$\Delta A = \int_0^{8760} \left[\frac{S(t)}{V}\right]^2 R\mathrm{d}t = \frac{S_{max}^2}{V^2}R\tau \tag{11.6}$$

显然有

$$\tau = \frac{\int_0^{8760} S^2(t)\,\mathrm{d}t}{S_{max}^2} \tag{11.7}$$

由式(11.7)可见,最大负荷损耗时间与时变的视在功率 $S(t)$ 有关,亦即与有功负荷曲线 $P(t)$ 和功率因数 $\cos\varphi$ 均有关。细心的读者可能已经发现,这里关于最大负荷损耗时间 τ 的分析与第 5 章中关于最大负荷利用小时数 T_{max} 的分析颇有相似之处。事实上,T_{max} 在一定程度上与某一条年负荷曲线的形状存在对应关系,因此这里的 τ 与有功负荷曲线有关,其实也等价于与 T_{max} 有关。出于这样的考虑,可以认为利用 T_{max} 和 $\cos\varphi$ 两个信息即可确定 τ,详见表 11-1。

表 11-1 最大负荷利用小时数和功率因数获得最大负荷损耗时间

T_{max}/h	τ/h				
	$\cos\varphi=0.80$	$\cos\varphi=0.85$	$\cos\varphi=0.90$	$\cos\varphi=0.95$	$\cos\varphi=1.00$
2000	1500	1200	1000	800	700
2500	1700	1500	1250	1100	950
3000	2000	1800	1600	1400	1250
3500	2350	2150	2000	1800	1600
4000	2750	2600	2400	2200	2000
4500	3150	3000	2900	2700	2500
5000	3600	3500	3400	3200	3000
5500	4100	4000	3950	3750	3600
6000	4650	4600	4500	4350	4200
6500	5250	5200	5100	5000	4850
7000	5950	5900	5800	5700	5600
7500	6650	6600	6550	6500	6400
8000	7400	—	7350	—	7250

由于最大负荷损耗时间主要用于对全年网损进行估算,并不需要非常精确,因此对于表 11-1 中没有直接列出的数据,可以通过简单的插值来获得。例如,若图 11-1 中负荷年最大利用小时数为 7200 h,功率因数为 0.92,则可分两步来插值。

(1) 固定功率因数,对最大负荷利用小时数插值。

当功率因数为 0.90 时,可得利用小时数为 7200 h 的最大负荷损耗时间为

$$5800+\frac{7200-7000}{7500-7000}\times(6550-5800)=6100\ (\text{h})$$

当功率因数为 0.95 时,可得利用小时数为 7200 h 的最大负荷损耗时间为

$$5700+\frac{7200-7000}{7500-7000}\times(6500-5700)=6020\ (\text{h})$$

(2) 对功率因数进行插值,可得利用小时数为 7200 h、功率因数为 0.92 时的最大负荷损耗时间为

$$6100+\frac{0.92-0.90}{0.95-0.90}\times(6020-6100)=6068\ (\text{h})$$

还可将图 11-1 中只含一条串联支路供电的情况推广为含多条串联支路的干线式网络供电的情况,如图 11-2 所示。此时可逆着功率传输方向沿着由末端向电源点的顺序分别计算各段支路的网损,在考虑支路传输总功率数值时略去网损的影响。问题的关键在于如何获得各段支路的最大负荷损耗时间。

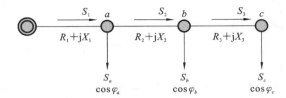

图 11-2　多条支路串联供电时的网损估算

对于支路 3,显然其传输功率的最大负荷利用小时数和功率因数即为负荷 c 的对应值,即 $T_{\max 3}=T_{\max c}$,$\cos\varphi_3=\cos\varphi_c$,可查表 11-1 求得支路 3 最大负荷损耗时间 τ_3。

对于支路 2,利用定义计算最大负荷利用小时数和功率因数(略去网损),其最大负荷利用小时数为 b、c 两个负荷全年耗电量除以两个最大负荷之和,可粗略地表示为

$$T_{\max 2}=\frac{P_b T_{\max b}+P_c T_{\max c}}{P_b+P_c}$$

可见该式为 b、c 两个负荷各自最大负荷利用小时数以两个负荷最大有功功率(这里用平均有功功率近似)为权重的加权平均值。支路 2 末端功率因数为有功功率与视在功率的比值,即

$$\cos\varphi_2=\frac{S_b\cos\varphi_b+S_c\cos\varphi_c}{S_b+S_c}$$

亦为 b、c 两个负荷各自功率因数以两个负荷视在功率为权重的加权平均值。利用刚刚算得两个数值可以查表 11-1 求得支路 2 的最大负荷损耗时间 τ_2。

类似地,对于支路 1,其最大负荷利用小时数可用 a、b、c 三个负荷最大有功功率来对每个负荷最大负荷利用小时数做加权平均,即

$$T_{\max 1}=\frac{P_a T_{\max a}+P_b T_{\max b}+P_c T_{\max c}}{P_a+P_b+P_c}$$

功率因数用 a、b、c 三个负荷视在功率来对每个负荷功率因数做加权平均,即

$$\cos\varphi_1=\frac{S_a\cos\varphi_a+S_b\cos\varphi_b+S_c\cos\varphi_c}{S_a+S_b+S_c}$$

进而查表 11-1 求得支路 1 的最大负荷损耗时间 τ_1。

最后可求出三段支路全年总网损为

$$\Delta A = \frac{S_1^2}{V_a^2} R_1 \tau_1 + \frac{S_2^2}{V_b^2} R_2 \tau_2 + \frac{S_3^2}{V_c^2} R_3 \tau_3$$

对于潮流流向比较确定的电力网络（主要为开式网络），都可以推广上述思路进行相对较合理的网损估算。

需要注意的一点是，上面均针对输电线路的网损开展讨论，而输电线路4个参数中，与有功损耗有关的是单位长度电阻和单位长度电导，其中后者对高电压等级设备来说往往可以忽略不计，故有上述估算方法。对变压器而言，还需要有专门的考虑。主要是变压器所产生的网损分为铜损和铁损对应的两部分网损。其中铜损网损的情况与前面的讨论类似，全年累积网损电量与变压器实际传输功率曲线有关，因此也可以用最大负荷损耗时间来计算。而铁损指的是并联的励磁支路产生的功率损耗，若假设变压器运行状态比较正常，因此运行电压总在额定电压附近波动，则无论其传输多少功率，并联支路两端电压始终近似为额定电压。因此可以认为铁损即为第4章中介绍的变压器空载试验时恒定不变的功率损耗，进而对应网损电量就是该功率值直接乘以变压器全年实际投运的时间，无须考虑与负荷曲线形状相关的最大负荷损耗时间。

工程上尚有诸如等值功率法等其他估算方法，本质上均是针对负荷曲线的典型值（如最大值、平均值等）及负荷曲线形状进行估算，这里不再详述。

11.2.3　降低网损的技术措施

电力系统是发输配用共同发挥作用的整体，因此原则上来说所有运行中设备状态的变化都会对网损产生影响。但从突出主要矛盾、弱化次要矛盾的角度出发，这里所说的降低网损措施主要针对的是相对低电压等级的电网及相关设备。在以新能源为主体的新型电力系统中，实现"双碳"目标的主战场已经由承担大时空尺度能源优化配置的高电压等级输电系统下沉至配电网甚至微电网，此时市场已经成为实现能源优化配置的决定性因素，因此深入分析降低网损的技术措施具有重要的现实意义。

下面将各种降低网损的技术措施分为两类，一类是针对已有设备的优化运行，电力系统各参与方均不需追加投资；另一类是需要对已有电力系统进行适当改造才能实现目的。一般而言，后者所付出的经济代价更大，但能够起到的作用也更加持久。

11.2.3.1　提高用户功率因数

仍以图11-1所示的简单供电情况为例开展分析。式（11.5）可进一步变形为

$$\Delta A_L = \int_0^T \left(\frac{P(t)}{V \cos\varphi} \right)^2 R \mathrm{d}t = \frac{\int_0^T \left(\frac{P(t)}{V} \right)^2 R \mathrm{d}t}{\cos^2\varphi} = \frac{K}{\cos^2\varphi} \tag{11.8}$$

如果假设负荷运行电压近似恒定，且指定时间段内负荷曲线已给定，则式（11.8）中的分子 K 为常数，故网损与负荷功率因数的平方成反比。如果功率因数由 $\cos\varphi_1$ 提高到 $\cos\varphi_2$，则易知网损下降的百分比为

$$\delta_{A_L}(\%) = \frac{\Delta A_{L1} - \Delta A_{L2}}{\Delta A_{L1}} \times 100 = \frac{\dfrac{K}{\cos^2\varphi_1} - \dfrac{K}{\cos^2\varphi_2}}{\dfrac{K}{\cos^2\varphi_1}} \times 100 = \left[1 - \left(\frac{\cos\varphi_1}{\cos\varphi_2} \right)^2 \right] \times 100$$

$$\tag{11.9}$$

举一个极端的情况为例,假如负荷原本功率因数很低,仅为 0.7,现通过技术改造使其功率因数上升为 0.9,则网损下降百分比可达

$$\delta_{A_L}(\%)=\left[1-\left(\frac{0.7}{0.9}\right)^2\right]\times100=39.5$$

亦即由于用户提升了功率因数,直接向该用户供电的网损下降了近 40%,效益十分可观。

由于需要通过技术改造来提升用户功率因数,因此需要用户付出一定的投资。传统电力系统往往强制用户必须达到指定功率因数,在市场环境中,可以通过制定各种鼓励用户主动采取改善功率因数措施的用能政策来实现目的。

11.2.3.2 改善网络中的功率分布

电网中的能量损耗由传输电能而引起,故可通过调整传输电能的实时状态来降低瞬时的功率损耗,进而达到降低指定时间段内全网电能损耗的目的。这种在不同可能的方案中选择最佳方案的思想,其实就是优化问题的总体思路。读者需要注意的一点是,通常的优化问题都需要在满足特定约束的前提下实现最优,完全不计约束条件往往是没有意义的。例如,在当前讨论的问题中,如果电力部门完全不供电,所有支路中的电流都是 0,功率损耗自然也是 0,0 是理论上能够取得的最优优化值。但这种分析没有任何实用价值。为此,主要有两种解决问题的思路,一是对已有电网施加特定的控制,二是调整运行中电网的拓扑结构。前者往往需要追加设备,涉及一定投资,后者直接利用电网中已有设备,通常不涉及投资(当然也可能需要有通信、控制所需的一些辅助设备)。下面分别举简单的例子来解释相关思路。

先来看通过对电网施加控制来优化运行状态的情况。对于闭式网络(电网拓扑中有环),可以通过在环路上施加附加的电势来改变环网中的潮流分布,以图 11-3 中所示的简单环网来分析。

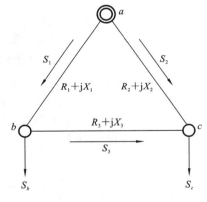

图 11-3 简单环网中的潮流分布

设图 11-3 中三条支路流过的电流分别为 $\dot{I}_1$、$\dot{I}_2$ 和 $\dot{I}_3$,从两个负荷节点流出电网的电流分别为 $\dot{I}_b$ 和 $\dot{I}_c$,则根据基尔霍夫电流定律有

$$\dot{I}_1=\dot{I}_b+\dot{I}_3 \tag{11.10}$$

$$\dot{I}_2=\dot{I}_c-\dot{I}_3 \tag{11.11}$$

又由基尔霍夫电压定律和欧姆定律有

$$\dot{I}_1Z_1+\dot{I}_2Z_2+\dot{I}_3Z_3=0 \tag{11.12}$$

式(11.10)~式(11.12)联立并计入电压值可解得

$$\begin{cases}\dot{I}_1=\dfrac{S_b(Z_2+Z_3)+S_cZ_2}{Z_1+Z_2+Z_3}\\[3mm]\dot{I}_2=\dfrac{S_c(Z_1+Z_3)+S_bZ_1}{Z_1+Z_2+Z_3}\end{cases} \tag{11.13}$$

故由复功率计算公式有

$$\begin{cases} S_1 = \dfrac{S_b\,(\overset{*}{Z}_2 + \overset{*}{Z}_3\,) + S_c\,\overset{*}{Z}_2}{\overset{*}{Z}_1 + \overset{*}{Z}_2 + \overset{*}{Z}_3} \\[4mm] S_2 = \dfrac{S_c\,(\overset{*}{Z}_1 + \overset{*}{Z}_3\,) + S_b\,\overset{*}{Z}_1}{\overset{*}{Z}_1 + \overset{*}{Z}_2 + \overset{*}{Z}_3} \end{cases} \tag{11.14}$$

这是在环网中不存在任何控制的情况,称为潮流的自然分布。可以想见自然分布难以满足有功损耗最小的条件,需要采取额外的措施。为解决这一问题,需要进行下述三个步骤:① 求出有功损耗的表达式;② 列出有功损耗最小的条件;③ 提出满足有功损耗最小条件的技术措施。

若假设正常运行中电网各点电压差别不大,则由式(7.12)可知全网总有功损耗为

$$\Delta P_L = \frac{P_1^2 + Q_1^2}{V^2}R_1 + \frac{P_2^2 + Q_2^2}{V^2}R_2 + \frac{P_3^2 + Q_3^2}{V^2}R_3 \tag{11.15}$$

若进一步假设有功损耗占总传输功率比例很小,则有如下关系:

$$\begin{cases} P_2 = P_b + P_c - P_1 \\ Q_2 = Q_b + Q_c - Q_1 \end{cases} \tag{11.16}$$

$$\begin{cases} P_3 = P_1 - P_b \\ Q_3 = Q_1 - Q_b \end{cases} \tag{11.17}$$

将此式(11.16)和式(11.17)代入式(11.15),总有功损耗变为

$$\Delta P_L = \frac{P_1^2 + Q_1^2}{V^2}R_1 + \frac{(P_b + P_c - P_1)^2 + (Q_b + Q_c - Q_1)^2}{V^2}R_2 + \frac{(P_1 - P_b)^2 + (Q_1 - Q_b)^2}{V^2}R_3 \tag{11.18}$$

可以看到总有功损耗变成仅有 P_1 和 Q_1 两个变量的函数,其极值条件为

$$\begin{cases} \dfrac{\partial P_L}{\partial P_1} = \dfrac{2P_1}{V^2}R_1 - \dfrac{2(P_b + P_c - P_1)}{V^2}R_2 + \dfrac{2(P_1 - P_b)}{V^2}R_3 = 0 \\[4mm] \dfrac{\partial P_L}{\partial Q_1} = \dfrac{2Q_1}{V^2}R_1 - \dfrac{2(Q_b + Q_c - Q_1)}{V^2}R_2 + \dfrac{2(Q_1 - Q_b)}{V^2}R_3 = 0 \end{cases} \tag{11.19}$$

可解出极值条件下

$$\begin{cases} P_{1ec} = \dfrac{P_b\,(R_2 + R_3) + P_c R_2}{R_1 + R_2 + R_3} \\[4mm] Q_{1ec} = \dfrac{Q_b\,(R_2 + R_3) + Q_c R_2}{R_1 + R_2 + R_3} \end{cases} \tag{11.20}$$

即支路 1 传输功率为式(11.20)、进而可依据式(11.16)和式(11.17)得知支路 2 和支路 3 传输功率值时,全网有功功率损耗最小[①]。将这种潮流分布形式称为潮流的经济分布。

对比式(11.14)和式(11.20)可以发现,二者从形式上非常类似。若原电网为均一网,即各段支路阻抗比相同(例如,采用相同型号导线可以满足此条件),即 $R_1/X_1 = R_2/X_2 = R_3/X_3 = \alpha$,则可知

$$Z_1 = R_1 + \mathrm{j}\,\frac{R_1}{\alpha} = \left(1 + \mathrm{j}\,\frac{1}{\alpha}\right)R_1$$

---

① 数学上还需验证式(11.20)确实为极小值条件(而非极大值条件),考虑到原问题实际的物理意义,容易验证其确实为极小值。

同理可知

$$Z_2 = \left(1 + j\,\frac{1}{\alpha}\right)R_2 \quad Z_3 = \left(1 + j\,\frac{1}{\alpha}\right)R_3$$

代入式(11.14)可发现潮流自然分布结果自动满足了潮流经济分布的条件。

对于非均一网,潮流自然分布和经济分布存在差异,在支路 1 中体现为

$$S_{cir} = S_{1ec} - S_1 = (P_{1ec} - P_1) + j(Q_{1ec} - Q_1) = P_{cir} + jQ_{cir} \tag{11.21}$$

由 7.2 节的内容可知式(11.21)中的功率值可在环路中产生一个电压降落,其数值为

$$\Delta \dot{E} = \frac{P_{cir}R_\Sigma + Q_{cir}X_\Sigma}{V_N} + j\,\frac{P_{cir}X_\Sigma - Q_{cir}R_\Sigma}{V_N} \tag{11.22}$$

注意此时假设各处电压均为额定电压。这等价于若在环网中附加一个由式(11.22)计算出的环路电势,将在环路中产生一个额外的数值为式(11.21)的循环功率,与已有的潮流自然分布相叠加,满足了潮流经济分布的条件,从而实现了全网有功功率损耗最小的目标,进而在指定时间段内可以确保总电量损耗最小。

注意潮流的自然分布和经济分布都与电网供电的具体情况有关,在本例中就是与 S_b 和 S_c 的具体取值有关,因此当电网运行状态发生变化时,所施加的环路电势应能够及时调整以适应新的情况,对产生环路电势的技术手段提出了较高要求。利用现代电力电子技术可以达到目的,但这不是本书要展开讨论的内容。

这里只列举了对电网附加控制来改善其运行条件的简单例子,但其基本思路和思维方式完全可以推广到更加实际的情况。

在配电网中往往还可以通过调整电网实际运行时的拓扑结构来改善电网中的功率分布,进而达到降低全网电能损耗的目的。配电网在运行时是解环的,即实际运行的每个树状配电网络(习惯上常称为一条馈线,feeder)中只有唯一的电源,因此每个负荷从电源获取电能的途径都是唯一的。但配电网在建设时往往是有环的(注意即使网络拓扑结构本身没有环,但树状拓扑结构中存在多个电源的情况也是有环的,即所谓非开式网络),通过不同树状配电网络在解环点处的联络开关实现。例如,图 11-4 中即为两条馈线通过黑色圆点对应的联络开关断开而形成两个树状拓扑结构,是馈线间存在联络的最简单情况,常称为"手拉手"式的联络。图 11-4 中方框为馈线电源,显然每条馈线中都只有唯一的电源。此时每条馈线的实际运行状态由树状拓扑结构、支路参数与负荷位置及大小来决定,进而决定了两条馈线的网损总和。

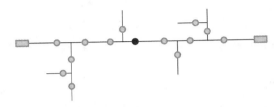

图 11-4 "手拉手"式馈线接线方式解环运行情况

若图 11-4 中左侧馈线负荷变重,则其功率损耗也增加。此时若能选择另一位置(如图 11-5(a)所示的黑色圆点)来解环,事实上这种操作等价于原本由左侧电源供电的部分负荷被转移成由右侧电源供电,由电网实际运行状态来决定,有可能使两条馈线的总有功功率损耗小于转供电之前总有功功率损耗。类似地,若右侧馈线负荷较重,也可以选择新的解环点位置来优化全网功率损耗,如图 11-5(b)所示。

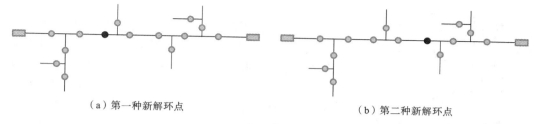

（a）第一种新解环点   （b）第二种新解环点

图 11-5　不同解环点的效果

　　上述情况说明：对于同一种负荷分布，若选择不同的解环点对应于不同的潮流状态，其中总有一些属于网损较小的情况。选择合适的解环点以使全网有功损耗更优，相当于是在多种可行方案中确定较优的方案，这也是优化问题，通常属于离散的组合优化，具体优化模型及求解方法此处不展开介绍。这类优化问题通常称为"配网重构"问题。

　　在具体实现配网重构时，需要注意到在负荷转供过程中可能出现短时停电的情况，或短时合环运行的情况，对供电可靠性所产生的影响也是一个重要的内容，涉及更专门的供电可靠性分析的方法，这里不做进一步讨论。

11.2.3.3　合理确定电力网的运行电压水平

　　全网的网损由组成网络的所有支路的损耗之和来构成，分为串联支路损耗和并联支路损耗两种情况。基于此前的分析，对处于正常运行状态的电气设备而言，其运行电压都在额定电压附近，则两种支路的有功功率损耗或有功电量损耗与运行电压的关系如下。

　　并联支路损耗主要为变压器的铁芯损耗和输电线路电导损耗，后者数量往往很小，可以忽略。只要设备接入电网之中，并联支路两端就有电压降落，也就有了相应的损耗。对并联支路而言，显然各种损耗均与运行电压的平方成正比，亦即运行电压越高并联支路损耗就越大。当然在一些情况下可忽略运行电压的变化，如常取变压器额定条件下空载试验参数作为并联支路功率损耗数值，此时其是一个常数。

　　串联支路损耗主要为变压器绕组中的损耗和输电线路电阻上的损耗，与支路中通过的电流平方成正比。这使得串联支路损耗与并联支路损耗不同的是，只有设备实际传输了功率，支路中才会有电流，也就才产生串联支路损耗。当设备所传输功率为确定值时，串联支路损耗与运行电压平方成反比，亦即运行电压越低串联支路损耗就越大。

　　由于全网损耗为串并联支路损耗之和，因此需要选择最合理的运行电压，使得二者的总和最小。在进行上述选择的时候，还要注意所得结果必须使所有设备均能满足允许电压偏移的约束。

11.2.3.4　组织变压器经济运行

　　组织变压器经济运行思路与前述选择合适运行电压水平的出发点相同，都是注意到串并联支路损耗相对同一因素变化趋势相反，存在优化的可能。后者考虑的影响因素是电网运行电压水平，这里考虑的影响因素是投入运行的变压器台数。

　　考虑如图 11-6 所示的简化情况，假设有 k 台完全相同的变压器并联运行，向视在

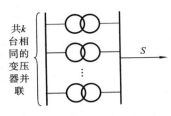

图 11-6　变压器的经济运行

功率为 S 的负荷供电。

对每台变压器,遵循前面提到的假设,认为其并联支路损耗 ΔP_0 为已知的恒定值,一般即为变压器额定条件下的空载损耗。串联支路损耗则与设备实际传输功率情况有关,由于已知流过额定功率时的短路损耗为 ΔP_s,假设变压器都运行在额定电压附近,故运行电流正比于容载比(实际视在功率与额定视在功率的比值),又知串联支路损耗与运行电流平方成正比,则单台变压器串联支路损耗为

$$\Delta P_s \left(\frac{S/k}{S_N} \right)^2 = \frac{1}{k^2} \Delta P_s \left(\frac{S}{S_N} \right)^2 \tag{11.23}$$

故投入运行的 k 台变压器的总损耗为

$$\Delta P_{T(k)} = k\left[\Delta P_0 + \frac{1}{k^2}\Delta P_s \left(\frac{S}{S_N} \right)^2 \right] = k\Delta P_0 + \frac{1}{k}\Delta P_s \left(\frac{S}{S_N} \right)^2 \tag{11.24}$$

式中:仅变压器运行台数 k 为变量,其极值条件为

$$\frac{\mathrm{d}\Delta P_{T(k)}}{\mathrm{d}k} = 0 \tag{11.25}$$

解之可得最优运行台数为

$$k_{cr} = \sqrt{\frac{\Delta P_0}{\Delta P_s}}\frac{S}{S_N} \tag{11.26}$$

由式(11.26)可见,理论上负荷 S 越大,所需投入并联运行的变压器台数越多,这与人们的直观认识是一致的。当然变压器运行台数必为整数,通常不能严格等于 k_{cr},可选择与之最接近的整数,并对所得结果进行校验。事实上,这里开展理论分析是为了给出更深刻的解释,实际变电站中并联运行的变压器台数不可能很多,通常简单地枚举各种情况就可以得到最优的结果。

最后需要说明的是,这里以所有变压器均相同的情况为例来分析,对于更加实际的不同变压器并联的情况,其物理本质是相同的,方法易于推广。

11.2.3.5　对原有电网进行技术改造

在传统电力系统中,如果都使用上述措施后,电网运行带来的损耗效果仍不理想,就需要考虑对原有电网进行技术改造。这事实上是一大类措施的集合,其共同点是需要新增或更换设备,往往涉及较大的投资,这里介绍其中的三种。

1. 提升线路电压等级

在本书最开始就曾提到,电力系统中电压等级往往与相应的输配电规模和传输距离是匹配的。

若某配电网所覆盖的供电区域经济持续增长,导致用电规模和负荷密度持续增加,在必要的时候可以考虑提升电网的电压等级。例如,苏州工业园区就在我国率先开展将原有的 10 kV 配电网升级为 20 kV 配电网的探索,自 1996 年正式运行以来,取得了良好的经济效益。

读者需要注意的是,我国建设世界上最高电压等级的交直流输电网,虽然事实上也能体现出一定的降低网损的效果,但其主要经济效益来自大空间尺度电能优化配置,以及为多个大规模现代电力系统提供联络和相互支持,降低网损并不是主要追求的目标。

2. 增大导线截面

根据焦耳定律,输配电设备的电能损耗一方面与流过电流的平方成正比,另一方面也与设备导体电阻成正比。其他多数降低网损措施关注的是如何降低电流,事实上降低电阻同样能够取得直接的降损效果。

由交流电阻的计算公式可知,电阻取决于导体材质、长度和截面积,其中导体长度由输电的实际需求来确定,其往往不是一个可以选择的变量。在确定了特定导体材质的情况下,增大导体截面积就可以起到降损效果。需要权衡的是,从经济效益的角度,由于增大导体截面积可以降低电能损耗,进而获得正的经济效益;但增大截面积的同时也意味着增大了设备制造时需用材料的数量,进而提高了造价和运行成本,这些是负的经济效益。在工程实际中,需要依据具体的客观条件进行权衡,选择最为合理的截面积方案。

3. 增设电源点

首先需要说明的是,这里所说的"电源点"并不是专指诸如发电机、储能装置之类能够直接把其他形式能量转化成电能并输入电力系统的设备。习惯上对某个特定的电网而言,把功率由其中流出的设备都可以称为电源。从这个意义上来看,升压变压器的高压侧母线和降压变压器的低压侧母线都可以称为是所在电网的电源。事实上,分布式电源在配网中的应用尚不广泛之前,配网的电源往往指的就是配电变压器的低压侧母线。

直观上可以想见,任何一度电从电源流出后,究竟有多少能够流到用电负荷处被发挥效益,很大程度上取决于中间经过了多少电气距离。显然可以定性地认为,整个电网中电源节点集合与负荷节点集合之间的"平均距离"与全网输电过程中的总电能损耗有强烈的正相关性[①],而在电网中适当位置增设电源点,这意味着该位置附近的负荷与电源的距离明显缩短,从而起到缩短前述"平均距离"的作用。

在电力系统各个层面都能体现出增设电源点所能够起到的作用。例如,在大空间尺度(跨省甚至跨国)下,基于能源客观禀赋选择合理的发电厂址、在中压配电网(常为 10 kV)规划时在新增负荷区域合理建设配电台区、开展集中式发电与分布式发电相结合的能源开发等,一定程度上都是增设电源点以优化电网运行水平的具体体现。事实上,这些措施都能够实现降低网损的效果,但其实其意义远不止于此,对现代社会经济生活的方方面面都有深刻的影响。

11.3 发电侧的经济运行问题

若将发电厂看作是自负盈亏的经济实体,则其经济运行体现为将所开发的一次能源尽可能多地转化成电能并出售给电网,而不是将其在发电厂内部消耗掉。为了实现这一目的,数学上需要建立以发电成本最小等为目标的优化模型,结合不同类型发电机组实际的物理特性和经济特性,求得满足电网电力电量平衡需求的最优解。

传统的发电类型主要为火电厂和水电厂,前者对一次能源(煤、天然气、石油等)的

---

① 一个极端情况是所有负荷都由分布式电源直接供电,则此"平均距离"为 0,又由于所有电能都不经过电网,故全网的网损也为 0。

获取只受制于交通和仓储能力,通常可认为不受自然条件的限制,后者则受制于具体的水文条件和特定时期的气象条件,通常需要对指定时间段内的用水总量加以约束。在将新能源(风、光等)考虑进来时,还要综合考虑各种不确定因素。

11.3.1 耗量特性

发电是电能生产的第一个环节,目的是将其他形式能量转化成电能。为了对发电机组的经济性能进行评价,就需要评估这种能量转化的效率和性能,需要有能够量化的工具对其进行描述。为此引入发电机组耗量特性的概念,即发电设备单位时间内能量输入和输出的关系,常用耗量特性曲线来表示。

以传统燃煤机组为例,其简化的能量转化流程如图 11-7 所示。该机组的能量输入体现为单位时间内消耗多少吨标准煤[1],将其中的化学能以燃烧形式释放出来,单位时间内将水转化成若干吨水蒸气,这些水蒸气推动汽轮机组的叶片旋转(机械能),在发电机中转化成电能输入电网,转化电能也用单位时间的能量来表示,即习惯上的电功率。类似地,对水轮机组也可以有相应的分析,即评价单位时间来表示水量(每小时若干立方米)与水轮发电机组输出电功率之间的关系。

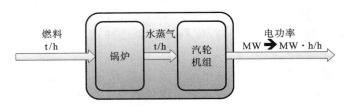

图 11-7 传统燃煤机组的能量转化流程

图 11-8 所示的为一种典型燃煤机组耗量特性[2],图中横坐标为发电机组输出功率(MW),纵坐标为单位时间消耗标准煤数量(t/h)。

由图 11-8 可以发现典型耗量特性的几个特点如下。

(1)单位时间燃料消耗量是发电机输出有功功率的增函数,这是显而易见的。

(2)耗量特性上各点的导数(切线斜率)也是逐渐增加的,这说明发电机输出有功功率越多,进一步增加其输出的难度也就越大,将这个导数称为本发电机组的耗量微增率。图 11-9 所示的为图 11-8 对应的耗量微增率 λ 与有功出力的关系曲线。

(3)定义 $\eta = P/F$ 为本发电机组的发电效率(简称效率),表示同一时间内消耗单位燃料能够转化成电能的总量,显然该值越高意味着发电机组的能量转化效率越高。图 11-10 中所示的为图 11-8 对应的效率与发电机有功出力的关系曲线,从图 11-10 可以看出,发电机只在特定有功出力范围内拥有较高的能量转化效率,出力过高或过低都会导致效率下降。

可以想见,耗量特性是与发电机组自身设计制造、安装施工乃至电力系统运行工况都相关的复杂函数。工程实际中常用简单的初等函数表达式来近似表达满足上述三个

---

[1] 由于煤炭、石油、天然气、电力及其他能源的发热量不同,为了使它们能够进行比较,以便计算、考察国民经济各部门的能源消费量及其利用效果,通常采用标准煤这一标准折算单位。标准煤是指热值为 7000 千卡/千克的煤炭。

[2] 符号"F"为"燃料"的英文"fuel"首字母。

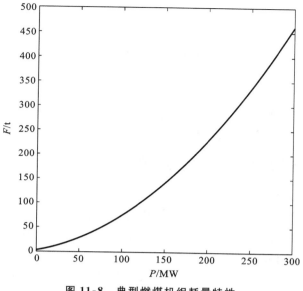

图 11-8 典型燃煤机组耗量特性

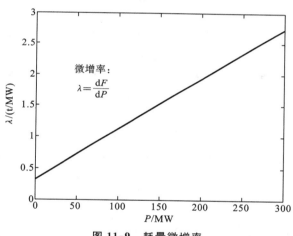

图 11-9 耗量微增率

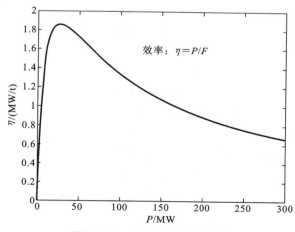

图 11-10 发电机组发电效率

特性的耗量特性,常见的有以下两种。

1. 多项式函数

$$F(P) = c_0 + c_1 P + c_2 P^2 \tag{11.27}$$

2. 指数函数

$$F(P) = c e^{aP} \tag{11.28}$$

图 11-8 刻画的是用式(11.27)中所示的一元二次函数表示的耗量特性,故其耗量微增率是发电机出力的线性函数(见图 11-9)。

11.3.2 两台火电机组不计网络拓扑结构的等微增率准则

本节介绍的是发电厂经济运行问题的最简单情况。由于要有发电机组出力的选择,所以至少要有两台机组,在不计网络拓扑结构的情况下,与电力系统实际运行状态有关的网损也可不考虑,等价于两台机组与所供电的负荷连于同一母线,如图 11-11 所示,假设发电机组的耗量特性表达式已知。

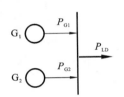

图 11-11 两台火电机组并联运行的示意图

火电机组优化运行追求的目标是单位时间内两台机组消耗的总燃料最少,即

$$\min F = F_1(P_{G1}) + F_2(P_{G2}) \tag{11.29}$$

将式(11.29)称为待求解优化问题的目标函数,其中 P_{G1} 和 P_{G2} 是两台发电机安排的输出有功功率数值,由于其变化可以影响目标函数值,最终搜索的就是目标函数最优时所对应的这两个数值,故将其称为优化问题的优化变量。

极端地考虑,若两台机组均停机,不输出任何有功功率,因此也不消耗任何燃料,显然这是目标函数可能取得的最小值。但这没有任何值得讨论的意义,因为此时发电机组完全没有发挥出满足负荷用电需求的功能。我们关注的显然是在满足负荷用电需求的情况下的目标函数最优,故还应满足

$$P_{G1} + P_{G2} - P_{LD} = 0 \tag{11.30}$$

式(11.30)是优化结果必须满足的条件,称为约束条件,由于是等式形式,将其称为原优化问题的等式约束条件。

通常优化问题还有不等式约束条件,如在本例中两台发电机组的有功出力必须在设计允许范围之内,即

$$\begin{cases} P_{G1min} \leqslant P_{G1} \leqslant P_{G1max} \\ P_{G2min} \leqslant P_{G2} \leqslant P_{G2max} \end{cases} \tag{11.31}$$

一般而言,建立客观问题的优化模型,就是确定其目标函数、优化变量和约束条件(含等式约束和不等式约束),因此式(11.29)～式(11.31)就是本节考虑仅有两台火电机组时针对满足负荷需求的以燃料消耗最少为目标的优化模型。按照定义,只要目标函数、优化变量和约束条件这三个优化模型要素中的任何一个出现非线性的表达式,则该优化模型即为非线性优化模型。目标函数中的发电机组耗量特性是非线性表达式,故本节的优化问题也是非线性的。

11.3.3 节中将给出含任意多台火电机组的有功负荷经济分配优化模型的通用求解方法,当然也适用于本节含两台火电机组的情况。但由于当前的问题更简单,可以

用图形化的方式给予更加具体的解释。将两台机组的耗量特性画于同一图中，如图 11-12 所示，其中将 2 号机组的耗量特性旋转 180° 绘制，并使两个坐标原点之间的距离为 P_{LD}。

在线段 OO' 上任取一点，显然其与坐标原点 O 的距离为 P_{G1}，与坐标原点 O' 的距离为 P_{G2}，故线段 OO' 上所有点均自动满足式 (11.30) 的等式约束。设所取的点为图 11-12 中的 A 点，过该点做线段 OO' 的垂线，分别与两个耗量特性相交于 B_1 和 B_2 两点，线段 AB_1 的长度为此时 1 号机组单位时间燃料消耗量 $F_1(P_{G1})$，线段 AB_2 的长度为此时 2 号机组单位时间燃料消耗量 $F_2(P_{G2})$，故此垂线被两条耗量特性所截线段 B_1B_2 即为两台机组单位时间总燃料消耗量。优化问题的解对应的就是所有这些被截的线段中最短的一条。

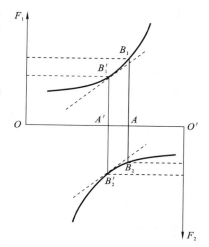

图 11-12　两台火电机组间的有功负荷经济分配

设最优解在 A' 点处，可以证明此时过 A' 点垂线与两个耗量特性交点 B_1' 和 B_2' 处切线是平行的，亦即最优点处两台机组的耗量微增率刚好相等。定性地看，由于图 11-12 中两条垂线与两条切线分别对应平行，故可得到一个平行四边形，显然其对边长度相同。又由于耗量特性曲线有凸的假设，故过 A 点垂线被截线段的长度必然比过 A' 点垂线被截线段的长度要长，即 A' 点到两个坐标原点的距离就是本优化问题的最优解。

用专业化的语言来陈述，即负荷在两台火电机组间分配时，如它们的燃料消耗微增率相等，则单位时间总的燃料消耗量将是最小的，其数学式为

$$\frac{dF_1}{dP_{G1}} = \frac{dF_2}{dP_{G2}} \tag{11.32}$$

将此结论称为负荷在两台火电机组间分配时的等微增率准则。

11.3.3　多个火电机组间有功负荷的经济分配

将 11.3.2 节中的优化问题推广到含任意 n 台火电机组的情况，暂不考虑不等式约束，则优化问题表达式如下。

目标函数：

$$\min F = \sum_{i=1}^{n} F_i(P_{Gi}) \tag{11.33}$$

约束条件：

$$\sum_{i=1}^{n} P_{Gi} - P_{LD} = 0 \tag{11.34}$$

可构造上述含等式约束优化问题的拉格朗日函数为

$$L = F - \lambda\left(\sum_{i=1}^{n} P_{Gi} - P_{LD}\right) \tag{11.35}$$

其极值条件为对所有变量 (含新引入的拉格朗日乘子 λ) 的导数为 0。拉格朗日函数对 λ

求导数并置零,有

$$\frac{\partial L}{\partial \lambda} = \sum_{i=1}^{n} P_{Gi} - P_{LD} = 0 \tag{11.36}$$

显然即为式(11.34)中的原等式约束条件。拉格朗日函数对 P_{Gi} 求导数,并注意到每个耗量特性均只是对应机组出力的一元函数,将导数置零,有

$$\frac{\partial L}{\partial P_{Gi}} = \frac{\mathrm{d}F_i}{\mathrm{d}P_{Gi}} - \lambda = 0 \tag{11.37}$$

亦即

$$\frac{\mathrm{d}F_1}{\mathrm{d}P_{G1}} = \frac{\mathrm{d}F_2}{\mathrm{d}P_{G2}} = \cdots = \frac{\mathrm{d}F_n}{\mathrm{d}P_{Gn}} = \lambda \tag{11.38}$$

为 n 台火电机组间有功负荷经济分配的等微增率准则。本优化问题含 n 个发电机组出力和 1 个拉格朗日乘子,共计 $n+1$ 个变量,式(11.36)和式(11.38)共计 $n+1$ 个方程,方程和变量个数相同,直接求解即可得到所需结果。

在电力系统实际运行中,所得优化结果尚需满足不等式约束:

$$\begin{cases} P_{Gi\min} \leqslant P_{Gi} \leqslant P_{Gi\max} \\ Q_{Gi\min} \leqslant Q_{Gi} \leqslant Q_{Gi\max} \end{cases} \tag{11.39}$$

即发电机组有功无功出力均需在允许范围内取值。当优化结果导致某台发电机组出力越限时,应强制该机组运行在极限,相当于减少了一个变量,重新解优化模型,直至没有新机组越限为止。

至此介绍的都是不计电网影响的发电机组出力优化问题,故可认为所有发电机组和负荷均连于同一母线。若考虑电网的实际影响,则优化问题的三个要素中目标函数保持不变,仍为式(11.33)[①],优化变量也不变,仍为各发电机组有功出力数值。约束条件有所变化,其中体现有功功率平衡的等式约束变为

$$\sum_{i=1}^{n} P_{Gi} - P_{loss} - P_{LD} = 0 \tag{11.40}$$

新增的因素 P_{loss} 为全网总有功损耗,由系统当前的潮流状态来决定。相应的拉格朗日函数变为

$$L = F - \lambda \left(\sum_{i=1}^{n} P_{Gi} - P_{loss} - P_{LD} \right) \tag{11.41}$$

进而极值条件中与拉格朗日乘子相关的为式(11.40),与某台发电机组有功出力相关的则变为

$$\frac{\partial L}{\partial P_{Gi}} = \frac{\mathrm{d}F_i}{\mathrm{d}P_{Gi}} - \lambda \left(1 - \frac{\partial P_{loss}}{\partial P_{Gi}} \right) = 0 \tag{11.42}$$

由式(11.42)应注意到,全网有功损耗由潮流状态来决定,而潮流状态亦与各发电机组有功出力相关,故全网有功损耗对发电机组有功出力的偏导数不为 0,应有所体现,同时全网有功损耗通常难以写出明确的用发电机组有功出力表示的表达式,这使得计及网损后的极值条件表达式变得相当复杂,很多情况下需将潮流方程当作等式约束条件来联立求解。

---

① 虽然对电网也有相应的优化目标,例如让全网功率损耗最小,但在厂网分开的电力系统运行机制下,那是电网侧需要考虑的问题,与本节的主旨无关。

由于潮流方程被引入优化模型中，衍生的问题是潮流方程表达式中的节点电压也需满足允许电压偏移范围的不等式约束条件：

$$V_{imin} \leqslant V_i \leqslant V_{imax} \tag{11.43}$$

另外，若将式(11.42)略做变形则有

$$\frac{\mathrm{d}F_i}{\mathrm{d}P_{Gi}} \times \frac{1}{\left(1 - \dfrac{\partial P_{\mathrm{loss}}}{\partial P_{Gi}}\right)} = \alpha_i \frac{\mathrm{d}F_i}{\mathrm{d}P_{Gi}} = \lambda \tag{11.44}$$

与式(11.38)相对比，可将本式称为经网损修正的等微增率准则。其中 α_i 可称为有功网损修正系数。

本节介绍的是最基本的求解带等式约束的非线性优化问题的方法，重在介绍基本概念和分析问题的理念。针对实际大规模电力系统还可考虑更加专门的求解方法，甚至利用各种商用的优化问题求解引擎开发相应的计算机程序来求解。

更进一步，还可以考虑将火电机组细分为燃煤机组、燃气机组和燃油机组等情况来建立优化模型，这只是模型详细程度的区别，问题分析和求解的思路与已经详细介绍的内容并无本质区别，此处不再赘述，后文在介绍水火电厂间有功负荷的经济分配时也不对火电机组做进一步的细分。

11.3.4 水火电厂间有功负荷的经济分配

此前仅考虑了有功负荷在火电机组间进行经济分配，通常并不考虑发电过程中燃料总量受到限制的情况[①]，因此对纯火电机组间负荷经济分配的问题而言，往往不需要考虑一定时间段的累积效果，从而可以只分析某一时刻的瞬时功率平衡约束和燃料消耗速度所对应的优化模型。然而对水电机组而言，情况将变得复杂。

对于不具备调节能力的径流式水电机组，其实际出力完全由来水情况确定，在负荷经济分配问题中，水电机组的出力不是一个能够改变的因素，因此也不能直接参与优化，而是体现在某个瞬时的有功功率平衡约束中。本节不展开讨论这种情况，而是关注具备调节能力的水电机组（如装设在具备月调节能力或年调节能力水库的水电机组）与可灵活调节的火电机组共同发挥作用以满足负荷需求的情况。水电机组引入后，其出力受到一段时间内来水总量的限制，因此一方面增加了约束条件，同时也使整个优化问题从面向一个时刻转为面向整个时间段。

为顺利引入概念，仍先以一台火电机组和一台水电机组并联运行直接向负荷供电（不计网损）的情况来介绍优化问题。优化问题的三要素如下。

11.3.4.1 目标函数

水力资源为清洁能源，此处认为水力发电过程中不存在运行成本，故仅考虑指定时间段内火电机组的总发电成本为

$$\min F_\Sigma = \int_0^\tau F[P_\mathrm{T}(t)]\mathrm{d}t \tag{11.45}$$

---

① 这种限制来自电厂自身的仓储容量、交通运输能力甚至矿藏开采能力等，若将所有这些因素都协同考虑，将是一个非常宏大的课题，超出了本书的范围。当然读者具备上述从更广义视角认识和分析问题的意识和能力还是有益处的。

式中：$F(\ )$ 为该火电机组的耗量特性曲线；$P_{\mathrm{T}}(t)$[1] 为火电机组有功出力随时间而变化的曲线；$[0,\tau]$ 为参与优化的具体时间段。

11.3.4.2 约束条件

由于考虑整个时间段，应计及负荷在这个时间段内的变化，进而应能保证在该时间段内任何时刻总发电功率都应等于总负荷量，即

$$P_{\mathrm{H}}(t)+P_{\mathrm{T}}(t)-P_{\mathrm{LD}}(t)=0 \quad t\in[0,\tau] \tag{11.46}$$

式中：$P_{\mathrm{H}}(t)$[2] 为水电机组有功出力随时间而变化的曲线。

前面已强调，水电机组参与功率平衡后，其发电行为应受本时间段总来水量的约束，即

$$\int_0^\tau W[P_{\mathrm{H}}(t)]\mathrm{d}t - W_\Sigma = 0 \tag{11.47}$$

式中：$W(\ )$ 为该水电机组的耗水特性曲线[3]；W_Σ 为已知的该时间段总来水量，基于气象、水文和历史数据等信息预测而得，对本节可认为是已知值。

式(11.46)和式(11.47)均为等式约束，工程实际中还应考虑机组容量、机组爬坡速率(体现机组改变出力的速度)等不等式约束，在本节中不具体分析。

11.3.4.3 优化变量

本优化模型的优化变量为水火电机组的出力曲线 $P_{\mathrm{T}}(t)$ 和 $P_{\mathrm{H}}(t)$。因此严格地讲，该优化模型为泛函优化问题，求解的是一个最合适的函数表达式(自变量为时间)。作为对照，读者应该能够发现，前面单纯在火电机组之间进行负荷经济分配的问题求解的是确定的机组出力数值。

从另一个角度来看，由于式(11.47)的约束存在，使得优化时间段内不同阶段的结果之间存在相互影响、相互耦合的关系，因此这是一个"动态规划"问题。

理论上可直接求解由式(11.45)~式(11.47)所定义的优化模型，从而得出水火电机组的出力曲线 $P_{\mathrm{T}}(t)$ 和 $P_{\mathrm{H}}(t)$。然而从数值计算的角度，难以得到各机组出力连续变化的曲线，因为涉及无穷多个时刻的点。退而求其次，可以将此优化模型离散化，即将完整的被考虑时间段分割成 s 个足够短促的微小时间段的总和，即

$$\tau = \sum_{k=1}^{s}\Delta t_k \tag{11.48}$$

而假设任意微小时间段内负荷功率和水火发电机组出力均恒定不变[4]，则原目标函数式变为

$$\min F_\Sigma = \sum_{k=1}^{s} F(P_{\mathrm{T}k})\Delta t_k = \sum_{k=1}^{s} F_k \Delta t_k \tag{11.49}$$

任意时刻有功功率平衡的等式约束条件式变为离散时间点时的等式约束条件为

$$P_{\mathrm{H}k}+P_{\mathrm{T}k}-P_{\mathrm{LD}k}=0 \quad k=1,2,\cdots,s \tag{11.50}$$

---

[1]　符号"T"是"火力发电"的英文"thermal power generation"首字母。

[2]　符号"H"是"水力发电"的英文"hydro power generation"首字母。

[3]　符号"W"是"水"的英文"water"首字母。

[4]　从定义看此处并不要求各微小时间段长度相同，为简化起见，通常假设相同。

水电机组出力消耗来水量的等式约束条件式变为

$$\sum_{k=1}^{s} W(P_{Hk})\Delta t_k - W_{\Sigma} = \sum_{k=1}^{s} W_k \Delta t_k - W_{\Sigma} = 0 \tag{11.51}$$

式(11.49)～式(11.51)构成了含等式约束的非线性优化问题,目前已经有强大的计算工具用于求解这类问题。为简单地介绍问题求解的原理,这里仿照 11.3.3 节的做法,也可以构造出相应的拉格朗日函数,即

$$L = \sum_{k=1}^{s} F_k \Delta t_k - \sum_{k=1}^{s} \lambda_k (P_{Hk} + P_{Tk} - P_{LDk})\Delta t_k + \gamma \left(\sum_{k=1}^{s} W_k \Delta t_k - W_{\Sigma} \right) \tag{11.52}$$

其极值条件即为原等式约束问题的最优解条件。在式(11.52)中,对每一时刻都有与有功瞬时平衡约束相对应的拉格朗日乘子 λ_k、水电机组出力 P_{Hk} 和火电机组出力 P_{Tk} 三个变量,再加上与来水量约束对应的拉格朗日乘子 γ,共计 $3s+1$ 个优化变量。令拉格朗日函数分别对每个变量求偏导数并置零,就得到 $3s+1$ 个极值条件对应的方程,即

$$\frac{\partial L}{\partial P_{Hk}} = \gamma \frac{\mathrm{d} W_k}{\mathrm{d} P_{Hk}}\Delta t_k - \lambda_k \Delta t_k = 0 \quad k=1,2,\cdots,s$$

也就是

$$\gamma \frac{\mathrm{d} W_k}{\mathrm{d} P_{Hk}} - \lambda_k = 0 \quad k=1,2,\cdots,s \tag{11.53}$$

又

$$\frac{\partial L}{\partial P_{Tk}} = \frac{\mathrm{d} F_k}{\mathrm{d} P_{Tk}}\Delta t_k - \lambda_k \Delta t_k = 0 \quad k=1,2,\cdots,s$$

即

$$\frac{\mathrm{d} F_k}{\mathrm{d} P_{Tk}} - \lambda_k = 0 \quad k=1,2,\cdots,s \tag{11.54}$$

又

$$\frac{\partial L}{\partial \lambda_k} = -(P_{Hk} + P_{Tk} - P_{LDk})\Delta t_k = 0 \quad k=1,2,\cdots,s$$

消去 Δt_k 后即为原模型中等式约束式。又

$$\frac{\partial L}{\partial \gamma} = \sum_{k=1}^{s} W_k \Delta t_k - W_{\Sigma} = 0$$

即为原模型中等式约束式。综上所述,联立求解式(11.53)、式(11.54)、式(11.50)和式(11.51),共计 $3s+1$ 个方程,即可得到指定时间段内火电厂燃料消耗最小的各离散时刻水火电机组有功出力值,即近似的水火电机组有功出力曲线。求解过程中不等式约束起作用的情况在这里不展开讨论。

前面求解火电机组经济运行的优化问题时指出,拉格朗日函数中的拉格朗日乘子具有明确的物理意义,即所有火电机组出力对应的相同耗量微增率。对于水火电机组联合经济运行的问题,由式(11.53)和式(11.54)可知,极值条件下任何时刻均有

$$\gamma \frac{\mathrm{d} W}{\mathrm{d} P_H} = \frac{\mathrm{d} F}{\mathrm{d} P_T} = \lambda \tag{11.55}$$

可以将其看作是水火电机组联合经济运行的等微增率准则。更进一步分析可知,若要获得某功率增量 ΔP,火电机组单位时间煤耗增量为

$$\Delta F = \frac{\mathrm{d} F}{\mathrm{d} P_T}\Delta P$$

水电机组单位时间水耗增量为

$$\Delta W = \frac{dW}{dP_H} \Delta P$$

则由式（11.55）可知

$$\gamma = \frac{dF/dP_T}{dW/dP_H} = \frac{(dF/dP_T)\Delta P}{(dW/dP_H)\Delta P} = \frac{\Delta F}{\Delta W} \tag{11.56}$$

极限情况下可认为，对于相同的功率变化微增量，单位时间多消耗 1 m³ 的水相当于同一时间多消耗 γ 吨的煤，故又可将 γ 称为"水煤换算系数"，这是该拉格朗日乘子的物理意义。

至此得到了水火电机组各一台时负荷经济分配的优化模型，并给出了相应的求解方法。接下来将其推广到有任意 m 台水电机组和 n 台火电机组联合运行时，有功负荷在这些机组之间进行经济分配的问题。为了更加接近电力系统的实际情况，在实现有功功率平衡时也将网损因素考虑进去。

仍假设所有水电机组发电成本为 0，则将式（11.45）的目标函数推广为

$$\min F_\Sigma = \sum_{i=1}^{n} \int_0^\tau F_i [P_{Ti}(t)] dt \tag{11.57}$$

将式（11.46）的有功平衡约束推广为

$$\sum_{j=1}^{m} P_{Hj}(t) + \sum_{i=1}^{n} P_{Ti}(t) - P_{loss}(t) - P_{LD}(t) = 0 \quad t \in [0, \tau] \tag{11.58}$$

将式（11.47）的来水量平衡约束推广为对每台水电机组均需满足，即

$$\int_0^\tau W_j [P_{Hj}(t)] dt - W_{j\Sigma} = 0 \quad j = 1, 2, \cdots, m \tag{11.59}$$

若仍采用式（11.48）所示的将连续时间段离散化的拉格朗日乘数法，则将式（11.49）的目标函数推广为

$$\min F_\Sigma = \sum_{i=1}^{n} \sum_{k=1}^{s} F_{ik}(P_{Tik}) \Delta t_k \tag{11.60}$$

将式（11.50）的有功平衡约束推广为

$$\sum_{j=1}^{m} P_{Hjk} + \sum_{i=1}^{n} P_{Tik} - P_{lossk} - P_{LDk} = 0 \quad k = 1, 2, \cdots, s \tag{11.61}$$

将式（11.51）的来水量平衡约束推广为对每台水电机组均需满足，即

$$\sum_{k=1}^{s} W_{jk}(P_{Hjk}) \Delta t_k - W_{j\Sigma} = 0 \quad j = 1, 2, \cdots, m \tag{11.62}$$

相应的拉格朗日函数为

$$L = \sum_{i=1}^{n} \sum_{k=1}^{s} F_{ik}(P_{Tik}) \Delta t_k - \sum_{k=1}^{s} \lambda_k \left(\sum_{j=1}^{m} P_{Hjk} + \sum_{i=1}^{n} P_{Tik} - P_{Lk} - P_{LDk} \right) \Delta t_k$$
$$+ \sum_{j=1}^{m} \gamma_j \left[\sum_{k=1}^{s} W_{jk}(P_{Hjk}) \Delta t_k - W_{j\Sigma} \right] \tag{11.63}$$

极值条件变为

$$\frac{\partial L}{\partial P_{Hjk}} = -\lambda_k \left(1 - \frac{\partial P_{Lk}}{\partial P_{Hjk}} \right) + \gamma \frac{dW_{jk}(P_{Hjk})}{dP_{Hjk}} = 0 \quad j = 1, 2, \cdots, m \quad k = 1, 2, \cdots, s$$

$$\tag{11.64}$$

$$\frac{\partial L}{\partial P_{Tik}} = \frac{\mathrm{d}F_{ik}(P_{Tik})}{\mathrm{d}P_{Tik}} - \lambda_k \left(1 - \frac{\partial P_{Lk}}{\partial P_{Tik}}\right) = 0 \quad i = 1, 2, \cdots, n \quad k = 1, 2, \cdots s \quad (11.65)$$

以及式(11.61)和式(11.62)。联立求解极值条件各式即可得到所有水火电厂的有功出力曲线。

与式(11.55)相对应的任意机组经网损修正后的等微增率准则表示为

$$\frac{\mathrm{d}F_i}{\mathrm{d}P_{Ti}} \times \frac{1}{1 - \dfrac{\partial P_L}{\partial P_{Ti}}} = \gamma_j \frac{\mathrm{d}W_j}{\mathrm{d}P_{Hj}} \times \frac{1}{1 - \dfrac{\partial P_L}{\partial P_{Hj}}} = \lambda \qquad (11.66)$$

具体分析过程略去。

最后需指出,以上分析过程解决的是:为满足存在波动的有功负荷需求,电力系统中的水火发电机组协同作用于实现整体发电效益最优。本章将发电效益用火电机组消耗燃料总量来体现。之所以可以做出这样的优化,是因为尽管有功负荷是波动的,但电源侧的发电机组都是完全受控的。事实上水力发电受来水情况而定,在丰水期和枯水期存在很大不同。例如,在丰水期鼓励水电机组满发,不存在调节效益,也就无法参与优化;而在枯水期可以充分发挥水电机组的调节效益。

现代电力系统中接入了越来越多的风力发电、光伏发电等新能源,它们的共同特点是受气象等客观因素的影响大,有功出力存在明显的随机性和间歇性。这使得电源侧也不完全受控,增大了有功优化调度的难度。为此人们引入"净负荷"的概念,即实际有功负荷与不可控新能源有功出力之差,认为这个差额应由所谓"具有灵活调节属性的电源"来满足,可认为由传统的水火电机组来满足,剩余问题与前文本质相同。

未来可能出现的问题是:随着以新能源为主体的新型电力系统的建成,实际有功负荷需求被新能源所满足的比例显著增加,传统可灵活调节的火电机组出力所占比例显著减少,而新能源占比增加带来更大的不确定性,更需要灵活性电源的支持,从而形成矛盾。该矛盾可能的解决方案包括提高负荷预测和新能源出力预测的精确度,尽可能降低不确定性,从而削弱对灵活电源的需求。此外,新型电力系统中有功功率的平衡将由源网荷储协同运营来实现,而不仅依赖传统上的"源随荷动",也能在相当程度上解决问题。

11.4　源网荷储联动的经济性

此前关于电力系统经济运行的讨论分别从电网侧和发电侧两个视角来展开,二者在相当程度上是相互割裂的,这是电力系统发展到"厂网分开"阶段后的产物,应该认识到相对于更早的完全计划经济运行阶段而言已经是历史的进步了。然而时代毕竟在持续发展,目前的电力工业已经揭开了进入以新能源为主体的新型电力系统时代的序幕,这在人类能源利用史上也是一个波澜壮阔的全新历史阶段,对传统电力系统规划、建设、运行的方方面面都将带来巨大冲击,很多发展趋势已在人们预测之中,但大量的成就尚未实现。本节仅基于目前已掌握的有限信息对新型电力系统中源网荷储智慧联动运营所带来的经济性做一个粗略的定性描述。

首先,此前所介绍的电厂侧、电网侧两侧的经济运行问题都是由电力系统运营部门来主导和实施的,依赖一个中心化的信息中心和调度控制体系。在新型电力系统中:大规模分布式电源已替代传统集中发电形式进而成为电能生产的主力,各种可再生能源往往通过电力电子界面接入传统交流电网;电网潮流更多地下沉到较低电压等级的配电网乃至微网,电网中出现了越来越多的具有一定自主能力的直流因素;负荷除了单纯从电网获取电能之外,还能通过调整用能策略和用能习惯来主动响应改善全系统运行状态的信号;储能从传统上单一的抽水蓄能发展到电化学储能等多种形式,且存在于电厂侧、电网侧和用户侧等,其能量转化特性可以跨越多个时间尺度。在这个大背景下,沿用传统的对电力系统中所有对象都进行直接闭环控制的理念将难以为继,必须充分发挥所有参与主体的主观能动性,通过市场来实现电能的优化配置。

具体而言,源网荷储智慧联动运营所带来的全新经济运行模式应包括但不限于:① 负荷侧参与需求侧响应,缓解全年高峰负荷;② 开发储能装置共享商业运营的新模式,提高对新能源的消纳能力;③ 负荷的需求侧响应、共享储能运行模式和电网中越来越多的直流因素相联动,消除电网建设相对滞后的短时阶段存在的潮流阻塞问题;④ 实现电动汽车的有序充电,优化电力-交通相依网络整体运行状态……

这里提到的每一个场景都是一个庞大的话题,一方面囿于篇幅所限,另一方面更由于目前认知受限,在本书中难以充分展开,期望在本书未来的版本中能对此予以修订和更新。

11.5 习题

两个火电厂并联运行,其燃料耗量特性为

$$F_1 = (4 + 0.3P_{G1} + 0.0008P_{G1}^2)\text{t/h} \quad 200 \leqslant P_{G1} \leqslant 300 \text{ MW}$$
$$F_2 = (3 + 0.33P_{G2} + 0.0004P_{G2}^2)\text{t/h} \quad 340 \leqslant P_{G2} \leqslant 560 \text{ MW}$$

系统总负荷分别为 850 MW 和 550 MW,试确定不计及网损时各厂负荷的经济分配。

12

最基本的电力系统故障分析：
三相短路故障计算

12.1 电力系统短路的一般概念

12.1.1 短路的定义

前面在第 3 章中介绍同步电机暂态模型时已经提到了短路的概念，但由于在第 3 章只分析了简单的三相恒定电势源电路或单一同步电机所发生的短路，涉及的短路含义比较简单，所以在那时并没有对短路的概念做很深入的讨论。但是本书强调的是从系统的层面分析问题，在故障分析的领域里就意味着需要在整个电力系统的环境中讨论短路的问题，所遇到的情况将复杂得多，需要对本课程中将遇到的各种短路现象做更加明确的定义。

在物理学中，将电路中一部分被短接的情况称为短路。电流从电源流出后，当遇到短路点时将不再继续向前流经比短路点距离电源更远的部分，而是选择更短的通道形成回路。具体到电力系统中，常把一切不正常的相与相或相与地发生连接的情况称为短路。

对这个定义要有正确的认识，尤其是不要简单地认为三相电路中只要相与相或相与地之间存在通路就是短路故障。我们知道，对三相电路来说，通常有星形和三角形两种接线方式，无论哪种接线方式其实都存在相与相之间的连接。例如，星形接法的中性点处三相电路是连接在一起的；三角形接法的每个三角形顶点也有两相电路相连；同时对三相对称星形电路来说，其中性点电位为 0，即始终等价于对地短接，而这些都是正常的电路。这里需要强调的是"不正常的相与相或相与地发生连接"。例如，由于雷击使输电线路某处发生了对地短路，该处在正常时是不存在对地通路的，因此这就是"不正常的相与地发生连接"，也就是我们所说的短路故障。一言以蔽之，在电力系统中，正常情况下不应该出现电流的地方出现了电流，就是短路故障[①]。

---

① 我们也可以类似地说，在电力系统中正常情况下应该流通电流的地方电流无法流通，就是断线故障。但使用这种说法时需要慎重，因为在很多情况下电力系统也存在"空载"的正常运行状态，而空载并不是断线故障。

12.1.2　电力系统中发生短路的原因

电力系统本身是一个极其复杂的人造系统,引起其发生短路故障的原因也多种多样,比较典型的有下述几种情况。

1.　元件损坏

电力系统中直接用于生产和传输电能的设备往往需要运行在高电压、大电流的工况下,这对设备的绝缘措施是严峻的考验。绝缘材料经过长时间的使用会自然老化,使得局部泄漏电流成为可能,发展到一定程度后可能引起短路故障。尤其是如果设备在设计制造时就存在缺陷,则因其自身损坏导致短路故障的可能性将大大增加。

2.　气象条件恶化

在我国国土大部分地区(尤其是华南地区)所发生的电力系统短路故障中,因雷击导致绝缘子沿面闪络或引起避雷器动作从而触发的短路故障占绝大多数,其中大部分为单相接地短路故障[①]。在更加极端的情况下,如强台风吹倒输电杆塔,或冬季雨雪湿润条件下使得架空线路导体覆冰而导致杆塔坍塌,最严重的情况下可能导致三相接地短路故障。因气象条件恶化所带来的短路故障的典型特征是地域性和季节性。例如,台风不可能发生在我国西北地区,即使在华南地区也更加集中在夏季;又如覆冰引起事故往往发生在冬季的华中、华南地区,更加寒冷的东北、西北地区反而因为无法满足覆冰生成条件而很少出现这种故障。

3.　运行人员违规操作

由于人为原因导致的故障是电力系统中性质最为严重的事故,往往可归因于操作流程的合理性、操作人员的素质和责任感等诸多复杂因素。一个比较典型的例子是变电站在设备检修时,需要先使相关设备停电,并在检修区域边界处挂设接地线以确保区域内的安全,若挂设接地线的人员误入间隔,在未停电位置不正确地挂设接地线,即带来人为的接地短路故障,可能导致严重的人身伤亡事故。

4.　其他外部因素

在现代化城市建设中,因道路、房屋施工在挖沟时损伤入地的电缆的情况多有发生,这将使电缆中的导体失去护套的保护而直接与土壤接触,从而发生接地短路,这主要是由于不同市政部门之间信息互通共享、管理水平等尚不完全令人满意。此外,如果体型较大的鸟兽跨接在不同相的裸露载流部分,也可能导致相间短路故障。

为了尽可能避免短路故障的发生,主要应靠电力工业的从业者在设备、运行技术、管理机制等方面提高水平。目前我国研制了具有世界水平的输电线路除冰装置,在电力系统运行方面提出合理的除冰方案,提高电网运行的智能化水平以尽可能减少人为因素的影响,这些都对减少短路故障的发生有重要的促进作用。目前我国在各大城市的市政建设中正在推广综合管廊方案,城市建设和运维的水平不断提高,由于电力部门之外因素带来的故障风险明显减小。

然而,尽管人们应对短路故障的能力得到不断提高,但不可能完全消除发生短路故

[①]　从故障概率的角度来看,三相导体中单相被雷击显然比两相或三相同时被雷击的概率要大得多。

障的可能性①。在系统论中，人们在分析自组织临界状态下的幂律分布现象时指出，对一个复杂系统而言，系统发生大范围故障的次数远远小于发生小范围故障的次数，故障规模与故障发生次数之间呈现幂律关系。通俗地说，这意味着复杂系统发生大范围故障的规模远远大于小范围故障，但次数也远远少于小范围故障。从另一个角度来说，相对频繁的"小故障"有助于消除发生"大故障"的不利因素，从而也降低了"大故障"发生的可能性。典型的例子是统计分析表明，若某地区小规模山火频发，可及时地消灭枯枝衰草，从而避免发生大规模山火。在 2003 年美加大停电事故发生之后，系统科学家也用类似的观点来分析电力系统中的大停电事故，指出简单地规避电力系统中发生的小范围事故，将使各种不利因素累积，概率论中的大数定律表明由此在将来引发大规模停电事故几乎是确定性事件。

当然，已有的研究成果仅在相当简化的模型中取得结论，这里简述复杂系统自组织临界理论对电力系统故障规模的解释，是为了让读者建立从系统层面局部和全局相结合分析问题的观念，而不是用于指导一个具体电力系统中发生具体故障的分析计算，后者依赖于本章及后续各章的详细讲解。

12.1.3 电力系统故障的类型

通常认为电力系统是三相对称的交流电路，其故障分析理论探究的故障分为简单故障和复杂故障两大类。

简单故障指的是电力系统单一位置发生的一重故障，包括以下几种。

（1）简单短路故障：即单相接地短路故障、两相间短路故障（不接地）、两相接地短路故障、三相短路故障，其中除三相短路故障外均为不对称短路故障。

（2）简单断线故障：即单相断线故障、两相断线故障，单相断线和两相断线又称为非全相断线，即并不是三相都断线，因此电流仍能从未发生故障的相（有时称为健全相）导体流通，是典型的不对称故障②。

前面已提到，电力系统中发生次数最多的故障类型是单相接地短路故障，但在故障分析理论中最有意义的是三相短路故障，原因有二：① 三相短路故障往往是简单短路故障中最严重的情况，在第 3 章中已经提到，短路电流计算的目的往往是进行各种校验，因此用最严重情况下的短路来计算更有工程意义；② 后面两章分析不对称故障采用对称分量法，将一组三相不对称故障分解成三组三相对称故障的叠加，在分析每组对称分量时仍需利用三相短路故障的分析方法。

顺便提及，由于三相短路故障是对称故障，在故障持续的过程中电路也是三相对称的，从而故障点处即使没有接地，其中性点位置仍与地同电位，故三相短路故障等价于三相接地短路故障。

与简单故障相对的是复杂故障，在本书中主要考虑电力系统中同时发生多重简单故障的情况，即同时在电力系统的多个位置发生简单故障，这些简单故障的类型可以相同，也可以不同。由于我们在进行故障分析时将把电力系统处理为线性网络，满足齐次

---

① 这是一个理论层面的本质问题，而不是简单的技术问题。

② 若三相都断线，则该线路完全开路，事实上就是原网络中移除该线路的情况，不需要应用故障分析理论来进行分析计算。

性和叠加性,故可分别分析单一的简单故障的影响,再将其叠加起来以得到复杂故障的分析结果。当然,在进行叠加时需要考虑到电力系统三相电路的特点,因此应做特殊的处理,这将在第 14 章中详述,此处不赘述。

12.1.4　电力系统中发生短路的危害

电力系统中发生短路故障将对系统带来剧烈的冲击,严重危害电力系统乃至与其相依存的其他系统的运行,具体表现如下。

1. 对电力系统中设备的影响

发生短路后,短路点附近的支路中将出现远比正常状态时大的电流,这一方面使相近导体之间由电动力效应带来强大的相互作用力,严重时可能破坏导体本身或用来支撑导体的输电线路杆塔等设备;另一方面会使导体发热程度远超正常情况,加速导体绝缘老化的过程,若发热程度过大或持续时间过长,将对设备造成损坏。

2. 对用电用户设备的影响

如果发生的是三相短路故障,无论实际是否接地,故障点处电压事实上也为 0,故障点附近的电压也会显著下降。如果发生的是不对称短路故障,故障点处电压虽不为 0,但故障点及附近区域电压通常也会明显低于正常状态。在电机学中,若电动机的机端母线电压下降,则可能导致驱动转子旋转的电磁转矩下降,进而导致转速下降,影响设备的正常运行,甚至可能造成堵转,严重时将带来设备损坏。此外,电力系统电压下降后,人们日常生活中用到的照明、电视、冰箱等设备的正常使用也都会受到影响。

3. 对电力系统稳定性的影响

电力系统的正常运行取决于全网功率能否及时平衡。系统中发生短路故障等价于电源间、电源与负荷间的转移阻抗都发生了变化,从而影响了发电机和电动机的电磁功率,迫使它们进入暂态过程。若系统运行条件比较恶劣,这种暂态过程可能无法过渡到新的稳态,即电力系统失去了稳定性,往往意味着将发生大范围停电事故,给国民经济带来严重损失,甚至危及社会的正常运转。这是电力系统发生短路故障可能带来的最严重的后果。

4. 对与电力系统存在依存关系的其他系统的影响

在现代社会中,尤其是人们在畅想的未来由"能源互联网"所支撑的社会中,不同能源系统之间、能源系统与信息系统之间都存在着相互依存关系。电力系统中发生短路故障后,若引起系统失稳,则会带来大范围停电事故,全社会各行各业的系统都会受到严重的冲击;即使未引起系统失稳,若发生的是不对称故障,也会由于将产生三相对称运行时不会出现的高次谐波分量而影响通信、铁路等相关系统的正常运行。

12.1.5　电力系统短路计算的用途及要考虑的通用因素

开展电力系统短路计算,一方面用于对短路现象本身开展研究,以揭示短路发生、发展和消除的机理,另一方面更重要的是用于提出减少短路故障带来危害的措施,主要分为三个方面。

1. 降低短路故障发生的概率

开展短路计算用于设计和选择发电厂、变电站的主接线,以及确定合理的电力系统拓扑结构,目的是使短路故障发生的概率降低。

2. 提高系统对短路故障的承受能力

例如,利用短路计算结果可知短路冲击电流和短路电流最大有效值,这对应着电气设备可能遇到的最严重情况,故可以被用来进行电气设备的选型,从而使被选择的设备类型能够承受因短路故障可能带来的最大危害,以保证整个电力系统的正常运行;又如,电力系统不对称故障分析的结果往往可作为暂态稳定分析的前提条件,为人们分析发生短路故障的电力系统的详细暂态过程提供重要工具,进而让人们提出使电力系统能够承受相应暂态过程的具体措施。

3. 提高人们进行事故后处理的能力

通过事前的短路计算可为继电保护和各种自动装置提供合理的整定值和运行条件,在短路故障发生后,这些保护装置可以正确动作,使故障所带来的危害限制在尽量小的范围内。

以上简要讨论了短路计算的用途,主要从具体的故障和设备层面来论述的。事实上,前面已经讨论过,短路电流本身也是体现电力系统宏观特征的指标,涉及电力系统"本质安全"的概念,详见 3.7.6 节的论述。

本书所介绍的电力系统故障分析的内容可被看作是一个通用分析框架在不同具体场景中的应用,其通用条件主要包含几部分内容:① 发生短路前瞬间电力系统的运行方式,如电网运行的实时拓扑结构、投入运行的发输配用设备的实时状态等;② 短路发生的地点;③ 短路的类型;④ 若需详细分析短路的暂态过程,还需要考虑短路发生后所采取的措施,如继电保护装置如何动作、自动重合闸装置如何起作用等。条件④主要用于暂态分析,在本书介绍故障分析的部分暂未涉及。

举例说明,在第 3 章中讨论恒定电势源电路中发生三相短路故障时(见图 3-59),其通用条件的具体形式如下。

(1) 短路前电力系统运行方式为:电源为恒定三相对称电势源,其中 a 相电势源瞬时值为 $e = E_m \sin(\omega t + \alpha)$,另外两相电势源瞬时值分别滞后和超前 a 相 120°,单相电网拓扑结构为简单支路,阻抗值为 $(R+R')+j\omega(L+L')$。

(2) 由于电路为简单支路,故短路发生的地点可用短路点和电源之间的阻抗唯一确定,本例中阻抗值为 $R+j\omega L$。

(3) 短路类型为三相对称故障。

该电路后面所有的分析事实上都是从这几个基本条件出发的。

又如在 3.7.2 节所讨论的情况,其通用条件的具体形式为:① 短路前电机空载稳态运行,故转子匀速旋转;② 故障发生在发电机机端;③ 短路类型为三相对称故障。

本章从电力系统层面探讨三相短路故障问题,所需的通用条件往往为:① 短路前全系统稳态运行,具体稳态已知;② 故障发生位置具体情况具体分析;③ 短路类型为三相对称故障。

12.2 电力系统中短路计算的近似处理

电力系统中发生短路时,系统将从故障前的状态剧变到另一种状态,在此过程中伴随产生复杂的暂态现象。在第 3 章中可以对同步电机机端发生三相短路的模型做详细的分析。然而对整个电力系统来说,这一暂态过程过于复杂,使得在分析整个电力系统的故障时需要在保证工程实际分析计算需求的前提下,对系统中的各种设备做一定程度的简化。

对实际电力系统(而不是恒定电势源三相电路)而言,短路电流周期分量也是衰减的,人们进行短路电流计算可得到的冲击电流、短路电流最大有效值等均与短路电流周期分量的初始值成比例,将这个初始值称为起始次暂态电流。由 3.7.5 节的分析可知,起始次暂态电流可以由将电力系统中所有元件都用其次暂态参数来代表所得的稳态电路来求解,这使得要分析的短路电流计算变成了稳态电路的求解,问题得到了大幅度简化。

次暂态参数的含义在第 3 章中已有提及。一般地,将电力系统中主要一次设备分为旋转元件和静止元件两大类,其中旋转元件指的是需要通过定子和转子相对运动所带来的复杂电磁感应关系来发挥功能的元件,这里主要指同步电机和异步电机。从第 3 章的分析可知,旋转元件的稳态参数与次暂态参数可能不同。不具有旋转元件特征的元件称为静止元件,本书中主要指交流输电线路和变压器等,其稳态参数和次暂态参数相同。

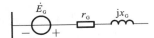

图 12-1 电机的等效含源支路

无论是发电机还是电动机,这里均将其处理成如图 12-1 所示的含源支路。输电线路起初考虑 π 形等值电路,起初考虑变压器原始等值电路。

本节所说的短路计算近似处理主要体现在三个方面:① 元件模型的简化;② 近似标幺值;③ 电源电势相位的处理。下面逐一介绍。

12.2.1 元件模型的简化

略去所有元件的电阻,则整个电路中不存在阻抗角的差异(所有阻抗的阻抗角均为 90°)。带来的好处是所有阻抗的串并联关系均可用类似直流电路的方法来处理,不涉及复数计算。

略去等值电路中的并联支路,如输电线路 π 形等值电路两端的对地电容、双绕组变压器的励磁支路等。可以这样做的理由是短路点附近电压均很低,并联支路所起影响不大,距离短路点相对较远的地方,并联支路对故障电流的影响本来也有限。这样带来的好处是待分析电路得到了进一步简化。

需要对电力系统中的负荷进行区别对待。若负荷离故障点近,且容量较大,可以仿照同步电机的处理方法表示为电源支路;若负荷离故障点远,可以将其简化为恒定阻抗(同时又忽略了电阻,故实际上是恒定电抗),或直接将其忽略,需要具体情况具体分析。

12.2.2 近似标幺值

由于电力系统的运行目标之一是使所有设备都尽量运行在其额定状态,这里主要考虑两点:一是在计算标幺值时,取电网平均额定电压作为基准电压;二是忽略不同设备额定电压匹配时的差异,假设所有设备额定电压均与电网平均额定电压相同。这样在计算变压器的变比标幺值时则有

$$k_{T*} = \frac{\dfrac{V_{N1}}{V_{N2}}}{\dfrac{V_{B1}}{V_{B2}}} = \frac{\dfrac{V_{N1}}{V_{B1}}}{\dfrac{V_{N2}}{V_{B2}}} = 1 \tag{12.1}$$

经过这样的处理，可以在短路电流计算的标幺值电路中忽略所有变压器，电路中所有元件都简化成一个电抗，网络变换的计算事实上只涉及实数计算。

12.2.3　电源电势相位的处理

在第 7 章中读者已经知道，电力系统中有功功率的传输与母线电压相角的差异密切相关。正常情况下发电机等效电源电势的相角存在差异，使得电能能够以合理的形式在电网中流动。在电力系统中发生了短路故障后，电源之间的联系变得相对较弱，更多地表现为电源与故障点之间的关系，此时可以假设所有电源电势的相位都相同。因此在短路计算涉及不同电压的加减法时也只需要实数计算。

经过上述近似之后，所有发电机电势的相位都相同，所有阻抗都为纯电抗，标幺值电网中不存在变压器，则短路电流计算被简化为类似于直流电路的求解问题。显然所有支路中的电流相位也相同，滞后于电源电势相位 90°。

12.3　互阻抗和转移阻抗的概念

在进行电力系统短路电流计算时，或很多其他的分析计算场合，常常需要涉及互阻抗或转移阻抗的概念。这是两个形式上非常类似但实际上很不相同的概念，有必要对其做一定的讨论。

所谓互阻抗，其最原始的定义就是节点阻抗矩阵的非对角元，即该元素行和列对应的两个节点之间的互阻抗为此元素的值。在 4.1.2 节中曾指出，节点 i 和节点 j 之间的互阻抗，数值上等于节点 i 接入电流源而其他节点都对地开路的情况下，节点 j 的电压与节点 i 的注入电流之比，即

$$Z_{ji} = \left.\frac{\dot{V}_j}{\dot{I}_i}\right|_{\substack{i_k = 0 \\ k \neq i}} \tag{12.2}$$

相应互阻抗的电路示意图如图 12-2 所示。

而转移阻抗的概念有所不同，指的是电力网络中端口之间的一种等效效果。具体而言，若电路中只有端口 i 接入电压源 $\dot{E}_i$，使得端口 j 中产生电流 $\dot{i}_j$，则相应的转移阻抗为 $z_{ji} = \dot{E}_i / \dot{i}_j$。尤其是在本章研究的短路计算中，电路中的端口常取节点和参考点（常为大地）之间的端口，电源与短路点之间转移阻抗的电路示意图如图 12-3 所示。

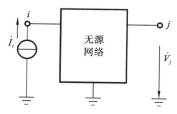
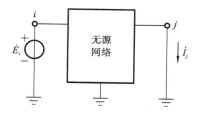

图 12-2　互阻抗计算示意图　　　　　**图 12-3　转移阻抗计算示意图**

综上所述,可将互阻抗和转移阻抗概念做一下对比,可知二者的区别主要体现为: ① 互阻抗的计算是已知电网中某个节点的电流求另一节点电压,二者的比值即为两个节点间的互阻抗,这对电网中任意两个节点都有意义;② 转移阻抗的计算是已知电网中某个端口的电压求另一端口电流,二者的比值即为两个端口间的转移阻抗,通常有实际的含义,如在电力系统分析中,当分析短路电流时可能会考虑电势源与短路故障端口之间的转移阻抗,或在分析发电机出力特性时可能会考虑不同电势源之间的转移阻抗,等等。

12.4　三相短路计算的具体方法

12.4.1　利用节点阻抗矩阵计算短路电流

假设在图 12-4 所表示的电网中,节点 f 处发生经过渡阻抗 z_f 的三相对称短路故障[①]。

由有源网络可得其戴维南等效电路,如图 12-5 所示,其中 $\dot{V}_\Sigma$ 是戴维南等效电路端口开路时的电压,事实上就是发生短路前节点 f 的电压 $\dot{V}_f^{(0)}$。z_Σ 是将戴维南等效电路内部电源置 0(等价于原有源网络中所有电源都置 0,即电压源短路、电流源开路)后,端口注入单位电流所得的电压值,由节点阻抗矩阵元素的物理意义可知,这就是节点 f 的自阻抗 Z_{ff}。显然戴维南等效电路所需的电压和阻抗信息可直接由短路前状态获得,故所求短路电流为

$$\dot{I}_f = \frac{\dot{V}_f^{(0)}}{Z_{ff} + z_f} \tag{12.3}$$

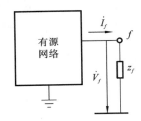

图 12-4　经过渡阻抗发生短路的示意图

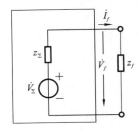

图 12-5　图 12-4 的戴维南等效

由于故障点 f 经过渡阻抗接地,其电压也不为 0。可对图 12-5 中电路通过简单的欧姆定律得到此时故障点 f 的电压为

$$\dot{V}_f = \dot{V}_\Sigma - z_\Sigma \dot{I}_f = \dot{V}_f^{(0)} - \frac{Z_{ff}}{Z_{ff} + z_f} \dot{V}_f^{(0)} \tag{12.4}$$

式(12.4)用到了 $z_\Sigma = Z_{ff}$。

若计算电路中任何支路此时的电流,只需知道此时支路两端电压。事实上,若把短路情况看作是在正常电力网络中故障点 f 处叠加一个数值为 $-\dot{I}_f$ 的注入电流,则由于假设电力网络本身是线性的,故可认为故障点外的任意节点 i 处电压为短路前电压

---

① 读者可列出此时短路电流计算要考虑的三点通用因素的具体表现形式,此处不再赘述。

$\dot{V}_i^{(0)}$ 叠加上因注入电流 $-\dot{I}_f$ 所带来的电压，又考虑到节点 i 和节点 f 之间互阻抗 Z_{if} 的物理意义，则有

$$\dot{V}_i = \dot{V}_i^{(0)} + Z_{if}(-\dot{I}_f) \tag{12.5}$$

又由式（4.45）可知

$$\dot{V}_i^{(0)} = \sum_{j=1}^{n} Z_{ij}\,\dot{I}_j$$

则有

$$\dot{V}_i = \sum_{j=1}^{n} Z_{ij}\,\dot{I}_j + Z_{if}(-\dot{I}_f) \tag{12.6}$$

利用式（12.5）或式（12.6）即可计算电力网络中任意支路的电流，甚至可以分析不考虑前文所讨论短路电流计算时的实用近似的情况，即计算图 12-6 中所示一般支路的电流 $\dot{I}_{pq}$。利用式（12.5）或式（12.6）可知图 12-6 中阻抗两端电压分别为 $k\dot{V}_p$ 和 $\dot{V}_q$，故所求电流为

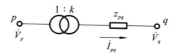

图 12-6　短路时一般支路中的电流

$$\dot{I}_{pq} = \frac{k\dot{V}_p - \dot{V}_q}{z_{pq}} \tag{12.7}$$

在更理想的情况下，假设短路前各节点电压幅值均为额定值，即标幺值均为 1，则标幺值下的短路电流可简化为

$$\dot{I}_{f*} = \frac{1}{Z_{ff*} + z_{f*}} \tag{12.8}$$

任意节点 i 的电压可简化为

$$\dot{V}_{i*} = 1 - \frac{Z_{if*}}{Z_{ff*} + z_{f*}} \tag{12.9}$$

综上所述，利用节点阻抗矩阵元素计算电力系统中发生短路后电网的详细情况可归纳为如图 12-7 所示的流程。

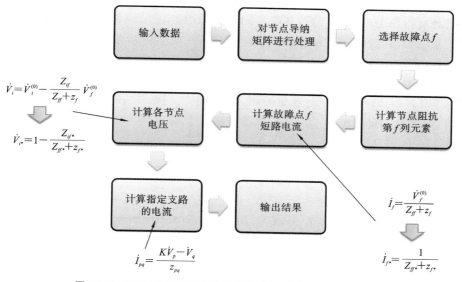

图 12-7　利用节点阻抗矩阵元素计算短路电流的具体流程

12.4.2　利用电势源对短路点的转移阻抗计算短路电流

假设电力网络中存在 m 个电源，可将节点 f 处发生三相金属性接地短路的电路表示成如图 12-8 所示的形式。由于电力网络本身是线性的，短路点处的短路电流为各电源支路单独作用所产生的短路电流之和，而与图 12-3 相对比后可知第 i 个电源支路所产生的电流与电源和短路点之间的转移阻抗的关系为

$$\dot{I}_f^{(i)} = \frac{\dot{E}_i}{z_{fi}}$$

则所有 m 个电源共同作用所得故障点处短路电流为

$$\dot{I}_f = \sum_{i=1}^{m} \frac{\dot{E}_i}{z_{fi}} \tag{12.10}$$

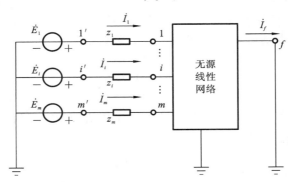

图 12-8　节点 f 处发生三相金属性接地短路的情况

具体转移阻抗的数值可由电路知识获得，此处不再赘述。

12.4.3　计算起始次暂态电流时的参数确定方法

前面已经提到，起始次暂态电流的计算就是把电力系统中所有元件都用其次暂态参数代替所得稳态电路的计算，其中各元件又分为静止元件和旋转元件两大类。静止元件次暂态参数与稳态参数相同，不必详细分析。现对同步发电机和异步电动机的次暂态参数获取方法进行简要分析。

将同步发电机用次暂态参数表示后，其次暂态电势和机端电压之间的关系图如图 12-9 所示，各物理量的相量关系如图 12-10 所示。当图 12-9 中两个电压相量相角差不大时，由相量图可知短路前次暂态电势可近似表示为

$$E''_0 \approx V_{[0]} + x'' I_{[0]} \sin\varphi_{[0]} \tag{12.11}$$

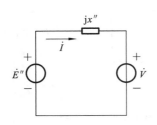

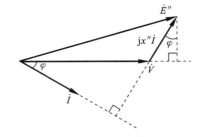

图 12-9　同步发电机的次暂态参数简化电路　　图 12-10　图 12-9 中各物理量的相量关系

在典型的运行状态下，若短路前电机处于额定满载的状态，即 $V_{[0]}=1, I_{[0]}=1$，若功率因数为 $\cos\varphi=0.85$，则 $\sin\varphi=0.53$，同时认为次暂态电抗 x'' 典型取值范围为 $0.13\sim0.20$，则由式（12.11）可计算出

$$E''_0\approx1+(0.13\sim0.20)\times1\times0.53=1.07\sim1.11$$

在对计算精度要求不高的情况下，可近似认为 $E''_0=1$。

同步调相机是一种特殊的同步发电机，只和电力系统交换无功功率，不发出有功功率，在电力系统中起到无功补偿的作用。可见其功率因数恒为 $\cos\varphi=0$，即机端电压和流入电网电流相量总是相互垂直的。对于同步调相机向电力系统输出感性无功功率的情况，电压超前电流90°，图 12-10 中的相量图将变为如图 12-11 所示的相量图，显然此时

$$E''_0=V_{[0]}+x''I_{[0]} \tag{12.12}$$

对于调相机从电力系统吸收感性无功功率的情况，只要将式（12.12）中加号变为减号即可。

最后讨论异步电动机次暂态参数的确定方法。与发电机不同的是，电动机的功率是由电网流入电动机的，因此相应的相量图应为图 12-12，当电动机次暂态电势与机端电压相位差不大时，此次暂态电势应为

$$E''_0\approx V_{[0]}-x''I_{[0]}\sin\varphi_{[0]} \tag{12.13}$$

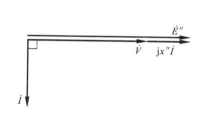

图 12-11　调相机涉及物理量的相量图

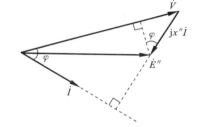

图 12-12　异步电动机各物理量的相量关系

由图 12-12 可见，正常运行时电动机机端电压幅值高于电机内部的次暂态电势，机端电压相角也超前于电机内部电势，创造了将有功功率和无功功率从电网注入电机的条件。电力系统发生了短路之后，会造成各处电压的剧烈变化。由于短路瞬间次暂态电势不能突变，而机端电压可以急剧变化，将机端电压此时的取值称为残压。若电动机离短路点较远，机端电压下降不显著，则电机运行状态与故障前类似，用同样方法处理即可。反过来说，若电动机离短路点较近，致使机端电压下降幅度很大，以致残压低于此时次暂态电势幅值，则异步电机将表现出与同步电机类似的特征，即可作为电源来发挥作用，也将为短路点处短路电流做出贡献。典型的异步电机电源数据为次暂态电势 $E''=0.8$，次暂态电抗 $x''=0.35$。

12.5　习题

（1）电力系统短路计算中采用近似标幺值的具体做法是什么？这样做的好处是什么？

（2）图 12-13 中二端口网络两个端口之间的转移阻抗是多少？

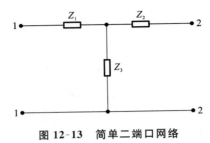

图 12-13　简单二端口网络

13

简单不对称故障分析

13.1 对称分量法

13.1.1 对称分量变换

迄今为止,讨论的所有分析计算问题面对的都是三相对称的电力系统。虽然无法保证电力系统可以严格运行在三相对称状态,但在工程实际中通过必要的措施来实现近似的三相对称,往往还是可以做到的,第 4 章中介绍的输电线路导线整换位就是一种典型的措施。

然而在有些情况下三相不对称来自某些固有的因素,无法通过近似对称来处理。本章介绍的各种电力系统不对称故障就是这种情况。

对于三相对称的电力系统,由于相位上任意两相间相角差均相同,故往往只分析其中一相,另外两相的情况可直接通过已分析的一相来直接得到。例如,第 3 章中当得到了定子 a 相电流的瞬时值表达式之后,b、c 两相电流就可以将 a 相表达式中所有出现的相角减去或加上 120°即可得到。学完本章后读者即可知道,此时利用了三相对称电气量的一种具体的情况,即认为电流是三相对称的正序量,如图 13-1(a)所示,常用角标(1)表示。

还有其他的三相对称情况,如图 13-1(b)、(c)所示。观察三种三相对称的量可以发现,若所有相量均逆时针旋转,则对于空间中某个特定的位置(方向),正序分量经过这个位置的顺序为 $a \rightarrow b \rightarrow c$,负序分量经过这个位置的顺序为 $a \rightarrow c \rightarrow b$(相序恰与正序相反),常用角标(2)表示;而三相零序分量同时经过这个位置,常用角标(0)表示。但无论如何,三种情况均满足任意两相相角差均相同的特征,故知道其中一相量即可获取另外两相量[1]。

对于三相不对称量,意味着三相量相互独立,即无法从其中某一相的情况获得另外两相的情况。电力系统不对称故障分析的出发点是把三相不对称量表示成三相对称量

---

[1] 一般地,假设按照 $a \rightarrow b \rightarrow c$ 的顺序,前后两相的夹角为 θ,则这里的对称性相当于 $3\theta = k \cdot 360°$,其中 $k = 0$,$1,2,\cdots$。显然当 $k = 0$ 时,$\theta = 0°$,即零序分量情况;当 $k = 1$ 时,$\theta = 120°$,即正序分量情况;当 $k = 2$ 时,$\theta = 240°$,即负序分量情况。这也可以解释为何三序分量的角标为对应数字。当 k 取更大整数时,前述情况重复出现。

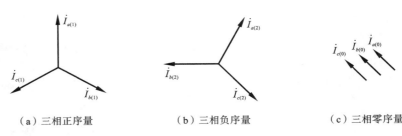

（a）三相正序量　　　　　　（b）三相负序量　　　　　　（c）三相零序量

图 13-1　三种三相对称量

的叠加[①]。按照前面的分析,每组三相量其实只有一个独立量,由线性代数的知识可知,当系数矩阵不奇异时,若方程和变量的个数相等,则线性方程组可解。对于此处的问题,用来表示三相不对称量的三相对称分量需要三组。通常就用前面所说的正负零三序分量来表达,如三相电流可表示为

$$\begin{cases} \dot{I}_a = \dot{I}_{a(1)} + \dot{I}_{a(2)} + \dot{I}_{a(0)} \\ \dot{I}_b = \dot{I}_{b(1)} + \dot{I}_{b(2)} + \dot{I}_{b(0)} \\ \dot{I}_c = \dot{I}_{c(1)} + \dot{I}_{c(2)} + \dot{I}_{c(0)} \end{cases} \tag{13.1}$$

方程组等号右侧共有九个量,但只有三个独立量。若选择 a 相的三个分量 $\dot{I}_{a(1)}$、$\dot{I}_{a(2)}$ 和 $\dot{I}_{a(0)}$ 作为独立量,则有

$$\begin{cases} \dot{I}_{b(1)} = \alpha^2 \, \dot{I}_{a(1)}, \dot{I}_{c(1)} = \alpha \, \dot{I}_{a(1)} \\ \dot{I}_{b(2)} = \alpha \, \dot{I}_{a(2)}, \dot{I}_{c(2)} = \alpha^2 \, \dot{I}_{a(2)} \\ \dot{I}_{b(0)} = \dot{I}_{a(0)}, \dot{I}_{c(0)} = \dot{I}_{a(0)} \end{cases} \tag{13.2}$$

式中:$\alpha = \mathrm{e}^{\mathrm{j}120°}$,它乘以某个相量的效果是该相量幅值不变,相位增加 120°,即逆时针旋转 120°。将式(13.2)代入式(13.1)有

$$\begin{cases} \dot{I}_a = \dot{I}_{a(1)} + \dot{I}_{a(2)} + \dot{I}_{a(0)} \\ \dot{I}_b = \dot{I}_{b(1)} + \dot{I}_{b(2)} + \dot{I}_{b(0)} = \alpha^2 \, \dot{I}_{a(1)} + \alpha \, \dot{I}_{a(2)} + \dot{I}_{a(0)} \\ \dot{I}_c = \dot{I}_{c(1)} + \dot{I}_{c(2)} + \dot{I}_{c(0)} = \alpha \, \dot{I}_{a(1)} + \alpha^2 \, \dot{I}_{a(2)} + \dot{I}_{a(0)} \end{cases} \tag{13.3}$$

其矩阵形式为

$$\begin{bmatrix} \dot{I}_a \\ \dot{I}_b \\ \dot{I}_c \end{bmatrix} = \begin{bmatrix} 1 & 1 & 1 \\ \alpha^2 & \alpha & 1 \\ \alpha & \alpha^2 & 1 \end{bmatrix} \begin{bmatrix} \dot{I}_{a(1)} \\ \dot{I}_{a(2)} \\ \dot{I}_{a(0)} \end{bmatrix} \tag{13.4}$$

亦可缩写为

$$\boldsymbol{I}_{abc} = \boldsymbol{S}^{-1} \boldsymbol{I}_{120} \tag{13.5}$$

　　容易证明方程的系数矩阵非奇异,在线性代数中这被认为是发生了坐标变换,此处是将正负零坐标系(或称为 120 坐标系)的量变换到 abc 坐标系,称为对称分量变换。若三组三相对称的 120 坐标系分量如图 13-1 所示,则将其变换到 abc 坐标系下的情况如图 13-2 所示,显然所得结果为三相电路中的一组三相不对称的电流,故这种坐标变换的效果是已知三相对称的正负零序三组对称量,如何合成一组三相不对称的量,将其称为对称分量反变换。事实上,这种坐标变换不仅限于三相电流,任何三相量均可作相

------

① 注意:这里隐含了电路为线性电路的前提条件。

应变换。此外,坐标变换也不仅限于三相不对称量,其实三相对称量就是只存在于其中一组序分量而另外两组序分量为 0 的情况。例如,前面所研究的三相对称短路电流就是只有正序分量,负序、零序分量均为 0。

在式(13.5)等号左右同时左乘系数矩阵的逆矩阵,则有

$$\boldsymbol{I}_{120} = \boldsymbol{S}\boldsymbol{I}_{abc} \tag{13.6}$$

即

$$\begin{bmatrix} \dot{I}_{a(1)} \\ \dot{I}_{a(2)} \\ \dot{I}_{a(0)} \end{bmatrix} = \frac{1}{3} \begin{bmatrix} 1 & \alpha & \alpha^2 \\ 1 & \alpha^2 & \alpha \\ 1 & 1 & 1 \end{bmatrix} \begin{bmatrix} \dot{I}_a \\ \dot{I}_b \\ \dot{I}_c \end{bmatrix} \tag{13.7}$$

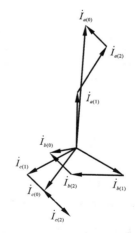

图 13-2 120 坐标系量与 abc 坐标系量的关系

式(13.7)提供了一种由已知的一组三相不对称的量分解成三相对称的正负零三序量的方法,将其称为对称分量变换。这里取 a 相的正负零三序量作为坐标变换后的独立量,b、c 两相的各序量可由 a 相各序量按照相应的相序顺序获得。

13.1.2　各序电流通用相量

3.4 节介绍派克变换时引入了电流通用相量的概念,用来分析定子、转子相互的电磁影响。在本章中可以将其推广到各序的情况。

在本章之前,讨论的所有电流均为三相正序电流,可表示为

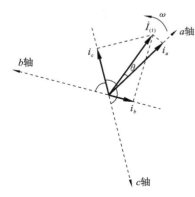

$$\begin{cases} i_a = I\cos\theta \\ i_b = I\cos(\theta - 120°) \\ i_c = I\cos(\theta + 120°) \end{cases} \tag{13.8}$$

式中:

$$\theta = \omega t + \theta_0 \tag{13.9}$$

图 13-3　正序电流通用相量

随着时间的增加角度 θ 在增大,本书以逆时针方向为相角增加正方向,则正序电流通用相量为空间中按逆时针方向以同步转速匀速旋转的相量,它在 a、b、c 三相绕组轴向上的投影就是三相正序电流瞬时值,如图 13-3 所示。

类似地,可将三相负序电流表示为

$$\begin{cases} i_a = I\cos\theta = I\cos(-\theta) \\ i_b = I\cos(\theta + 120°) = I\cos(-\theta - 120°) \\ i_c = I\cos(\theta - 120°) = I\cos(-\theta + 120°) \end{cases} \tag{13.10}$$

可见与相比,三相负序电流的表达式中只有角度 θ 取了负号,其他均不变。这意味着在 a、b、c 三相绕组轴向位置不变的情况下,负序电流通用相量为空间中按顺时针方向(恰与正序反向)以同步转速匀速旋转的相量,它在 a、b、c 三相绕组轴向上的投影就是三相负序电流瞬时值,如图 13-4 所示。

零序情况比较特殊。由于三相零序电流始终相等(包括幅值和相位),且均在各自

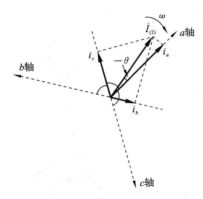

图 13-4 负序电流通用相量

相绕组的轴向上,它们产生的磁场始终相互抵消,因此无法用一个通用电流相量来表示。

此前提到过电力系统中旋转元件和静止元件的概念。通俗地说,前者拥有一个转子,是通过定子、转子相对运动,以及电磁耦合关系来实现功能的,主要包括发电机和负荷(感应电动机占最大比例);后者没有转子机构,正常运行时不需要靠机械运动来实现功能,主要包括变压器和输电线路。在不对称故障分析的语言环境中,由于正负序通用电流相量的转向刚好相反,故旋转元件中正序和负序电流相量产生磁场所遇到的磁路可能不同,涉及的物理现象和相关电抗参数也可能不同。而对静止元件而言不存在这一问题,故静止元件的正负序电抗参数相同。

零序电抗本身比较特殊,需要专门分析,后文详述。

13.1.3 序阻抗的概念

对于如图 13-5 所示的静止三相电路元件,可列出元件各相电压降落与各相电流的关系如式(13.11),此时考虑了不同相之间存在耦合的情况,即某相电流不仅对自身电压降落有影响,同时也会影响到其他各相:

$$
\begin{bmatrix} \Delta \dot{V}_a \\ \Delta \dot{V}_b \\ \Delta \dot{V}_c \end{bmatrix} = \begin{bmatrix} z_{aa} & z_{ab} & z_{ac} \\ z_{ba} & z_{bb} & z_{bc} \\ z_{ca} & z_{cb} & z_{cc} \end{bmatrix} \begin{bmatrix} \dot{I}_a \\ \dot{I}_b \\ \dot{I}_c \end{bmatrix} \tag{13.11}
$$

图 13-5 静止三相电路元件

式(13.11)的紧凑形式为

$$
\Delta \boldsymbol{V}_{abc} = \boldsymbol{Z} \boldsymbol{I}_{abc} \tag{13.12}
$$

利用对称分量变换矩阵进行推导,有

$$
\boldsymbol{S} \Delta \boldsymbol{V}_{abc} = \boldsymbol{S} \boldsymbol{Z} \boldsymbol{I}_{abc}
$$

即

$$
\Delta \boldsymbol{V}_{120} = \boldsymbol{S} \boldsymbol{Z} (\boldsymbol{S}^{-1} \boldsymbol{S}) \boldsymbol{I}_{abc} = \boldsymbol{S} \boldsymbol{Z} \boldsymbol{S}^{-1} \boldsymbol{I}_{120} = \boldsymbol{Z}_{sc} \boldsymbol{I}_{120} \tag{13.13}
$$

式(13.13)为各序电压、电流分量的关系式。

对于三相对称的情况,即若 $z_{aa} = z_{bb} = z_{cc} = z_s$,$z_{ab} = z_{bc} = z_{ac} = z_m$,则可推导出序阻抗矩阵为

$$
\begin{aligned}
\boldsymbol{Z}_{sc} = \boldsymbol{S} \boldsymbol{Z} \boldsymbol{S}^{-1} &= \frac{1}{3} \begin{bmatrix} 1 & \alpha & \alpha^2 \\ 1 & \alpha^2 & \alpha \\ 1 & 1 & 1 \end{bmatrix} \begin{bmatrix} z_s & z_m & z_m \\ z_m & z_s & z_m \\ z_m & z_m & z_s \end{bmatrix} \begin{bmatrix} 1 & 1 & 1 \\ \alpha^2 & \alpha & 1 \\ \alpha & \alpha^2 & 1 \end{bmatrix} \\
&= \begin{bmatrix} z_s & 0 & 0 \\ 0 & z_s & 0 \\ 0 & 0 & z_s \end{bmatrix} + \begin{bmatrix} -z_m & 0 & 0 \\ 0 & -z_m & 0 \\ 0 & 0 & 2z_m \end{bmatrix} = \begin{bmatrix} z_s - z_m & 0 & 0 \\ 0 & z_s - z_m & 0 \\ 0 & 0 & z_s + 2z_m \end{bmatrix}
\end{aligned}
$$

$$\tag{13.14}$$

可见序阻抗矩阵是对角阵,意味着正负零三序电路之间不存在耦合,某一序电路中的电压、电流不会影响到另外二序,这为我们通过三个三相对称的序电路分析以求解不对称故障创造了很好的条件。然而需要注意的是,这种各序解耦的关系仅对电路三相对称的情况成立,若电路三相不对称,序阻抗矩阵就可能不是对角阵,本书后续所有不对称故障分析计算的方法均不成立。

由式(13.14)还可看出,静止元件的正序阻抗和负序阻抗相同。由于零序分量与正负序分量相互之间关系不同[①],故零序阻抗与正负序阻抗可能不同,这种不同是由三相间的耦合现象($z_m \neq 0$)引起的,若三相间无耦合,则静止元件正负零三序阻抗相同。

由于13.1.2节所分析的原因,旋转元件的三序阻抗可能都不相同,但可以知道对于三相对称的情况,三序电路仍然满足解耦关系,此处不再展开讨论。

13.1.4　对称分量法

本书中不对称故障的分析都基于对称分量法,下面结合简单例子解释其通用思路。设有某三相对称的恒定电势源电路如图13-6所示,不失一般性,分析某时刻在 f 点处发生 a 相接地短路的情况,b、c 相发生单相接地的情况类似。既然是三相对称电路,说明三相电压源电压幅值相同,相位互差120°,三相的阻抗完全相同。

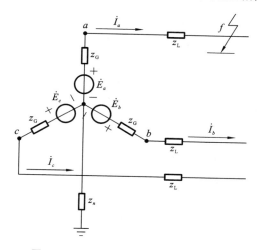

图 13-6　三相对称电路单相接地短路

发生短路后,短路点 f 处 a 相接地阻抗为0,b、c 相接地阻抗为无穷大,显然此处接地阻抗不满足三相对称条件,因此直接从阻抗角度入手分析,无法利用三序电路相互解耦的性质来简化问题求解。如果换一个角度,将阻抗看作是电压、电流相除的商,进而用短路点 f 处的三相对地电压、电流的不对称性来替换阻抗的不对称性,则此时三相电路的阻抗仍是三相对称的,三序电路相互解耦的性质被保留下来,可以分别分析各序电路的情况,并按照具体的故障类型将三序电路以特定的方式组合起来,从而得到不对称故障分析的结果。

具体到图13-6中的例子,a 相对地电压为0,对地电流不为0;b、c 相对地电压不为

---

① 这里主要指零序分量三相相位相同,正负序分量三相相位互差120°。

0,对地电流为 0。此时可用一组三相不对称的电压源来代替三相不对称的阻抗接入 f 点处(f 和地之间的端口称为此时的故障端口),如图 13-7 所示。

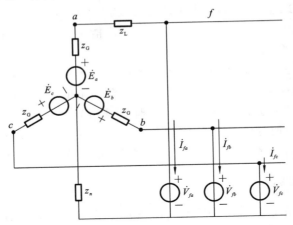

图 13-7 故障端口处的三相不对称电压源

利用与式(13.7)类似的坐标变换式,可将此时故障端口处三相不对称电压变换成正负零三序三相对称量的叠加,又考虑到此时三序电路解耦,故可先分别分析三序电路各自情况(见图 13-8)。各序均只需要分析与故障端口电压源关联的电流能够流通部分的电路,再利用故障端口处具体的故障条件将三序网络结果组合起来,就可得到最终的不对称故障分析结果。

在正序网络中存在两个电源,一是系统原有的电源,正常运行时电源电压、电流原本就为正序,这是由其运行机理所决定的,此相序无法更改,即图 13-8 中的 $\dot{E}_a \sim \dot{E}_c$,考虑到正序的相序特点,可有 $\dot{E}_b = \alpha^2 \dot{E}_a$ 及 $\dot{E}_c = \alpha \dot{E}_a$;二是故障端口处的故障电压正序分

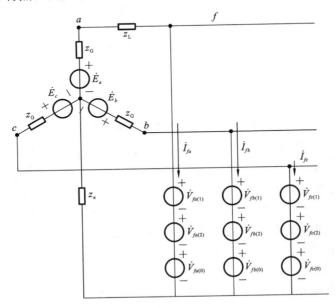

(a)故障端口不对称电压的对称分量分解

图 13-8 对称分量分解及各序网络

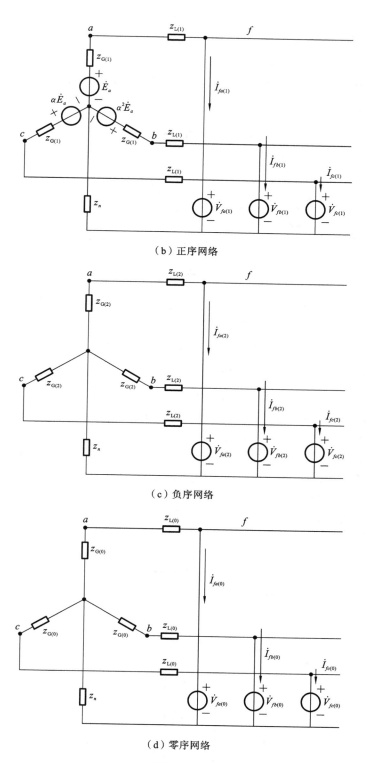

（b）正序网络

（c）负序网络

（d）零序网络

续图 13-8

量,即图 13-8 中的 $\dot{V}_{fa} \sim \dot{V}_{fc}$,同样有 $\dot{V}_{fb} = \alpha^2 \dot{V}_{fa}$ 及 $\dot{V}_{fc} = \alpha \dot{V}_{fa}$。

正序网络为三相对称网络,可以只分析其中一相,图 13-9 所示的为此时 a 相电流形成回路的情况。回路中电源内阻抗 $z_{G(1)}$、线路阻抗 $z_{L(1)}$ 均只流过 a 相正序电流 $\dot{I}_{fa(1)}$,而中性点接地阻抗 z_n 中流过的是三相正序电流之和。由基尔霍夫电压定律有

$$\dot{E}_a - (z_{G(1)} + z_{L(1)})\dot{I}_{fa(1)} - z_n(\dot{I}_{fa(1)} + \dot{I}_{fb(1)} + \dot{I}_{fc(1)}) = \dot{V}_{fa(1)} \tag{13.15}$$

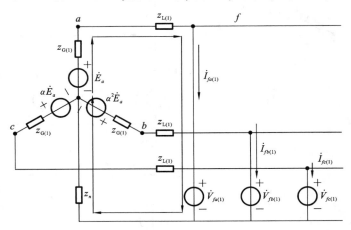

图 13-9 正序电路中的电流回路

由于三相对称,故三相正序电流总和应为 0,即

$$\dot{E}_a - (z_{G(1)} + z_{L(1)})\dot{I}_{fa(1)} = \dot{V}_{fa(1)} \tag{13.16}$$

电力系统实际电源处的三相电压只有正序分量,因此在负序网络和零序网络中原电源处将不再有电源,而是直接短路。

负序网络也为三相对称网络,可以只分析其中一相,图 13-10 所示的为此时 a 相电流形成回路的情况。回路中电源内阻抗 $z_{G(2)}$、线路阻抗 $z_{L(2)}$ 均只流过 a 相负序电流 $\dot{I}_{fa(2)}$,而中性点接地阻抗 z_n 中流过的是三相负序电流之和。由基尔霍夫电压定律并计及三相负序电流之和为 0,可有

$$0 - (z_{G(2)} + z_{L(2)})\dot{I}_{fa(2)} = \dot{V}_{fa(2)} \tag{13.17}$$

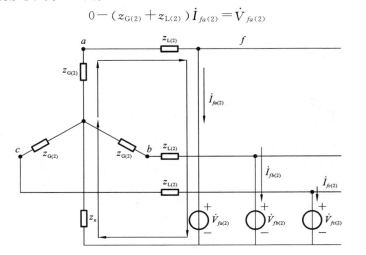

图 13-10 负序电路中的电流回路

零序网络同样为三相对称网络,可以只分析其中一相,但其电流流通情况与正负序时有明显区别。图 13-11 所示的为此时 a 相电流形成回路的情况。回路中电源内阻抗 $z_{G(0)}$、线路阻抗 $z_{L(0)}$ 均只流过 a 相负序电流 $\dot{I}_{fa(0)}$,而中性点接地阻抗 z_n 中流过的是三相零序电流之和。由基尔霍夫电压定律有

$$0-(z_{G(0)}+z_{L(0)})\dot{I}_{fa(0)}-z_n(\dot{I}_{fa(0)}+\dot{I}_{fb(0)}+\dot{I}_{fc(0)})=\dot{V}_{fa(0)} \tag{13.18}$$

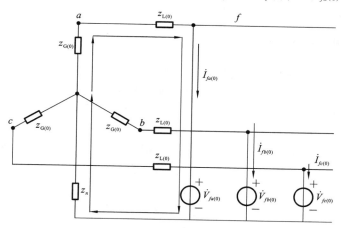

图 13-11　零序电路中的电流回路

由于三相零序电流幅值相角均相同,故式(13.18)可变为

$$0-(z_{G(0)}+z_{L(0)}+3z_n)\dot{I}_{fa(0)}=\dot{V}_{fa(0)} \tag{13.19}$$

这说明:若要像通常分析三相对称电路那样只分析单相电路的情况,并推广到另外两相,对于正负两序电路可直接忽略中性点接地阻抗的影响,而对零序电路而言,应将中性点接地阻抗扩大到原来的三倍再接入电路,才能体现出对中性点接地阻抗两端电压降落的等价。

在当前讨论的问题中,首先需要确定故障端口三序的电压和电流,共有 6 个变量。目前已经能够列出的方程为式(13.16)、式(13.17)和式(13.19),共 3 个方程,方程个数少于变量个数,说明现有条件无法唯一确定故障端口各序电压、电流。事实上,上述三个方程对同一位置发生任意类型的短路故障都是成立的。也就是说,为了考虑所发生故障类型的特点,尚需给出当前故障所特有的边界条件,即 a 相对地电压为 0,b、c 相对地电流为 0,经过对称分量分解后有

$$\begin{cases} \dot{V}_{fa}=\dot{V}_{fa(1)}+\dot{V}_{fa(2)}+\dot{V}_{fa(0)}=0 \\ \dot{I}_{fb}=\alpha^2\dot{I}_{fa(1)}+\alpha\dot{I}_{fa(2)}+\dot{I}_{fa(0)}=0 \\ \dot{I}_{fc}=\alpha\dot{I}_{fa(1)}+\alpha^2\dot{I}_{fa(2)}+\dot{I}_{fa(0)}=0 \end{cases} \tag{13.20}$$

将式(13.20)与式(13.16)、式(13.17)和式(13.19)联立,恰有 6 个方程,此时方程和变量个数相同,显然为待求解变量的线性方程组,解之即可得到故障端口三序电压、电流,对各序电路进行进一步分析,可进而得到非故障点处的详细情况。

为了能够开展上述分析,需要对电路中可能出现的各种元件的各序阻抗进行详细讨论。尤其需要指出的是,图 13-6 所示的三序电流所流过电路看起来相同,但对更加复杂的情况来说,正负序电路的拓扑结构和涉及的元件总是相同的,但零序电路由于需要考虑零序电流流通的具体条件,往往与正负序电路的拓扑结构并不相同,需要具体情

况具体分析。

13.2 典型电力系统设备的序阻抗

现代电力系统中的设备类型已大大丰富,本章无法一一涉及,仅出于阐述基本概念的需要,对发输配用各环节中典型设备的各序阻抗做进一步讨论。

13.2.1 同步电机的序阻抗

第 3 章所介绍的同步电机各种阻抗均为其正序阻抗,此处不重复赘述。

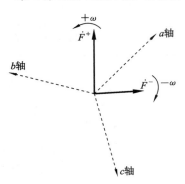

图 13-12 正负两序磁势的相对运动

1. 同步电机的负序电抗

由于正负两序基频电流产生磁势旋转方向刚好相反(见 13.1.2 节),其中正序磁势与转子同向同速旋转,二者相对静止,故负序磁势以两倍转速相对转子反向旋转,如图 13-12 所示。

在第 3 章中提到,发电机中的任意电抗都与某个磁场相对应。正在讨论的负序电抗事实上体现的是由负序电流产生的磁场与该负序电流本身之间的关系。由此可确定负序电抗的取值范围。由图 13-13 可见,尽管负序磁场相对转子反向旋转,但其任意瞬时位置处所遇到的磁路总是介于与转子纵轴同向和与转子横轴同向这两个边界情况之间,而这两个边界情况对应的电抗恰为 x_d''

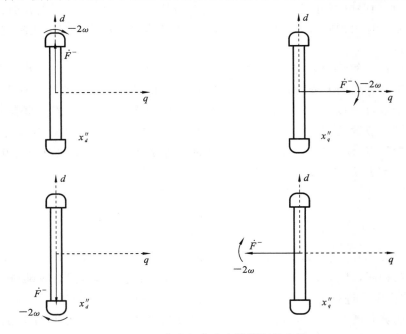

图 13-13 发电机负序电抗的取值范围

和 x''_q[①]，故可知发电机负序电抗的取值范围为 $x''_d \leqslant x_2 \leqslant x''_q$[②]。

在对同步电机负序电抗做定量分析时，需要明确的一点是，事实上要分析的是负序电流在同步电机中所产生的磁场效果。如前所述，负序基频电流所产生磁场相对定子以同步转速反向（顺时针）旋转，故相对转子以两倍同步转速反向旋转，相应磁势如图 13-14 所示的 $\dot{F}_{f2\omega}$。该磁势在转子 dq 二轴上的投影如图 13-15 所示的 $\dot{F}^{(d)}_{f2\omega}$ 和 $\dot{F}^{(q)}_{f2\omega}$，分别乘以相应磁路上的特定倍数（体现磁路磁导和绕组匝数）进而可得到对应磁链

$$\begin{cases} \psi^{(d)}_{f2\omega} = c_d F^{(d)}_{f2\omega} \\ \psi^{(q)}_{f2\omega} = c_q F^{(q)}_{f2\omega} \end{cases} \tag{13.21}$$

显然这两个磁链在转子侧均表现为倍频脉振磁链。

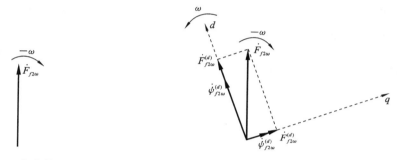

图 13-14　负序基频磁势　　**图 13-15　负序基频磁势在转子 d、q 轴向上产生的倍频脉振磁场**

仿照图 3-34 的思路，两个脉振磁链均可处理为相对于转子以倍频转速正反向旋转的两个磁链的和，每个磁链的幅值为原脉振磁链幅值的一半。同样地，与图 3-35 的情况类似，如图 13-16 所示，两个相对转子以倍频转速正向旋转的两个磁链始终保持反向，等价于一个相对转子以倍频转速正向旋转的磁链，亦即相对定子以三倍频转速正向旋转的磁链；两个相对转子以倍频转速反向旋转的两个磁链始终保持同向，等价于一个相对转子以倍频转速反向旋转的磁链，亦即相对定子以同步转速反向旋转的磁链。

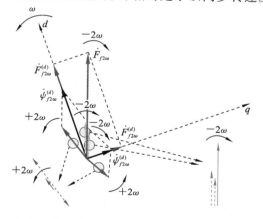

图 13-16　负序基频磁势所产生的 d、q 轴倍频脉振磁场的等效分解

---

① 对无阻尼绕组同步电机则为 x'_d 和 x_q。

② 读者可自行分析为何通常 $x''_d \leqslant x''_q$。

也就是说，无故障时电路中只存在正序基频电流 i_ω。当发生了不对称故障时，电路中将同时存在正序基频电流 $i_{\omega(1)}$ 和负序基频电流 $i_{\omega(2)}$（暂不分析零序电流）。基于上面的分析，$i_{\omega(2)}$ 将进一步诱发转子侧的倍频脉振磁场 $\psi_{f2\omega}$ 及相应的倍频脉振电流 $i_{f2\omega}$，而 $\psi_{f2\omega}$ 等价于分别相对转子以倍频转速正反向旋转的固定大小磁场 $\psi_{2f\omega}^-$ 和 $\psi_{2f\omega}^+$ 共同作用的效果。其中 $\psi_{2f\omega}^-$ 相对定子以同步转速反向旋转，反作用于已经出现的负序基频磁场 ψ_ω^- 及相应负序基频电流 $i_{\omega(2)}$；而 $\psi_{2f\omega}^+$ 相对定子以三倍转速正向旋转，进而在定子侧产生三倍频电流分量 $i_{3\omega}$。

不但如此，$i_{3\omega}$ 所存在的电路在故障端口处仍是不对称的，可以进一步产生负序三倍频电流 $i_{3\omega(2)}$。采用与上面类似的分析方法可知，$i_{3\omega(2)}$ 将进一步诱发转子侧的四倍频脉振磁场 $\psi_{f4\omega}$ 及相应的四倍频脉振电流 $i_{f4\omega}$，进而在定子侧产生五倍频电流分量 $i_{5\omega}$。综上所述，在发电机定子侧将感应出一系列奇数次谐波分量，而在发电机转子侧将感应出一系列偶数次谐波分量。只要电路允许新感应出的谐波分量流通，就将出现越来越高次的谐波分量。各次电流谐波分量出现的过程如图 13-17 所示。

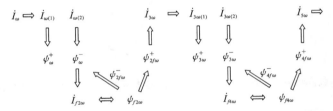

图 13-17　凸极机中由定子基频电流分量引起的定子、转子各次谐波电流分量出现的过程

需要澄清的一点是，这里所说的各次谐波分量出现的先后顺序是"逻辑上"的，实际所有分量都是同时出现的。

当然，相对于转子以偶数倍转速正向旋转的磁场为两个分量相互抵消后的效果，剩余部分的数值很小，从而使得越高次谐波分量的数值就越小。有一个特殊的情况发生在隐极机中。事实上，对隐极机而言，图 13-16 所示的两个相对转子以倍频转速正向旋转的两个磁势分量刚好大小相等，方向相反，相互抵消，因此定子侧并不会出现三倍频电流，后面的各次谐波产生的机制自然中断，如图 13-18 所示。

以上分析的是由定子基频电流分量在定子、转子侧分别引起的一系列奇偶次谐波的效果。类似地，定子中若存在非周期电流分量，也将基于类似的机制在定子侧感应出一系列偶数次谐波电流分量，而在转子侧感应出一系列奇数次谐波电流分量，这里不再展开论述，如图 13-19 所示。

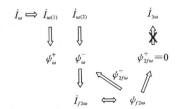

图 13-18　隐极机中由定子基频电流分量引起的定子、转子各次谐波电流分量出现的过程

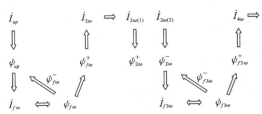

图 13-19　定子非周期电流分量引起的定子、转子各次谐波电流分量出现的过程

在计算同步电机负序电抗时,若把上述所有谐波分量都加以考虑,将使问题的分析过于复杂。通常在保持工程实际应用足够精度的前提下,将所求负序电抗定义为基频负序电压、电流的比值。更进一步,在对不同故障类型进行充分考虑并进行必要的简化后,可得到三种简单不对称故障下同步电机负序电抗计算式,如表 13-1 所示[①]。

表 13-1　各种不对称故障下同步电机负序电抗计算式

不对称故障类型	同步电机负序电抗计算式
单相接地短路	$x_{(2)}^{(1)}=\sqrt{\left(x_d''+\dfrac{x_{(0)}}{2}\right)\left(x_q''+\dfrac{x_{(0)}}{2}\right)}-\dfrac{x_{(0)}}{2}$
两相短路	$x_{(2)}^{(2)}=\sqrt{x_d''x_q''}$
两相短路接地	$x_{(2)}^{(1,1)}=\dfrac{x_d''x_q''+\sqrt{x_d''x_q''(2x_{(0)}+x_d'')(2x_{(0)}+x_q'')}}{2x_{(0)}+x_d''+x_q''}$

在进行具体的不对称故障分析时,读者将会认识到,两相短路是两相短路接地情况的特例,即所有两相短路接地情况中零序电抗 $x_{(0)}\rightarrow\infty$ 的情况,在此情况下,亦可看出两相短路时同步电机负序电抗计算公式是两相短路接地时同步电机负序电抗计算公式中零序电抗 $x_{(0)}\rightarrow\infty$ 的情况。

事实上,当同步电机外接很大电抗(其实就是在电力系统中里同步电机较远距离处发生故障)时,表 13-1 中的三式等号右侧的所有电抗均增大一个很大的数值,此时事实上各种公式的计算结果相差并不大。详细原因这里不再深入分析,读者可自行验证。

2. 同步电机的零序电抗

同步电机的零序电抗体现的是定子绕组通有零序电流后所产生的零序磁场与此零序电流之间的关系。由于零序分量的特殊性,三相零序电流所产生磁场幅值相位均相同,且空间上始终两两互差 120°,故气隙中的总磁势必为 0,只有漏磁通得以考虑。但要注意的是,零序电流产生的漏磁通与正负序电流产生的漏磁通并不相同,本书(乃至多数计算分析不对称故障的场合)没有必要做详尽的分析和讨论,通常可采用如下经验公式:

$$x_{(0)}=(0.15\sim0.6)x_d'' \tag{13.22}$$

式(13.22)等号右侧系数的取值与电机自身的结构有关。

13.2.2　变压器的零序阻抗及其零序电路与外电路的连接

变压器是静止元件,其正负序阻抗参数相同,故本节只详细分析变压器的零序阻抗,且只面对普通的双绕组变压器开展分析,更多绕组的情况可以很容易推广。

13.2.2.1　零序励磁电抗与变压器结构关系的讨论

如前所述,想要分析电气元件的某个电抗,就要分析相应电流所产生磁场的具体情况。对双绕组变压器而言,相关的电抗包括两侧绕组的漏抗 jx_{I}、jx_{II} 及励磁支路的等价励磁电抗 jx_{m},如图 13-20 所示,可见变压器在三个序网络中所做的拓扑贡献是相同

---

① 理论推导过程相当繁复,感兴趣的读者可参考由科学出版社于 1963 年出版的高景德所著的《交流电机过渡过程及运行方式的分析》3.5 节和 3.6 节。

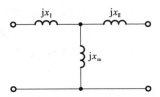

图 13-20 分析变压器零序阻抗时
所用的等值电路

的。两个漏抗体现的是各序电流所遇到的磁耦合情况，三序情况相同，故三序漏抗均相等。而励磁电抗与主磁通路径的磁导有关，正负序相同，但零序有可能与正负序不同。

对由三个单相变压器所组成的三相变压器而言，每相都有独立的铁芯磁路，允许零序磁通与正负序磁通拥有相同磁路(见图 13-21)，故零序励磁电抗与正负序励磁电抗相等。由于零序磁通主要经由铁芯形成回路，故磁阻较小，进而零序励磁电抗相比零序漏抗而言数值较大。

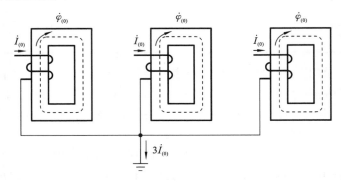

图 13-21 三个单相变压器的零序主磁通磁路

另一种常见的变压器结构为三相四柱式变压器，其零序磁通的主磁路如图 13-22 所示。尽管此时三相零序磁通磁路不独立，但仍可保证零序磁通主要经由铁芯形成回路。与前一种情况类似，磁路磁阻较小，进而零序励磁电抗相比零序漏抗而言数值较大。

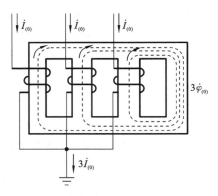

图 13-22 三相四柱式变压器的零序主磁通磁路

最后考虑三相三柱式变压器，其零序磁通的主磁路如图 13-23 所示。此时三相零序磁通磁路也不独立，但由于零序磁通三相幅值和相位均相同，磁通无法通过各相彼此磁路形成回路，只能被迫穿过绝缘介质经由金属外壳形成回路，致使磁路磁阻较大，从而零序励磁电抗数值较小。

本书从电力系统层面考虑变压器的零序电抗，通常不详细计及变压器的具体结构，在没有特别说明的情况下，均认为变压器零序励磁电抗很大，往往将其忽略，而仅考虑零序漏抗。这样在后面的分析中，认为变压器的三序电抗均相同。

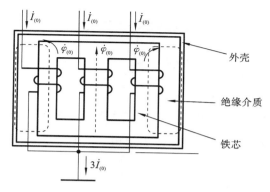

图 13-23 三相三柱式变压器的零序主磁通磁路

13.2.2.2 变压器零序等值电路与外电路的连通关系

变压器的零序等值电路已被简化成一个零序漏抗,且与正负序漏抗相等[1]。但该等值电路能否与电力系统其他部分(本节简称外电路)连通,还与若干具体因素有关。本节主要考虑下述两个因素。

(1)外电路在某侧三相绕组施加的零序电压能否在同侧产生零序电流?

(2)另一侧零序电流感应出的零序电势能否提供零序电流通路?

这两个因素均取决于零序电流的流通路径,均与三相绕组的接法有关,下面进行详细分析。

本书考虑三相电路的接法包括星形接法、星形接地接法(含经阻抗接地情况)、三角形接法。

1. 对外电路在某侧三相绕组施加的零序电压能否在同侧产生零序电流的考虑

先分析零序电压加在星形接法三相绕组(不接地)的情况,此时电路中的零序电流应该满足三相幅值和相位均相同,如图 13-24 所示。根据基尔霍夫电流定律,中性点处应该有 $\dot{I}_{(0)} + \dot{I}_{(0)} + \dot{I}_{(0)} = 0$,即 $\dot{I}_{(0)} = 0$。这意味着在这种情况下零序电流无法流通,事实上相当于在零序电路中开路。

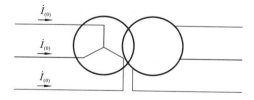

图 13-24 零序电压加到星形接法三相绕组的情况(中性点不接地)

再来分析零序电压加在三角形接法三相绕组的情况,此时电路中的零序电流应该满足三相幅值和相位均相同,如图 13-25 所示。根据推广的基尔霍夫电流定律,若将星形接法三相绕组看成一个广义节点,则在该广义节点处也应该有 $\dot{I}_{(0)} + \dot{I}_{(0)} + \dot{I}_{(0)} = 0$,即 $\dot{I}_{(0)} = 0$。这意味着在这种情况下零序电流也无法流通,即在零序电路中开路。

---

① 严格地说,还应串联一个理想变压器。但基于第 12 章中的近似假设,认为标幺值下理想变压器的变比均为 1,故此处可不考虑。

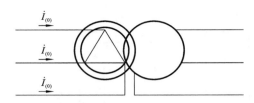

图 13-25　零序电压加到三角形接法三相绕组的情况

最后来看零序电压加在星形接地接法三相绕组的情况,此时电路中的零序电流应该满足三相幅值和相位均相同,如图 13-26 所示。根据基尔霍夫电流定律,在中性点处应满足图 13-26,此时具备了在本侧流通零序电流的条件。

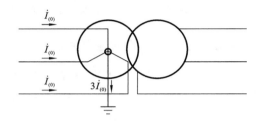

图 13-26　零序电压加到星形接地接法三相绕组的情况

综上所述,可认为在零序电路中,零序电流遇到星形不接地接法三相绕组和三角形接法三相绕组时相当于开路,遇到星形接地接法三相绕组具备流通条件,事实上能否流通还要看另一侧的情况。

2. 对另一侧零序电流感应出的零序电势能否提供零序电流通路的考虑

只有当变压器一侧三相绕组为星形接地接法时才需要考虑此问题,这里仍分三种情况进行讨论。

假设另一侧为星形接法(不接地)时(见图 13-27),与上面的情况类似,根据基尔霍夫电流定律,该侧中性点处应该有 $\dot{I}_{II(0)}+\dot{I}_{II(0)}+\dot{I}_{II(0)}=0$,即 $\dot{I}_{II(0)}=0$。由于原副边绕组电流成正比,这意味着原边绕组零序电流 $\dot{I}_{I(0)}=0$。也就是说,当另一侧绕组为星形不接地接法时,零序电流不能流出。虽然原边具备使零序电流可以流通的条件,但由于副边绕组接线方式的限制,零序电流仍不能流入变压器,对零序电路而言相当于经过变压器漏抗开路。

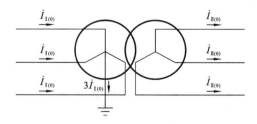

图 13-27　副边绕组为星形不接地接法情况

再来看另一侧为星形接地接法的情况,如图 13-28 所示。同样与前面情况类似,根据基尔霍夫电流定律,该侧中性点处有 $\dot{I}_{II(0)}+\dot{I}_{II(0)}+\dot{I}_{II(0)}=3\dot{I}_{II(0)}$,具备令零序电流流通的条件,在零序电路中体现为变压器漏抗串联在电路中。

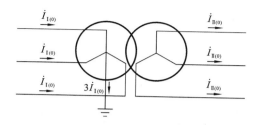

图 13-28 副边绕组为星形接地接法情况

一个比较特殊的情况是若中性点经阻抗接地,其中将流过三相电流之和。这在正负序电路中没有影响,因为正负序三相电流总和必为 0,故不会有电流流经此阻抗。在零序电路中截然不同,三相电路幅值相位均相同,流过该阻抗的总电流为单相电流的 3 倍,因此中性点接地阻抗上的电压降落也是仅流过单相零序电流时的 3 倍。

最后来看另一侧绕组为三角形接法的情况,如图 13-29 所示。若将此三角形看成广义节点,根据基尔霍夫电流定律的推广形式有 $\dot{I}_{\text{II}(0)} + \dot{I}_{\text{II}(0)} + \dot{I}_{\text{II}(0)} = 0$,即 $\dot{I}_{\text{II}(0)} = 0$,可见三角形一侧的零序电流无法流出变压器。

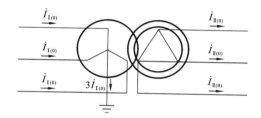

图 13-29 副边绕组为三角形接法情况

然而与星形不接地接法不同的是,尽管三角形接法三相绕组不允许零序电流流出变压器,但三角形本身即可提供零序电流回路。事实上,原边侧各相绕组在副边三角形侧对应相会感应出幅值相位都相同的感应电势,这是三角形中出现零序电流的直接原因,如图 13-30 所示。根据基尔霍夫电压定律可知 $3\dot{e}_{\text{II}(0)} + 3\text{j}x_{\text{II}(0)}\dot{I}_{(0)} = 0$,即 $\dot{e}_{\text{II}(0)} + \text{j}x_{\text{II}(0)}\dot{I}_{(0)} = 0$。这意味着每相的电压升等于电压降落,故图 13-30 中 a、b、c 三点的电位相同,即三角形接法绕组对零序电流而言相当于三相端子短接,当中性点与地等电位时相当于接地短路。

对比另一侧为星形不接地接法和三角形接法两种情况,尽管二者都表现为零序电流无法流出变压器,但前者等价于回路开路,导致零序电流无法流通,后者等价于回路在端子处短路,导致零序电流无法流到短路点之后,二者存在本质区别。

本节仅针对最简单的双绕组变压器进行分析,对多绕组变压器来说,每个绕组能否与零序外电路连通的原理是相同的,此处不再赘述。

13.2.3 架空输电线路的序阻抗

架空输电线路是静止元件,其正负序阻抗相同,可见第 2 章结果。事实上其零序阻抗的分析方法也与第 2 章相同,只不过需要考虑三相零序电流幅值和相位均相同,故任意相受另外两相电磁耦合影响的情况与三相正负序电流时不同,导致零序电抗与正负序电抗不等。详细的分析可借助"电磁场"理论相关知识,这不是本书要重点讨论的内

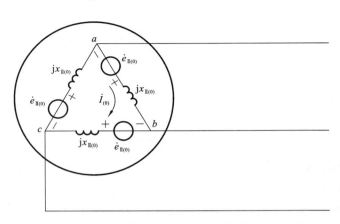

图 13-30　三角形接法三相绕组内部的零序电流环流

容,仅罗列不同架空线路形式下零序电抗与正序电抗的典型关系,如表 13-2 所示。

表 13-2　不同架空线路形式下零序电路与正序电路的关系

架空线路形式	零序电抗与正序电抗关系
无架空地线的单回线路	$x_{(0)} = 3.5x_{(1)}$
有钢质架空地线的单回线路	$x_{(0)} = 3x_{(1)}$
有良导体架空地线的单回线路	$x_{(0)} = 2x_{(1)}$
无架空地线的双回线路	$x_{(0)} = 5.5x_{(1)}$
有钢质架空地线的双回线路	$x_{(0)} = 4.7x_{(1)}$
有良导体架空地线的双回线路	$x_{(0)} = 3x_{(1)}$

13.2.4　综合负荷的序阻抗

电力系统的综合负荷指的是系统中所有用电设备的某种组合,其中占比例最大的是异步电动机。除人们日常生活中可能遇到的各种电动机之外,诸如机械加工制造、冶炼、交通牵引等各领域都会用到容量不一的异步电动机。因此当需要考虑负荷比较详

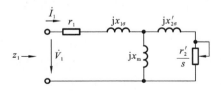

图 13-31　异步电动机正序等效电路

细的模型时,往往将其看作是异步电动机(或其与其他如 ZIP 模型等常见负荷模型的组合),在当前正在进行的不对称故障分析中也是如此。

从电机学的知识可知,异步电动机的正序等值电路可表示为图 13-31 所示内容,则从电机机端向电机内部看进去所看到的正序阻抗为

$$z_1 = (r_1 + jx_{1\sigma}) + jx_m \parallel \left(\frac{r'_2}{s} + jx'_{2\sigma} \right) \tag{13.23}$$

可见正序阻抗与电机运行的转差率 s 有关,本质上与短路故障的实际情况有关。

在工程实际的短路电流分析中,对综合负荷序阻抗的考虑可以做一定程度的简化。在第 12 章介绍的三相对称故障起始次暂态电流的计算中,若故障点离负荷很近,可用类似于处理发电机的方法来处理异步电动机,将其用次暂态电势串联次暂态电抗的支路来表达,若故障点离负荷较远,可将其简化成恒定阻抗,或直接忽略不计。对所有其

他的故障分析,通常均将负荷看成是恒定阻抗。

负荷阻抗的计算公式为

$$z_{LD} = \frac{V_{LD}^2}{S_{LD}}(\cos\varphi + j\sin\varphi) \qquad (13.24)$$

式中:V_{LD} 和 S_{LD} 分别为负荷的运行电压和视在功率;$\cos\varphi$ 为功率因数。在第 12 章中讨论了短路电流计算时的近似标幺值问题,一个很重要的目标是避免求解电路时的复数计算。然而若仅用式(13.24)来计算负荷阻抗,由于其阻抗角即为功率因数角,当不同负荷的功率因数角不同时,无法避免复数计算,则此时可考虑做进一步的近似。

例如,在额定的情况下 $V_{LD}=1$,$S_{LD}=1$,对于典型的功率因数 $\cos\varphi=0.8$,可得 $z_{LD}=0.8+j0.6$。大量的工程实践表明,若用一个纯虚数 $z_{LD}=j1.2$ 来代替,并不会对发生在电网中的短路电流大小产生很大影响。以图 13-32 中的简化电路为例,图中将电

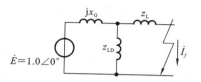

图 13-32　简化正序阻抗的示意图

网中的所有电源均等效到一处,用不同的 z_L 来表示故障发生地点与电源的距离。计算出短路电流 $\dot{I}_f$ 的大小示于图 13-33 中,可以看出用纯虚数电抗来代替一般复数的正序电抗,对短路电流计算结果影响甚微。

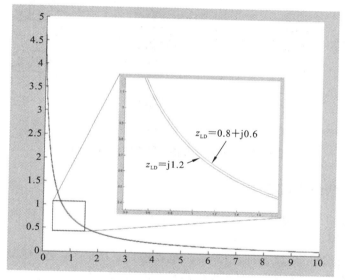

图 13-33　电动机两种正序阻抗取值对故障电流的影响对比

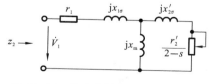

图 13-34　异步电动机负序等效电路

可用与图 13-31 类似的方式表达电动机负序电抗的等效电路,如图 13-34 所示。对异步电动机来说,其正序转差为

$$s_{(1)} = \frac{\omega_N - \omega}{\omega_N} = 1 - \frac{\omega}{\omega_N} \qquad (13.25)$$

则负序转差为

$$s_{(2)} = \frac{\omega_N - (-\omega)}{\omega_N} = 1 + \frac{\omega}{\omega_N} = 2 - \left(1 - \frac{\omega}{\omega_N}\right) = 2 - s_{(1)} \qquad (13.26)$$

同样可以考虑对电动机负序阻抗做一些简化。例如,可略去所有绕组中的电阻部

分,并考虑电机从静止启动时的情况,此时 $s_{(1)}=1$,则 $x_{(2)}=x''=1/I_{st}$,其中 I_{st} 为电机的启动电流。本书中常用经验数据 $x_{(2)}=0.35$,已经计及降压变压器和馈电线路的等效电抗。

由于异步电动机或其他负荷往往为三角形接法或星形不接地接法,而且负荷所连配电变压器也可能是三角形接法或星形不接地接法,这直接导致发生在电网中的不对称故障所带来的零序电流不能流入异步电动机。因此,通常不需要考虑综合负荷的零序电抗。

13.3 各序网络的制定方法

13.2 节详细讨论了各种典型的电力系统设备的各序阻抗,物理本质上体现的是各序电流所产生的磁场。出于同样的考虑,对于由这些电力系统设备所组成的电力系统,若其中发生了不对称故障,从而出现了正负零三序电流,也要通过分析各序电流可能流经哪些元件来得到各序网络,这是制定各序网络的基本原则。以下基于这一原则通过图 13-35 中的示例讨论各序网络的制定方法。

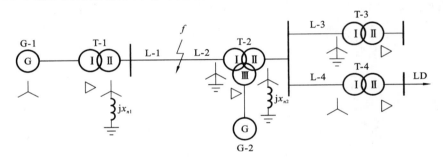

图 13-35 用来制定各序网络的电力系统示例

13.3.1 正序网络的制定

基于 13.1.4 节的分析,由于在 f 点处发生了不对称故障,正序网络中该处应存在一个正序电压源,如图 13-36 所示。

正常运行的发电机发出的三相电压、电流均为正序量,其在正序网络中应与三相短路时的表现相同。在本例中,两台发电机处应存在相应的正序电压源支路,如图 13-37 所示。

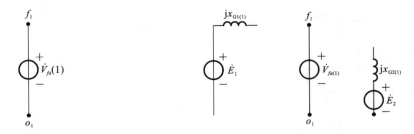

图 13-36 故障端口处的正序电压源 **图 13-37** 发电机对应的正序电压源

在图 13-35 中输电线路 T-3 空载,故正序电流无法流通。正序电流可以流经的电气元件如图 13-38 所示的标记,故图 13-35 在 f 点发生不对称故障时的正序网络如图 13-39 所示。

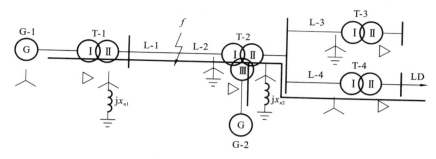

图 13-38 正序电流的通路

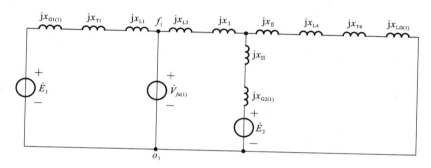

图 13-39 正序网络

归纳制定正序网络的要点:① 确定网络中的电压源,包括故障端口处和原有发电机处的电压源;② 确定正序电流能够流通的部分,从而形成正序网络。

在进行全网的详细不对称故障分析时,首先需要获得故障端口处的状态,为此可先将上述正序网络在故障端口处形成戴维南等效电路,如图 13-40 所示,形成的方法参见"电路"课程的相关知识,此处不再赘述。所谓获得故障端口处的状态,在正序网络中即为获得 $\dot{V}_{fa(1)}$ 和 $\dot{I}_{fa(1)}$ 的具体数值。

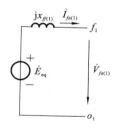

图 13-40 正序网络的戴维南等效电路

13.3.2 负序网络的制定

从各相电流三相对称的表现形式来看,与零序电流相比,负序电流与正序电流是类似的,都是三相幅值相同、相位互差 $120°$。因此,负序电流能够流经的区域与正序电流也是相同的,从而负序网络的拓扑结构与正序网络的拓扑结构完全相同。但需要注意两点:① 正常三相对称运行的发电机的电压、电流都不含有负序分量,因此在负序网络中发电机原本为电压源的地方体现为短路;② 旋转元件的正负序阻抗可能不同,在负序网络中应用其负序参数来代替。综上所述,可得到与图 13-39 相对应的负序网络,如图 13-41 所示。

在负序网络中只有故障端口处有电源,则网络其余部分在故障端口处等价为一个阻抗,其简化电路如图 13-42 所示。应获得的负序网络故障端口状态为 $\dot{V}_{fa(2)}$ 和 $\dot{I}_{fa(2)}$ 的具体数值。

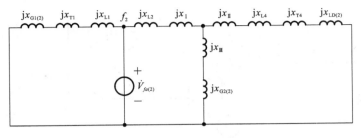

图 13-41　负序网络　　　　图 13-42　负序网络的化简

13.3.3　零序网络的制定

零序网络的制定方法本质上来说与正负序网络制定方法相同,但由于零序电流与正负序电流存在特征性差别,所以在分析它能够流经哪些电气元件时需要考虑到其特殊性,需要做专门考虑。

与负序网络相同的是,在零序网络中也仅在故障端口处存在电源,因此所有零序电流都由它带来,促使我们采用从故障端口处开始进行网络遍历的方式来判断零序电流的流经范围。首先应画出故障端口处电压源,如图 13-43 所示。

针对图 13-35,先来分析零序电流从故障端口处向左流动的情况,可以发现当零序电流流经输电线路 L-1 和变压器 T-1 后,将在 T-1 的三角形绕组侧接地后与故障端口电源形成回路,如图 13-44 所示的零序电流回路 1。

图 13-43　故障端口处的零序电压源

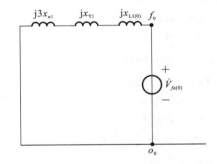

图 13-44　零序电流回路 1

当零序电流从故障端口处向右流动时,经过输电线路 L-2 后首先遇到的是三绕组变压器 T-2 的星形接地接法绕组——绕组Ⅰ,按照 13.2.2 节中的分析,该绕组具备流入零序电流的条件,但零序电流是否真能流通,还要看另外两个绕组的情况。

先看 T-2 的绕组Ⅲ,其为三角形绕组,零序电流进入该绕组后等价于接地,故有图 13-45 中的零序电流回路 2。

再看 T-2 的绕组Ⅱ,为星形经阻抗接地接法,零序电流可直接流入,同时接地阻抗应变为 3 倍后与绕组漏抗串联。零序电流继续流动时将遇到 L-2 和 L-4 两个输电线路分支。其中 L-4 所接的是变压器 T-4 的星形不接地接法绕组,对零序电流相当于开路,故尽管其带有负荷,但零序电流并不会流经此段回路。相反地,尽管 L-3 所连变压器

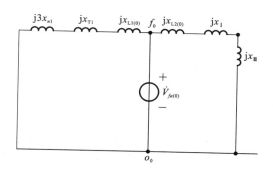

图 13-45 零序电流回路 2

T-3 是空载的,但由于与 L-3 相连的是 T-3 的星形接地接法支路,同时另一侧又是三角形接法,所以零序电流可以流通,并在三角形侧接地形成回路,如图 13-46 所示中的零序电流回路 3,所得电路亦为完整的零序网络。

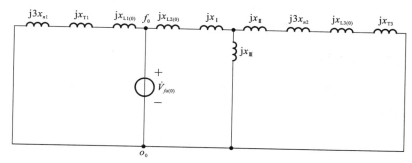

图 13-46 零序电流回路 3 及完整的零序网络

对于更复杂的电网,在指定故障端口位置后,其零序网络的制定方法仍可以故障端口位置为起点,通过广度优先遍历的方法来实现。

同样,在零序网络中也只有故障端口处有电源,网络其余部分在故障端口处等价为一个阻抗,其简化电路如图 13-47 所示。应获得的零序网络故障端口状态为 $\dot{V}_{fa(0)}$ 和 $\dot{I}_{fa(0)}$ 的具体数值。

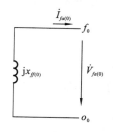

图 13-47 零序网络的化简

13.3.4 简单不对称故障求解的原始模型

综合图 13-40、图 13-42 和图 13-47,可列写三个故障端口处各序电压、电流的关系式(注意:电压、电流方向的定义)为

$$\begin{cases} \dot{E}_{\text{eq}} - \mathrm{j}x_{ff(1)}\dot{I}_{fa(1)} = \dot{V}_{fa(1)} \\ -\mathrm{j}x_{ff(2)}\dot{I}_{fa(2)} = \dot{V}_{fa(2)} \\ -\mathrm{j}x_{ff(0)}\dot{I}_{fa(0)} = \dot{V}_{fa(0)} \end{cases} \quad (13.27)$$

式(13.27)为共有 6 个变量、3 个待求解变量的线性方程,方程个数少于变量个数,因此尚不能唯一确定解。

事实上,上述故障端口等价电路及所列三个方程对同一故障端口位置的任何类型故障都是成立的,还需要针对具体的不对称故障情况补充另外三个方程,才能够获得唯一的故障端口情况,这是 13.4 节将要详述的内容。

13.4 简单不对称短路故障中短路点处的分析计算

13.4.1 特殊相的选取

利用在 13.1.1 节中所介绍的对称分量变换,可以把任意一组三相量分解成正负零三相对称量的叠加,其中每组序分量又可用某一相来表达另外两相,在分析过程中被选择的这一相与另外两相的地位不同,将其称为特殊相。本章中若无特殊说明,均选择 a 相作为特殊相,即:① 对于单相故障(如单相接地故障),则分析 a 相故障的情况;② 对于两相故障(如两相接地故障或两相间故障),则分析 b、c 相故障的情况。这样处理后,所有简单不对称故障的分析均可归结为对 a 相各序电压、电流的分析。

第 14 章中所讨论的复杂故障,可能有多个同时存在的简单故障分别取不同特殊相的情况,届时会有专门的方法进行处理。

13.4.2 单相接地短路

假设发生了 a 相接地短路,其示意图如图 13-48 所示。将故障端口边界条件表示为电压、电流形式,即

$$\begin{cases} \dot{V}_{fa}=0 \\ \dot{I}_{fb}=0 \\ \dot{I}_{fc}=0 \end{cases} \tag{13.28}$$

进行对称分量分解,并引入算子 $\alpha=\mathrm{e}^{\mathrm{j}120°}$,则有

$$\begin{cases} \dot{V}_{fa(1)}+\dot{V}_{fa(2)}+\dot{V}_{fa(0)}=0 \\ \alpha^2\,\dot{I}_{fa(1)}+\alpha\,\dot{I}_{fa(2)}+\dot{I}_{fa(0)}=0 \\ \alpha\,\dot{I}_{fa(1)}+\alpha^2\,\dot{I}_{fa(2)}+\dot{I}_{fa(0)}=0 \end{cases} \tag{13.29}$$

式(13.29)第二、三两式相减,则有

$$(\alpha^2-\alpha)\dot{I}_{fa(1)}+(\alpha-\alpha^2)\dot{I}_{fa(2)}=0$$

即 $\dot{I}_{fa(1)}=\dot{I}_{fa(2)}$,将其代入式(13.29)第二、三两式中的任意式,有

$$(\alpha+\alpha^2)\dot{I}_{fa(1)}+\dot{I}_{fa(0)}=0$$

因为 $1+\alpha+\alpha^2=0$,故 $\alpha+\alpha^2=-1$,即 $\dot{I}_{fa(1)}=\dot{I}_{fa(0)}$。可见对单相接地故障而言,边界条件为故障端口处三序电流相同,即

$$\dot{I}_{fa(1)}=\dot{I}_{fa(2)}=\dot{I}_{fa(0)} \tag{13.30}$$

将其与式(13.29)第一式结合即得到对称分量分解后的边界条件。

基于电路理论可以直观地想到,电流相同往往对应于元件的串联,而三序电压总和为零意味着串联后电路被短接(基尔霍夫电压定律),故式(13.30)与图 13-49 中的电路等价,该电路由故障端口处三序网络组合而成,称为 a 相接地故障的复合序网。

该复合序网很容易求解,易知故障端口各序电流为

$$\dot{I}_{fa(1)}=\dot{I}_{fa(2)}=\dot{I}_{fa(0)}=\frac{\dot{V}_f^{(0)}}{\mathrm{j}(x_{ff(1)}+x_{ff(2)}+x_{ff(0)})} \tag{13.31}$$

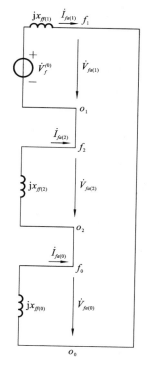

图 13-49　a 相接地短路的复合序网

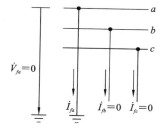

图 13-48　a 相接地短路的边界条件

进而可求出故障端口各序电压,即

$$\dot{V}_{fa(1)}=\dot{V}_f^{(0)}-\mathrm{j}x_{ff(1)}\dot{I}_{fa(1)}=\mathrm{j}(x_{ff(2)}+x_{ff(0)})\dot{I}_{fa(1)} \tag{13.32}$$

$$\dot{V}_{fa(2)}=-\mathrm{j}x_{ff(2)}\dot{I}_{fa(1)} \tag{13.33}$$

$$\dot{V}_{fa(0)}=-\mathrm{j}x_{ff(0)}\dot{I}_{fa(1)} \tag{13.34}$$

至此三序端口故障情况求解完毕。

　　下面通过相量图分析各相各序电压、电流相互关系,进而得到三相电压、电流情况。在本章各种简单故障的分析中,均假设 a 相[①]正序电流相位为 0,即将 $\dot{I}_{fa(1)}$ 画成水平向右方向,如图 13-50 所示。

　　由式(13.32)可知,正序电压应超前正序电流 90°,即如图 13-51 所示。

图 13-50　正序电流相量　　　　　图 13-51　正序电压与正序电流的相位关系

由于单相接地短路时三序电流相同,则有图 13-52 所示结果。

　　再由式(13.33)和式(13.34)可知,负序电压和零序电压均应滞后正序电流 90°,即

---

① 为行文简洁,在本章后面内容中,对于 a 相的各序量,不再明确指明"a 相"。

与正序电压反向。同时应注意到正序电压的大小应等于负序电压和零序电压大小之和[1],如图 13-53 所示。

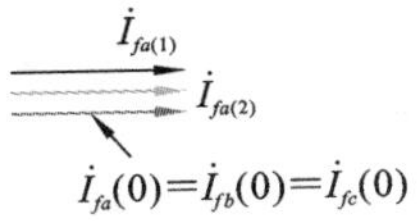

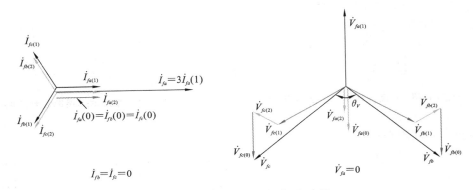

图 13-52 三序电流相同

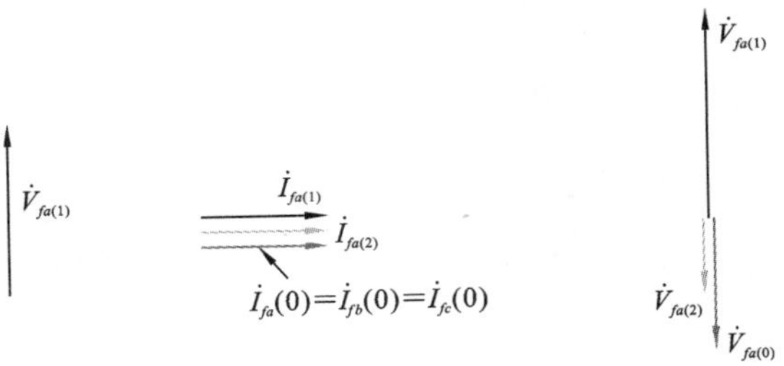

图 13-53 负序电压和零序电压

至此 a 相各序电压、电流均已知,可得到另外两相各序电压、电流,进而得到故障点处各相电压、电流,如图 13-54 所示。可知

$$\dot{I}_f = \dot{I}_{fa} = 3\,\dot{I}_{fa(1)} \tag{13.35}$$

图 13-54 故障点处三相电压、电流

由图 13-54 可见,故障点处 b、c 两相电压幅值相同,相位相差 θ_V。这个角度与短路故障的实际情况有关,即与发生故障网络的拓扑结构和参数、故障位置、接地方式等均有关。下面对几种特殊的情况予以讨论。

特殊情况 1:故障发生在中性点处。

此时相当于故障端口零序组合电抗 $x_{ff(0)} \to 0$,如图 13-55 所示。此时故障端口零序电压为 0,则 a 相负序电压与正序电压大小相同、方向相反,可得到 b、c 两相正序电压和负序电压,进而可知这两相电压幅值相同(大小为正序电压幅值的 $\sqrt{3}$ 倍),相位相反,即 $\theta_V = 180°$。

特殊情况 2:故障发生在中性点不接地网络中。

此时相当于故障端口零序组合电抗 $x_{ff(0)} \to +\infty$,如图 13-56 所示。此时复合序网开路,各序电流均为 0,则故障端口负序电压为 0,a 相零序电压与正序电压大小相同、方向相反,可得到 b、c 两相正序电压和负序电压,进而可知这两相电压幅值相同,相位相差 $\theta_V = 60°$。

---

[1] 三个序电压之和为 0,即 a 相接地条件。

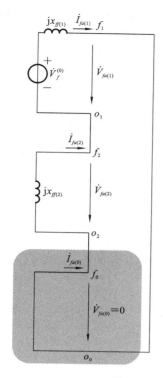

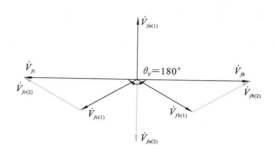

图 13-55 特殊情况 1 的复合序网和电压相量图

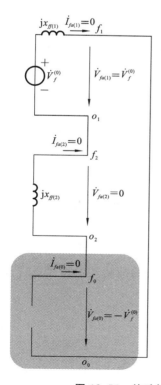

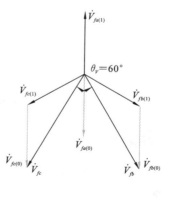

图 13-56 特殊情况 2 的复合序网和电压相量图

进一步可以发现,此时 a 相正序和零序电压大小为相电压,而 b、c 两相电压为相电压的 $\sqrt{3}$ 倍。也就是说,中性点不接地电力系统发生单相接地故障后,非故障相电压将上升为线电压,其显然显著高于正常电压水平,这也是单相接地故障可能面临的一种比较严重的情况。

特殊情况 3:负序网络和零序网络的组合电抗相同。

此时故障端口负序和零序电压相同:$\dot{V}_{fa(0)}=\dot{V}_{fa(2)}=-\dfrac{1}{2}\dot{V}_{fa(1)}$,方向与正序电压相反,如图 13-57 所示。若故障发生在远离电源处,则旋转元件正负序阻抗不同带来的影响将被削弱,假设 $x_{ff(1)}\approx x_{ff(2)}$,则有 $V_{fa(1)}=\dfrac{2}{3}V_f^{(0)}$,故 $V_{fa(0)}=V_{fa(2)}=\dfrac{1}{3}V_f^{(0)}$,进而 $V_{fb}=V_{fc}=V_f^{(0)}$,即非故障相电压等于故障前正常电压。

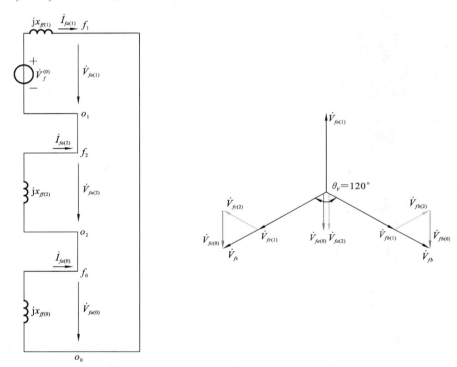

图 13-57　特殊情况 3 的复合序网和电压相量图

13.4.3　两相接地短路

假设发生了 b、c 相接地短路,如图 13-58 所示。将故障端口边界条件表示为电压、电流形式,即

$$\begin{cases}\dot{I}_{fa}=0\\ \dot{V}_{fb}=0\\ \dot{V}_{fc}=0\end{cases}\qquad(13.36)$$

可以采用与 13.4.2 节类似的做法对此边界条件做对称分量分解并做进一步分析。然而如果能够注意到,对比式(13.28)和式(13.36),可以发现二式非常类似,仅电压和电流符号对调位置,则可利用此对偶性直接给出对称分量分解后的边界条件。

具体而言，a 相接地短路的边界条件为故障端口处三序电流相同、三序电压总和为 0，则 b、c 相接地短路的边界条件应为故障端口处三序电压相同、三序电流总和为 0。前者的复合序网为三序网络串联后短接，后者的复合序网则应为三序网络直接并联，而三序电流总和为 0 将由基尔霍夫电流定律来保证，如图 13-59 所示。

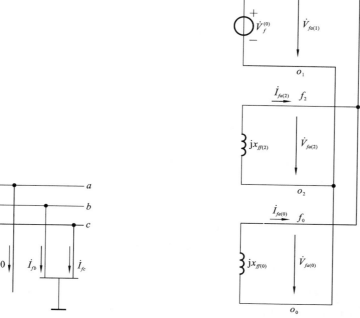

图 13-58　b、c 相接地短路的边界条件 　　　图 13-59　b、c 相接地短路的复合序网

求解此复合序网，首先可以得到正序电流为

$$\dot{I}_{fa(1)} = \frac{\dot{V}_f^{(0)}}{\mathrm{j}(x_{ff(1)} + x_{ff(2)} \parallel x_{ff(0)})} \tag{13.37}$$

进而根据分流原理可得负序电流和零序电流，即

$$\begin{cases} \dot{I}_{fa(2)} = -\dfrac{x_{ff(0)}}{x_{ff(2)} + x_{ff(0)}} \dot{I}_{fa(1)} \\[3mm] \dot{I}_{fa(0)} = -\dfrac{x_{ff(2)}}{x_{ff(2)} + x_{ff(0)}} \dot{I}_{fa(1)} \end{cases} \tag{13.38}$$

最后可得各序电压为

$$\dot{V}_{fa(1)} = \dot{V}_{fa(2)} = \dot{V}_{fa(0)} = \mathrm{j} \frac{x_{ff(2)} x_{ff(0)}}{x_{ff(2)} + x_{ff(0)}} \dot{I}_{fa(1)} \tag{13.39}$$

在两相接地短路的相量图中，首先可以表示出故障端口各序电压、电流，如图 13-60 所示，可以得到各相各序电压、电流分量，从而进一步得到各相电压、电流值，如图 13-61 所示。对比图 13-54 和图 13-61 可以发现，仅就相量图"形状"来看，图 13-61 中电流相量图和电压相量图分别是图 13-54 中电压相量图和电流相量图旋转 $90°$ 得到的结果。

除边界条件式 (13.36) 已知的各相电压、电流外，其余结果分别为

$$I_f = I_{fb} = I_{fc} = \sqrt{3} \sqrt{1 - \frac{x_{ff(0)} x_{ff(2)}}{(x_{ff(0)} + x_{ff(2)})^2}} I_{fa(1)} \tag{13.40}$$

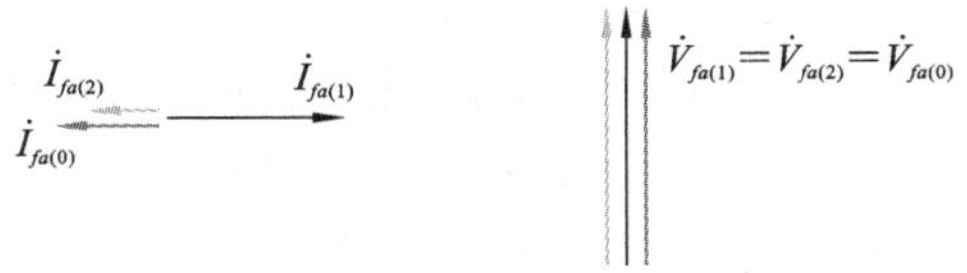

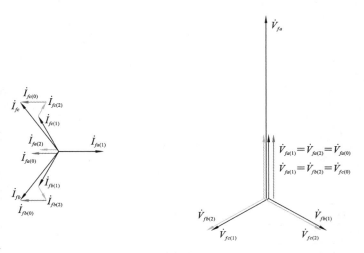

图 13-60　各序电压、电流

图 13-61　故障点处三相电压、电流

$$\dot{V}_{fa} = 3\dot{V}_{fa(1)} \tag{13.41}$$

式(13.40)表明两相接地短路的故障电流与正序电流成比例,该比例是一个较复杂的表达式,由故障端口处负序网络和零序网络的组合电抗来决定。将该式略做变形,可得

$$I_f = I_{fb} = I_{fc} = \sqrt{3}\sqrt{1 - \frac{x_{ff(0)}\,x_{ff(2)}}{(x_{ff(0)}+x_{ff(2)})^2}}\,I_{fa(1)} = \sqrt{3}\sqrt{1 - \frac{x_{ff(0)}/x_{ff(2)}}{(x_{ff(0)}/x_{ff(2)}+1)^2}}\,I_{fa(1)}$$

令 $s = x_{ff(0)}/x_{ff(2)}$,则 $I_f = I_{fb} = I_{fc} = mI_{fa(1)}$,其中

$$m = \sqrt{3}\sqrt{1 - \frac{s}{(s+1)^2}}$$

易知如下极端情况:

当故障发生在中性点处,即 $x_{ff(0)} = 0$ 时,有 $s = 0$,则 $m = \sqrt{3}$;

若所研究电力系统中性点处处不接地,即 $x_{ff(0)} \to \infty$ 时,有 $s \to \infty$,则 $m = \sqrt{3}$。

以上为两种极端情况,实际情况应介于二者之间,显然 m 存在极值。根据极值条件 $dm/ds = 0$,可知 $s = 1$ 时(故障端口处负序和零序组合电抗相同)m 取极值 1.5,进一步可知该值为极小值,故有 $1.5 \leqslant m \leqslant \sqrt{3}$,为一个比较小的区间。

13.4.4　两相间短路

假设发生了 b、c 相间短路,其示意图如图 13-62 所示。将故障端口边界条件表示为电压、电流形式,即

$$\begin{cases} \dot{I}_{fa} = 0 \\ \dot{V}_{fb} = \dot{V}_{fc} \end{cases} \tag{13.42}$$

可以采用与 13.4.2 节类似的做法对此边界条件进行对称分量分解并进行进一步分析。当然，若注意到故障端口不接地，即故障电流无法通过大地形成回路，等价于故障端口零序阻抗无穷大的情况，则可基于图 13-59 直接得到此两相间短路的复合序网，如图 13-63 所示。

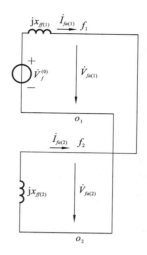

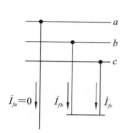

图 13-62 b、c 相间短路的边界条件　　　　**图 13-63** b、c 相间短路的复合序网

求解图 13-63 中的电路，或直接将 $x_{ff(0)} \to \infty$ 代入式（13.37）～式（13.39），可得 bc 相间短路各序电压、电流结果为

$$\begin{cases} \dot{I}_{fa(1)} = \dfrac{\dot{V}_f^{(0)}}{\mathrm{j}(x_{ff(1)} + x_{ff(2)})} \\ \dot{I}_{fa(2)} = -\dot{I}_{fa(1)} \\ \dot{V}_{fa(1)} = \dot{V}_{fa(2)} = -\mathrm{j}x_{ff(2)}\dot{I}_{fa(2)} = \mathrm{j}x_{ff(2)}\dot{I}_{fa(1)} \end{cases} \tag{13.43}$$

两相间短路相量图如图 13-64 所示。由图 13-64 可知，在发生故障点处，有

$$I_f = I_{fb} = I_{fc} = \sqrt{3}\,I_{fa(1)} \tag{13.44}$$

$$\dot{V}_{fa} = 2\,\dot{V}_{fa(1)} = \mathrm{j}2x_{ff(2)}\dot{I}_{fa(1)} \tag{13.45}$$

$$\dot{V}_{fb} = \dot{V}_{fc} = -\frac{1}{2}\dot{V}_{fa} = -\dot{V}_{fa(1)} \tag{13.46}$$

13.4.5　正序等效定则

观察式（13.31）、式（13.37）和式（13.43）可知，在以 a 相为特殊相的情况下，前面介绍的三种简单不对称故障的故障电流可统一表示为 a 相正序电流的倍数，即

$$I_f^{(n)} = m^{(n)} I_{fa(1)}^{(n)} \tag{13.47}$$

上角标 (n) 表示不同的故障类型。

进一步观察式（13.31）、式（13.37）和式（13.43）（或观察相应复合序网）可知，a 相正序电流也可用统一的计算式来表示，即

$$\dot{I}_{fa(1)}^{(n)} = \dfrac{\dot{V}_f^{(0)}}{\mathrm{j}(x_{ff(1)} + x_\Delta^{(n)})} \tag{13.48}$$

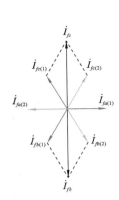

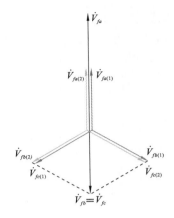

图 13-64　两相间短路故障点处各相电压、电流

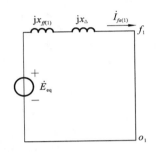

图 13-65　正序等效定则示意图

式中：$x_\Delta^{(n)}$ 为与故障类型、负序网络和零序网络均有关的电抗，称为附加电抗。此式表明，a 相正序电流的求解等价于在正序网络中串联一个附加阻抗后的短路电流计算，如图 13-65 所示。

更早介绍过的三相短路电流计算其实就是正序电流的计算，故也可纳入正序等效定则中，四种简单短路故障计算的正序等效定则中的参数可汇总为表 13-3。

表 13-3　正序等效定则中的参数

故障类型	附加阻抗 $x_\Delta^{(n)}$	比例系数 $m^{(n)}$
单相接地短路	$x_{ff(2)} + x_{ff(0)}$	3
两相接地短路	$x_{ff(2)}$	$\sqrt{3}$
两相间短路	$x_{ff(2)} \parallel x_{ff(0)}$	$\sqrt{3}\sqrt{1 - \dfrac{x_{ff(0)}\, x_{ff(2)}}{(x_{ff(0)} + x_{ff(2)})^2}}$
三相短路	0	1

正序等效定则不仅用于短路故障分析中，在电力系统机电暂态稳定性分析中也有应用。常假设负序和零序电流对转子机械运动无影响，从而大大简化电力系统机电暂态过程的分析，此时仅需分析正序分量，而由不对称故障所带来的影响可用接地的附加阻抗来体现。此处不再赘述。

13.5　简单不对称短路故障中电网任意位置的分析计算

13.5.1　与故障点有直接电气联系处的电压、电流分析

在前文引入对称分量法时提到，在假设电路线性的前提下，任意三相电压、电流量均可分解为正负零三序量的叠加，而不仅限于故障端口处的情况。因此电网发生不对称故障后，若要计算非故障点处的电压和电流，也可先在各序网络中求出对应分量，再

将三序量叠加即可。如果所求位置与故障位置之间存在直接电气联系,即并没有通过变压器的耦合来实现电流的流通,则非故障点处电压、电流也只需简单求解各序网络,这里不再专门分析,需要指出的是如下几点。

(1)正序网络是有源网络,通常情况下,尽管故障点处接入正序电压源,但此处电压仍应是最低的,即电压由实际正序电源(主要是发电机)向故障点逐步降低。

(2)负序网络和零序网络是无源网络,只有故障点处接入了电源,因此故障点处电压最高;对负序网络而言,电压将在原本为正序电源的位置降为 0;对零序网络而言,电压将在三角形接法出口处降为 0。

由于不同序分量经过变压器后会发生相位变化,且这种相位变化与变压器绕组的接线方式有关,所以当考虑待求解电压、电流与故障位置隔有变压器(没有直接电气联系)时,需要做专门的分析。

13.5.2 与故障点无直接电气联系处的电压、电流分析

本节重点讨论变压器不同绕组接线方式对各序电压、电流分量相位的影响。在本书中至少有星形和三角形两种接线方式[①],若固定流入一侧为星形接法,且固定本侧三相位置后,另一侧三相绕组与本侧的对应关系应为 3! ＝6(种),故至少可讨论 2×6＝12(种)绕组接线方式。读者很快就会看到,每种接线方式两侧电压或电流相量的相位关系刚好可与钟面的 12 个整点处的时针和分针的位置关系相对应。本节首先对星-星 12 点接线方式和星-三角 11 点接线方式的情况进行详细分析,再将其推广到所有情况。本节的分析基于一个合理的假设:某侧的每一绕组的电压、电流序分量均会与另一侧某一绕组的电压、电流同一序分量相位相同。

图 13-66 所示的为星-星 12 点接线方式,基于上述假设,可得图 13-67 中的两侧正序电压的相位关系,即两侧三相正序电压相位对应相同。若仅观察 a 相两侧正序电压相量,可将其示于图 13-68 中,可发现其与图中的钟面 12 点情况相同,其中原边侧 a 相

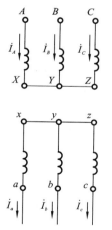

图 13-66 星-星 12 点接线方式

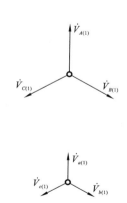

图 13-67 图 13-66 中两侧正序电压的相位关系

---

① 在讨论绕组接线对相位影响时可不区分星形接法和星形接地接法。

图 13-68   12 点接线的解释

正序电压对应分针,副边侧 a 相正序电压对应时针。故将这种接线方式称为星-星 12 点接线。

上述分析表明,在星-星 12 点接线方式中,正序电压分量相位在经过变压器后不发生变化。同理可知,正序电流分量,负序电压、电流分量,零序电压、电流分量也不发生相位变化。

再来看图 13-69 所示的星-三角 11 点接线方式。仍遵循同样的假设,得到的两侧正序电压的相位关系如图 13-70 所示。与此前不同的是,现在副边侧为三角形接线,各绕组中的电压不是从电网看到的变压器相电压。以与原边侧 a 相正序电压对应的副边侧电压量为例,显然直接看到的应该是 $\dot{V}_{a(1)} - \dot{V}_{x(1)}$,亦即 $\dot{V}_{a(1)} - \dot{V}_{c(1)}$,另外两相也有类似情况。

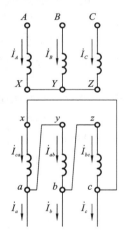

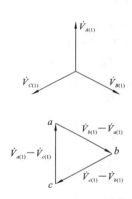

图 13-69   星-三角 11 点接线方式   **图 13-70   图 13-69 中两侧正序电压的相位关系**

考虑到三相对称性,电网事实上从变压器三角形出口处获得的三相电压亦应满足幅值相同、相位互差 120°、相序为正序的情况,显然只能有如图 13-71 所示情况。若仅观察 a 相两侧正序电压相量,可将其示于图 13-72 中,可发现其与图中的钟面 11 点情况相同,其中原边侧 a 相正序电压对应分针,副边侧 a 相正序电压对应时针。故将这种接线方式称为星-三角 11 点接线方式。显然可见,正序电压由星侧过渡到三角形侧后,各相相位将逆时针旋转 30°,即三角形侧比星侧超前 30°。对正序电流亦有类似分析,并可得到相同结论。

若从图 13-69 中原边侧流入的是负序电流,则将产生负序电压,采用与正序情况类似的分析方法,可以得到两侧负序电压的相位关系,如图 13-73 所示。类似可见,负序电压由星侧过渡到三角形侧后,各相相位将顺时针旋转 30°,即三角形侧比星侧滞后 30°。

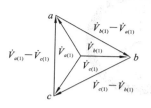

图 13-71　图 13-69 中变压器三角形出口处三相电压

图 13-72　11 点接线的解释

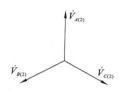

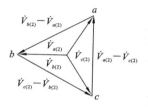

图 13-73　图 13-69 中两侧负序电压分量的相位关系

　　三角形接法在零序电路中相当于对地短路,故从三角形侧电力系统向变压器看过去,看不到零序电压、电流量的存在,无须分析。

　　进一步分析另外两种接线方式,用来巩固对绕组接线类型的认识。

　　先来看图 13-74 中的接线方式,其与图 13-66 中接线方式几乎一样,仅两侧各相绕组对应关系不同。现在与原边侧 A 相绕组接于同一铁芯的是副边侧的 c 相绕组,故这两个绕组的相位应相同。类似地,B 相绕组应与 a 相绕组的相位相同,C 相绕组应与 b 相绕组的相位相同,则有如图 13-75 所示的两侧正序电压的相位关系。若仅观察 a 相两侧正序电压相量,可将其示于图 13-76 中,可发现其与图中的钟面 4 点情况相同,其中原边侧 a 相正序电压对应分针,副边侧 a 相正序电压对应时针。故将这种接线方式称为星-星 4 点接线方式。在这种接线方式下,考虑三相量由原边侧过渡到副边侧的情况,则正序量应前移 $120°$,负序量应后移 $120°$,零序量往往需要特别考虑。

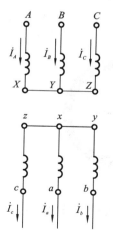

图 13-74　星-星 4 点接线方式

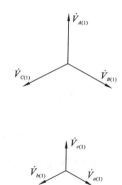

图 13-75　图 13-74 中两侧正序电压的相位关系

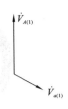

图 13-76　4 点接线的解释

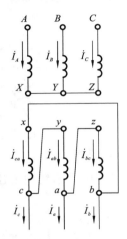

图 13-77　星-三角 3 点接线方式

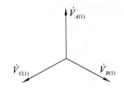

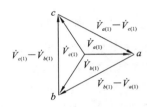

图 13-78　图 13-77 中两侧正序电压的相位关系

最后来看图 13-77 中的接线方式,其与图 13-69 中接线方式几乎一样,仅两侧各相绕组对应关系不同。现在与原边侧 A 相绕组接于同一铁芯的是副边侧的 c 相绕组,故这两个绕组的相位应相同。类似地,B 相绕组应与 a 相绕组的相位相同,C 相绕组应与 b 相绕组的相位相同,则有如图 13-78 所示的两侧正序电压的相位关系。若仅观察 a 相两侧正序电压相量,可将其示于图 13-79 中,可发现其与图中的钟面 3 点情况相同,其中原边侧 a 相正序电压对应分针,副边侧 a 相正序电压对应时针。故将这种接线方式称为星-三角 3 点接线方式。在这种接线方式下,考虑三相量由原边侧过渡到副边侧的情况,则正序量应前移 90°,负序量应后移 90°,零序量往往需要特别考虑。

图 13-79　3 点接线的解释

已经分析完 12 种接线中的 4 种,另外 8 种的分析方法相同,这里不一一赘述。简单归纳一下:

(1) 钟面 12 个整点均可对应某种绕组接线方式;

(2) 若所考虑的两个绕组均为星形接法,则对应偶数整点接线方式;

（3）若所考虑的原边侧绕组为星形接法,副边侧绕组为三角形接法,则对应奇数整点接线方式;

（4）若原边侧施加相位为钟面 12 点方向的正序量或负序量,副边侧获得正序量的相位应旋转至对应钟面时针位置,副边侧获得负序量的相位应旋转至与钟面时针位置相对于 12 点位置的对称位置。

13.5.3　不同非故障点位置处的电压、电流三相量分析

基于前面的结论,现在读者可以对三相对称运行电力系统中发生不对称故障后系统中任意位置的故障状态进行分析。本节直接利用国内经典教材《电力系统分析（上）》[①]中提供的案例进行详细的综合分析。

考虑图 13-80 所示的简单电力系统,各元件参数可直接参考原书。设图中 f 点处发生 b、c 两相短路故障,求图中 f、h 和 k 点处的三相电压。由于本节的目的是分析物理现象,而不是介绍单纯的计算方法,故各种基础性的计算过程均略去。显然可见,h 点与故障点 f 有直接电气联系,而 k 点与故障点 f 间隔有变压器 T-1（星-三角 11 点接线）,没有直接电气联系。

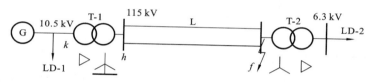

图 13-80　简单不对称短路故障综合分析案例

首先应制定各序网络[②],并化简为等价到故障端口的最简形式,如图 13-81～图 13-83 所示。

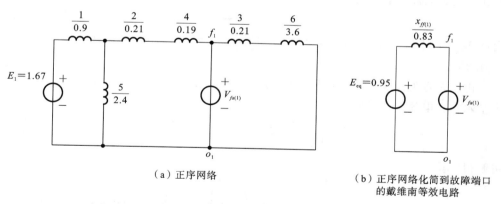

（a）正序网络

（b）正序网络化简到故障端口的戴维南等效电路

图 13-81　图 13-80 中故障对应的正序网络及其化简结果

f 点处三相电压相量图如图 13-64 所示。根据其复合序网可知故障点处 a 相正负序电流为

$$\dot{I}_{fa(1)}^{(2)} = -\dot{I}_{fa(2)}^{(2)} = \frac{j0.95}{j(0.83+0.44)} = 0.75 \tag{13.49}$$

---

① 何仰赞,温增银.电力系统分析(上)[M].4 版.武汉:华中科技大学出版社,2016。

② 事实上,由于所分析的是两相不接地故障,并不需要零序网络的详细信息。

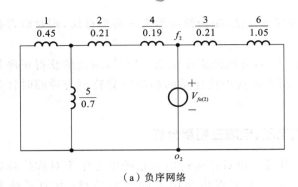
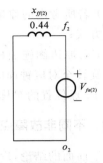

（a）负序网络 　　　　　　　　　（b）负序网络化简到故障端口
的组合电抗

图 13-82 图 13-80 中故障对应的负序网络及其化简结果

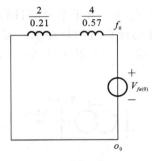
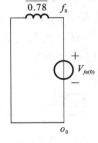

（a）零序网络 　　　　　　　　　（b）零序网络化简到故障端口
的组合电抗

图 13-83 图 13-80 中故障对应的零序网络及其化简结果

f 点 a 相对地各序电压为

$$\dot{V}_{fa(1)}^{(2)}=\dot{V}_{fa(2)}^{(2)}=\mathrm{j}x_{ff(2)}\dot{I}_{fa(1)}^{(2)}=\mathrm{j}0.44\times0.75=\mathrm{j}0.33 \tag{13.50}$$

由图 13-64 可知，f 点 a 相电压为 $\dot{V}_{fa}=2\times\mathrm{j}0.33=\mathrm{j}0.66$，$b$、$c$ 相电压均为 $\dot{V}_{fb}=\dot{V}_{fc}=$ $-\mathrm{j}0.33$。

再求 h 点处 a 相正负序电压，应分别由完整的正负序网络中获取。在图 13-84 中，由基尔霍夫电流定律可知

$$\frac{\dot{V}_{ha(1)}-\mathrm{j}0.33}{\mathrm{j}0.19}=0.75+\frac{\mathrm{j}0.33}{\mathrm{j}0.21+\mathrm{j}3.6} \tag{13.51}$$

可解得 $\dot{V}_{ha(1)}=\mathrm{j}0.489$。

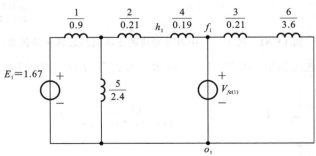

图 13-84 h 点正序电压的求解

类似地,可在图 13-85 中基于基尔霍夫电流定律列出算式,即

$$\frac{\dot{V}_{ha(2)}-j0.33}{j0.19}=-0.75+\frac{j0.33}{j0.21+j1.05} \tag{13.52}$$

进而解得 $\dot{V}_{ha(2)}=j0.237$。

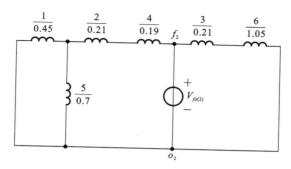

图 13-85 h 点负序电压的求解

h 点位于 110 kV 电网中,取平均额定电压为基准电压,则各相电压基准值为

$$V_h=\frac{115}{\sqrt{3}}=66.395 \text{ (kV)}$$

可算出 h 点处三相电压分别为

$$\dot{V}_{ha}=\dot{V}_{ha(1)}+\dot{V}_{ha(2)}$$
$$=(j0.489+j0.237)\times 66.395$$
$$=j48.203 \text{ (kV)}$$

$$\dot{V}_{hb}=\alpha^2\dot{V}_{ha(1)}+\alpha\dot{V}_{ha(2)}$$
$$=(j0.489e^{j240°}+j0.237e^{j120°})\times 66.395$$
$$=28.085e^{-j59°} \text{ (kV)}$$

$$\dot{V}_{hc}=\alpha\dot{V}_{ha(1)}+\alpha^2\dot{V}_{ha(2)}$$
$$=(j0.489e^{j120°}+j0.237e^{j240°})\times 66.395$$
$$=28.085e^{j239°} \text{ (kV)}$$

h 点处三相电压相量图如图 13-86 所示,可以看出三相不对称程度已有所削弱。

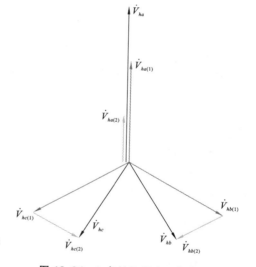

图 13-86 h 点处三相电压相量图

再来看 k 点处的情况,同样应从完整的正负序网络中求取,但同时应注意到经过变压器后对各序分量的移相作用。在图 13-87 所示正序网络中针对 k 点列出基尔霍夫电流定律的方程,即

$$\frac{\dot{V}'_{ka(1)}-j0.489}{j0.21}+\frac{\dot{V}'_{ka(1)}}{j2.4}=\frac{j1.67-\dot{V}'_{ka(1)}}{j0.9} \tag{13.53}$$

可求得考虑变压器移相因素前的 k 点正序电压为 $\dot{V}'_{ka(1)}=j0.665$,故 k 点实际正序电压应为 $\dot{V}_{ka(1)}=j0.665e^{j30°}$。

类似地,可在图 13-88 所示负序网络中针对 k 点列出基尔霍夫电流定律的方程,即

$$\frac{\dot{V}'_{ka(2)}-j0.237}{j0.21}+\frac{\dot{V}'_{ka(2)}}{j0.7}+\frac{\dot{V}'_{ka(2)}}{j0.45}=0 \tag{13.54}$$

可求得考虑变压器移相因素前的 k 点负序电压为 $\dot{V}'_{ka(2)}=j0.134$,故 k 点实际负序电压应为 $\dot{V}_{ka(2)}=j0.134e^{-j30°}$。

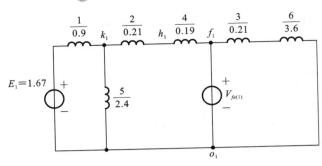

图 13-87 k 点正序电压的求解

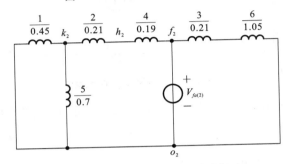

图 13-88 k 点负序电压的求解

k 点位于 10 kV 电网中，取平均额定电压为基准电压，则各相电压基准值为

$$V_{kB} = \frac{10.5}{\sqrt{3}} = 6.062 \text{ (kV)}$$

可算出 k 点处三相电压分别为

$$\dot{V}_{ka} = \dot{V}_{ka(1)} + \dot{V}_{ka(2)} = (j0.665e^{j30°} + j0.134e^{-j30°}) \times 6.062 = 4.486e^{j111.3°} \text{ (kV)}$$

$$\dot{V}_{kb} = \alpha^2 \dot{V}_{ka(1)} + \alpha \dot{V}_{ka(2)} = (j0.665e^{j30°}e^{j240°} + j0.134e^{-j30°}e^{j120°}) \times 6.062$$
$$= 3.273e^{-j59°} \text{ (kV)}$$

$$\dot{V}_{kc} = \alpha \dot{V}_{ka(1)} + \alpha^2 \dot{V}_{ka(2)} = (j0.665e^{j30°}e^{j120°} + j0.134e^{-j30°}e^{j240°}) \times 66.395$$
$$= 4.486e^{-j111.3°} \text{ (kV)}$$

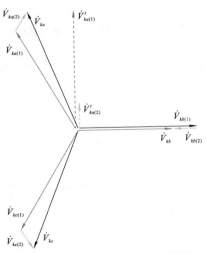

图 13-89 k 点处三相电压相量图

k 点处三相电压相量图如图 13-89 所示，可以看出三相不对称程度被进一步削弱。

对称分量法的数学意义在于用三组三相对称量的叠加来等效三相不对称的效果。从另一个角度来说，也可解释为不对称的因素来自负序和零序两组分量。在本例中分析的是不接地短路故障，没有零序分量的因素，故负序分量的大小决定了其对三相正序量的畸变程度。由于 f、h、k 三处距离发生不对称故障的位置越来越远，且距离电源位置越来越近，负序电压、电流分量也越来越小，而正序电压、电流分量越来越大，致使负序分量与正序分量的比例也越来越小，故不对称的程度逐渐削弱。标幺值下三个位置三相电压量的相量图汇总于图 13-90。

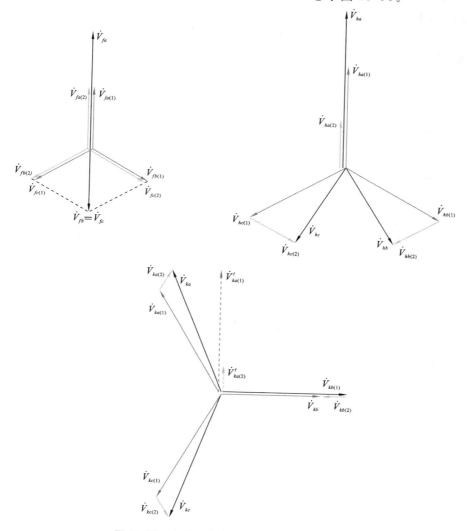

图 13-90 各处三相电压不对称程度的对比

13.6 非全相断线故障的分析方法

顾名思义,所谓"非全相"断线指的是并不是所有三相导体均在同一位置断开的意思。此时,仍有一相或两相导体(称为"健全相")能够继续承担传输电能的功能,但电力系统中发生了不对称故障。

本质上来说,非全相断线故障与不对称短路故障是类似的,都是利用对称分量法作为理论工具,将故障处阻抗的不对称等价为电压、电流的不对称,从而用接入故障端口的一组三相不对称电压源来等效,进而对三相电压源进行对称分量分解,并利用三相对称电路序网络的解耦性分别进行分析,再利用具体故障的边界条件形成复合序网,从而得到故障端口处的三序电压、电流,再用于得到全网各处的三序电压、电流,最终得到全网各处的三相电压、电流。

然而这两类故障的具体故障端口形式并不相同。均假设发生了 a 相故障,相应故障及故障端口接入等效电压源情况如图 13-91 所示。由图 13-91 可见,二者的区别在于,短路故障的故障端口与正常电流的流向垂直,而断线故障的故障端口与正常电流的流向相同。从这个意义上来说,常把前者称为横向故障,把后者称为纵向故障。

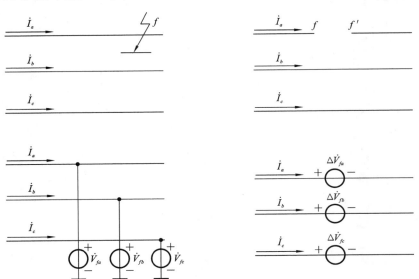

(a) a 相接地短路及其故障端口等效电压源　　(b) a 相断线故障及其故障端口等效电压源

图 13-91　两种故障类型故障端口的对比

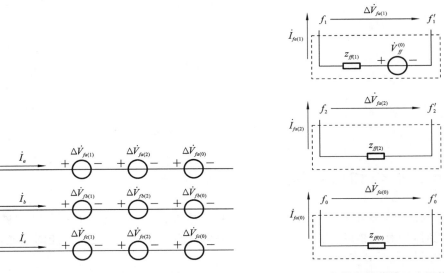

图 13-92　纵向故障端口处三相电压源
　　　　　的对称分量分解

图 13-93　纵向故障的三序网络

可以利用对称分量法把图 13-91(b)中故障端口处的一组三相不对称的电压源分解成三组三相对称电压源的叠加,如图 13-92 所示。若除故障端口外电路是三相对称的,则三个序网络解耦,可分别得到简化到故障端口处的三序网络,如图 13-93 所示。

纵向故障三序网络与此前介绍的横向故障三序网络有共同之处,如正序网络是有源网络,负序网络与正序网络拓扑结构完全相同,诸如此类。

13.7 非全相断线故障的边界条件和复合序网

本节分析两种非全相断线的典型情况,即 a 相断线故障和 b、c 相断线故障。

a 相断线故障的示意图如图 13-91(b) 所示,图中 a 相导体在 f 点处分为 f 和 f' 两个点。由于故障端口与正常电流方向相同,故各相电流就是故障电流。由于 a 相断线,显然该相故障电流为 0;同时由于 b、c 两相并没有故障,故这两相导体上与 a 相 f-f' 对应的部分电压降落为 0,即有

$$\begin{cases} \dot{I}_{fa} = 0 \\ \Delta \dot{V}_{fb} = \Delta \dot{V}_{fc} = 0 \end{cases} \tag{13.55}$$

对比式(13.55)和式(13.36)可知,二者形式上完全相同,故最终得到的复合序网边界条件在形式上也应相同,可将式(13.55)进一步写成

$$\begin{cases} \Delta \dot{V}_{fa(1)} = \Delta \dot{V}_{fa(2)} = \Delta \dot{V}_{fa(0)} \\ \dot{I}_{fa(1)} + \dot{I}_{fa(2)} + \dot{I}_{fa(0)} = 0 \end{cases} \tag{13.56}$$

这是三序网络并联的条件,复合序网如图 13-94 所示,容易求出 a 相各序电压、电流,此处不赘述。

b、c 相断线故障的示意图如图 13-95 所示。类似地,当前故障的边界条件为

$$\begin{cases} \Delta \dot{V}_{fa} = 0 \\ \dot{I}_{fb} = \dot{I}_{fc} = 0 \end{cases} \tag{13.57}$$

式(13.57)和式(13.28)的形式完全相同,可得到复合序网边界条件为

$$\begin{cases} \Delta \dot{V}_{fa(1)} + \Delta \dot{V}_{fa(2)} + \Delta \dot{V}_{fa(0)} = 0 \\ \dot{I}_{fa(1)} = \dot{I}_{fa(2)} = \dot{I}_{fa(0)} \end{cases} \tag{13.58}$$

这是三序网络串联的条件,复合序网如图 13-96 所示,用来直接求出 a 相各序电压、电流。

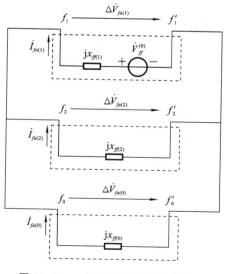

图 13-94 a 相断线故障的复合序网

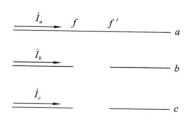

图 13-95 b、c 相断线故障

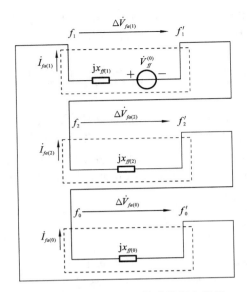

图 13-96 b、c 相断线故障的复合序网

13.8 习题

(1) 给定电网、故障位置及故障类型,正负序网络的异同点有哪些?

(2) 正负零三序网络中对中性点接地阻抗的处理方法有何不同? 为什么?

(3) 在给定的电力系统中,若在指定位置发生了不同类型的短路故障,哪些条件是相同的? 哪些条件是不同的?

(4) 系统接线如图 13-97 所示,已知各元件参数如下。发电机 G:$S_N = 100$ MV · A, $x''_d = x_{(2)} = 0.18$;变压器 T-1:$S_N = 120$ MV · A, $V_s = 10.5\%$;变压器 T-2:$S_N = 100$ MV · A, $V_s = 10.5\%$;线路 L:$l = 140$ km, $x_{(1)} = 0.4$ Ω/km, $x_{(0)} = 3x_{(1)}$。在线路中点发生 b、c 两相接地短路,试计算:① 短路点入地电流及线路上各相电流的有名值,并做三线图标明线路各相电流的实际方向;② 此时发电机机端母线三相电压相量值。

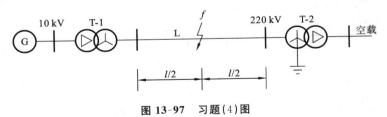

图 13-97 习题(4)图

14

复杂故障分析

14.1 复杂故障的通用边界条件

迄今为止所介绍的各种故障类型均为简单故障,即假设故障发生在电网中某一特定位置。本章要分析的是复杂故障,指的是网络中有两处或两处以上同时发生简单故障的情况。

在第 13 章中引入了对称分量法,其核心思路是在故障端口处接入一组三相电压源,电压源的具体取值依具体的故障类型而定,表现出特定的不对称性。除故障端口外,电力系统其余地方均是三相对称的线性电力网络,即电压源或电流源三相幅值相同,相位互差 120°,通常为正序量,三相阻抗完全恒定,且假设不随时间而变化。容易想到,既然电力网络是线性的,必然应满足齐次性和叠加性,而简单故障已被等价为故障端口处的三相电压源,则复杂故障可被认为是电网中逐个发生单一简单故障效果的叠加。复杂故障的分析方法即按此思路展开,采用向简单故障分析方法中逐渐增加越来越具体的要素的方式来进行分析的方法。

在 13.4.1 节中介绍了特殊相的概念,简单地说,在三相电路中,任何简单不对称故障发生后,从是否发生故障的角度来看,均有一相与另外两相不同,则将其定为特殊相。在分析简单故障机理时,不失一般性,可统一假设特殊相均为 a 相,则所有故障类型首先都体现为对故障端口处 a 相三序电压、电流的求解,共有 6 个量。

但在分析复杂故障时,没有理由假设每个简单故障的特殊相都是 a 相。例如,若发生了 b 相接地短路故障,则按照第 13 章介绍的分析方法,直接求解的是故障端口处 b 相的 6 个序分量,若另一处发生 a、b 相接地短路故障,又要求解该处 c 相的 6 个序分量。事实上,此前我们引入复合序网及正序等效定则等方法,都是建立在直接对各序 a 相网络进行分析的基础上。为了让发生在任意相的不对称故障也能仅分析 a 相情况,从而在形式上可构建一种统一的框架,使得 a 相在三相中处于基础地位,可将 a 相称为"基准相"[①]。在此情况下,任何特殊相不是基准相的情况均需利用合适的移相系数来把各序三相电压、电流量表示成用基准相对应量来表达的形式。例如,前述 b 相接地短路故障的边界条件将变为

---

① 显然,任取 b 相或 c 相作为基准相也是可行的。

$$\begin{cases} \alpha^2 \dot{I}_{fa(1)} = \alpha \dot{I}_{fa(2)} = \dot{I}_{fa(0)} \\ \alpha^2 \dot{V}_{fa(1)} + \alpha \dot{V}_{fa(2)} + \dot{V}_{fa(0)} = 0 \end{cases} \tag{14.1}$$

式中：$\alpha = e^{j120°}$。

本书均选择 a 相为基准相，则不同特殊相时的移相系数如表 14-1 所示。

表 14-1　不同情况下的移相系数

特殊相	正序移相系数	负序移相系数	零序移相系数
a	1	1	1
b	α^2	α	1
c	α	α^2	1

当故障发生在没有直接电气联系的不同部分时，还需要考虑因变压器三相绕组接线方式不同所带来的移相效果。例如，对于图 14-1 中 f 和 k 点分别发生 a 相接地短路和 b、c 相间短路的情况，尽管特殊相都是 a 相，但由于两个故障点之间隔有一个星-三角 11 点接线的变压器，根据 13.5.2 节的知识，此时两个故障点的边界条件分别应为

$$\begin{cases} \dot{V}_{f(1)} + \dot{V}_{f(2)} + \dot{V}_{f(0)} = 0 \\ \dot{I}_{f(1)} = \dot{I}_{f(2)} = \dot{I}_{f(0)} \end{cases}$$

$$\begin{cases} \dot{V}_{k(1)} e^{j30°} = \dot{V}_{k(2)} e^{-j30°} \\ \dot{I}_{k(1)} e^{j30°} + \dot{I}_{k(2)} e^{-j30°} = 0 \end{cases}$$

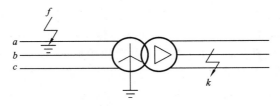

图 14-1　变压器两侧发生不对称故障的情况

充分考虑了各种移相的因素后，对于第 13 章中介绍的各种简单不对称故障，可以将各序网经过合理移相后组合成相应的复合序网，进而得出故障端口处的各序电压和电流。从复合序网的角度来看，简单不对称故障可以分成两大类：串联型故障和并联型故障。

串联型故障包括单相接地故障和两相断线故障，故障端口处各序电流分量乘以移相系数后相等，各序电压乘以移相系数后的总和为 0，即有下述边界条件：

$$\begin{cases} n_{s(1)} \dot{I}_{s(1)} = n_{s(2)} \dot{I}_{s(2)} = n_{s(0)} \dot{I}_{s(0)} \\ n_{s(1)} \dot{V}_{s(1)} + n_{s(2)} \dot{V}_{s(2)} + n_{s(0)} \dot{V}_{s(0)} = 0 \end{cases} \tag{14.2}$$

式中：下角标"s"是英文"serial"的首字母。相应的复合序网示意图如图 14-2(a) 所示。

并联型故障包括两相接地故障（两相间故障为其特例）和单相断线故障，故障端口处各序电压分量乘以移相系数后相等，各序电流乘以移相系数后的总和为 0，即有下述边界条件：

$$\begin{cases} n_{p(1)} \dot{I}_{p(1)} + n_{p(2)} \dot{I}_{p(2)} + n_{p(0)} \dot{I}_{p(0)} = 0 \\ n_{p(1)} \dot{V}_{p(1)} = n_{p(2)} \dot{V}_{p(2)} = n_{p(0)} \dot{V}_{p(0)} \end{cases} \tag{14.3}$$

式中:下角标"p"是英文"parallel"一词的首字母。相应的复合序网示意图如图 14-2(b) 所示。

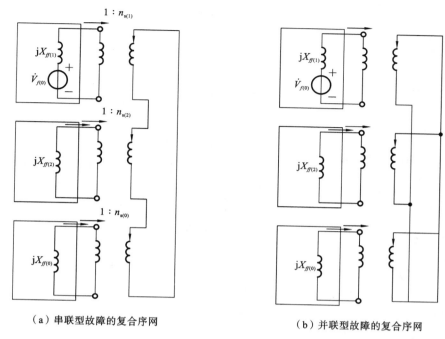

（a）串联型故障的复合序网　　　　　　　（b）并联型故障的复合序网

图 14-2　两种通用故障类型的复合序网

14.2　单一故障求解的通用表达方法

式(14.2)和式(14.3)均包含 3 个等式,对应于某种单个简单故障 6 个方程中的 3 个,另外 3 个需要通用的故障端口处各序电压、电流关系。

对任何序网络而言,首先需要建立该网络中故障端口处端口电压和电流之间的关系,其中端口电压就是端口两个节点的电压差。如果有了计算该序网络中任意节点电压的通用方法,则利用该方法分别计算两个节点电压即可得到端口电压。第 4 章关于电力网络数学模型的知识刚好提供了计算任意节点电压的工具。本章引用式(4.38),将其重写为

$$\dot{V}_i = Z_{i1} \dot{I}_1 + \cdots + Z_{in} \dot{I}_n = \sum_{j=1}^{n} Z_{ij} \dot{I}_j \tag{14.4}$$

若所有节点阻抗矩阵第 i 行元素已知,所有节点注入电流已知,则能直接计算出节点 i 的电压。

考虑到电力系统中的实际情况,并不是所有节点都有注入电流,电网中存在大量的联络节点,则仅有注入电流节点对式(14.4)有贡献,将这些节点表示为集合 G,则式 (14.4)又可写为

$$\dot{V}_i = \sum_{j \in G} Z_{ij} \dot{I}_j \tag{14.5}$$

下面利用式(14.5)分析正序网络故障端口电压、电流之间的关系,如图 14-3 所示。

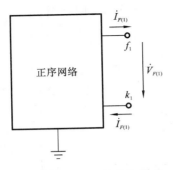

图 14-3 正序网络故障端口
电压、电流示意图

通常假设故障端口处接入一数值为 $\dot{V}_{F(1)}$ 的正序电压源，在故障端口处产生如图 14-3 中方向的数值为 $\dot{I}_{F(1)}$ 的故障电流。这事实上等价于在故障端口二节点 f_1、k_1 处分别按图 14-3 所示的方向接入数值为 $\dot{I}_{F(1)}$ 的电流源，从而在故障端口处产生数值为 $\dot{V}_{F(1)}$ 的电压降落。考虑到定义节点阻抗矩阵时均采用向网络注入电流为正方向，式（14.5）可变形为

$$\dot{V}_{i(1)} = \sum_{j \in G} Z_{ij(1)} \dot{I}_j - Z_{if(1)} \dot{I}_{F(1)} + Z_{ik(1)} \dot{I}_{F(1)}$$
$$= \dot{U}_{i(1)}^{(0)} - Z_{iF(1)} \dot{I}_{F(1)} \qquad (14.6)$$

注意到式（14.6）中第一个等号后第一项的表达式与式（14.5）完全相同（采用正序参数），说明该式就是正序网络中未发生故障情况下的正常工作电压 $\dot{V}_{i(1)}^{(0)}$。尤其需要注意的是，本书分析不对称故障的一个前提条件是发生故障之前电力系统正在正常地运行，显然彼时并不存在正常工作电压的负序和零序分量，即 $\dot{V}_{i(2)}^{(0)} = \dot{V}_{i(0)}^{(0)} = 0$。

式（14.6）中第一个等号后第二、三项合并同类项后出现了一个新的阻抗形式，$Z_{iF(1)} = Z_{if(1)} - Z_{ik(1)}$，可以看到其为节点 i 与故障端口正负两个端点之间互阻抗之差（若节点 i 刚好为节点 f 或节点 k 时需要用到相应的自阻抗），可将其定义为节点 i 与故障端口之间的互阻抗。

由于前面讨论的节点 i 可以是网络中任意的节点，将其应用到故障端口两个端点 f 和 k 处，则有

$$\dot{V}_{f(1)} = \dot{V}_f^{(0)} - Z_{fF(1)} \dot{I}_{F(1)} \qquad \dot{V}_{k(1)} = \dot{V}_k^{(0)} - Z_{kF(1)} \dot{I}_{F(1)} \qquad (14.7)$$

因此故障端口电压为

$$\dot{V}_{F(1)} = \dot{V}_{f(1)} - \dot{V}_{k(1)} = (\dot{V}_f^{(0)} - \dot{V}_k^{(0)}) - (Z_{fF(1)} - Z_{kF(1)}) \dot{I}_{F(1)} = \dot{V}_F^{(0)} - Z_{FF(1)} \dot{I}_{F(1)}$$
$$(14.8)$$

该式定义了故障端口开路时的端口正序电压，即为故障前端口两个节点的电压差，有

$$\dot{V}_F^{(0)} = \dot{V}_f^{(0)} - \dot{V}_k^{(0)} \qquad (14.9)$$

同时还定义了故障端口的自阻抗（这里为正序参数，并考虑到节点阻抗矩阵的对称性）

$$Z_{FF} = Z_{ff} + Z_{kk} - Z_{fk} - Z_{kf} = Z_{ff} + Z_{kk} - 2Z_{fk} \qquad (14.10)$$

具体到某种横向故障或纵向故障，可以做进一步的分析。所谓横向故障，就是故障端口位于故障点和参考节点（大地）之间的故障类型，在前面的通用模型中节点 k 即为大地节点，进而有 $\dot{V}_k^{(0)} = 0$。同时考虑到节点阻抗矩阵元素的物理意义为某节点注入单位电压源后本节点的电压值，而参考节点电压恒为 0，故又有 $Z_{kk} = Z_{fk} = Z_{kf} = 0$。将其代入式（14.9）和式（14.10），可知对于横向故障，有 $\dot{V}_F^{(0)} = \dot{V}_f^{(0)}$，$Z_{FF} = Z_{ff}$。

对于纵向故障，k 点为 f' 点，则 $Z_{FF} = Z_{ff} + Z_{f'f'} - 2Z_{ff'}$。

以上得到的是单一故障正序网络在故障端口处的表达式。采用类似的方法来分析负序和零序网络，并注意到二者的无源性，也可以得到类似的表达式，即

$$\dot{V}_{F(2)} = -Z_{FF(2)} \dot{I}_{F(2)} \qquad (14.11)$$

$$\dot{V}_{F(0)} = -Z_{FF(0)} \dot{I}_{F(0)} \qquad (14.12)$$

式（14.8）、式（14.11）和式（14.12）即为单一故障 6 个方程中的另外 3 个。至此已

建立了描述单一故障的通用模型,为待求解变量(故障端口的三序电压、电流)的线性方程组,很容易用通用的数值计算方法来求解。

求得故障端口处的各量后,进而可以按照电路分析的通用方法来求得电网中任意非故障位置的各序电压、电流,最终可得到电网中任意位置的三相电压、电流。

14.3   多重故障的一般性推广

14.2 节中单一故障通用模型的起点是假设故障端口处接入电流源。若假设电网为线性网络,其中发生的多重故障也等价为在各个故障端口接入电流源,则多重故障同时存在的效果应可认为是每个单一故障产生效果的叠加。利用此思路可以将单一故障的分析推广到任意多重故障的情况。

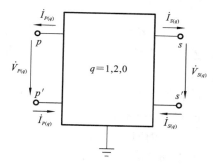

下面先从简单的二重故障开始分析,假设故障端口分别为 $s\text{-}s'$ 和 $p\text{-}p'$,如图 14-4 所示。

图 14-4   二重故障示意图

先分析正序网络中的情况($q=1$)。依据叠加原理,仿照式(14.6)中的分析方法,可将当前正序网络中任意节点 i 的电压表示为

$$\dot{V}_{i(1)} = \sum_{j \in G} Z_{ij(1)} \dot{I}_j - (Z_{is(1)} - Z_{is'(1)}) \dot{I}_{S(1)} - (Z_{ip(1)} - Z_{ip'(1)}) \dot{I}_{P(1)}$$
$$= \dot{V}_{i(1)}^{(0)} - Z_{iS(1)} \dot{I}_{S(1)} - Z_{iP(1)} \dot{I}_{P(1)} \tag{14.13}$$

式中:$Z_{iS(1)}$ 和 $Z_{iP(1)}$ 分别为节点 i 与端口 S 和 P 之间的互阻抗(正序参数)。可知此时两个故障端口的电压为

$$\dot{V}_{S(1)} = \dot{V}_{s(1)} - \dot{V}_{s'(1)} = \dot{V}_S^{(0)} - Z_{SS(1)} \dot{I}_{S(1)} - Z_{SP(1)} \dot{I}_{P(1)}$$
$$\dot{V}_{P(1)} = \dot{V}_{p(1)} - \dot{V}_{p'(1)} = \dot{V}_P^{(0)} - Z_{PS(1)} \dot{I}_{S(1)} - Z_{PP(1)} \dot{I}_{P(1)}$$

式中:$Z_{SS} = Z_{ss} + Z_{s's'} - 2Z_{ss'}$ 和 $Z_{PP} = Z_{pp} + Z_{p'p'} - 2Z_{pp'}$ 分别为端口 S 和 P 的自阻抗,与前面单一故障模型中的定义相同,$Z_{SP} = Z_{PS} = Z_{ps} + Z_{p's'} - Z_{ps'} - Z_{p's}$ 称为端口 S 和 P 之间的互阻抗。上述故障端口电压、电流的表达式可以写成矩阵形式,即

$$\begin{bmatrix} \dot{V}_{S(1)} \\ \dot{V}_{P(1)} \end{bmatrix} = \begin{bmatrix} \dot{V}_S^{(0)} \\ \dot{V}_P^{(0)} \end{bmatrix} - \begin{bmatrix} Z_{SS(1)} & Z_{SP(1)} \\ Z_{PS(1)} & Z_{PP(1)} \end{bmatrix} \begin{bmatrix} \dot{I}_{S(1)} \\ \dot{I}_{P(1)} \end{bmatrix} \tag{14.14}$$

或其紧凑形式

$$\boldsymbol{V}_{F(1)} = \boldsymbol{V}_F^{(0)} - \boldsymbol{Z}_{FF(1)} \boldsymbol{I}_{F(1)} \tag{14.15}$$

式中:$\boldsymbol{Z}_{FF(1)}$ 为两个故障端口对应的端口阻抗矩阵。类似地,可得负序网络和零序网络故障端口电压、电流表达式,即

$$\boldsymbol{V}_{F(2)} = -\boldsymbol{Z}_{FF(2)} \boldsymbol{I}_{F(2)} \tag{14.16}$$

$$\boldsymbol{V}_{F(0)} = -\boldsymbol{Z}_{FF(0)} \boldsymbol{I}_{F(0)} \tag{14.17}$$

由于是二重故障,每个端口需要求解 3 个序电压和 3 个序电流,共 $6 \times 2 = 12$ 个变量。式(14.15)~式(14.17)中共有 $2 \times 3 = 6$ 个方程,每个故障依据故障类型可选择式(14.2)或式(14.3)作为边界条件,亦有 $3 \times 2 = 6$ 个方程,共计 12 个方程。方程和变量个数相同,所得方程为待求解变量的线性方程组,可以求解,进而得到电网中任意非故

障位置的情况。

显然可推广到任意 m 重故障的情况。在这种最通用的情况下,待求解变量为每个故障端口的三序电压、电流,共 $6m$ 个变量。每个序网可列写 m 个端口电压、电流关系方程,共 $3m$ 个方程;每个故障可列写 3 个边界条件方程,共 $3m$ 个方程;以上合计 $6m$ 个方程。方程和变量个数相同,所得方程为待求解变量的线性方程组,可以对其求解,进而得到电网中任意非故障位置的电压、电流结果。

14.4 电力系统工程实际中的复杂故障分析

电力系统短路电流的计算是电力系统设计和运行中的重要环节。利用网络元件的电磁暂态模型进行短路电流计算,结果准确,但方法复杂且计算量大,不能满足工程的需求。人们投入很多精力进行短路电流计算方法的研究,已找到一个在计算的准确性和简化性上的最佳平衡点。当前短路电流的计算标准或方法主要有运算曲线法、IEC 标准和 ANSI 标准,但如何根据实际的电力系统选择短路电流计算方法一直困扰电力部门。不同的短路电流计算方法的区别在于采用了不同的假设条件引起的短路故障点等值电动势和等值阻抗的不同,但总体思路大同小异。本节以 ANSI 标准为例介绍工程实际中的短路电流计算方法。

ANSI 短路电流计算标准主要是为基于全电流整定的断路器提供短路电流参考值。ANSI 标准的短路电流计算步骤方法比较简明,在故障时把电力系统简化为由一个理想电压源 E 和一个等值电抗 X 组成的等值网络,显然 E 是故障点可能的最高运行电压,如果未知,则可用额定电压代替。然后以 E/X 计算该时刻的短路电流周期分量。

ANSI 标准主要考虑以下三种类型的短路电流值。

(1)第一周波电流(first-cycle duty):指的是故障后半个周波时的短路电流,与 IEC 标准中的短路电流周期分量起始值相对应。

(2)断路器开断电流(contacting-parting duty):指的是断路器触头分离时刻的短路电流,与 IEC 标准中的断路器开断时刻的短路电流相对应。

(3)延时继电器动作电流(short-circuit current for time delayed relaying devices):指的是延时继电器动作时的短路电流,即稳态短路电流。

对于计算不同类型的短路电流,ANSI 标准需要建立不同类型的等值阻抗网络;如计算第一周波电流,需要先建立该时刻的系统等值阻抗网络来计算此时的等效电抗,然后以 E/X 获得第一周波电流;通过它再乘以相应的系数 S_{rms}、S_{peak},就可以得到该时刻短路全电流的有效值和短路电流的峰值,两个系数的计算公式分别为

$$S_{\mathrm{rms}} = \sqrt{1+2\mathrm{e}^{-4\pi ftR/X}} \tag{14.18}$$

$$S_{\mathrm{peak}} = \sqrt{2}\sqrt{1+2\mathrm{e}^{-2\pi ftR/X}} \tag{14.19}$$

式中:f 为频率;R 和 X 分别为此时等值网络的等效电抗和电阻。

从起始状态到短路状态,短路电流受各种因素的影响,变化过程是复杂的。短路电流的计算方法就是在满足工程准确等级要求的前提下,采用了一些必要的假设条件,将短路电流的数值较简单地计算出来。ANSI 标准的假设条件如下:

(1)短路类型不会随短路的持续而变化;

（2）电网结构不随短路的持续而变化；

（3）变压器的阻抗取自分接开关处主分接头位置时的阻抗，计算时允许采用这种假设，是因为引入了变压器的阻抗修正系数；

（4）不计电弧的电阻；

（5）除了零序系统外，忽略所有线路电容、并联导纳、非旋转型负载。

尽管这些假定对电力系统来讲不是严格成立的，但是所带来的误差普遍能够被接受。

对于远端和近端短路都可用一个等效电压源计算短路电流。用等效电压源计算短路电流时，短路点用等效电压源 $cU_N/\sqrt{3}$ 代替，该电压源为网络的唯一的电压源，其他电源，如同步发电机、同步电动机、异步电动机和馈电网络的电势都视为零，并以自身内阻抗代替。

用等效电压源计算短路电流时，可不考虑非旋转负载的运行数据、变压器分接头位置和发电机励磁方式，无须进行关于短路前各种可能的潮流分布的计算。除零序网络外，线路电容和非旋转负载的并联导纳都可被忽略。

计算近端短路时，对于发电机及发电机变压器组的发电机和变压器的阻抗应用修正后的值。同步电机用次暂态阻抗，异步电动机用堵转电流计算出的阻抗。在计算稳态短路电流时，才需考虑同步电机同步电抗和其励磁顶值。

在应用对称分量法时，假定电气设备具备平衡的结构，从而使系统阻抗平衡，对于不换位线路，短路电流计算结果也具有可接受的精度。

应注意区分短路点的短路阻抗与电气设备的短路阻抗，用对称分量法时，还应考虑序网阻抗。计算短路点的正序或负序阻抗时，在短路点施加正序电压或负序电压，电网内所有同步电机和异步电动机都用自身的相应序阻抗替代。旋转设备的正序和负序阻抗可能不相等，但在计算远端短路时，通常可假设二者相等。

在发生短路相和共用回线（如接地系统、中性线、地线、电缆外壳和电缆铠装）之间施加一交流电压即可确定故障点的零序短路阻抗。

计算中、高压电力系统中有不平衡短路电流时，在如下情况下应该考虑线路零序电容和零序并联导纳：中性点不接地系统、中性点谐振接地系统或接地系数高于 1.4 的中性点接地系统。

在计算低压电网的短路电流时，在正序系统、负序系统和零序系统中可忽略线路（架空线路和电缆）的电容。

在中性点接地的电力系统中，在不计线路零序电容情况下，短路电流计算值要比实际短路电流略大，其差值与电网结构有关。

除了特殊情况外，零序短路阻抗与正序短路阻抗、负序短路阻抗不等。

14.5　习题

（1）试从网络方程＋故障条件的角度，简述三相短路计算→简单不对称故障计算→复杂故障计算逐步深化的分析框架。

（2）系统接线图及元件参数均见第 13 章习题（4）。若除在线路中点发生 b、c 两相接地短路之外，同时发生发电机机端母线 b 相接地短路，求机端母线健全相的电压相量值。

参 考 文 献

[1] 何仰赞,温增银. 电力系统分析(上)[M]. 4版. 武汉:华中科技大学出版社,2016.

[2] 何仰赞,温增银. 电力系统分析(下)[M]. 4版. 武汉:华中科技大学出版社,2016.

[3] 何仰赞,温增银. 电力系统分析题解[M]. 武汉:华中科技大学出版社,2006.

[4] 陈珩. 电力系统稳态分析[M]. 2版. 北京:水利电力出版社,1995.

[5] 李光琦. 电力系统暂态分析[M]. 2版. 北京:水利电力出版社,1995.

[6] 张伯明,陈寿孙. 高等电力网络分析[M]. 北京:清华大学出版社,1996.

[7] 倪以信,陈寿孙,张宝霖. 动态电力系统的理论与分析[M]. 北京:清华大学出版社,2002.

[8] 西安交通大学,等. 电力系统计算[M]. 北京:水利电力出版社,1978.

[9] Parbha Kundur. 电力系统稳定与控制[M]. 北京:中国电力出版社,2002.

[10] Carson W. Taylor. 电力系统电压稳定[M]. 北京:中国电力出版社,2001.

[11] 亚瑟 R. 伯尔根,威杰·威塔尔. 电力系统分析[M]. 英文版. 2版. 北京:机械工业出版社,2005.

[12] Anderson P M, Fouad A A. 电力系统控制与稳定[M]. 王奔,译. 2版. 北京:电子工业出版社,2012.

[13] Stuart Borlase,等. 智能电网:基础设施、相关技术及解决方案[M]. 武志刚,戴栋,钟庆,等,译. 北京:机械工业出版社,2015.

[14] U. S. -Canada Power System Outage Task Force. Final report on the august 14,2003 blackout in the united states and canada:causes and recommendations[R]. 发表地:U. S. -Canada Power System Outage Task Force. 2004.

[15] 余贻鑫,王成山. 电力系统稳定性理论与方法[M]. 北京:科学出版社,1999.

[16] 伊利亚·普利高津. 确定性的终结——时间、混沌与新自然法则[M]. 上海:上海科技教育出版社,1998.

[17] 梅拉尼·米歇尔. 复杂[M]. 唐璐,译. 长沙:湖南科学技术出版社,2011.